Wilfried König · Drehen, Fräsen, Bohren

Studium und Praxis

FERTIGUNGSVERFAHREN BAND 1
Drehen, Fräsen, Bohren

Prof. Dr.-Ing. Dr. h.c. Wilfried König

Dritte, neubearbeitete Auflage

Verlag des Vereins Deutscher Ingenieure · Düsseldorf

CIP-Kurztitelaufnahme der Deutschen Bibliothek

König, Wilfried:
Fertigungsverfahren/Wilfried König. - Düsseldorf: VDI-Verl.
(Studium und Praxis)

Bd. 1. Drehen, Fräsen, Bohren. - 3. neubearb. Aufl. 1990
ISBN 3-18-400834-6

© VDI-Verlag GmbH, Düsseldorf 1990

Alle Rechte, auch das des auszugsweisen Nachdrucks, der auszugsweisen oder vollständigen
fotomechanischen Wiedergabe (Fotokopie, Mikrokopie) und das der Übersetzung, vorbehalten.

Printed in Germany

ISBN 3-18-400843-6

Vorwort zum Kompendium „Fertigungsverfahren"

Schlüsselfunktionen für die Qualität und die Wirtschaftlichkeit der industriellen Produktion sind die Verfahrenswahl und die Verfahrensgestaltung in der Fertigung. Die Technologie der Fertigungsverfahren gehört zum elementaren Rüstzeug des Fertigungsingenieurs. Auch der Konstrukteur sollte sich auf diesem Gebiet orientiert haben, da bereits bei ihm die Verantwortung für die Herstellungskosten beginnt. Allerdings steht der Studierende wie auch der um seine Fortbildung bemühte Praktiker vor einem Informationsproblem. An einer umfassenden und dennoch überschaubaren Darstellung der Fertigungsverfahren, deren Augenmerk sich besonders auf die Technologie richtet, fehlte es bisher.

Diesem Bedürfnis entsprechend soll in den hier vorliegenden Bänden ein Gesamtbild der wichtigsten spanenden und spanlosen Fertigungsverfahren gezeichnet werden, das über die Darstellung der reinen Verfahrensprinzipien hinaus vor allem auch Einblick in die ihnen zugrunde liegenden Gesetzmäßigkeiten vermittelt, wo immer dies für das Prozeßverständnis notwendig ist.

Die Auslegung der Maschinenbauteile, der Antriebe und Steuerungen wird ebenfalls in dieser Buchreihe „Studium und Praxis" von M. Weck unter dem Titel „Werkzeugmaschinen" ausführlich behandelt. Auf Wirtschaftlichkeitsfragen sowie auf die optimale organisatorische Einbindung der Maschinen in den Produktionsprozeß geht W. Eversheim in den Bänden „Organisation in der Produktionstechnik" ein.

Die Aufteilung des Werks „Fertigungsverfahren" in

Band 1: Drehen, Fräsen, Bohren,
Band 2: Schleifen, Honen, Läppen,
Band 3: Abtragen,
Band 4: Massivumformung und
Band 5: Blechumformung

faßt jeweils Verfahrensgruppen ähnlichen Wirkprinzips zusammen.

Dabei wurde lediglich im Bereich der Umformtechnik eine werkstückbezogene Unterteilung vorgenommen. Dem ersten Band ist ein verfahrensübergreifender Abschnitt zu den Toleranzen und den Fragen der Werkstückmeßtechnik in der Fertigung vorangestellt. Innerhalb der einzelnen Bände wurde versucht, eine enzyklopädische Verfahrensaufzählung zu vermeiden. Die logischere und auch didaktisch richtigere Struktur geht vom gemeinsamen Wirkprinzip aus, leitet davon die Beanspruchung der Werkzeuge ab und folgert daraus wiederum deren beanspruchungsgerechte Gestaltung und Zusammensetzung. Erst dann teilt sich der Weg zu den einzelnen Verfahren.

Die Buchreihe ist in erster Linie für den Nachwuchs im Bereich der Fertigung und Konstruktion bestimmt. Ihm soll sie die Technologie der Fertigungsverfahren vermitteln. Mit Nutzen wird auch der Berufspraktiker den einen oder anderen Band zur Hand nehmen, um seine Kenntnisse aufzufrischen oder zu erweitern. Die Vielfalt der Fertigungsprobleme ist so groß wie die Vielzahl der Produkte, und allein mit Lehrbuchweisheiten sind sie nicht zu lösen. Ich wünsche diesem Buch, daß es seinen Lesern vielmehr Ausgangspunkte und Wege bietet, auf denen sie durch ingenieurmäßiges Denken zu erfolgreichen Lösungen gelangen können.

Aachen, Oktober 1989 *Wilfried König*

Vorwort zu Band 1 „Drehen, Fräsen, Bohren"

Die spanenden Bearbeitungsverfahren mit geometrisch bestimmter Schneide nehmen nach wie vor auf Grund ihrer hohen Zerspanleistung und der vielfältigen Einsatzmöglichkeiten insbesondere in der Einzel- und Kleinserienfertigung eine Vorrangstellung unter den Fertigungsverfahren ein.

Ausgehend von den technologischen Gemeinsamkeiten dieser Verfahren und ihrer Varianten behandelt dieses Buch zuerst die bei der Zerspanung an der Schneidkante ablaufenden Vorgänge und die daraus resultierenden Beanspruchungen der Werkzeuge. Daraus werden die erforderlichen Eigenschaften der Schneidstoffe abgeleitet sowie deren Herstellung und Anwendungsgebiete erläutert.

Ein ausführlicher Abschnitt über die Zerspanbarkeit der wichtigsten Werkstückstoffe vermittelt dem Leser das Wissen, das zum Erkennen und Beherrschen von in der Praxis auftretenden Zerspanungsproblemen notwendig ist. Die Kenntnis des Zusammenwirkens von Werkstückstoff, Schneidstoff und Bearbeitungsparametern bildet die Grundlage für ein sinnvolles Eingreifen in den Zerspanungsprozeß und erlaubt schon im Konstruktionsstadium eine erhebliche Reduzierung der Bearbeitungsprobleme und Fertigungskosten.

Schließlich wird auf die Technologie der Verfahren Drehen, Fräsen, Bohren, Räumen, Hobeln, Sägen und deren Verfahrensvarianten eingegangen; dabei bilden die Verfahrensmerkmale, die technologischen Besonderheiten und die jeweiligen Werkzeuge einen Schwerpunkt.

Dieses Buch basiert auf dem Umdruck der Vorlesung „Fertigungstechnik I und II", die ich an der RWTH in Aachen halte. Das Vorlesungsmanuskript wurde überarbeitet, aktualisiert und in einigen Bereichen wesentlich erweitert.

In der überarbeiteten, dritten Auflage mußten insbesondere die Entwicklungen auf dem Gebiet der Schneidstoffe mit den daraus resultierenden Anwendungsmöglichkeiten in der Zerspanung berücksichtigt werden. Im Kapitel 6, Zerspanbarkeit, waren die Einflüsse unterschiedlicher Legierungselemente auf die Zerspanbarkeit zu ergänzen. Darüber hinaus wird die Zerspanbarkeit der schwer zerspanbaren, nichtrostenden und hitzebeständigen Stahlwerkstoffe sowie der ebenfalls schwer zerspanbaren Nickel-, Kobalt- und Titanlegierungen diskutiert.

Für ihre Mitarbeit bei der Erstellung der dritten Auflage danke ich meinen Assistenten, den Herren Dipl.-Ing. G. Ackerschott, Dipl.-Ing. A. Boemcke, Dr.-Ing. A. Droese, Dipl.-Ing. R. Fritsch, Dipl.-Ing. K. Gerschwiler, Dipl.-Ing. M. Iding, Dipl.-Ing. M. Kaiser, Dipl.-Ing. J. Kassack, Dipl.-Ing. K. Kutzner, Dr.-Ing. J. Lauscher, Dipl.-Ing. R. Link, Dipl.-Ing. K. Pfeiffer, Dipl.-Ing.

U. Schehl, sowie Dipl.-Ing. A. Bong, der auch für die Koordination der Arbeiten an diesem Buch verantwortlich war.

Weiterhin danke ich vielen ehemaligen Assistenten, die bei der Erstellung der 1. Auflage mitgewirkt haben und jetzt leitende Positionen in der Industrie einnehmen.

Aachen, im Oktober 1989   Wilfried König

Inhalt

1 Einleitung 1

2 Werkstückgenauigkeit und Meßtechnik 3
   2.1 Genauigkeitsanforderungen 3
   2.2 Geometrische Fertigungsfehler 3
      2.2.1 Formfehler 3
      2.2.2 Maßfehler 5
      2.2.3 Lagefehler 6
      2.2.4 Rauheit 6
   2.3 Meßtechnik 11
      2.3.1 Grundlagen 11
      2.3.2 Meßprinzipien 13
          2.3.2.1 Allgemeines 13
          2.3.2.2 Mechanisches Meßprinzip 15
          2.3.2.3 Optisches Meßprinzip 15
          2.3.2.4 Elektrisches Meßprinzip 17
          2.3.2.5 Pneumatisches Meßprinzip 19
      2.3.3 Meßfehler 21
      2.3.4 Meß-und Prüfgeräte zur Längen- und Formfehlerbeurteilung 23
          2.3.4.1 Nicht anzeigende Meßgeräte 23
          2.3.4.2 Anzeigende Meßgeräte 25
      2.3.5 Verfahren und Geräte zur Beurteilung von technischen Oberflächen 36
          2.3.5.1 Oberflächenprüfgeräte 37
          2.3.5.2 Oberflächenmeßgeräte 40

3 Grundlagen der Zerspanung mit geometrisch bestimmter Schneide 51
   3.1 Der Schneidteil – Begriffe und Bezeichnungen 51
   3.2 Der Schnittvorgang 57
   3.3 Beanspruchungen des Schneidteils 59
      3.3.1 Einfluß der Geometrie des Schneidteils auf seine Beanspruchbarkeit 65
   3.4 Verschleiß 68
      3.4.1 Verschleißformen und -meßgrößen 68
      3.4.2 Verschleißursachen 68

4 Schneidstoffe und Werkzeuge ... 79

4.1 Schneidstoffübersicht ... 79
4.2 Metallische Schneidstoffe ... 81
    4.2.1 Werkzeugstähle ... 81
    4.2.2 Schnellarbeitsstähle ... 82
4.3 Hartmetalle ... 91
    4.3.1 WC/Co-Hartmetalle ... 93
    4.3.2 Cermets ... 107
4.4 Keramische Schneidstoffe ... 109
    4.4.1 Schneidkeramiken ... 109
        4.4.1.1. Schneidkeramiken auf der Basis von Al_2O_3 ... 111
        4.4.1.2 Nichtoxidische Schneidkeramiken ... 118
    4.4.2 Hochharte nichtmetallische Schneidstoffe ... 121
        4.4.2.1 Diamant als Schneidstoff ... 121
        4.4.2.2 Bornitrid als Schneidstoff ... 127
4.5 Werkzeugausführungen ... 130
    4.5.1 Vollstahl-Werkzeuge ... 132
    4.5.2 Werkzeuge mit aufgelöteten Schneidplatten ... 134
    4.5.3 Werkzeuge mit geklemmten Schneidplatten ... 136
    4.5.4 Sonderausführungen ... 142
4.6 Aufbereitung von Werkzeugen ... 145

5 Kühlschmierstoffe ... 148

5.1 Aufgaben der Kühlschmierstoffe ... 148
5.2 Arten von Kühlschmierstoffen ... 148
5.3 Gebrauchshinweise für Kühlschmieremulsionen ... 150
5.4 Auswirkungen der Kühlschmierung auf den Zerspanungsvorgang ... 152
5.5 Auswahl von Kühlschmierstoffen ... 155

6 Zerspanbarkeit ... 158

6.1 Der Begriff „Zerspanbarkeit" ... 158
6.2 Zerspanbarkeitsprüfung ... 159
    6.2.1 Bewertungsgröße Standzeit ... 159
    6.2.2 Bewertungsgröße Zerspankraft ... 170
    6.2.3 Bewertungsgröße Oberflächengüte ... 179
    6.2.4 Bewertungsgröße Spanbildung ... 183
6.3 Beeinflussung der Zerspanbarkeit ... 185
    6.3.1 Zerspanbarkeit in Abhängigkeit vom Kohlenstoffgehalt . 185

		6.3.2 Einfluß von Legierungselementen auf die Zerspanbarkeit	191

- 6.3.2 Einfluß von Legierungselementen auf die Zerspanbarkeit 191
- 6.3.3 Zerspanbarkeit in Abhängigkeit von der Wärmebehandlung 193
- 6.4 Zerspanbarkeit unterschiedlicher Stahlwerkstoffe 199
  - 6.4.1 Zerspanbarkeit der Automatenstähle 200
  - 6.4.2 Zerspanbarkeit der Einsatzstähle 204
  - 6.4.3 Zerspanbarkeit der Vergütungsstähle 205
  - 6.4.4 Zerspanbarkeit der Nitrierstähle 207
  - 6.4.5 Zerspanbarkeit der Werkzeugstähle 208
  - 6.4.6 Zerspanbarkeit nichtrostender hitzebeständiger und hochwarmfester Stähle 209
- 6.5 Zerspanbarkeit der Eisenguß-Werkstoffe 210
- 6.6 Zerspanbarkeit der Aluminiumlegierungen 220
- 6.7 Zerspanbarkeit der Kupferbasislegierungen 224
- 6.8 Zerspanbarkeit der Nickelbasislegierungen 229
- 6.9 Zerspanbarkeit der Kobaltbasislegierungen 232
- 6.10 Zerspanbarkeit der Titanwerkstoffe 235

7 Bestimmung wirtschaftlicher Schnittbedingungen 243

- 7.1 Optimierung der Schnittwerte 243
- 7.2 Schnittwertgrenzen 250
- 7.3 Schnittwertermittlung und -optimierung 254
- 7.4 Prozeßüberwachungs- und Regelungssysteme 258

8 Verfahren mit rotatorischer Hauptbewegung 262

- 8.1 Drehen 262
  - 8.1.1 Allgemeines 262
  - 8.1.2 Verfahrensvarianten, spezifische Merkmale und Werkzeuge 264
    - 8.1.2.1 Runddrehen 264
    - 8.1.2.2 Plandrehen 268
    - 8.1.2.3 Profildrehen 269
    - 8.1.2.4 Schraubdrehen 269
    - 8.1.2.5 Formdrehen 272
- 8.2 Fräsen 274
  - 8.2.1 Allgemeines 274
  - 8.2.2 Verfahrensvarianten, spezifische Merkmale und Werkzeuge 279
    - 8.2.2.1 Stirnfräsen 279

- 8.2.2.2 Umfangsfräsen 284
- 8.2.2.3 Schaftfräsen 286
- 8.2.2.4 Profilfräsen 289
- 8.2.2.5 Wälzfräsen 289
- 8.2.2.6 Wälzschälen 302
- 8.2.2.7 Schälwälzfräsen 309
- 8.2.2.8 Drehfräsen 310
- 8.3 Bohren 315
  - 8.3.1 Allgemeines 315
  - 8.3.2 Verfahrensvarianten, spezifische Merkmale und Werkzeuge 316
    - 8.3.2.1 Bohren mit Spiralbohrern 316
    - 8.3.2.2 TiN-beschichtete HSS-Spiralbohrer 327
      - 8.3.2.2.1 Leistungsfähigkeit TiN-beschichteter HSS-Spiralbohrer .. 330
      - 8.3.2.2.2 Leistungsvermögen nachgeschliffener Bohrer 331
    - 8.3.2.3 Kurzlochbohren 332
    - 8.3.2.4 Tiefbohren 333
    - 8.3.2.5 Senken 341
    - 8.3.2.6 Reiben 343
    - 8.3.2.7 Gewindebohren 344
- 8.4 Sägen 345
  - 8.4.1 Allgemeines 345
  - 8.4.2 Verfahrensvarianten, spezifische Merkmale und Werkzeuge 346
    - 8.4.2.1 Bandsägen 346
    - 8.4.2.2 Hubsägen (Bügelsägen) 348
    - 8.4.2.3 Kreissägen 348

9 Verfahren mit translatorischer Hauptbewegung 351

- 9.1 Räumen 351
  - 9.1.1 Allgemeines 351
  - 9.1.2 Verfahrensvarianten, spezifische Merkmale und Werkzeuge 352
    - 9.1.2.1 Innen-Rundräumen, Nutenräumen (Innen- und Außenbearbeitung 352
    - 9.1.2.2 Innen- und Außenprofilräumen 355
    - 9.1.2.3 Wälzräumen, Wälzschaben 360
    - 9.1.2.4 Drehräumen 362
- 9.2 Hobeln, Stoßen 366

    9.2.1 Allgemeines 366
    9.2.2 Verfahrensvarianten, spezifische Merkmale
          und Werkzeuge 366
          9.2.2.1 Planhobeln, Planstoßen 366
          9.2.2.2 Wälzstoßen 369
          9.2.2.3 Wälzhobeln 383

10 Schrifttum 385

Formelzeichen und Abkürzungen

A	%	Bruchdehnung
ABS		Aufbauschneide
BF		Wärmebehandlung auf besondere Festigkeit
BG		Wärmebehandlung auf besonderes Gefüge
C		coated (Hartstoffbeschichtung)
C		Konstante der Taylorgleichung
CBN		Kubisches Bornitrid
C_t		Achsenabschnitt der Taylorgeraden bei $T = 1$ min
C_V		Achsenabschnitt der Taylorgeraden bei $v_c = 1$ m/min
CVD		Chemical Vapor Deposition
D	mm	Werkzeugdurchmesser
DMS		Dehnungsmeßstreifen
E	GPa	Elastizitätsmodul
E		Exponent der erweiterten Taylorgleichung
ESU		Elektroschlackeumschmelzverfahren
F		Exponent der erweiterten Taylorgleichung
F	N	Zerspankraft
F_c	N	Schnittkraft
$F_c{'}$	N/mm	bezogene Schnittkraft F_c/b
$F_{c\gamma n}$	N	Resultierende aus $F_{\gamma t}$ und $F_{\gamma n}$
F_f	N	Vorschubkraft
$F_f{'}$	N/mm	bezogene Vorschubkraft F_f/b
F_{fp}	N	resultierende Kraft aus F_f und F_p
F_p	N	Passivkraft
$F_p{'}$	N/mm	bezogene Passivkraft F_p/b
$F_{\gamma n}$	N	Normalkraft zur Spanfläche
$F_{\gamma t}$	N	Tangentialkraft zur Spanfläche
$F\varkappa_n$	N	Normalkraft zur Hauptschneide
$F\varkappa_t$	N	Tangentialkraft zur Hauptschneide
$F\varnothing_n$	N	Normalkraft zur Scherebene
$F\varnothing_t$	N	Tangentialkraft zur Scherebene

G		Exponent der erweiterten Taylorgleichung
G		Sandguß
GD		Druckguß
GK		Kokillenguß
H		Exponent der erweiterten Taylorgleichung
H	mm	Zahnhöhe
HIP		Hot Isostatic Pressing
HM		Hartmetall
HR		Härte nach Rockwell
HRC		Härte nach Rockwell (Konus)
HSS		Hochleistungsschnellarbeitsstahl
HV		Härte nach Vickers
K		Kolkverhältnis
KB	mm	Kolkbreite
KL	mm	Kolklippenbreite
KM	mm	Kolkmittenabstand
KT	mm	Kolktiefe
K_F	DM/St.	Fertigungskosten je Werkstück
K_{Fmin}	DM/St.	minimale Fertigungskosten je Werkstück
K_I	MPam$^{1/2}$	Spannungsintensitätsfaktor
K_{Ic}	MPam$^{1/2}$	kritischer Spannungsintensitätsfaktor (Bruchzähigkeit, Rißzähigkeit)
K_{ML}	DM/h	Lohn- und Maschinenkosten pro Stunde
K_{WT}	DM	Werkzeugkosten je Standzeit
K_{vk}		Korrekturfaktor für Werkzeugverschleiß
L	m	Standweg
L	mm	Werkzeuglänge
M_{dmax}	Nm	maximales Drehmoment
N		Lastspielzahl
N		normalisiert, normalgeglüht
PKD		polykristalliner Diamant
PVD		Physical Vapor Deposition

P_c	W	Schnittleistung
P_e	W	Wirkleistung
P_f	W	Vorschubleistung
P_{max}	W	maximale Leistung
$P_{Spindel}$	W	Spindelleistung
Q_w	mm³/s	Zeitspanvolumen
R	mm	Radius
RT		Raumtemperatur
R_a	µm	Mittenrauhwert
R_m	N/mm²	Zugfestigkeit
R_{max}	µm	maximale Rauhtiefe
R_p	µm	Glättungstiefe
$R_{p0,2}$	N/mm²	0,2-Dehngrenze
R_t	µm	Rauhtiefe
R_z	µm	gemittelte Rauhtiefe
SF		Kupfer-Sauerstofffrei mit Phosphorgehalt zwischen 0,015 % und 0,04 %
SV_α	mm	Schneidenversatz in Richtung Freifläche
SV_γ	mm	Schneidenversatz in Richtung Spanfläche
T	min	Standzeit
T	°C, K	Temperatur
T_K	min	Standzeit bei Standzeitendekriterium: Kolkverschleiß
T_{VB}	min	Standzeit bei Standzeitendekriterium: Freiflächenverschleiß
T_{ok}	min	kostenoptimale Standzeit
T_{oz}	min	zeitoptimale Standzeit
V_z	mm³	zerspantes Werkstückvolumen je Zeiteinheit
VB	mm	Verschleißmarkenbreite
VB_C	mm	Verschleißkerbenlänge an der Nebenfreifläche
VB_N	mm	Verschleißkerbenlänge an der Freifläche
VB_{max}	mm	maximale Verschleißmarkenbreite

WSP		Wendeschneidplatte
W_c	J	Schnittarbeit
W_e	J	Wirkarbeit
W_f	J	Vorschubarbeit
Z	%	Brucheinschnürung
Z		Ordnungszahl
Z_i	µm	Einzelrauhtiefe
Z_s		Zerspanbarkeit hinsichtlich Spanbildung
Z_v		Zerspanbarkeit hinsichtlich Verschleiß
a	mm	Mittenabstand
a_e	mm	Eingriffsweite
a_k	Nm/cm^2	Kerbschlagzähigkeit
a_p	mm	Schnittiefe
a_{pmin}	mm	Mindestschnittiefe
b	mm	Spanungsbreite, Einstechtiefe
b_{max}	mm	maximal zulässige Spanungsbreite
b_{min}	mm	minimal zulässige Spanungsbreite
b_{gr}	mm	Grenzspanungsbreite
b_γ	mm	Breite der Spanflächenfase
b_α	mm	Breite der Freiflächenfase
b_ε	mm	Breite der Eckenfase
c	µm	Abstand vom Bezugsprofil
d	mm	Durchmesser
d_F	mm	Fräserdurchmesser
e	mm	Exzentrizität
f	mm	Vorschub
f_{ax}	mm	axialer Vorschub
f_{max}	mm	maximaler Vorschub
f_{min}	mm	minimaler Vorschub
f_z	mm	Vorschub je Zahn

h	mm	Höhendifferenz
h	mm	Spanungsdicke
h_{ch}	mm	Spandicke
h_{max}	mm	maximale Spanungsdicke
h_{min}	mm	minimale Spanungsdicke
i		Steigungsexponent der Taylorgeraden (in Abhängigkeit vom Vorschub)
i_e	A	mittlerer Entladestrom
k		Steigungsexponent der Taylorgeraden (in Abhängigkeit von der Schnittgeschwindigkeit)
$k_{c1.1}$	N/mm²	spezifische Schnittkraft
k_f	N/mm²	Formänderungsfestigkeit
$k_{f1.1}$	N/mm²	spezifische Vorschubkraft
$k_{p1.1}$	N/mm²	spezifische Passivkraft
l	mm	Länge
l	mm	Rauhheitsbezugstrecke
l'	mm	Länge der Stirnschneide
l_B	mm	Bohrtiefe
l_c	m	Schnittweg
l_d	m	abgewickelter Drehweg
l_e	m	Einzelmeßstrecke
l_f	m	Vorschubweg
l_g	mm	Prüflänge
l_l	m	Wirkweg
l_m	mm	Gesamtmeßstrecke
l_n	mm	Nachlaufstrecke
l_s	mm	Hauptschneidenlänge
$l_{s'}$	mm	Nebenschneidenlänge
l_t	mm	tragende Länge
l_t	mm	Taststrecke
l_v	mm	Vorlaufstrecke
m		Steigung
m		Losgröße
l-m		Anstiegswert

$1-m_c$		Anstiegswert der Schnittkraft (in Abhängigkeit von der Spanungsdicke h)
n		Anzahl der Einzelmeßwerte
n	min^{-1}	Werkstückdrehzahl
n_F	min^{-1}	Fräserdrehzahl
n_W	min^{-1}	Wellendrehzahl
n_{WZ}	min^{-1}	Werkzeugdrehzahl
n_{max}	min^{-1}	maximale Drehzahl
r	mm	Radius
r_n	mm	Radius der Schneidkante der Hauptschneide
$r_n{}'$	mm	Radius der Schneidkante der Nebenschneide
r_ε	mm	Eckenradius
s	μm	Schichtdicke
s	mm	Spaltbreite
t	min	Zeit
t'		Zahnteilung
t_a	s	Ausfunkzeit
t_c	min	Schnittzeit
t_e	min	Fertigungszeit je Werkstück
t_{emin}	min	minimale Fertigungszeit je Werkstück
t_h	min	Hauptzeit
t_i	μs	Impulsdauer
t_n	min	Nebenzeit
t_p	%	Profiltraganteil
t_r	min	Rüstzeit
t_w	min	Werkzeugwechselzeit
$\hat{u}_i$	V	Leerlaufspannung
$ü$	mm	Werkzeugüberstand
v_c	m/min	Schnittgeschwindigkeit
v_{cA}	m/min	Anfangsschnittgeschwindigkeit
v_{cE}	m/min	Endgeschwindigkeit
v_{ch}	m/min	Spangeschwindigkeit

v_{cok}	m/min	kostenoptimale Schnittgeschwindigkeit
v_{coz}	m/min	zeitoptimale Schnittgeschwindigkeit
v_e	m/min	Wirkgeschwindigkeit
v_f	mm/min	Vorschubgeschwindigkeit
v_{fax}	m/min	axiale Vorschubgeschwindigkeit
v_{ft}	m/min	Werkstückgeschwindigkeit
v_{stand}	m/min	Konstante der erweiterten Taylorgleichung
x	mm	Prüflänge
x	mm	Variable der Geradengleichung
Δx	mm	Prüflängenunterschied
x_j		zufälliger Einzelmeßwert
y		Variable der Geradengleichung
α	$10^{-6} K^{-1}$	Wärmeausdehnung
α_o	Grad	Orthogonalfreiwinkel
α_{oe}	Grad	Wirk-Orthogonalfreiwinkel
α_f	Grad	Seitenfreiwinkel
α_f	Grad	Steigungswinkel der Taylorgeraden in Abhängigkeit vom Vorschub
α_{fe}	Grad	Wirk-Seitenfreiwinkel
α_p	Grad	Rückfreiwinkel
α_{pe}	Grad	Wirk-Rückfreiwinkel
α_v	Grad	Steigungswinkel der Taylorgeraden in Abhängigkeit vom Vorschub
β_o	Grad	Orthogonal- Keilwinkel
β_{oe}	Grad	Wirk-Orthogonal-Keilwinkel
β_f	Grad	Seitenkeilwinkel
β_{fe}	Grad	Wirk-Seitenkeilwinkel
β_p	Grad	Rückkeilwinkel
β_{pe}	Grad	Wirk-Rückkeilwinkel
γ_o	Grad	Orthogonalspanwinkel
γ_{oe}	Grad	Wirk-Orthogonalspanwinkel
γ_f	Grad	Seitenspanwinkel
γ_{fe}	Grad	Wirk-Seitenspanwinkel
γ_p	Grad	Rückspanwinkel
γ_{pe}	Grad	Wirk-Rückspanwinkel

ε		Verformungsgrad
$\bar{\varepsilon}$		Scherdehnung
$\dot{\bar{\varepsilon}}$	s^{-1}	Scherdehnungsgeschwindigkeit
ε_r	Grad	Eckenwinkel
η	Grad	Wirkrichtungswinkel
δ	°C, K	Temperatur
$\varkappa_r$	Grad	Einstellwinkel
$\varkappa_r{}'$	Grad	Einstellwinkel der Nebenschneide
$\varkappa_{re}$	Grad	Wirk-Einstellwinkel
λ	W/mK	Wärmeleitfähigkeit
λ_{Bmax}	mm	Grenzwellenlänge
λ_s	Grad	Neigungswinkel
λ_{se}	Grad	Wirk-Neigungswinkel
μ		arithmetischer Mittelwert
σ_N	N/mm^2	Normalspannung
σ_{bB}	MPa	Biegebruchfestigkeit
σ_{dB}	MPa	Druckfestigkeit
σ_{nm}	N/mm^2	mittlere Normalspannung
τ		Tastverhältnis
τ	N/mm^2	Scherfestigkeit
τ_m	N/mm^2	mittlere Scherspannung
ϱ	g/cm^3	Dichte
φ	Grad	Winkelabweichung
φ	Grad	Eingriffswinkel
φ_A	Grad	Austrittswinkel
φ_c	Grad	Schnittwinkel
φ_E	Grad	Eintrittswinkel
$\varnothing$	Grad	Scherwinkel

Einleitung

Eine Untergruppe der in der DIN 8580 unter dem Oberbegriff „Trennen" zusammengefaßten Fertigungsverfahren bilden die spanenden Bearbeitungsverfahren mit geometrisch bestimmter Schneide, deren Kennzeichen in der Verwendung von Werkzeugen mit genau festgelegter Schneidteilgeometrie besteht.

Schon vor rd. 12000 bis 50000 Jahren war man in der Lage, Steinwerkzeuge mit bewußt hergestellter Arbeitskante durch Variation der Schneidengeometrie an die jeweilige Bearbeitungsaufgabe anzupassen, wie Funde aus der Altsteinzeit beweisen, Bild 1-1 [1].

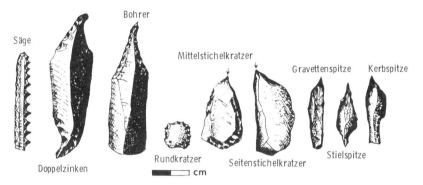

Bild 1-1. Feuersteingeräte (nach Kernd'l)

Von entscheidender Bedeutung für die Weiterentwicklung der Technik überhaupt aber war die Gewinnung von Metallen wie Kupfer, Zinn und Eisen.

Wurden schon ab 700 v. Chr. die Werkzeuge fast ausschließlich aus Eisen hergestellt, so begründeten mit Beginn des 17. Jahrhunderts ständige Verbesserungen der Eisenverhüttung die Vorrangstellung des Eisens bzw. Stahls vor den anderen damals bekannten Metallen.

Systematische Zerspanungsuntersuchungen, die sich wiederum auf werkstofftechnische Fragen ausweiteten, setzten erst zu Beginn des 19. Jahrhunderts ein und führten u.a. zur Entdeckung neuer Schneidstoffe, wobei um 1900 dem Amerikaner *F. W. Taylor* mit der Herstellung des Schnellarbeitsstahls ein bedeutender Fortschritt gelang.

Die gesinterten Hartmetalle und die Schneidstoffe auf oxidkeramischer Basis sind weitere Ergebnisse einer intensiven Forschung auf dem Schneidstoffsektor, die auch heute noch nicht abgeschlossen ist, sondern in der ständigen Verbesserung vorhandener Werkzeugbaustoffe und in der Herstellung und Erprobung neuartiger Schneidstoffe, wie in jüngster Zeit die Diamantschneiden oder Schneidkörper aus kubisch-kristallinem Bornitrid, ihre Fortsetzung findet.

Um die ständig steigenden Anforderungen an die Werkstückqualität und die Wirtschaftlichkeit des Bearbeitungsprozesses zu erfüllen, müssen außer den Schneidstoffen zur optimalen Auslegung des Fertigungsprozesses alle am Zerspanprozeß beteiligten Größen wie Schneidteilgeometrie, Schnittbedingungen, Werkstückstoff, Hilfsstoffe usw., ihre gegenseitige Beeinflussung und ihre Auswirkungen auf das Arbeitsergebnis berücksichtigt werden. Nur die Kenntnis dieser funktionalen Zusammenhänge macht eine Nutzung technologischer Reserven möglich.

Kernpunkt des Zerspanprozesses bildet der Schnittvorgang selbst, mit dessen Beschreibung dieses Buch beginnt.

Den Grundlagen der Zerspanung mit definierter Schneide wird ein verfahrensübergreifender Abschnitt über die Werkstückmeßtechnik vorangestellt, in dem ein Überblick über die Meßgrößen gegeben wird, die eine Beurteilung darüber zulassen, ob die Anforderungen, die an ein Fertigteil hinsichtlich seiner Abmessungen gestellt werden, in der Fertigung erfüllt wurden.

Darüber hinaus werden Geräte zur Erfassung der beschriebenen Meßgrößen vorgestellt.

2 Werkstückgenauigkeit und Meßtechnik

2.1 Genauigkeitsanforderungen

Die Meßtechnik soll sicherstellen, daß die an ein Produkt gestellten Anforderungen auch in der Fertigung verwirklicht werden. Eine ihrer Aufgaben ist es deshalb, die Abmessungen an Werkstücken und deren Abweichungen von einem vorgegebenen Konstruktionsmaß festzustellen. Diesen Abweichungen sind Grenzen gesetzt, innerhalb derer die Brauchbarkeit des Werkstücks für seine eigentliche Aufgabe gewährleistet ist.

Zur Beurteilung der Werkstücke werden deshalb geeignete Meßgeräte und -verfahren benötigt, mit denen die Einzelfehler eines Werkstücks getrennt erfaßt werden können.

Zielsetzung einer wirtschaftlichen Fertigung muß es aber sein, nur so genau wie notwendig und nicht so genau wie möglich zu produzieren, um den Bearbeitungs- und Meßaufwand gering zu halten.

Aufgabe des Konstrukteurs ist es, nur die Toleranzen zu fordern, die zur sicheren Funktionserfüllung und Gewährleistung der Austauschbarkeit von Bauteilen nötig sind.

2.2 Geometrische Fertigungsfehler

Je nach Herstellungsverfahren können bei der Fertigung unterschiedliche Fehler hinsichtlich Werkstückeigenschaften bzw. -geometrie auftreten. Fehler, die sich auf die Eigenschaften beziehen, sind z. B. Fehler in der Wärmebehandlung der Werkstücke mit entsprechenden Auswirkungen auf Gefüge, Härte und Festigkeit [2].

Am häufigsten treten allerdings die geometrischen Fertigungsfehler auf, die im makroskopischen oder mikroskopischen Bereich liegen [3]. Für die systematische Betrachtung untergliedert man diese Fehler in die im Bild 2-1 wiedergegebenen Einzelfehler, die in den folgenden Abschnitten einzeln erläutert werden.

2.2.1 Formfehler

Als Formfehler bezeichnet man die Abweichung von einer vorgeschriebenen geometrischen Grundform wie der Geraden, der Ebene, dem Kreis oder der Zy-

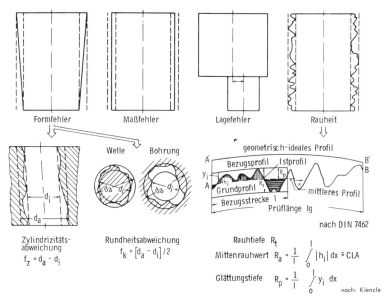

Bild 2-1. Geometrische Fertigungsfehler und deren Definition (nach Kienzle)

linderform [4, 5]. Im folgenden werden einige Beispiele für Formfehler und ihre Ursachen aufgeführt.

a) Der Grund für das Entstehen einer konischen Welle liegt häufig darin, daß die Aufspannrichtung nicht parallel zur Bearbeitungsrichtung liegt oder daß – bei sehr langen Werkstücken – der Wellendurchmesser am Spannfutter um den doppelten Verschleißbetrag des Werkzeugs größer wird.

b) Ballige Wellen entstehen, wenn sich das Werkstück z. B. beim Schleifen unter der radial wirkenden Zerspankraft durchbiegt.

c) Zylindrizitätsfehler können beim Bohren von tiefen Löchern mit Spiralbohrern durch das Verlaufen des Werkzeugs infolge unterschiedlich langer Hauptschneiden oder einer schrägen Anbohrfläche auftreten. Bei Zylindrizitätsfehlern werden allgemein mehrere Fälle unterschieden. Es können die Mantellinien von der Geraden abweichen, wie es in Bild 2-1 dargestellt ist. Stirn- und Mantelfläche können unter einem von 90° abweichenden Winkel zueinander stehen oder der Querschnitt kann von der Kreisform abweichen. Beim zuletzt genannten Fall, dem Rundheitsfehler, treten statt des Kreisquerschnitts oft Ellipsen und Gleichdicke auf.

d) Rundheitsfehler entstehen oft durch unsachgemäßes Spannen der Werkstücke. Wird ein Rohr z. B. in einem Dreibackenfutter von außen gespannt und innen ausgedreht, ergibt sich durch die elastische Rückfederung nach dem Ausspannen eine Abweichung von der ursprünglich runden Form, d. h. daß die Radien an den Spannstellen um den Betrag der Rückfederung vergrößert sind.

2.2.2 Maßfehler

Unter einem Maßfehler versteht man jede Abweichung von einem vorgeschriebenen Maß, das bei der Konstruktion eines Teiles entsprechend seiner späteren Verwendung festgelegt und in der Zeichnung als Sollmaß eingetragen ist [4, 5]. Dieser Fehler führt nicht unbedingt dazu, daß ein gefertigtes Teil unbrauchbar ist; er läßt sich häufig durch Nacharbeit korrigieren. Ein Beispiel für das Entstehen eines Maßfehlers ist in Bild 2-2 wiedergegeben: Beim Drehen zylindrischer Teile können sich Maßfehler ergeben, wenn bei gleicher Maschineneinstellung die Durchmesser der Ausgangskörper unterschiedlich sind, da sich wegen der verschiedenen Spanungsquerschnitte auch verschieden hohe Zer-

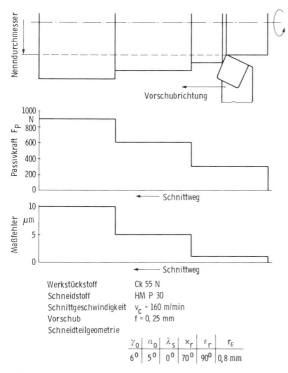

Bild 2-2. Einfluß einer Passivkraftänderung auf den Werkstückdurchmesser

spankräfte ergeben, die zu unterschiedlichen Verbiegungen der Maschine, des Werkzeugs und des Werkstücks führen können.
Weiterhin führt z. B. die Abnutzung einer Schleifscheibe beim Flachschleifen von Werkstücken in der Großserie zu einem Maßfehler, wenn keine entsprechende Nachstellung der Maschine erfolgt.

2.2.3 Lagefehler

Lagefehler sind Abweichungen einer Kante, Mantellinie oder Fläche eines Werkstücks von der Sollage. Im allgemeinen wird die Lage zweier Flächen oder Achsen zueinander durch einfache Abstands- oder Winkelangaben hinreichend bestimmt. Die für die Praxis wichtigsten Lageabweichungen sind:
– Abweichung von der parallelen Lage zweier Ebenen zueinander,
– Abweichung von Fluchten, d.h. Versetzen zweier Achsen und Ebenen zueinander.

In Bild 2-1 (rechte obere Mitte) ist eine solche Versetzung zweier Mittellinien dargestellt. Eine mögliche Entstehung dieses Lagefehlers ist durch ein nicht zentrisch laufendes Futter gegeben, wobei sich durch Umspannen des Werkstücks der dargestellte Fehler ergeben kann.

Die Versetzung der Achsen muß sich nicht immer in der gezeigten Form darstellen. Beide Achsen können sich auch unter einem bestimmten Winkel schneiden oder aber windschief zueinander liegen, d.h. sie haben keinen Schnittpunkt miteinander und sind auch nicht parallel.

2.2.4 Rauheit

Jeder Gegenstand wird durch eine oder mehrere Flächen begrenzt. Bei der Herstellung von Werkstücken ist es nicht möglich, ideale Flächen zu fertigen. Die Oberflächen von Werkstücken sind, mikroskopisch betrachtet, mit mehr oder minder großen Unebenheiten versehen, die als Rauheit bezeichnet werden, auch wenn diese Flächen makroskopisch vollkommen glatt aussehen.

Die Gesamtheit aller Abweichungen der Ist-Oberfläche von der Idealoberfläche wird unter dem Begriff „Gestaltabweichung" zusammengefaßt, der wiederum zur genauen Unterscheidung in sechs Ordnungen von groben hin zu feinen Abweichungen wie in Bild 2-3 unterteilt wird [5].

Bei den meisten in der betrieblichen Oberflächenmeßtechnik angewandten Verfahren werden nur die Gestaltabweichungen zweiter und höherer Ordnung an Oberflächenausschnitten betrachtet und gemessen. Diese Ausschnitte müssen statistisch repräsentativ sein für die gesamte Oberfläche [6].

Gestaltabweichung (als Profilschnitt überhöht dargestellt)	Beispiele für die Art der Abweichung		Beispiele für die Entstehungsursache
1. Ordnung: Formabweichungen 	Unebenheit Unrundheit		Fehler in den Führungen der Werkzeugmaschine, Durchbiegung der Maschine oder des Werkstückes, falsche Einspannung des Werkstückes, Härteverzug, Verschleiß
2. Ordnung: Welligkeit 	Wellen		Außermittige Einspannung oder Formfehler eines Fräsers, Schwingungen der Werkzeugmaschine oder des Werkzeuges
3. Ordnung: 	Rillen	Rauheit	Form der Werkzeugschneide, Vorschub oder Zustellung des Werkzeuges
4. Ordnung: 	Riefen Schuppen Kuppen		Vorgang der Spanbildung (Reißspan, Scherspan, Aufbauschneide), Werkstoffverformung beim Sandstrahlen, Knospenbildung bei galvanischer Behandlung
5. Ordnung: nicht mehr in einfacher Weise bildlich darstellbar	Gefügestruktur		Kristallisationsvorgänge, Veränderung der Oberfläche durch chemische Einwirkung (z. B. Beizen), Korrosionsvorgänge
6. Ordnung: nicht mehr in einfacher Weise bildlich darstellbar	Gitteraufbau des Werkstoffes		Physikalische und chemische Vorgänge im Aufbau der Materie, Spannungen und Gleitungen im Kristallgitter
	Überlagerung der Gestaltabweichungen 1. bis 4. Ordnung		

Bild 2-3. Beispiele für Gestaltabweichungen (nach DIN 4760)

Die Oberfläche kann hinsichtlich ihrer Gestaltabweichung je nach den Erfordernissen anhand von Schnitten durch Oberflächen oder anhand der tragenden Fläche selbst erfaßt werden [5].

Oberflächenschnitte werden durch Ebenen, die in einem bestimmten (meist rechten) Winkel zur geometrisch-idealen Oberfläche stehen, oder durch Flächen, die abstandsgleich (äquidistant) zu dieser liegen, erzeugt. Je nach Lage der Schnittfläche zur geometrisch-idealen Oberfläche unterscheidet man Profilschnitte oder Tangential- bzw. Äquidistanzschnitte, Bild 2-4.

Profilschnitte sind Senkrechtschnitte und Schrägschnitte, die durch mechanisches Trennen des Körpers in einer Schnittebene, durch punktweises Abtasten oder kontinuierliches Abfühlen der Oberfläche mittels eines Tastelements oder auch auf optischem Wege erzeugt werden.

Beim Tangentialschnitt liegt die Schnittebene parallel zu einer Tangentialebene an die geometrisch-ideale Oberfläche.

Äquidistanzschnitte sind Oberflächenschnitte, bei denen die Schnittfläche abstandsgleich zu der ggf. auch gekrümmten geometrisch-idealen Oberfläche

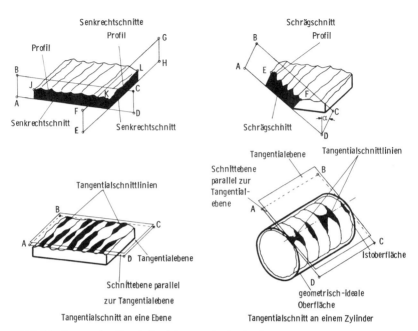

Bild 2-4. Erfassung der Gestaltabweichungen durch Oberflächenschnitte

liegt. Ist die geometrisch-ideale Oberfläche eine Ebene, dann sind die entstehenden Äquidistanzschnitte zugleich Tangentialschnitte [5].

Als Profil wird die Schnittlinie bezeichnet, die durch einen Profilschnitt erzeugt wird. Demgegenüber ist ein Schichtbild das Bild der Schnittlinien einer Schar benachbarter, gleichartiger Oberflächenschnitte, die vorzugsweise in gleichem Abstand geführt werden.

Zur meßtechnischen Beschreibung einer Oberfläche sollen anhand eines Profilschnitts zunächst einige Grundbegriffe erklärt werden, Bild 2-5.

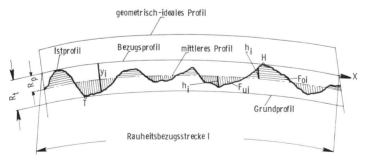

Bild 2-5. Grundbegriffe der Oberflächenmeßtechnik

Man unterscheidet an einem Profil zwischen der Prüflänge l_g des Oberflächenausschnitts, die meßtechnisch erfaßt wird, und der Bezugsstrecke l, die zur Auswertung herangezogen wird ($l < l_g$) [3].

Das geometrisch-ideale Profil entspricht einer geometrisch-idealen Oberfläche. Das Ist-Profil ist das ermittelte Profil einer Oberfläche und hängt demnach vom Meßverfahren ab. Es ist das angenäherte Abbild der tatsächlichen Oberfläche. Verschiedene Meßverfahren können demnach unterschiedliche Ist-Profile liefern.

Das in den höchsten Punkt des Ist-Profils verschobene geometrisch-ideale Profil ist das Bezugsprofil und stellt den Bezug für alle Gestaltabweichungen dar. Als mittleres Profil bezeichnet man das innerhalb der Bezugsstrecke senkrecht zum geometrisch-idealen Profil so verschobene Bezugsprofil, daß die Summe der über ihm vom Ist-Profil eingeschlossenen werkstofferfüllten Flächenstücke F_{oi} gleich ist der Summe der unter ihm vom Ist-Profil eingeschlossenen werkstofffreien Flächenstücke F_{ui}. Das Grundprofil ist das innerhalb der Rauheitsbezugsstrecke senkrecht zum geometrisch-idealen Profil verschobene Bezugsprofil, das den vom Bezugsprofil entferntesten Punkt des Ist-Profils berührt.

Die Senkrechtmaße für die Gestaltabweichungen dritter bis fünfter Ordnung werden innerhalb der Rauheitsbezugsstrecke l ermittelt. Sie ergeben sich aus der rechtwinklig zum geometrisch-idealen Profil durchgeführten Messung der Abstände von jeweils zugeordneten Punkten, die auf verschiedenen Profilen liegen. Ihre Maßeinheit ist das Mikrometer (1 μm = 0,001 mm).

a) Rauhtiefe R_t: Abstand des Grundprofils vom Bezugsprofil. Die Rauhtiefe ist der größte rechtwinklig zum geometrisch-idealen Profil gemessene Abstand des Ist-Profils vom Bezugsprofil.

b) Glättungstiefe R_p: Mittlerer Abstand des Bezugsprofils vom Ist-Profil

$$R_p = \frac{1}{\ell} \int_{x=0}^{x=\ell} y_i \cdot dx \qquad (1)$$

Die Glättungstiefe ist auch gleich dem Abstand des mittleren Profils vom Bezugsprofil.

c) Mittenrauhwert R_a: Arithmetischer Mittelwert der absoluten Beträge der Abstände h_i des Ist-Profils vom mittleren Profil

$$R_a = \frac{1}{\ell} \int_{x=0}^{x=\ell} |h_i| \cdot dx \qquad (2)$$

d) Einzelrauhtiefe Z_i ($Z_i = Z_1$ bis Z_5): Abstand zweier Parallelen zur mittleren Linie (mittleres Profil), die innerhalb der Einzelmeßstrecke das Rauheitsprofil am höchsten bzw. am tiefsten Punkt berühren, Bild 2-6.

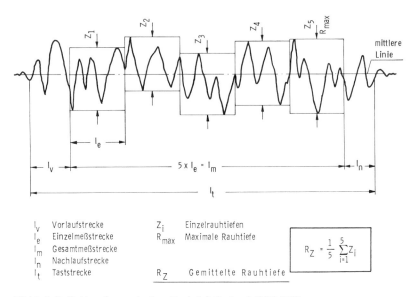

Bild 2-6. Definition der gemittelten Rauhtiefe R_z (nach DIN 4768)

e) Gemittelte Rauhtiefe R_z: Arithmetisches Mittel aus den Einzelrauhtiefen fünf aneinandergrenzender Einzelmeßstrecken.

f) Maximale Rauhtiefe R_{max}: Größte der auf der Gesamtstrecke l_m vorkommenden Einzelrauhtiefen Z_i, z. B. Z_5 in Bild 2-6.

Die Waagerechtmaße werden durch die rechtwinklig auf das geometrisch-ideale Profil projizierten Abstände von Punkten bestimmt, die auf ein und demselben Profil liegen, Bild 2-7. Wird das Bezugsprofil um den Betrag c zum geometrisch-idealen Profil parallel verschoben, so schneidet es aus dem Ist-Profil Strecken l_{c1}, l_{c2}... l_{cn} heraus. Die tragende Länge l_t ist die Summe der Projektionen der Strecken l_{c1}, l_{c2}...l_{cn} auf das geometrisch-ideale Profil (Summe der Strecken l_{c1}, l_{c2}...l_{cn}). Die Maßeinheit ist Millimeter (mm).

Zur Kennzeichnung, in welchem Abstand c vom Bezugsprofil die tragende Länge ermittelt wurde, ist hinter dem Zeichen l_t der Betrag c in der Maßeinheit Mikrometer anzugeben. So bedeutet z. B. $l_{t0,25}$ = ..., daß die tragende Länge in einem Abstand von 0,25 μm vom Bezugsprofil bestimmt wurde.

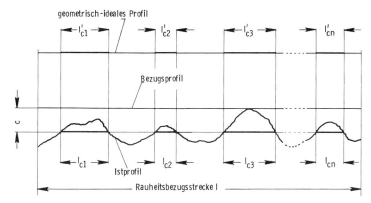

Bild 2-7. Ermittlung der tragenden Länge (nach DIN 4762)

Der Profiltraganteil t_p ist das Verhältnis der tragenden Länge l_t zur Bezugsstrecke l:

$$t_p = 100 \, \frac{l_t}{l} \tag{3}$$

Er wird in % angegeben.

2.3 Meßtechnik

2.3.1 Grundlagen

Aufgabe der Meßtechnik im Bereich der Fertigungstechnik ist es,

a) durch Messen am Werkstück vor oder während der Bearbeitung die richtige Einstellung der Werkzeugmaschinen oder die richtige Zustellung des Werkzeugs zu bestimmen.

b) durch Messen am fertigen Werkstück – meist nur an jedem n-ten Stück einer Serie – festzustellen, ob wegen allmählich eingetretener Verstellung der Werkzeugmaschine oder Abnutzung des Werkzeugs die Maschineneinstellung geändert oder das Werkzeug ausgewechselt werden muß. Durch eine statistische Auswertung der Meßergebnisse läßt sich eine eintretende Tendenz zur Überschreitung der Toleranz meist rechtzeitig erkennen, so daß Ausschuß vermieden werden kann.

c) durch Messen oder Lehren fertiger Werkstücke – Ausgangsprüfung im Erzeugerwerk oder Eingangsprüfung beim Verbraucher – festzustellen, ob die Abnahmemaße der Werkstücke in der geforderten Toleranz liegen und ob bestimmte Gütevorschriften eingehalten worden sind.

d) durch Abnahmemessungen oder -prüfungen an Werkzeugmaschinen und Werkzeugen die Voraussetzung zu schaffen, daß Werkstücke in der geforderten Qualität erzeugt werden.

e) Untersuchungsergebnisse z. B. für Neu- oder Weiterentwicklungen von Maschinen oder Geräten sowie für die Ermittlung von Fehlereinflüssen usw. zu gewinnen.

Die unter a und b genannten Aufgaben werden im allgemeinen durch Einzelfehlermessungen gelöst. Bei c handelt es sich um die Ermittlung von Betriebseigenschaften, die mit einer Funktionsprüfung oder Summenfehlermessung zweckmäßig erfaßt werden können.

Einige wichtige Begriffe der Meßtechnik im Bereich der Fertigungstechnik sollen näher erläutert werden.

Messen ist ein experimenteller Vorgang, bei dem durch Vergleichen einer Meßgröße an einem Werkstück (Prüfling) mit einer Meßgröße der gleichen Art (z. B. Länge, Temperatur, Masse), die in einem als „normal" anzusehenden Körper verwirklicht ist, eine physikalische Größe gefunden wird. Das Meßergebnis besteht aus einer Maßzahl und der Maßeinheit, z. B. 10 mm, 20° C [7].

Im Begriff „Messen" ist das Auswerten bis zum Meßergebnis – als Ziel einer Messung – mit eingeschlossen, jedoch nicht die Anwendung (Weiterverarbeitung) eines Meßergebnisses.

Beim Lehren wird festgestellt, ob ein Ist-Maß an einem Werkstück innerhalb bestimmter Grenzmaße (größtes und kleinstes Maß) liegt, d. h. ob die zulässigen Abweichungen des tatsächlichen Maßes vom Sollmaß nicht überschritten sind (Maßlehrung), oder ob die Formabweichungen des Werkstücks innerhalb der zulässigen Abweichungen liegen und das Werkstück mit einem als fehlerfrei anzusehenden Gegenstück gepaart werden kann (Paarungslehrung). Das Ergebnis ist „Gut" oder „Ausschuß".

Prüfen heißt feststellen, ob der Prüfgegenstand (Probekörper, Probe, Meßgerät) eine oder mehrere vereinbarte, vorgeschriebene oder erwartete Bedingungen erfüllt, insbesondere, ob vorgegebene Fehlergrenzen oder Toleranzen eingehalten werden. Mit dem Prüfen ist daher immer eine Entscheidung verbunden. Das Ergebnis des Prüfens ist „Ja" oder „Nein" [7].

Das Prüfen kann subjektiv durch Sinneswahrnehmung ohne Hilfsgerät, objektiv mit Meß- oder Prüfgeräten, die auch automatisch arbeiten können, geschehen. Ein subjektives Prüfen führt meist nur zu einer qualitativen Angabe. Das Ergebnis einer solchen Prüfung lautet z. B.: Die Oberfläche eines Werkstücks ist zu rauh (Tastprüfung); oder: die Maschine ist zu laut (Hörprüfung).

Das Prüfen mit Hilfe von Prüfgeräten oder mit Meßgeräten führt zu einer objektiven Aussage darüber, ob der Prüfgegenstand oder die gemessenen Größen die geforderten Bedingungen erfüllen.

Im Bereich der Materialprüfung wird das Wort „Prüfen" meist im Sinn der vorstehenden Definition benutzt; es wird aber in vielen Fällen unter „Prüfen" auch ein Vorgang verstanden, der dem Messen entspricht; z. B. „prüft" man ein Stahlstück auf Härte und Zugfestigkeit, ohne daß damit immer ein Vergleich mit einem vorgeschriebenen oder vereinbarten Wert, d. h. eine Beurteilung, verbunden ist.

Im allgemeinen versteht man in der Meßtechnik unter Kalibrieren (Einmessen) das Feststellen des Zusammenhangs zwischen Ausgangsgröße und Eingangsgröße, z. B. zwischen Anzeige und Meßgröße. Bei bekannten Skalen wird durch das Kalibrieren der Fehler der Anzeige eines Meßgeräts oder der Fehler einer Maßverkörperung festgestellt. Ein Beispiel ist das Kalibrieren eines Thermopaares (Vergleich der Anzeige am Thermospannungsmesser mit der Temperatur).

Im Bereich der elektrischen Meßtechnik wird das Wort „Kalibrieren" auch manchmal für das Herstellen der Skala eines Meßinstruments während des Fertigungsprozesses verwendet. Dies kann individuell direkt an der Einzelskala oder über gleichmäßig geteilte Zwischenskalen oder unter Verwendung (vorab geteilter) „gedruckter" Skalen geschehen. „Kalibrieren" wird ferner manchmal mit „Kontrollieren" gleichgesetzt.

Justieren (Abgleichen) im Bereich der Meßtechnik heißt, ein Meßgerät oder eine Maßverkörperung so einzustellen oder abzugleichen, daß die Ausgangsgröße (z. B. die Anzeige) vom richtigen Wert oder von dem als richtig geltenden Wert so wenig wie möglich abweicht oder daß die Abweichungen innerhalb der Fehlergrenzen bleiben. Das Justieren erfordert also einen Eingriff, der das Meßgerät oder die Maßverkörperung oft bleibend verändert.

Das Eichen (amtliches Eichen) eines Meßgeräts oder einer Maßverkörperung umfaßt die von der zuständigen Eichbehörde nach den Eichvorschriften vorzunehmenden Prüfungen und die Stempelung.

Im Bereich der Technik wird das Wort „Eichen" vielfach im Sinne von Justieren oder Kalibrieren oder für beide Tätigkeiten zusammen verwendet.

2.3.2 Meßprinzipien

2.3.2.1 Allgemeines

Messen ist grundsätzlich Vergleichen; primäre Voraussetzung beim Meßvorgang ist deshalb das Vorhandensein einer Vergleichsgröße. Dies ist immer ein dem jeweiligen Zweck entsprechend ausgebildetes Meßgerät. In der einfachsten Form, z. B. beim Messen einer Länge, ist es ein Maßstab, der – meistens mit einer Unterteilung der dem Meßgerät zugrundeliegenden Maßeinheit versehen – als Normal an die zu vergleichende Strecke angelegt wird. Die Meßunsicherheit ist dabei allerdings sehr groß. Zur Steigerung der Meßgenauigkeit muß man deshalb eine Verfeinerung der Ablesegenauigkeit schaffen. Für Messungen werden daher im allgemeinen Meßgeräte eingesetzt, bei denen der aufgenommene Meßwert mit Hilfe von nachgeschalteten Gliedern so weiterverarbeitet wird, daß er mit der für die jeweilige Messung erforderlichen Genauigkeit angezeigt werden kann.

Der Signalfluß zwischen Meßgröße als Eingangssignal und Anzeige umfaßt: Übersetzer – Wandler – Verstärker – Meßwertübertrager – Wandler, wobei nicht immer alle diese Glieder durchlaufen werden müssen. Die einzelnen im Signalfluß liegenden Glieder sollen kurz erklärt werden, Bild 2-8:

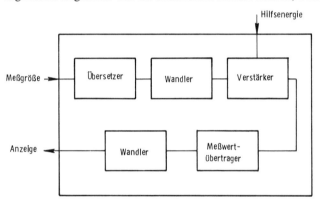

Bild 2-8. Signalfluß zwischen Meßgröße und Anzeige

Im Übersetzer wird der Betrag eines Signals verändert, ohne daß eine Änderung seiner physikalischen Dimension stattfindet. Als Beispiel für einen Übersetzer sei hier ein Hebel genannt, durch den z. B. die Größe einer Kraft oder der zurückgelegte Weg an seinen beiden Armen unterschiedlich ist. Unter einem Wandler versteht man ein Gerät, das die physikalische Dimension einer Größe umwandelt, z. B. eine Längenänderung in einen Druckunterschied, eine Kraft in eine Spannung. Ein Verstärker bewirkt eine Änderung des Energieniveaus eines Signals z. B. mit Hilfe von Elektronenröhren oder Transistoren. Hierbei ist stets eine Hilfsenergie notwendig, z. B. aus Batterie oder Lichtnetz. Mit Hilfe des Meßwertübertragers wird ein Meßsignal über eine bestimmte Strecke transportiert, ohne daß seine Dimension verändert wird, z. B. durch elektrische oder pneumatische Leitungen. Hierbei kann sich die Größe des Signals durch den Widerstand im Übertragungssystem verringern.

Je nach der Art der Meßgröße und der im Signalfluß liegenden Zwischenglieder unterscheidet man zwischen einem mechanischen, optischen, elektrischen und pneumatischen Meßprinzip, wobei zwischen Meßgröße und Anzeige auch Kombinationen der genannten Prinzipien zur Anwendung kommen.

Die verschiedenen Meßprinzipien werden im folgenden näher beschrieben.

2.3.2.2 Mechanisches Meßprinzip

Bei Geräten, die nach diesem Meßprinzip arbeiten, wird das Ausgangssignal auf rein mechanischem Weg aus der Eingangsgröße gewonnen. Die Meßgröße, z. B. eine Länge, wird mit Hilfe eines Tasters vom Werkstück abgegriffen und dann durch Hebel, Zahnradgetriebe, verdrillte Federbänder usw. vergrößert [8]. Ein Hauptproblem ergibt sich hierbei durch die mechanische Bewegung selbst, da Massen bewegt werden müssen, wozu Kräfte nötig sind. Gleichzeitig kommt eine unvermeidliche, mit jeder Bewegung verbundene Reibung in den Lagern dieser Hebel- oder Rädergetriebe hinzu, die sich ebenfalls in Form einer Kraft äußert. Da sich mit Geräten, die nach diesem Meßprinzip arbeiten, nur berührende Messungen durchführen lassen, wird in jedem Fall auf das zu prüfende Werkstück eine Kraft ausgeübt, die im Normalfall nicht über den gesamten Meßbereich konstant ist. Diese Kräfte können, auch wenn sie sehr klein sind, schon zu Beschädigungen am Werkstück führen, z. B. beim Messen der Dicke von dünnen Kunststoff- oder Metallfolien, oder sie können durch elastische Verformungen im System Werkstück – Meßgerät zu Meßfehlern führen. Weiterhin sind im allgemeinen Lagerungen von Wellen in Bohrungen, die in mechanischen Meßgeräten vorliegen, nicht ganz spielfrei.

Das mechanische Meßprinzip eignet sich nur zum Messen statischer oder sich nur sehr langsam ändernder mechanischer Größen, da der Trägheit der sich in einem mechanischen Meßgerät bewegenden Teile Rechnung getragen werden muß.

Der Ort der Meßwertaufnahme und -anzeige ist nicht zu trennen. Für Messungen nach dem mechanischen Prinzip ist deshalb ein relativ großer Platzbedarf erforderlich.

Die kleinsten zu messenden Längen liegen aus den genannten Gründen im μm-Bereich.

2.3.2.3 Optisches Meßprinzip

Bei diesem Meßprinzip nutzt man die geradlinige Ausbreitung und die Wellennatur des Lichts.

Eine zu messende Strecke, z. B. der Durchmesser einer Bohrung, läßt sich mit Hilfe eines optischen Systems, bestehend aus verschiedenen Linsen, Prismen und Spiegeln, so vergrößert darstellen, daß ihre Länge mittels eines im Strahlengang befindlichen Maßstabs bestimmt werden kann. Dies kann durch Betrachtung in einem Okular geschehen, oder der zu vermessende Gegenstand kann auf eine Mattscheibe projiziert werden. Hierbei hängt die Vergrößerung von der entsprechenden Kombination der Linsen ab.

Ist der zu vermessende Gegenstand so groß, daß er in seiner Gesamtheit nicht mit der für die erforderliche Meßgenauigkeit notwendigen Vergrößerung dargestellt werden kann, so muß er mit Hilfe von genauen mechanischen Getrieben im Strahlengang bewegt werden, wobei die entsprechenden Referenzkanten durch ein Fadenkreuz im Strahlengang anvisiert werden können. Der Weg dieser Verschiebung repräsentiert dann die zu messende Länge [8]. Bedingt durch solche mechanischen Zusatzeinrichtungen liegt auch hier die Meßgenauigkeit im μm-Bereich.

Für sehr genaue Längenmessungen macht man sich die Wellennatur des Lichts zunutze. Lichtstrahlen können sich bei Brechung oder Reflexion verstärken oder auslöschen.

Wie in Bild 2-9 dargestellt, kommt es bei gleichphasiger Lage zweier kohärenter Lichtstrahlen zu einer Addition der Lichtintensität, wogegen es bei zwei kohärenten Lichtstrahlen in Gegenphase zur Auslöschung kommt.

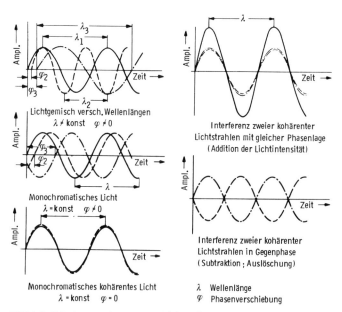

Bild 2-9. Schwingungsformen von Lichtwellen

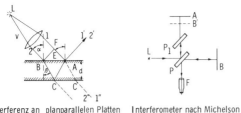

Interferenz an planparallelen Platten (Fraunhofersche Interferenz)		Interferometer nach Michelson	
Gangunterschied	$\Delta = 2d\sqrt{n^2-\sin^2\alpha} + \frac{\lambda}{2}$		$n = \frac{\sin\alpha}{\sin\beta}$
Verstärkung ($\alpha=0$)	$d = \frac{\lambda}{2n}(\frac{1}{2}+z)$		$z = 0, 1, 2 \ldots$
Auslöschung ($\alpha=0$)	$d = \frac{\lambda}{2n} \cdot z$		$z = 0, 1, 2 \ldots$
		z	Ordnungszahl der Interferenz
		n	Brechungsindex

Bild 2-10. Interferenz des Lichts

In Bild 2-10 ist das Prinzip einer Längenmessung mit Nutzung der Interferenz dargestellt. Hiermit sind Messungen von Längen in der Größe der halben Wellenlänge des verwendeten Lichts möglich.

Ein wesentlicher Vorteil der optischen Meßmethode besteht darin, daß berührungslos gemessen werden kann und deshalb auf das Werkstück keine Kraft ausgeübt wird.

2.3.2.4 Elektrisches Meßprinzip

Dieses Meßprinzip beruht darauf, daß die Änderung einer mechanischen Größe eine Veränderung einer elektrischen Größe bewirkt. Bei der beeinflußten elektrischen Größe kann es sich um einen ohmschen Widerstand, eine Kapazität oder eine Induktivität handeln.

Im einfachsten Fall wird durch die Verschiebung eines Tastbolzens ein Schiebewiderstand verstellt, der als Spannungsteiler geschaltet ist und auf der Ausgangsseite eine Spannungsänderung bewirkt, die ein Maß für den vom Taster zurückgelegten Weg ist.

Die Änderung des ohmschen Widerstands eines stromdurchflossenen Drahtes kann durch eine Längen- und Querschnittsveränderung des Drahtes aufgrund einer Zugkraft bewirkt werden. Diesen Effekt macht man sich z. B. bei Dehnungsmeßstreifen zunutze, deren Verwendung sich speziell bei der Messung von Kräften, die Verformungen an Bauteilen hervorrufen, sehr bewährt hat [9, 10].

Der kapazitiven Meßmethode liegt das Prinzip des Plattenkondensators zugrunde, der bei konstanter Plattenfläche mit unterschiedlichem Plattenabstand auch unterschiedliche Kapazitäten aufweist. Voraussetzung hierfür ist allerdings, daß sich das zwischen den Platten befindliche Dielektrikum in seiner Zusammensetzung nicht ändert [8].

In der technischen Anwendung bei Längenmessungen bestehen die beiden Platten des Kondensators zum einen aus dem Werkstück, zum anderen aus dem Meßaufnehmer. Dieses Verfahren findet allerdings nur selten Anwendung, da es auf Umwelteinflüsse (Staub, Feuchtigkeit usw.) sehr empfindlich reagiert, was zu erheblichen Meßungenauigkeiten führt.

Am häufigsten wird zur Längenmessung die induktive Meßmethode herangezogen, Bild 2-11. Hierbei ist das Meßelement ein Eisenkern, der sich in zwei meist gegeneinander geschalteten Spulen verschiebt und dadurch deren Wechselstromwiderstand verändert. Der Meßwert entsteht durch Verstimmung einer Meßbrücke bei Verschiebung des Meßelements. Wegen der im Verstärker erreichbaren elektrischen Vergrößerung ist eine mechanische Übersetzung bei der Verschiebung des Eisenkerns meist nicht erforderlich [11].

Will man nach diesem Prinzip berührungslos messen, so wird nur mit einer Halbbrückenschaltung gearbeitet, d.h. die Meßbrücke besteht nur aus einem festen und einem variablen Widerstand, dargestellt durch eine Spule. Die Än-

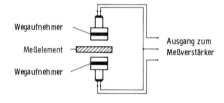

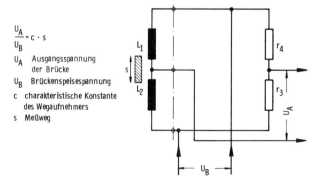

Bild 2-11. Induktiver Wegaufnehmer

derung der Induktion und damit des Wechselstromwiderstands ergibt sich hierbei durch einen unterschiedlich großen Abstand des Werkstücks von der Spule.

Das piezoelektrische Meßprinzip macht von der Eigenschaft bestimmter Kristalle Gebrauch, die bei Druck-, Zug- oder Schubbelastung Ladungen abgeben. Zur weiteren Verwendung des Ausgangssignals (Anzeige, Abspeicherung) müssen die Ladungen in entsprechende Spannungen und/oder Ströme umgewandelt werden. Der Vorteil dieses Meßprinzips ist die praktisch verformungsfreie Messung von Kräften, da diese Kristalle eine sehr hohe Steifigkeit aufweisen.

Der Vorteil des Messens nach dem elektrischen Meßprinzip liegt einmal darin begründet, daß Meß- und Anzeigestelle voneinander getrennt werden können. Dadurch wird es meist auch möglich, Meßköpfe an Stellen mit einem geringen Platzangebot zu installieren. Weiterhin lassen sich auch sehr schnell ablaufende Vorgänge messen, da entweder nur sehr kleine Massen bewegt werden, oder, beim berührungslosen Messen, keine Massenkräfte überwunden werden müssen. Weiterhin läßt sich das Ausgangspotential ohne weitere Umwandlungen direkt oder verstärkt zur Aufzeichnung in elektrisch arbeitenden Schreibern benutzen, oder es kann bis zu einer Weiterverarbeitung auf einem Magnetband festgehalten werden.

2.3.2.5 Pneumatisches Meßprinzip

Strömt Druckluft durch den in Bild 2-12 gezeigten Strömungskanal, so ist die pro Zeiteinheit durchströmende Luftmenge bei gleicher Temperatur der Luft vor und hinter dem Strömungskanal nur von dem Druck vor dem Strömungskanal (Speisedruck p_s), von dem Druck hinter dem Strömungskanal (atmosphärischer Druck p_a und dem engsten Querschnitt des Strömungskanals A_{min} abhängig. Hält man die Drücke vor und hinter dem Kanal konstant, dann ist die durch den Strömungskanal strömende Luftmenge nur noch eine Funktion des engsten Querschnitts dieses Kanals. Außerdem ist der Zusammenhang zwischen durchströmender Luft und engstem Querschnitt A_{min} proportional.

Dieses Gesetz kann man zur Messung von Längen heranziehen, wenn man Luft durch einen Düsenkanal strömen läßt, wie er in Bild 2-12 unten dargestellt ist. Befindet sich die Werkstückoberfläche so nahe an der Meßdüse, daß die zylinderförmige Fläche des ringförmigen Spaltes zwischen Werkstückoberfläche und Meßdüse kleiner ist als die Fläche der Meßdüsenbohrung, dann ist dieser Ringspalt (auch Meßspalt genannt) der engste Querschnitt dieses Strömungskanals. Eine Änderung dieses Meßspaltes durch Verschieben des Werkstücks senkrecht zur Meßdüse hat dann eine Änderung des Luftdurchflusses zur Folge [12].

In der Praxis will man nicht den Abstand zwischen der Meßdüse und der Werkstückoberfläche messen, sondern es soll ein Längenmaß am betreffenden

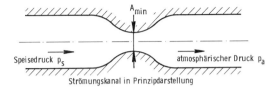

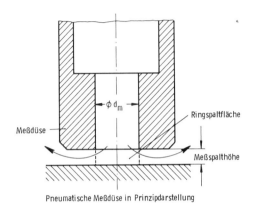

Bild 2-12. Grundbegriffe zum pneumatischen Meßprinzip

Werkstück bestimmt werden. Hier verfährt man dann in derselben Weise wie bei der Verwendung von Meßuhren oder Feinzeigern. Die an das entsprechende Anzeigegerät angeschlossene Meßdüse wird in ein Meßstativ eingespannt und das Anzeigegerät mit Hilfe eines Einstellmaßes (Endmaß) auf Null gestellt [8]. Das zu messende Werkstück wird dann anstelle des Einstellmaßes in das Meßstativ gelegt, und zwar so, daß die zu messende Länge in Ausströmrichtung der Meßdüse liegt. Der dann am Meßgerät angezeigte Wert ist gleich dem Unterschied, um den das Werkstück größer oder kleiner als das Einstellstück ist. Die pneumatische Längenmessung ist also ebenso eine Vergleichsmessung wie das Messen mit Feinzeigern oder Meßuhren und benötigt für jede Meßgröße mindestens ein Einstellstück.

Je nach Art und Anordnung des Strömungskanals unterscheidet man zwischen direkten bzw. berührungslosen Meßverfahren und indirekten bzw. Kontakt-Meßverfahren. Man spricht vom direkten Meßverfahren, wenn die aus der Meßdüse austretende Luft direkt auf die Werkstückoberfläche bläst, und spricht vom indirekten oder Kontakt-Meßverfahren, wenn der aus der Meßdüse austretende Luftstrom nach der in Bild 2-13 dargestellten Art über ein Ventil gesteuert wird [2].

Die direkte Messung hat den Vorteil, daß die Meßkraft sehr gering ist, da sie nur von der ausströmenden Luft herrührt. Ein weiterer Vorteil dieses Verfah-

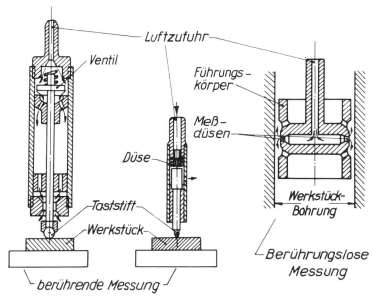

Bild 2-13. Pneumatische Meßaufnehmer (nach Nieberding, Neuß)

rens ist der Selbstreinigungseffekt. Infolge der großen kinetischen Energie der ausströmenden Luft erzielt man auf der Meßfläche einen Reinigungseffekt, der so stark ist, daß man die zu messenden Teile vor der Messung von anhaftendem Öl, Läppresten u. ä. nicht säubern muß. Nachteilig wirkt sich bei der berührungslosen Messung der Einfluß der Oberflächenbeschaffenheit des Prüflings aus. Ein zuverlässiges Messen ist hier nur möglich, wenn die mittlere Rauhtiefe in der Größenordnung von einigen μm oder kleiner ist. Größere Rauhtiefen täuschen einen größeren Abstand zwischen Meßdüse und Werkstückoberfläche vor.

2.3.3 Meßfehler

Ein völlig richtiges Meßergebnis ist nicht erzielbar, Bild 2-14. Jede Messung wird beeinflußt von den Fehlern des Meßverfahrens durch Vernachlässigung bestimmter Voraussetzungen und durch Fehler des Vergleichsnormals. Weiterhin haben Einfluß auf eine Messung die Unvollkommenheit der Meßeinrichtung (Streuung und Fehler des Meßgeräts, Verformungen durch Eigengewicht, Meßkraft und Temperaturschwankungen), die Beschaffenheit des Prüflings (Sauberkeit, Oberflächenbeschaffenheit und Formfehler der Meß- und Bezugsflächen, z. B. Abplattungen und Verformung, rauhe oder unrunde Zentrierbohrungen), die persönlichen Eigenschaften des Beobachters (Eigenschaf-

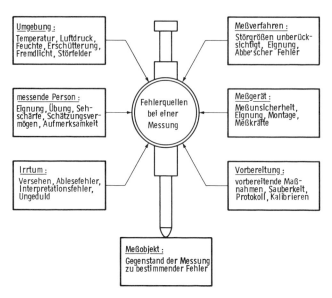

Bild 2-14. Ursachen für Meßgrößenabweichungen aus dem Meßvorgang

ten des Auges, Unterscheidungsvermögen für Unsymmetrie, Gefühl für Meßkraft, ruhige Hand beim Einstellen usw.). Als letzte Einflußgrößen seien genannt die Umgebungsbedingungen wie Temperatur, Beleuchtung, Erschütterungen, Spannungs-, Frequenz- und Stromschwankungen sowie auch unbequeme Anordnung der Meßeinrichtung, die zu schneller Ermüdung des Messenden führt. Die dadurch hervorgerufenen Fehler des Meßergebnisses können in zufällige und systematische Fehler unterschieden werden.

Zufällige Fehler sind solche Fehler, die von nicht bestimmbaren, vom Willen des Beobachters unabhängigen Einflüssen herrühren. Sie werden von meßtechnisch nicht erfaßbaren Änderungen der Maßverkörperungen, der Meßgeräte (z. B. durch Reibung), des Meßgegenstands, der Umwelt und der Beobachter hervorgerufen. Wiederholt derselbe Beobachter an demselben Meßgegenstand eine Messung derselben Meßgröße mit demselben Meßgerät unter den gleichen Bedingungen oder vergleicht ein Beobachter dasselbe Meßgerät mit demselben Normal unter den gleichen Bedingungen mehrmals, so werden die einzelnen Meßwerte voneinander abweichen [6].

Ein mit zufälligen Fehlern behaftetes Meßgerät ist unsicher. Die Sicherheit des Meßergebnisses kann durch eine größere Anzahl von Messungen und statistische Auswertung der Ergebnisse erhöht werden.

Systematische Fehler werden hauptsächlich durch Unvollkommenheit der Maßverkörperungen, der Meßgeräte, der Meßverfahren und des Meßgegenstandes sowie von meßtechnisch erfaßbaren Einflüssen der Umwelt und persönlichen Einflüssen der Beobachter verursacht. Sie haben eine bestimmte Größe und ein bestimmtes Vorzeichen und lassen sich durch Anbringen von Korrekturen (Berichtigungen) ausschalten. Der Fehler ist dabei definiert als Istanzeige minus Sollanzeige. Wird der Meßwert nicht berichtigt, so ist das Meßergebnis falsch [13].

Die häufigsten Fehlereinflüsse beruhen auf Temperaturschwankungen, auf geometrischen Lagefehlern und auf Änderungen der Meßkraft. Bei jeder Messung sollte der Einfluß der verschiedenen Fehlerursachen auf das Meßergebnis untersucht werden.

2.3.4 Meß- und Prüfgeräte zur Längen- und Formfehlerbeurteilung

Die Geräte zum Messen, Lehren oder Prüfen von Längen- und Formfehlern beruhen auf den in Abschnitt 2.3.2 genannten Meßprinzipien. Hierbei kann man zwischen nicht anzeigenden und anzeigenden Geräten unterscheiden.

2.3.4.1 Nicht anzeigende Meßgeräte

Parallelendmaße sind Blöcke aus gehärtetem Stahl, Hartmetall oder neuerdings auch Quarz, deren Querschnitt rechteckig oder kreisrund ist und die über zwei parallele Meßflächen verfügen [14]. Diese Meßflächen sind feinst bearbeitet (geläppt) und so eben, daß sich einzelne Endmaße nach sorgfältiger Reinigung der Meßflächen aneinander „anschieben" oder „ansprengen" lassen und mit ausreichender Kraft ohne zusätzliche Mittel aneinander haften. Die sich hierbei zwischen den Meßflächen noch befindende Schicht aus kondensierter Luftfeuchtigkeit und Fettresten (meist von den Fingern) kann bei den meisten Messungen wegen ihrer geringen Dicke von rd. 0,1 μm vernachlässigt werden.

Endmaße werden im allgemeinen gruppenweise um 1 μm, 10 μm, 0,1 mm und 1 mm gestuft zusammengestellt, so daß sich mit einem Normalsatz aus 45 Blöcken alle Maße von 3 mm bis 102,999 mm in 1 μm-Stufungen realisieren lassen. Hierzu werden höchstens fünf Endmaße gleichzeitig verwendet.

Endmaße finden auch heute noch sehr häufig Verwendung bei Genauigkeitsmessungen. Dem Vorteil des einfachen und vielseitigen Einsatzes stehen eine Reihe von Nachteilen gegenüber: Sie verkörpern nur ein Maß, sie sind empfindlich gegen Temperaturschwankungen und sie erfahren beim Gebrauch Abnutzung und Verschleiß.

Lehren verkörpern jeweils ein bestimmtes Maß, nach dem sie gefertigt oder auf das sie für die Messung fest eingestellt sind [7]. Sie sind einfachste und oft wirtschaftlichste Werkzeuge für die Fertigung, wenn die Anzahl der Werkstücke die Beschaffung der Lehre rechtfertigt. Sie finden Anwendung bei Rund-, Flach-,

Gewinde-, Winkel- und Kegelpassungen, aber auch zur Prüfung von unregelmäßigen Formen, z. B. als Schablonen.

Prüf- oder Normallehren dienen als Vergleichsnormale zum Einstellen von Feinmeßgeräten sowie zum Prüfen von Arbeitslehren. Diese Arbeitslehren sind meist als Grenzlehren ausgeführt, die ihrerseits je aus einer Gut- und einer Ausschußlehre bestehen. Gut- und Ausschußlehre unterscheiden sich dabei um den Betrag der Werkstücktoleranz.

Für Lehrungen der Passungen an Werkstücken gilt der Taylorsche Grundsatz, Bild 2-15. Er sagt aus, daß die Gutlehre die gesamte zu prüfende geometrische Form gleichzeitig erfassen soll. Die Ausschußlehre dagegen soll einzelne Bestimmungsstücke der geometrischen Form unter Verwendung einer möglichst kleinen Berührungsfläche von Werkstück und Lehre prüfen.

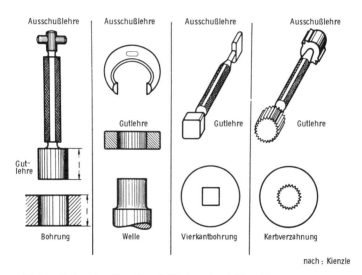

Bild 2-15. Taylorscher Grundsatz bei Lehren (nach Kienzle)

Allerdings läßt sich diese Forderung nicht immer verwirklichen, da Passungslehrungen die gesamte Länge der Paßflächen erfassen müßten. Das ist aber z. B. bei langen oder sehr dicken Wellen sowie bei tiefen oder sehr weiten Bohrungen unmöglich, da die entsprechenden Lehren viel zu schwer und unhandlich würden.

2.3.4.2 Anzeigende Meßgeräte

a) Grundlagen

Bei anzeigenden Meßgeräten sind zwischen Meßgröße und Anzeige ein oder mehrere Glieder wie Übersetzer, Wandler, Verstärker zwischengeschaltet, die einen Einfluß auf das Meßergebnis haben. Im allgemeinen liegt bei solchen Meßgeräten der in Bild 2-16 dargestellte Zusammenhang zwischen Meßgröße und Anzeige (Eingangs- und Ausgangsgröße) vor. Es seien einige Größen genannt, die beim Umgang mit diesen Geräten beachtet werden sollen [13].

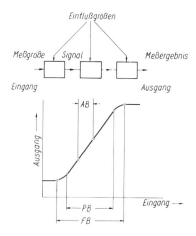

Bild 2-16. Zusammenhang zwischen Ein- und Ausgangsgröße eines Meßsystems

Der Anzeigebereich ist der Bereich der Meßwerte, die an einem Meßgerät abgelesen werden können. Bestimmte Meßgeräte, z. B. Thermometer mit Erweiterungen, können mehrere Teilanzeigebereiche haben.

Der Meßbereich ist der Teil des Anzeigebereichs, für den der Fehler der Anzeige innerhalb von angegebenen oder vereinbarten Fehlergrenzen bleibt.

Der Meßbereich kann den gesamten Anzeigebereich umfassen oder aus einem Teil oder mehreren Teilen des Anzeigebereichs bestehen.

Bei Meßgeräten mit mehreren Meßbereichen können für die einzelnen Bereiche unterschiedliche Fehlergrenzen festgesetzt sein.

Der Unterdrückungsbereich eines Meßgerätes ist derjenige Bereich von Meßwerten, oberhalb dessen das Meßgerät erst anzuzeigen beginnt und seine Anzeige abgelesen werden kann.

Die Meßwertumkehrspanne eines Meßgeräts ist gleich dem Unterschied der Anzeigen, die man für den gleichen Wert der Meßgröße erhält, wenn sich die Marke des Meßgeräts einmal von kleineren Ausgangswerten und ein anderes mal von größeren Ausgangswerten der Meßgröße her stetig oder schrittweise langsam einstellt. Die Meßwertumkehrspanne und besonders der Anlaufwert ist meistens (z. B. wegen der Veränderlichkeit der Reibung) nicht konstant. Man gibt daher im allgemeinen nur an, daß sie unter einer bestimmten Grenze bleibt.

Die Empfindlichkeit eines Meßgeräts ist das Verhältnis einer an dem Meßgerät beobachteten Änderung seiner Anzeige zu der sie verursachenden Änderung der Meßgröße. Die Empfindlichkeit muß nicht immer über den gesamten Meßbereich konstant sein. Bei Längenmeßgeräten ist die Empfindlichkeit gleich dem Verhältnis des Weges des anzeigenden Elements, z. B. des Zeigers, zum Weg des messenden Elements, z. B. des Meßbolzens.

Beispiel: Ein Feinzeiger mit der Übersetzung 1000 : 1 (Übertragungsfaktor 1000) hat die Empfindlichkeit 1 mm/0,001 mm, weil sich bei einer Änderung der Meßgröße um 0,001 mm die Anzeige um 1 mm ändert.

b) Mechanische Geräte

Meßschrauben bestehen aus einer in einer Hülse geführten Spindel, deren vorderes Ende als Meßfläche ausgebildet ist und deren anderes Ende das als Vergleichsnormal dienende, geschliffene Meßgewinde (Steigung 0,5 oder 1 mm) trägt [15]. Da die Meßspindelachse zugleich Achse des Normals ist, treten Meßfehler 1. Ordnung nicht auf. Der Anzeigebereich ist 25 mm. Die Hülse trägt die Grobteilung in ganzen (bzw. halben) Millimetern. Die Ablesung erfolgt an der Skalentrommel, die an der kegelig zugeschärften Kante in 100 (bzw. 50) Teile geteilt ist. Die Ablesung der 1/100 mm ist am Längsstrich der Hülse möglich. Die Meßunsicherheit hängt in erster Linie von den Fehlern der Meßflächen und den Unterschieden der Meßkraft ab; sie ist für Meßschrauben mit Anzeigebereichen bis 100 mm bei sorgfältiger Handhabung meist ±0,3 μm. Um größere Meßkraftschwankungen zu vermeiden, wird die Spindel mit einer Kupplung (Ratsche) verstellt. Ausführungsformen von Meßschrauben sind:

– Bügelmeßschrauben, Bild 2-17, für Außenmessungen, wobei die Meßflächen der Meßaufgabe angepaßt sind,

– Einbaumeßschrauben in Mikroskoptischen, an Werkzeugmaschinen usw.,

– Meßschrauben für Bohrungsmessungen.

Meßuhren und Feinmeßzeiger zeigen kleine Meßwege des Fühlers stark vergrößert mit einer Marke an einer Skala an [16, 17]. Der Fühler ist im allgemeinen ein Tastbolzen mit einem Meßhütchen, dessen Meßfläche (eben, kugelig,

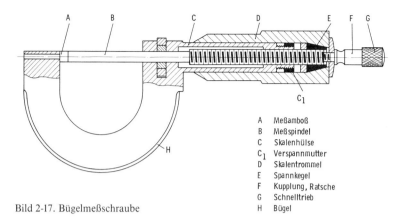

A Meßamboß
B Meßspindel
C Skalenhülse
C_1 Verspannmutter
D Skalentrommel
E Spannkegel
F Kupplung, Ratsche
G Schnelltrieb
H Bügel

Bild 2-17. Bügelmeßschraube

schneidenförmig, kegelig mit gerundeter Spitze) dem Meßzweck angepaßt ist; die Anzeigemarke ist meist ein drehbarer Zeiger. Die Übersetzung am Meßwerk kann mit mechanischen, optischen, elektrischen oder pneumatischen Mitteln erreicht werden. Feinmeßzeiger haben einen kleinen Anzeigebereich; sie werden deshalb vorwiegend in Meßeinrichtungen für Vergleichsmessungen benutzt.

Meßuhren haben ein mechanisches Meßwerk, Bild 2-18, und eine kreisförmige Skala um die Zeigerachse; der Zeiger kann mehrere volle Umdrehungen ausführen, wodurch ein großer Meßbereich erreicht wird; genormt sind 10 mm, 5 mm und 3 mm. Skalenwerte von 0,01 mm sind genormt; ferner gibt es 0,1 mm als Skalenwert (auch 0,001 mm, jedoch sind deren Fehler wegen der unvermeidbaren Ungenauigkeit in den verwendeten Zahnradgetrieben – vor allem der ersten Stufe – nicht wesentlich kleiner als die der 0,01 mm-Meßuhren).

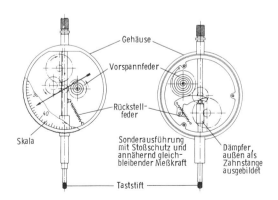

Bild 2-18. Meßuhr-Prinzip

Der Tastbolzen trägt im Inneren des Meßuhrgehäuses eine Zahnstange oder Gewindespindel und überträgt seine Bewegung auf ein Ritzel; er wird über einen Hebel (der so gestaltet sein kann, daß die Meßkraft über den gesamten Anzeigebereich nahezu konstant ist) von einer Feder nach außen gedrückt.

Bei Meßuhren mit Stoßschutz sind Zahnstange und Tastbolzen federnd miteinander verbunden, so daß starke Stöße auf den Tastbolzen nicht auf das empfindliche Meßwerk übertragen werden.

Mechanische Feinmeßzeiger (Feintaster) haben einen Zeiger, der keine vollen Umdrehungen ausführen, sondern sich nur über einen kleineren Winkelbereich (120 Grad bis 180 Grad, bei einigen Ausführungen bis etwa 300 Grad) drehen kann, Bild 2-19 [17, 18]. Die Übersetzung ist 100 : 1 bis 1000 : 1, in Sonderfällen auch größer, doch sind dabei zusätzliche äußere Fehlerursachen, z. B. Wärmeeinstrahlung, nicht mehr zu vernachlässigen.

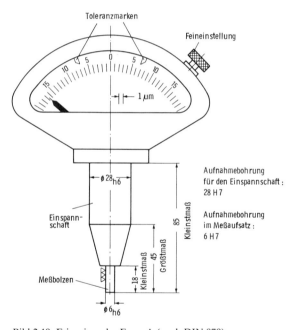

Bild 2-19. Feinzeiger der Form A (nach DIN 879)

Der Mikrokator, Bild 2-20, hat als Meßelement ein um seine Achse verdrilltes, schmales Federband von wenigen Tausendstel Millimetern Dicke, in dessen Mitte eine äußerst dünne Glaskapillare mit einem geschwärzten Alu-Plättchen an ihrem Ende als Zeiger aufgeklebt ist [8]. Die Tastbolzenverschiebung wird zur Vermeidung von Reibung und Spiel in Gelenken unmittelbar als Zug auf

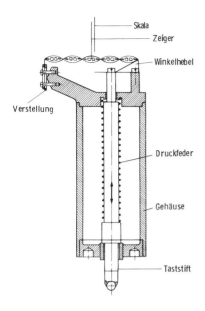

Bild 2-20. Schematische Skizze des Mikrokators (nach C. E. Johansson)

das Federband übertragen, das sich dadurch etwas streckt und dabei seine Verdrillung ändert; diese Änderung wird ohne weitere Zwischenglieder vom Zeiger angezeigt. Die Übersetzung hängt somit von der Ausführung des Federbändchens ab.

Die gebräuchlichsten Skalenwerte und Meßbereiche sind:
– Skalenwert 0,01 mm bei Meßbereich 0,4 mm,
– Skalenwert 1 µm bei Meßbereich 60 µm und 200 µm,
– Skalenwert 0,1 µm bei Meßbereich 6 µm und 20 µm.

Daneben werden Feintaster mit Hebelübersetzung verwendet, bei denen zur Vermeidung von Spiel und Reibung die Hebel in Schneiden gelagert sind.

Für das Messen von Durchmessern und bei ähnlichen Aufgaben werden spezielle, in ihrem Äußeren den Bügelmeßschrauben ähnliche Feinmeßzeiger gebaut. Ein solcher Feinmeßzeiger, das Passameter, ist in Bild 2-21 dargestellt. Der Skalenwert beträgt 2 µm, der Anzeigebereich plus minus 80 µm und der Verstellbereich 25 mm. Vier Größen überdecken den Verwendungsbereich von 0 bis 100 mm.

Im Vergleich zur Bügelmeßschraube bietet das Passameter durch die Voreinstellbarkeit auf ein Sollmaß eine schnelle Ablesemöglichkeit für Toleranzbereiche, so daß es vor allem bei größerer Meßhäufigkeit, z. B. bei der Kleinserienfertigung, angewendet wird.

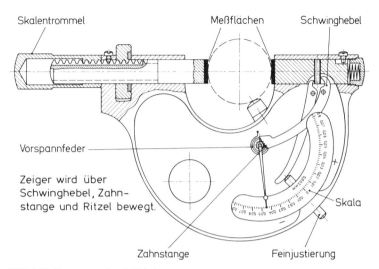

Bild 2-21. Passameter (nach Zeiss)

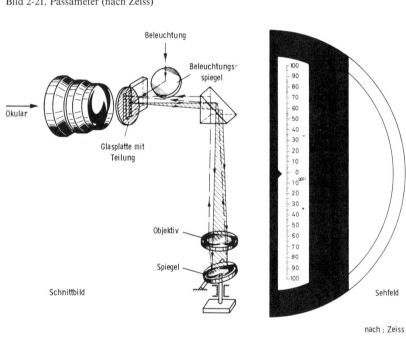

Bild 2-22. Optimeter (nach Zeiss)

c) Optische Geräte

Optische Feinmeßzeiger haben einen vom Tastbolzen beeinflußten schwenk- oder kippbaren Spiegel, dessen Bewegung mit optischen Mitteln stark vergrößert wird; die Ablesung der Lichtzeigermarke erfolgt auf einer Mattscheibe mit Skala oder in einem Okular.

Im Tolimeter und im „optisch-mechanischen Fühlhebel" dem Optimeter, Bild 2-22, wird der vom Tastbolzen beeinflußte Kippspiegel in Verbindung mit einer Autokollimationseinrichtung benutzt. Der von der Lichtquelle ausgehende Lichtstrahl fällt nach Umlenkung in einem Prisma durch ein Objektiv auf den Kippspiegel und wird hier reflektiert; er läuft durch das Objektiv und das Prisma zurück auf eine Strichplatte mit Skala; seine Verschiebung wird auf der Strichplatte durch ein nochmals vergrößerndes Okular gemessen.

Der Skalenwert beträgt 1 μm, läßt aber Schätzungen von 0,1 μm zu. Der Anzeigenbereich umfaßt 200 μm bei einer Meßunsicherheit von rd. $\pm 0,1$ μm.

Das Mikroskop ist eine Verbindung zweier optischer Systeme, des Objektivs und des Okulars. Das Objektiv erzeugt ein vergrößertes reeles Bild des Objekts, das mittels Lupe (Okular) betrachtet wird. Es entsteht somit ein nochmals vergrößertes virtuelles Bild des Objekts. Die Gesamtvergrößerung eines Mikroskops ergibt sich als Produkt aus Objektiv- und Okularvergrößerung [8].

Zum Meßmikroskop wird das Mikroskop durch Verwendung eines Meßokulars, bei dem z. B. eine Skalenteilung im Okular angebracht ist, oder das eine Okularplatte mit Strichteilung enthält, die meßbar verschoben werden kann.

Das Fernrohr wird zur Vergrößerung weitentfernter Gegenstände und zu Richtungsprüfungen benutzt, bei denen das Fernrohr auf unendlich eingestellt ist und als Zielmarke ein Kollimator benutzt wird. Der Kollimator ist ein auf unendlich eingestelltes Fernrohr, bei dem vor dem Okular an Stelle des Auges eine Lichtquelle angebracht ist, so daß von ihm ein paralleles Strahlenbündel ausgeht. Kollimator und Zielfernrohr haben in ihren Objektivbrennpunkten je eine Strichplatte; die Kollimatorstrichplatte erscheint im Fernrohr als unendlich ferne Zielmarke. Stehen die optischen Achsen von Kollimator und Zielfernrohr in einem Winkel zueinander, so erscheinen die beiden Strichplatten um einen Betrag gegeneinander versetzt, der von der Entfernung unabhängig ein Maß für den Winkel ist. Die Richtungsabweichung zwischen Kollimator und Zielfernrohr kann an einer Strichteilung auf der Fernrohrstrichplatte unmittelbar in Winkelsekunden abgelesen werden. Eine Parallelversetzung der beiden Instrumente zueinander läßt sich bei dieser Anordnung nicht feststellen, Höhen- oder Seitenabweichungen kann man also nicht messen.

Wird im Zielfernrohr die Strichplatte zusätzlich beleuchtet und das Fernrohr auf unendlich eingestellt, dann ist diese Anordnung zugleich Fernrohr und Kol-

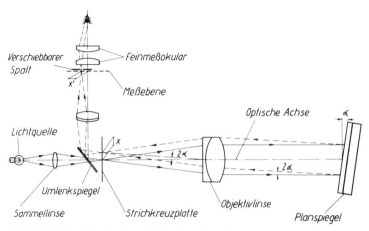

Bild 2-23. Meßprinzip des Autokollimationsfernrohrs

limator: ein Autokollimationsfernrohr, Bild 2-23. Auf der zu prüfenden Fläche wird als Ziel ein Spiegel aufgestellt, der das von dem Fernrohr ausgehende parallele Lichtstrahlenbündel auffängt und das Bild der Fernrohr-Strichplatte zurückwirft. Die Kippung des Spiegels zur optischen Achse des Fernrohrs verursacht eine Verschiebung des reflektierten Strichmarkenbildes, die an der Teilung der Okularstrichplatte gemessen werden kann. Das Autokollimationsfernrohr wird wegen seiner großen Empfindlichkeit, die bei gleicher Bauart im Autokollimationsfernrohr doppelt so groß wie bei der Anordnung Fernrohr-Kollimator ist, vielfach zur Messung kleiner Winkeländerungen benutzt.

d) Elektrische Geräte

Der Tastbolzen des Meßtasters trägt ein Meßelement, das sich mit dem Tastbolzen verschiebt und dabei eine elektrische Größe verändert; diese Veränderung wird in einem elektrischen Verstärker mit 200- bis 5000facher Übersetzung (für Oberflächenmessungen bis 100000fach) in den Meßwert umgewandelt. Für Längenmessungen werden meist induktive Wegaufnehmer, Bild 2-11, benutzt, deren Meßelement ein Eisenkern ist, der sich in (meist zwei gegeneinandergeschalteten) Spulen verschiebt und dadurch deren Wechselstromwiderstand verändert. Die Spulen bilden einen Zweig in einer Meßbrücke, die mit einer im Verstärker erzeugten Trägerfrequenz (seltener mit Netzfrequenz) arbeitet. Der Meßwert entsteht durch die Verstimmung der Meßbrücke bei der Verschiebung des Meßelements; wegen der im Verstärker erreichbaren, starken elektrischen Vergrößerung ist eine mechanische Übersetzung im Meßtaster nicht erforderlich. Daher ist die Masse des Tastbolzens klein.

Meßweg und Meßkraft der induktiven Längenmeßtaster sowie Skalenwert und Anzeigebereich des Anzeige- oder Schreibgeräts, in dem der Meßwert erscheint, lassen sich dem Meßzweck leicht anpassen.

Solche Meßgeräte finden häufig in der Oberflächenmeßtechnik Anwendung sowie bei der Ermittlung von Rundheitsfehlern. Die tasterlosen Wegaufnehmer werden in Verbindung mit Trägerfrequenz-Verstärkern hauptsächlich dann eingesetzt, wenn es auf eine berührungs- und rückwirkungsfreie Abnahme der Meßwerte ankommt. Sie sind in ihrem Anwendungsbereich nicht auf reine Bewegungsmessungen beschränkt, sondern gestatten auch, z. B. über ein Federglied, das Messen von Kräften, oder über eine Membran das Erfassen von Drücken. Die Empfindlichkeit der Spulen ermöglicht es hierbei, mit so kleinen Wegen zu arbeiten, daß man, verglichen mit mechanischen Meßgeräten, von praktisch „weglosen" Messungen sprechen kann.

e) Pneumatische Geräte

Bei den pneumatischen Meßgeräten unterscheidet man zwischen Hochdruck- und Niederdruckgeräten, wobei der Druck hinter dem Druckregler gemeint ist. Hochdruck bedeutet $p \geq 0,5$ bar, Niederdruck dagegen $p \leq 0,1$ bar. Der Druckbereich zwischen 0,1 bar und 0,5 bar ist gerätetechnisch nicht realisiert, weil in diesem Bereich eine Änderung des Außendrucks sowie der Strömungsumschlag von laminar in turbulent im Strömungskanal zu Störungen der Gerätekennlinie führt [8, 12].

Beiden Gerätebauarten liegen die gleichen Meßprinzipien zugrunde. Bild 2-24 zeigt den schematischen Aufbau des Durchfluß- und des Geschwindigkeitsmeßverfahrens. Die meisten Fabrikate arbeiten nach dem Druckmeßverfahren.

Die Meßbereiche der pneumatischen Meßgeräte liegen im allgemeinen zwischen 10 und 200 μm; hierbei werden Verstärkungen zwischen 1000 bis 10000, in Sonderfällen auch 50000 und mehr erreicht. Verstärkungen unter 1000 sind nicht sinnvoll, da in diesen Fällen mechanische Längenmeßgeräte wirtschaftlicher sind. Die relative Meßgenauigkeit beträgt im allgemeinen rd. 2 % des Meßbereichs. Eine direkte Meßbereichsumschaltung, wie man sie bei elektrischen Geräten kennt, gibt es zur Zeit noch nicht. Bild 2-25 zeigt die Kennlinie eines pneumatischen Meßsystems, das nach dem Druckmeßverfahren arbeitet, wobei der zur Anzeige verwendete Druck sich mit vergrößerndem Abstand der Düse von der Prallplatte verringert.

Die Bohrungsmessung ist das Hauptanwendungsgebiet der berührungslosen, pneumatischen Längenmessung. Das hat seinen Grund in der Tatsache, daß es außerordentlich schwierig ist, mit mechanischen Meßgeräten Bohrungen auf 1 μm oder genauer zu vermessen. Bei den mechanischen Bohrungsmeßgeräten

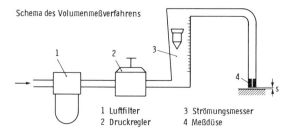

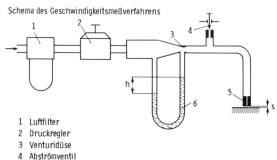

Bild 2-24. Volumen- und Geschwindigkeitsmeßverfahren zur pneumatischen Abstandsmessung (nach Dolezalek)

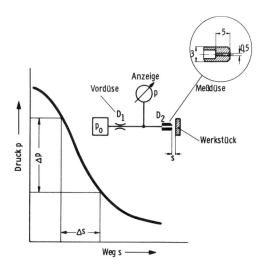

Bild 2-25. Kennlinie eines pneumatischen Meßsystems

muß der Durchmesser über ein mechanisches Umlenksystem (Kegel-Kugel oder Umlenkhebel usw.) in die Bohrungsachse umgelenkt werden. Hierbei bringt das Spiel in den Führungen der Umlenkelemente immer einen Verlust an Genauigkeit. Bei der „pneumatischen Umlenkung" im pneumatischen Meßdorn hat man diese Schwierigkeiten nicht.

Ein typischer Anwendungsfall für eine Mittelwertbildung ist die Bohrungsmessung mit zwei oder mehr Meßdüsen. In Bild 2-26 wird ein solcher Meßdorn für eine Zweipunktmessung gezeigt. Dieser Dorn besitzt zwei auf einem Durchmesser gegenüberliegende Meßdüsen. Diese Meßdüsen sind gegenüber dem Dorndurchmesser zurückgesetzt, damit sie beim Einführen in die Bohrung nicht beschädigt werden. Die Meßluft wird über eine zentrale Bohrung zugeführt und kann nach dem Ausströmen in den Luftaustrittskanälen entweichen.

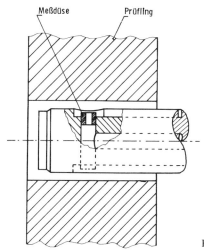

Bild 2-26. Pneumatischer Meßdorn

Wird ein solcher Meßdorn derart ausgelegt, daß beide Meßdüsen jeweils im linearen Bereich der Kennlinie (Bild 2-25) arbeiten, so kann auf eine genaue Zentrierung in der Bohrung verzichtet werden, da das Luftvolumen beider Düsen unmittelbar addiert wird und als Maß für die Gesamtspaltweite gilt.

Da es sich bei der beschriebenen Art der Bohrungsmessung um eine Zweipunktmessung handelt, kann man durch Drehen des Dorns oder des Werkstücks den Durchmesserverlauf über dem Drehwinkel und somit die Unrundheit der Bohrung feststellen. Will man den mittleren Durchmesser einer unrunden Bohrung messen, so verwendet man einen Dorn mit mehreren sternförmig angeordneten Meßdüsen.

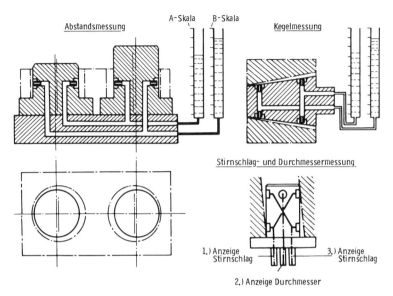

Bild 2-27. Beispiele für pneumatisches Messen

Im allgemeinen handelt es sich um werkstückangepaßte Meßdorne (typische Beispiele in Bild 2-27), so daß eine Anwendung vorwiegend in Serienproduktionen und hier aufgrund von Selbstreinigung und Berührungslosigkeit vor allen in der 100% Prüfung zu finden ist.

2.3.5 Verfahren und Geräte zur Beurteilung von technischen Oberflächen

Das Hauptproblem bei der Prüfung und Messung technischer Oberflächen besteht darin, daß eine Oberfläche ein dreidimensionales Gebilde ist, dessen Geometrie eigentlich topographisch beschrieben werden müßte. Will man Aussagen über das Funktionsverhalten von Oberflächen machen, müssen zusätzlich zur Geometrie auch die physikalischen und chemischen Eigenschaften der Oberfläche beurteilt werden [19, 20].

Nun würde aber eine Charakterisierung von Oberflächen, die die Geometrie sowie die physikalischen und chemischen Eigenschaften umfaßt, die Prüf- bzw. Meßmöglichkeiten vieler Fertigungsbetriebe übersteigen. Deshalb beschränkt man sich im allgemeinen auf die Erfassung der Oberflächengeometrie. Aber auch hier wird man zunächst versuchen, eine Oberfläche durch Rauheitsmeßwerte, also eindimensionale geometrische Größen zu kennzeichnen, da Methoden zur topographischen Beschreibung der Oberflächengeometrie im allgemeinen sehr aufwendig sind.

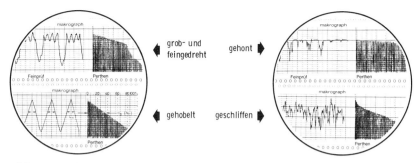

Bild 2-28. Profilschnitte von spanend bearbeiteten Oberflächen (nach Perthen)

Diese Beschränkung auf eindimensionale Rauheitsmeßwerte birgt die Gefahr in sich, daß die wahre Oberflächengestalt nicht wiedergegeben wird. So läßt beispielsweise die Angabe des R_t-Werts von den in Bild 2-28 dargestellten, mit unterschiedlichen Verfahren hergestellten Oberflächen keinen Rückschluß auf die verfahrensspezifischen Besonderheiten der Oberfläche zu. Trotz annähernd gleicher Rauhtiefen ist die beim Drehen entstandene Oberfläche sehr viel rauher als die Oberfläche eines gehonten Werkstücks. Letztere besitzt darüber hinaus auch einen höheren Traganteil. Dieses Beispiel veranschaulicht, daß zur Beschreibung des Oberflächencharakters nicht irgendeine Meßgröße verwendet werden kann. Vielmehr muß eine Oberflächenuntersuchung sowohl den Einfluß des Fertigungsverfahrens als auch die später von der Oberfläche zu erfüllende Funktion berücksichtigen [21].

Zur Beurteilung von Oberflächen dienen Prüf- und Meßverfahren. Auf die Prüfverfahren, die keine Maßzahlen als Ergebnis liefern, sondern nur die Aussage, ob die Qualität einer zu prüfenden Oberfläche innerhalb oder außerhalb der vorgegebenen Toleranz liegt, wird zunächst eingegangen. Die Meßverfahren werden anschließend behandelt.

2.3.5.1 Oberflächenprüfgeräte

a) Visuelle Prüfverfahren

In Bild 2-29 sind Oberflächenvergleichsmuster verschieden bearbeiteter Oberflächen dargestellt. Oft läßt sich schon durch einen Sichtvergleich beurteilen, ob die bearbeitete Oberfläche den Anforderungen genügt. Man kann die Oberfläche von Prüfling und Vergleichsmuster jedoch auch mit dem Fingernagel oder z. B. einer Münze abtasten. Erfahrene Prüfer schätzen mit diesem einfachen Hilfsmittel die Rauhtiefe mit einer Genauigkeit von $\pm 3 \mu m$.

Die Prüfung von Oberflächen mit Oberflächenvergleichsmustern ist zwar einfach zu handhaben und unempfindlich gegenüber störenden Einflüssen, jedoch relativ ungenau und subjektiv [22].

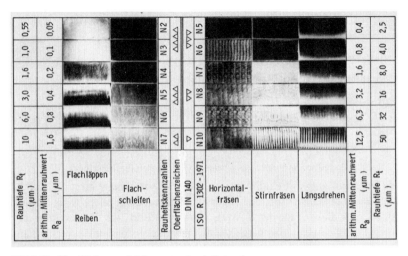

Bild 2-29. Oberflächenvergleichsmuster (nach Rubert)

Ein Prüfgerät, das in der Praxis häufig Anwendung findet, ist das Messerlineal, auch Haarlineal oder Werkstattlineal genannt, Bild 2-30. Man prüft hierbei die Ebenheit von Flächen nach dem Lichtspaltverfahren. Spaltweiten im Mikrometer-Bereich können noch festgestellt werden. Die Genauigkeit dieses Verfahrens entspricht der Genauigkeit der Prüfung mit Vergleichsmustern.

Zur Feststellung von Unebenheiten der Werkstückoberfläche wird im Werkstattbetrieb das Tuschierlineal oder die Tuschierplatte eingesetzt, Bild 2-31. Das zu prüfende Werkstück wird auf der mit Tuschierfarbe bestrichenen Tuschier-

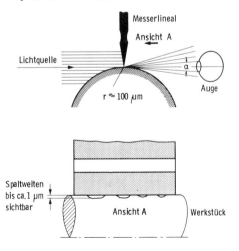

Bild 2-30. Oberflächenprüfung mit dem Messerlineal

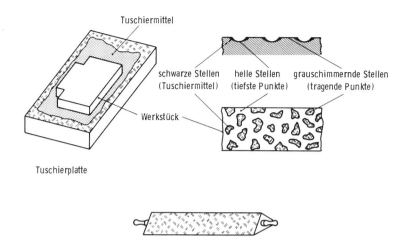

Bild 2-31. Oberflächenprüfung durch Tuschieren

platte unter dauernder Richtungsänderung hin- und herbewegt. Während bei Beginn des Tuschierens die Tusche die Erhöhungen kennzeichnet, setzt sie sich nach mehrmaligem Tuschieren und Schaben an den Rändern der erhabenen Stellen fest, die dadurch schwarz erscheinen. Die höchsten Stellen sind blank gerieben und erscheinen dadurch grau, während die tiefliegenden Stellen hell sind. Dieses Verfahren setzt langjährige Erfahrung des Prüfers voraus und ist zudem sehr zeitraubend.

b) Pneumatisches Oberflächenprüfverfahren

Durch eine Meßdüse, Bild 2-32, strömt Luft konstanten Drucks gegen die zu prüfende Oberfläche. Der Luftstau wird – gleichen Düsenabstand vorausge-

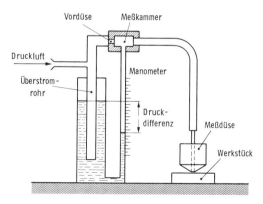

Bild 2-32. Pneumatisches Oberflächenprüfverfahren

setzt – bei rauherer Oberfläche größer, wodurch sich eine Druckdifferenz ergibt.

Der Düsenabstand hat allerdings einen eher größeren Einfluß auf die Druckdifferenz als die Rauheit der zu prüfenden Oberfläche. Er muß also sehr genau eingehalten werden, was oft nicht möglich ist. Deshalb hat sich das Verfahren bisher nicht durchsetzen können.

c) Kondensatorprüfverfahren

Das in Bild 2-33 dargestellte Verfahren arbeitet nach dem Prinzip der elektrischen Kapazitätsmessung. Eine isoliert auf das Prüfstück gedrückte Elektrode bildet eine Platte des Kondensators, das Prüfstück die andere. Änderungen der Oberflächenstruktur bewirken meßbare Kapazitätsänderungen [23]. Die Prüfzeit bei diesem Verfahren ist klein, es ist allerdings empfindlich gegen Staub und Feuchtigkeit und nur geeignet zur Prüfung leitender Oberflächen.

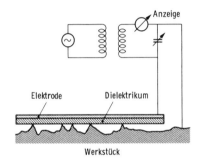

Bild 2-33. Kondensatorverfahren zur Oberflächenprüfung

d) Optische Meßverfahren

Es sei noch auf ein optisches Oberflächenprüfverfahren hingewiesen, welches für die nähere Zukunft als sehr vielversprechend beurteilt wird. Es ist dies die Messung der Rückstreuindikatrix, deren Prinzip in Bild 2-34 dargestellt ist [24].

Strahlt Licht auf eine Oberfläche, so wird es dort diffus gestreut, wobei die Art, Richtung und Intensität der Streuung Aussagen über den Oberflächencharakter ermöglichen. Das Verfahren arbeitet mit weißem oder monochromatischem Licht, ist nur beeinflußt von dem Reflexionsgrad des Materials und ist dann zuverlässig, wenn Vorzugsrichtungen der rückstreuenden Oberfläche vorliegen, wie dies bei periodischen Oberflächen der Fall ist.

2.3.5.2 Oberflächenmeßgeräte

Im folgenden werden Geräte und Verfahren beschrieben, die zur Bestimmung der Oberflächenkennwerte nach DIN 4762 bis 4768 dienen. Sie werden deshalb

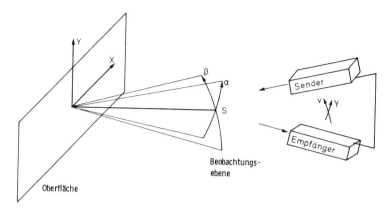

Bild 2-34. Prinzip der Erfassung einer Rückstreuindikatrix

im Gegensatz zu den bis jetzt behandelten Prüfverfahren als Meßverfahren bezeichnet.

a) Optische Meßverfahren

Beim Interferenzmikroskop wird das parallel gerichtete Licht einer Spektrallampe durch einen Teilungswürfel mit einer halbdurchlässigen Spiegelschicht in zwei Teilstrahlen getrennt, von denen einer zum Vergleichsspiegel, der andere zum Prüfling geht. Beide Strahlen werden nach Reflexion vom Vergleichsspiegel bzw. Prüfling hinter dem Würfel vereint. Durch die Kippung des Vergleichsspiegels werden die Interferenzen hervorgerufen. Die Objektive und die Planplatten ermöglichen die mikroskopische Beobachtung des Prüflings mit bis zu 900facher Vergrößerung, Bild 2-35. Im Gegensatz zum Ebenheitsprüfer erlaubt das Interferenzmikroskop nur die Betrachtung kleiner Flächenausschnitte. Dabei können Rauhtiefen im Bereich von etwa 0,03 bis 2 μm gemessen werden.

In Bild 2-36 ist links die Oberfläche einer fehlerfreien Stahlkugel zu erkennen. Rechts ist die Aufnahme eines Abdrucks dargestellt, der von einer verkratzten Stahloberfläche stammt.

Zwar ist mit dem Interferenzmikroskop eine berührungsfreie Messung möglich, es ist jedoch wie alle optischen Prüf- und Meßverfahren nur bei reflektierenden Flächen anwendbar.

Für nicht zugängliche Flächen (z.B. Bohrungen, Innenflächen) wurde ein Lackabdruckverfahren entwickelt. Der Lack wird auf die zu prüfende Fläche aufgetragen, nach dem Trocknen abgezogen und wie eine ebene Oberfläche beobachtet.

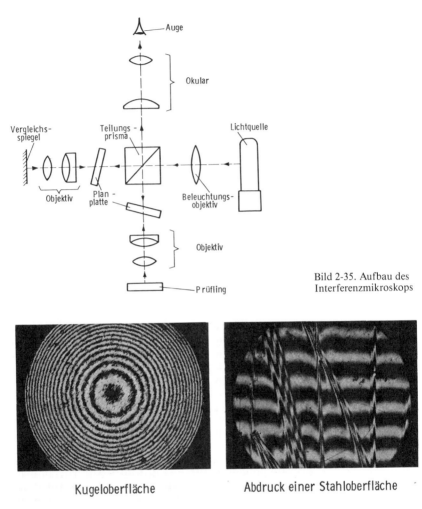

Bild 2-35. Aufbau des Interferenzmikroskops

Bild 2-36. Aufnahmen mit dem Interferenz-Mikroskop (nach Zeiss)

Beim Lichtschnittverfahren, Bild 2-37, wird ein Lichtstreifen durch ein Linsensystem zunächst gebündelt. Das von der Prüffläche reflektierte Lichtband wird anschließend durch ein Mikroskop vergrößert [25, 26]. Ebenso wie das Interferenzmikroskop erlaubt das Lichtschnittmikroskop eine berührungslose Messung. Letzteres ist jedoch einfacher zu handhaben. Es lassen sich ebenfalls nur kleinere Oberflächenausschnitte betrachten, da die Vergrößerung in horizontaler und vertikaler Ebene etwa gleich groß ist.

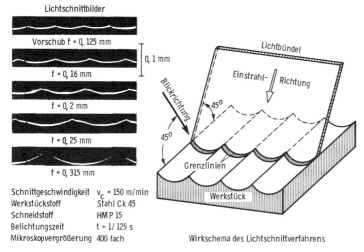

Bild 2-37. Messung der Werkstückrauhtiefe mit dem Lichtschnittmikroskop

Beim Traganteil-Meßgerät wird ein Glasprisma gegen die zylindrische Oberfläche eines Werkstücks gepreßt; dadurch ist an den Berührungspunkten die Totalreflexion gestört, Bild 2-38. Bei der Betrachtung durch ein Mikroskop erscheinen die Berührungspunkte deshalb als dunkle Stellen. Aus dem Vergleich der dunklen Stellen mit der Gesamtfläche ergibt sich ein Maß für den Traganteil. Mit Hilfe einer besonderen Auswerteeinrichtung kann der Traganteil automatisch ermittelt werden.

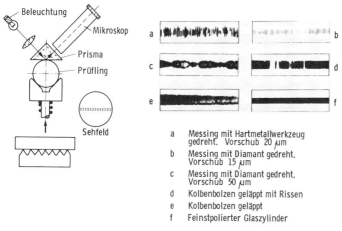

Bild 2-38. Prinzip der Oberflächenmessung (nach Mechau), Verfahren und Beispiele

In Bild 2-38 sind rechts die Tragbilder unterschiedlich bearbeiteter Oberflächen dargestellt. Die Anpreßkraft beeinflußt die Größe des Traganteils und wird deshalb in Abhängigkeit vom E-Modul des Prüflingwerkstoffs variiert. Der Traganteil kann mit diesem Gerät nur bei Oberflächen mit Rauhtiefen im Bereich von 0,5 bis 3 μm ermittelt werden.

b) Mechanisch-elektrische Meßverfahren

Die mechanisch-elektrisch arbeitenden Einrichtungen zur Oberflächenmessung werden allgemein als Tastschnittgeräte bezeichnet. Man unterscheidet zwischen Abtast- und Abfühlverfahren.

Beim Abtastverfahren, Bild 2-39, fällt die Tastnadel in einer vorgegebenen Frequenz auf die zu prüfende Oberfläche, die unter ihr mit einem konstanten Vorschub durchgeführt wird. Der Weg der Tastnadel wird entweder über ein Spiegelsystem auf einer Mattscheibe oder elektrisch auf einem Schreibgerät sicht-

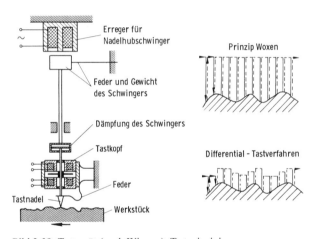

Bild 2-39. Tastgerät (nach Wiemer), Tastprinzipien

bar gemacht. Die Tastnadel kann entweder auf ein festes Niveau angehoben werden (Prinzip Woxen, im Bild rechts oben) oder vom jeweiligen Auftreffpunkt auf die Oberfläche um einen festen Betrag angehoben werden (Differential-Tastverfahren, im Bild rechts unten). Die Fallenergie der Tastnadel ist beim Differential-Tastverfahren vergleichsweise geringer und differiert nur unwesentlich. Dadurch ist auch die Eindringtiefe der Nadel konstanter und die Genauigkeit höher als beim Prinzip Woxen.

Bei Geräten, die nach dem Abfühlverfahren arbeiten, wird die Testnadel stetig über die Oberfläche geführt. Die Nadel hebt und senkt sich in Abhängigkeit

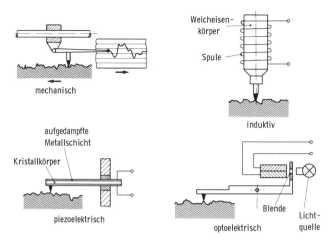

Bild 2-40. In Tastschnittgeräten anwendbare Meßprinzipien

vom Profilverlauf, Bild 2-40 (oben links). Die Hubbewegung wird relativ zu einem gerätemäßig vorgegebenen Bezugspunkt mechanisch oder elektrisch vergrößert und angezeigt oder in Form eines Profilschriebes aufgezeichnet [27].

In Bild 2-40 sind verschiedene Ausführungsarten zur Wandlung des Meßwerts dargestellt. Man unterscheidet u. a. induktive und piezoelektrische Systeme. Eine weitere, wenig verbreitete Variante ist die opto-elektrische Umwandlung.

Darüberhinaus werden in jüngster Zeit Meßaufnehmer entwickelt, die anstelle einer Tastnadel berührungslos mit Hilfe eines auf die Oberfläche fokussierten Laserstrahls arbeiten. Die Fokussierung erfolgt hierbei mechanisch, so daß diese mechanische Bewegung als Meßgröße, wie bei konventionellen Tastkopfen, herangezogen und ausgewertet werden kann [28].

Die abfühlenden Tastschnittverfahren sind in der Praxis am weitesten verbreitet. Es gibt eine Vielzahl von Gerätetypen vom kleinen Taschengerät für die R_t- und R_a-Messung bis zum Laborgerät mit Recheneinheit und Schreiber z. B. für eine Traganteilbestimmung, Bild 2-41 [29, 30].

Unabhängig von der Ausführungsart der Tastschnittgeräte unterscheidet man nach der Bauart des Tasters drei Systeme:

– *Bezugsebenensystem*

Hierbei wird der Tastkopf auf einer Bezugsfläche (Ebene, Zylinder) geführt, die der idealgeometrischen Fläche des Prüflings entspricht und die nach der zu messenden Oberfläche ausgerichtet ist, Bild 2-42 (links oben). Abgesehen von

Bild 2-41. Labor-Tastschnittgerät (nach Perthen)

den durch die Tastergeometrie bedingten Fehlern, werden mit diesem Tastsystem Rauheit und Welligkeit naturgetreu übertragen. Bei der Messung kleiner oder sehr großer Flächen ist die Handhabung dieses Tastsystems allerdings meist unbequem.

Eine Abhilfe kann hier das Freitastsystem schaffen. Dabei wird das Werkstück auf einem sehr genau geführten Schlitten in horizontaler Richtung unter dem festverankerten Tastsystem durchgeführt. Außer der Rauheit kann hiermit in bestimmten Bereichen auch die Makrostruktur einer Oberfläche erfaßt werden.

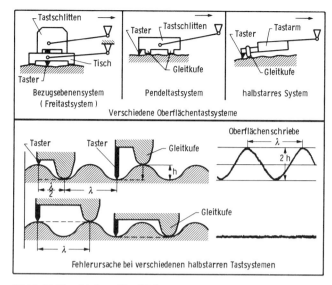

Bild 2-42. Verschiedene Oberflächentastsysteme

– *Halbstarres System*

Beim halbstarren oder Kufensystem wird der Tastkopf, der die Tastnadel enthält, durch eine auf der zu messenden Oberfläche gleitenden Kufe geführt, Bild 2-42 (oben rechts). Dieses System hat den Vorteil, daß es nur wenig Raum beansprucht und somit auch zur Messung kleiner oder schlecht zugänglicher Flächen geeignet ist. Nachteilig wirkt sich aus, daß eine Ausrichtung auf der zu messenden Fläche erfolgen muß, wodurch Profilanteile verfälscht übertragen werden können. So ist im unteren Teil des Bildes zu erkennen, wie bei Übereinstimmung des Abstandes zwischen Tastnadel und Gleitkufe mit der halben Wellenlänge des Oberflächenprofils im Schrieb eine Verdopplung der Amplitude erfolgt. Bei Übereinstimmung des Abstandes zwischen Tastnadel und Gleitkufe mit der Wellenlänge entsteht im Schrieb eine Gerade [27]. Derartige Verfälschungen lassen sich mit Hilfe des Pendeltastsystems verringern.

– *Pendeltastsystem*

Die beiden Gleitkufen führen den Tastkopf des Pendeltastsystems, Bild 2-42 (oben Mitte). Dieses richtet sich nach der zu messenden Oberfläche aus und ist dadurch bequem zu handhaben. Es benötigt jedoch mehr Raum als das Einkufentastsystem und kann deswegen für kleine oder schlecht zugängliche Oberflächen oft nicht benutzt werden. Die Verfälschungen langwelliger Profilanteile sind wegen der flachen, weit voneinander entfernten Kufen zwar viel geringer als beim halbstarren System, trotzdem ist auch hierbei in vielen Fällen eine Ausfilterung der Welligkeit auf elektrischem Wege erforderlich [27].

Die Eigenschaften eines elektronischen Wellenfilters (Wellentrenner), der hochfrequente Anteile (Hochpaß) bzw. niederfrequente Anteile (Tiefpaß) durchläßt, werden durch die sog. Grenzwellenlänge (cut-off) beschrieben. Wie diese in Abhängigkeit vom verwendeten Tastsystem, vom eingestellten Tastweg, vom Bearbeitungsverfahren usw. gewählt werden muß, legt DIN 4768 fest.

Bild 2-43 zeigt Oberflächenschriebe, bei deren Aufzeichnung die Wellenfilter bewußt anders als in der Norm vorgeschrieben eingestellt wurden, um die Filterwirkung zu verdeutlichen. Im ersten Fall wurde der Schrieb ohne Wellenfil-

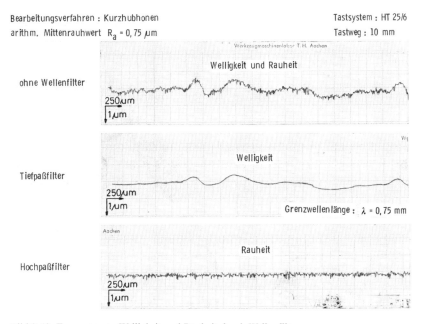

Bild 2-43. Trennung von Welligkeit und Rauheit durch Wellenfilter

ter aufgezeichnet, wodurch das unverfälschte Profil mit Welligkeit und überlagerter Rauheit sichtbar wird. Zur Aufnahme des zweiten Schriebes wurde ein Tiefpaßfilter mit einer Grenzwellenlänge $\lambda = 0{,}75$ mm eingesetzt. Anteile, die kürzer als 750 μm sind, werden somit herausgefiltert. Im dritten Fall wurden mittels Hochpaß nur Wellenlängen aufgezeichnet, die kleiner als 75 μm sind. Im Schrieb wird deshalb nur die Rauheit ohne Einfluß der Welligkeit aufgezeichnet.

Diese Beispiele zeigen, wie stark die Wahl des Wellenfilters den Profilschrieb beeinflußt. Daraus ist ersichtlich, daß ein Vergleich von Oberflächenschrieben nur bei Kenntnis des verwendeten Wellenfilters möglich ist.

Dies gilt in gleicher Weise für den Verstärkungsfaktor in horizontaler und vertikaler Richtung. Während optische Meßgeräte einen Oberflächenausschnitt in allen Richtungen in gleichem Maß verstärken, bieten Tastschnittgeräte die Möglichkeit, in horizontaler und vertikaler Richtung mit verschiedenen Vergrößerungsfaktoren zu arbeiten. Üblicherweise werden Profilschriebe verzerrt dargestellt, Bild 2-44, d.h. sie sind in horizontaler Richtung zusammengedrängt, um einen möglichst großen Bereich erfassen zu können. Dadurch entsteht der Eindruck, daß die Tastnadel nicht in das fein zerklüftete Oberflächengebirge eindringen kann.

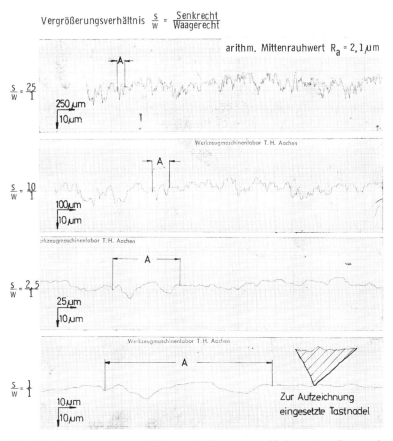

Bild 2-44. Tastschnitte einer geschliffenen Oberfläche in verschiedenen Darstellungsmaßstäben

Verdeutlicht man sich jedoch die wahre Gestalt der Oberfläche, indem man die im Bild dargestellte Veränderung der Profilschnitte bei sinkendem Verhältnis von senkrechter und waagerechter Vergrößerung beachtet, wird klar, daß die Oberfläche viel glatter ist, als sie in Meßschrieben mit Überhöhung der Senkrechtmaße aussieht.

Die in Bild 2-44 maßstabsgetreu eingezeichnete Tastnadel hat einen Spitzenradius von 2 μm. Solche Tastnadeln werden meistens verwendet. Sie arbeiten mit einer Auflagekraft von 0,5 N, wodurch beträchtliche Flächenpressungen (bis zu 6000 N/mm²) auftreten können, die u. U. zur Veränderung der zu prüfenden Oberfläche führen. Andererseits verfälschen zu große Tastnadelradien das Ergebnis, so daß in jedem Fall in Abhängigkeit vom Werkstoff des Prüflings die optimalen Bedingungen eingestellt werden müssen.

Zur Messung der Oberflächenrauheit an unzugänglichen Stellen werden Kunststoff-Abdrücke von der Meßstelle angefertigt [31]. Im Gegensatz zu den Abdrücken für das Interferenzmikroskop muß der hier eingesetzte Kunststoff einer hohen mechanischen Belastung standhalten. Weiterhin ist zu berücksichtigen, daß bei einigen Rauheitskenngrößen keine Übereinstimmung zwischen dem Originalprofil und dem am Abdruck gemessenen Wert besteht.

So zeigt z. B. Bild 2-45 den Profilschrieb einer gedrehten Oberfläche (links), sowie den Profilschrieb des Abdrucks von dieser. Obwohl alle Rauheitswerte (R_t, R_a und R_z) bei beiden Messungen gleiche Beträge aufweisen, so ist dennoch die Glättungstiefe R_p an der Messung des Abdrucks geringer. Eine ähnliche Verfälschung erfahren auch die Traganteilwerte, so daß bei der Oberflächenvermessung mittels Abdruckverfahren entsprechend ausgewertet werden muß.

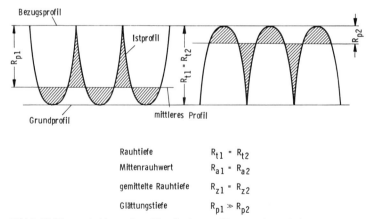

Bild 2-45. Unterscheidung eines Oberflächenprofils von seinem Spiegelbild

3. Grundlagen der Zerspanung mit geometrisch bestimmter Schneide

3.1 Der Schneidteil – Begriffe und Bezeichnungen

Zu Beginn des Spanbildungsvorgangs dringt der Schneidkeil in den Werkstückstoff ein, der dadurch elastisch und plastisch verformt wird. Nach Überschreiten der maximal zulässigen, werkstoffabhängigen Schubspannung beginnt der Werkstückstoff zu fließen. Bedingt durch eine vorgegebene Schneidkeilgeometrie bildet sich der verformte Werkstückstoff zu einem Span aus, der über die Spanfläche des Schneidteils abläuft, Bild 3-1.

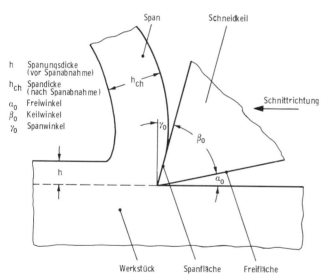

Bild 3-1. Spanbildung (schematisch)

Bei allen spanabhebenden Fertigungsverfahren werden die Prozeßkenngrößen wie Spanbildung, Spanablauf, Zerspankraft, Verschleiß und das Arbeitsergebnis wesentlich durch die Schneidteilgeometrie beeinflußt. Sie muß deshalb den jeweiligen Werkstückstoff-, Schneidstoff- und Maschinenverhältnissen angepaßt werden.

Die Begriffe, Benennungen und Bezeichnungen zur Beschreibung der Geometrie am Schneidteil sind in der DIN 6581 [32] sowie in der ISO 3002/1 [35] festgelegt. Die in den folgenden Ausführungen dargestellten Definitionen sind diesen Normen entnommen.

Bild 3-2 zeigt die an einem Dreh- oder Hobelmeißel definierten Flächen, Schneiden, Fasen sowie die Schneidenecke. Unter Schneidteil ist der durch die angegebenen Flächen begrenzte Körper zu verstehen.

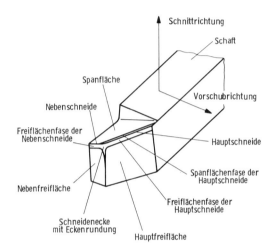

Bild 3-2. Flächen, Schneiden und Schneidenecken am Dreh- oder Hobelmeißel (nach DIN 6581)

Der Schneidteil ist der wirksame Teil des Werkzeugs, an dem sich die Schneidkeile mit den Schneiden befinden.

Der Schneidteil des dargestellten Dreh- oder Hobelmeißels hat zwei Schneidkeile (Schneiden), die Hauptschneide und die Nebenschneide.

Die Schneide, deren Schneidkeil in Vorschubrichtung weist, wird als Hauptschneide bezeichnet. Entsprechend ist die Schneide, deren Schneidkeil senkrecht zur Vorschubrichtung weist, als Nebenschneide definiert. Die Schnittstelle beider Schneiden wird Schneidenecke genannt und ist vielfach rund ausgebildet.

Die Spanfläche ist die Fläche am Schneidteil, auf der der Span abläuft. Mit Freiflächen sind die den neu entstehenden Schnittflächen des Werkstücks zugewandten Seiten definiert. Man unterscheidet zwischen Haupt- und Nebenfreifläche. Ist die Span- oder Freifläche an der Schneide abgewinkelt, so spricht man von einer Span- oder Freiflächenfase.

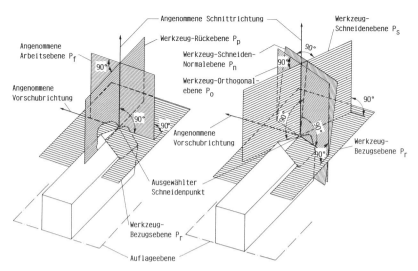

Bild 3-3. Werkzeugbezugssystem am Drehmeißel (nach DIN 6581)

Zur Begriffserläuterung der Schneidwinkel ist es zweckmäßig, zwischen dem Werkzeug-Bezugssystem, Bild 3-3, und dem Wirk-Bezugssystem zu unterscheiden. Beide Systeme bauen auf verschiedenen, zueinander rechtwinkligen Bezugsebenen auf.

Die Ebenen im linken Bildteil orientieren sich an der Auflageebene, an der Hauptschneide und den angenommenen Bewegungsrichtungen des Werkzeugs.

Die Werkzeug-Bezugsebene P_r liegt parallel zur Auflageebene. Der ausgewählte Schneidenpunkt ist ein Punkt der Ebene P_r. Die angenommene Arbeitsebene P_f steht senkrecht auf der Ebene P_r und weist in Vorschubrichtung. Die Werkzeug-Rückebene P_p steht senkrecht auf den beiden Ebenen P_r und P_f. Sie weist in Richtung der Schnittgeschwindigkeit.

Die Ebenen im rechten Bildteil orientieren sich an der Auflageebene, an der Hauptschneide und an der angenommenen Schnittrichtung. Die Messung der Schneidteilgeometrie erfolgt in der Werkzeug-Orthogonalebene P_o. Die in dieser Ebene gemessenen Winkel erhalten den Index „o".

Das Wirk-Bezugssystem, Bild 3-4, berücksichtigt die Relativgeschwindigkeit zwischen Schneidteil und Werkstück beim Zerspanen.

Die Wirk-Bezugsebene steht deshalb senkrecht auf der Wirkrichtung, die sich aus der Richtung der Resultierenden aus Schnitt- und Vorschubgeschwindig-

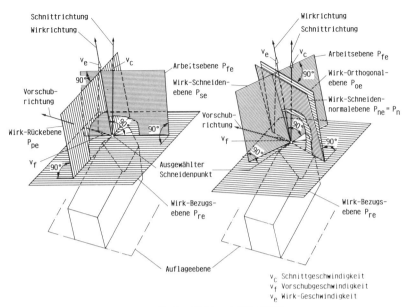

Bild 3-4. Wirk-Bezugssystem am Drehmeißel (nach DIN 6581)

keit ergibt. Die Wirk-Schneiden- und Wirk-Orthogonalebene orientieren sich an der Wirk-Bezugsebene und an der Hauptschneide.

Nach DIN 6580 [34] ist die Arbeitsebene im Wirk- bzw. im Werkzeug-Bezugssystem definiert als eine gedachte Ebene, die die Schnitt- und die Vorschubrichtung enthält. In ihr vollziehen sich alle Bewegungen, die an der Spanentstehung beteiligt sind. Bei Dreh- und Hobelmeißeln ist sie meist eine Ebene senkrecht oder parallel zum Schaft.

Die im folgenden dargestellten Winkel dienen zur Bestimmung von Lage und Form des Schneidteils. Es wird zwischen den Winkeln im Werkzeug- und Wirk-Bezugssystem unterschieden, Bild 3-5 und 3-6. Im Wirk-Bezugssystem wird den sonst gleichlautenden Winkeln die Bezeichnung „Wirk" vorangestellt sowie den entsprechenden Kurzzeichen der Index „e" (effective) zugefügt.

Die Unterscheidung zwischen Winkeln an der Haupt- und Nebenschneide erfolgt durch Kennzeichnung der Nebenwinkel durch die Vorsilbe „Neben". Ihr Kurzzeichen erhält einen Apostroph.

Im Werkzeugbezugssystem, Bild 3-3, gelten folgende Definitionen:
- Der Einstellwinkel $\varkappa_r$ ist der Winkel zwischen der Werkzeug-Schneidenebene und der angenommenen Arbeitsebene, gemessen in der Werkzeug-Bezugsebene.

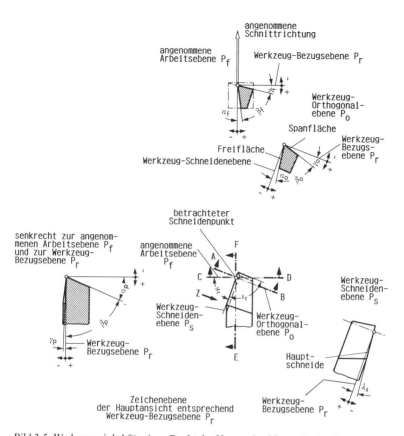

Bild 3-5. Werkzeugwinkel für einen Punkt der Hauptschneide am Drehmeißel (nach DIN 6581)

– Der Eckenwinkel ε_r ist der Winkel zwischen den Werkzeug-Schneidenebenen von zusammengehörenden Haupt- und Nebenschneiden, gemessen in der Bezugsebene.

– Der Neigungswinkel λ_s ist der Winkel zwischen der Hauptschneide und der Werkzeug-Bezugsebene, gemessen in der Werkzeug-Schneidenebene. Er ist positiv, wenn die in den betrachteten Schneidenpunkt gelegte Werkzeug-Bezugsebene in der Projektion auf die Werkzeug-Schneidenebene betrachtet außerhalb des Schneidteils liegt.

– Der Freiwinkel α_o ist der Winkel zwischen der Freifläche und der Schneidenebene, gemessen in der Werkzeug-Orthogonalebene.

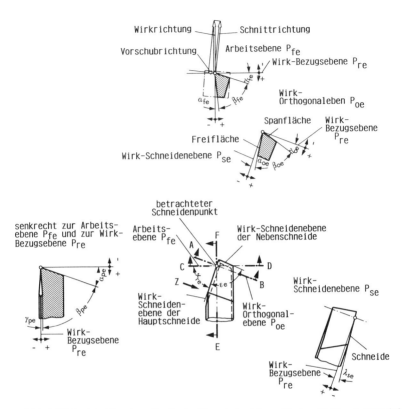

Bild 3-6. Wirkwinkel für einen Punkt der Hauptschneide am Drehmeißel (nach DIN 6581)

- Der Keilwinkel β_o ist der Winkel zwischen der Freifläche und der Spanfläche, gemessen in der Werkzeug-Orthogonalebene.
- Der Spanwinkel γ_o ist der Winkel zwischen der Spanfläche und der Werkzeug-Bezugsebene, gemessen in der Werkzeug-Orthogonalebene. Der Spanwinkel ist positiv, wenn die durch den betrachteten Schneidenpunkt gelegte Bezugsebene in der Werkzeug-Orthogonalebene außerhalb des Schneidteils liegt.

Im Wirk-Bezugssystem, Bild 3-4, gelten die Definitionen sinngemäß. Bezugsebenen sind die dem Werkzeugbezugssystem entsprechenden Wirk-Ebenen.

Zur Darstellung der Begriffe und Bezeichnungen am Schneidteil wurde die Geometrie eines Drehmeißels verwendet, da sich die beschriebenen Größen hier am anschaulichsten erläutern lassen. Die aufgeführten Definitionen sind prinzipiell auf alle Werkzeuge mit geometrisch bestimmter Schneide übertragbar. Zur eindeutigen Kennzeichnung komplexer Werkzeuge, wie z.B. Bohrer oder Fräser, sind eine Reihe weiterer Größen nötig, die in den Kapiteln über die jeweiligen Verfahren beschrieben werden.

3.2 Der Schnittvorgang

Bild 3-7 zeigt schematisch den Spanbildungsvorgang, wie er anhand einer Spanwurzelaufnahme (rechts im Bild) nachgezeichnet wurde. Die Darstellung läßt eine kontinuierliche plastische Verformung erkennen, die sich in vier Bereiche aufteilen läßt. Der Strukturverlauf im Werkstück (a) geht durch einfaches Scheren (Scherbereich) in den Strukturverlauf des Spans (b) über. Bei der Zerspanung spröder Werkstückstoffe kann bereits eine geringe Verformung in der Scherebene dort zur Werkstofftrennung führen.

Hat der Werkstückstoff jedoch eine größere Verformungsfähigkeit, so erfolgt die Trennung erst vor der Schneidkante im Bereich (e). Die Zugbelastung unter gleichzeitig senkrecht wirkendem Druck führt in Verbindung mit der hier herrschenden hohen Temperatur zu starken Verformungen in den Randbereichen der Spanfläche (c) und der Schnittfläche (d). Beim Abgleiten über die Werk-

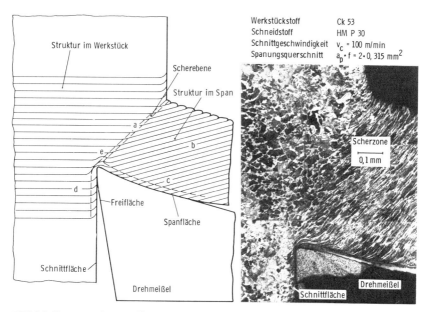

Bild 3-7. Spanentstehungsstelle

zeugflächen entstehen in den Grenzschichten zusätzlich weitere plastische Verformungen. Die sogenannte Fließzone (nicht angeätzte weiße Zone an der Unterseite des Spans), deren Verformungstextur sich parallel zur Spanfläche ausbildet, vermittelt den Eindruck eines viskosen Fließvorgangs mit extrem hohem Verformungsgrad.

Der aufgrund des beschriebenen Spanbildungsvorgangs entstandene Span wird als Fließspan bezeichnet. Andere Spanarten sind der Lamellenspan, der Scherspan und der Reißspan.

Unter der Annahme, daß die Schnittbedingungen in der Scherebene im Höchstfall einen bestimmten Verformungsgrad ε_o hervorrufen, können zwischen dem Verlauf im Schubspannungs-Verformungs-Diagramm und der Spanart, Bild 3-8, die folgenden Zusammenhänge angegeben werden [35].

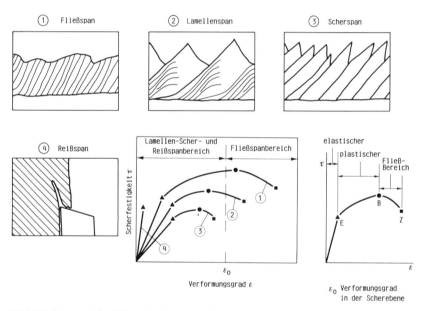

Bild 3-8. Spanarten in Abhängigkeit von den Werkstoffeigenschaften

a) Fließspäne entstehen, wenn der Werkstückstoff eine ausreichende Verformungsfähigkeit besitzt ($\varepsilon_B > \varepsilon_0$), das Gefüge im Spanbereich gleichmäßig ist, die Verformung keine Versprödungserscheinungen hervorruft und die Spanbildung nicht durch Schwingungen beeinträchtigt wird.

b) Lamellenspäne entstehen, wenn $\varepsilon_B < \varepsilon_o < \varepsilon_Z$ gilt oder das Gefüge ungleichmäßig ist oder Schwingungen zu Schwankungen der Spanungsdicke führen. Lamellenspäne können sowohl bei hohen Vorschüben als auch bei hohen Schnittgeschwindigkeiten entstehen.

c) Scherspäne bestehen aus Spanteilen, die in der Scherebene getrennt werden und wieder zusammenschweißen. Sie bilden sich, wenn $\varepsilon_z < \varepsilon_o$ gilt, wobei dies nicht nur bei spröden Materialien wie Gußeisen der Fall ist, sondern auch dann, wenn die Verformung Versprödungen im Gefüge hervorruft. Scherspäne können auch bei extrem niedrigen Schnittgeschwindigkeiten (v_c = 1 bis 3 m/min) entstehen.

d) Reißspäne entstehen meist beim Zerspanen von spröden Werkstückstoffen mit ungleichmäßigem Gefüge, wie einige Arten von Gußeisen und Gestein. Die Späne werden nicht abgetrennt, sondern von der Oberfläche abgerissen, wodurch die Werkstückoberfläche häufig durch kleine Ausbrüche beschädigt wird.

3.3 Beanspruchungen des Schneidteils

Die Zerspankraft F, hier beispielhaft beim Drehen dargestellt, läßt sich in ihre Komponenten zerlegen: die Schnittkraft F_c, die Vorschubkraft F_f und die Passivkraft F_p, Bild 3-9. Aus diesen Kräften lassen sich die Tangentialkraft F_t und die Normalkraft F_n des Werkzeugs berechnen. Sofern der Neigungswinkel

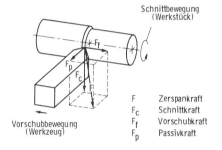

F   Zerspankraft
F_c Schnittkraft
F_f Vorschubkraft
F_p Passivkraft

Bild 3-9. Zerspankraft und ihre Komponenten beim Drehen

λ_s = 0° beträgt und der Einfluß des Schneidenradius und der Nebenschneide gering ist, gilt:

$$F_{\gamma n} = F_c \cos\gamma_o - (F_f \sin_r + F_p \cos_r) \sin\gamma_o \qquad (4)$$

$$F_{\gamma t} = F_c \sin\gamma_o + (F_f \sin_r + F_p \cos_r) \cos\gamma_o \qquad (5)$$

wobei der Klammerausdruck in Gl. (4) bzw. (5) der Normalkraft zur Hauptschneide $F_{\varkappa n}$, Bild 3-10, entspricht.

Wegen des in den meisten Fällen geringen Unterschiedes zwischen den Winkeln im Werkzeugbezugssystem und im Wirk-Bezugssystem wird vereinfachend im Werkzeugbezugssystem gerechnet.

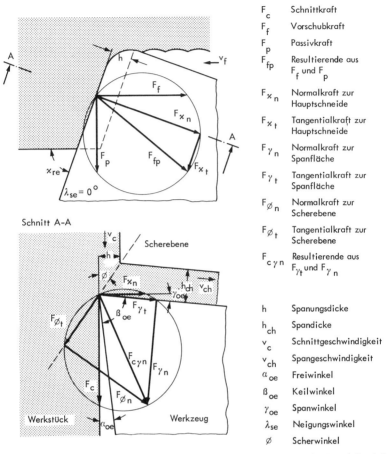

Bild 3-10. Komponenten der Zerspankraft in der Wirkbezugsebene (oben) und der Arbeitsebene (unten)

Die aus den auf die Spanfläche wirkenden Zerspankraftkomponenten resultierenden mittleren Normal- und Tangentialspannungen liegen bei der Zerspanung von Baustählen zwischen 350 und 400 N/mm² bzw. 250 und 350 N/mm² [36]. Für schwer zerspanbare Werkstückstoffe erreichen sie Werte von 1100 N/mm². Ihr Verlauf ist in Bild 3-11 qualitativ wiedergegeben. Sie führen in Verbindung mit den in der Kontaktzone herrschenden Temperaturen, die im Bereich der Fließspanbildung über 1000 °C betragen können, zu Verformungen mit Scherdehnungen $\overline{\varepsilon}$ zwischen 0,8 und 4,0 und Scherdehnungsgeschwindigkeiten $\dot{\overline{\varepsilon}}$ von etwa 10^4 s^{-1}. Zum Größenvergleich sind im Bild die entsprechen-

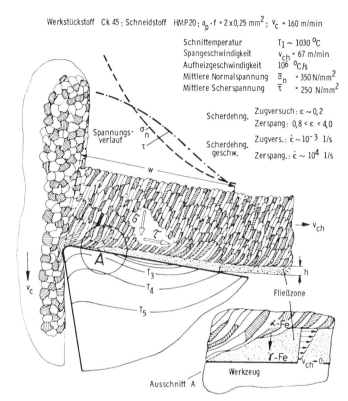

Bild 3-11. Bedingungen bei der Zerspanung

den Werte des Zugversuchs angegeben. Für Schnittbedingungen, unter denen Hartmetallwerkzeuge arbeiten, ergeben sich für die Deformation und das Aufheizen des Werkstückstoffs Zeiten in der Größenordnung von Millisekunden; die Aufheizgeschwindigkeiten liegen theoretisch bei 10^6 °C/s [37].

Die Energie zum Zerspanen bzw. die Arbeit beim Zerspanen ergibt sich nach DIN 6584 [38] als Produkt aus den zurückzulegenden bzw. zurückgelegten Wegen und den in ihrer Richtung wirkenden Komponenten der Zerspankraft. Entsprechend ergeben sich die Leistungen beim Zerspanen als Produkt aus den Geschwindigkeitskomponenten und den in ihrer Richtung wirkenden Komponenten der Zerspankraft.

Schnittarbeit W_c und Schnittleistung P_c:

$$W_c = l_c \cdot F_c \tag{6}$$

$$P_c = v_c \cdot F_c \tag{7}$$

Vorschubarbeit W_f und Vorschubleistung P_f:

$$W_f = l_f \cdot F_f \tag{8}$$

$$P_f = v_f \cdot F_f \tag{9}$$

Unter Wirkarbeit W_e und Wirkleistung P_e ist die Summe aus den entsprechenden Schnitt- und Vorschubanteilen zu verstehen:

$$W_e = W_c + W_f \tag{10}$$

$$P_e = P_c + P_f \tag{11}$$

Wegen der relativ kleinen Vorschubgeschwindigkeiten und Vorschubwege beträgt die Vorschubarbeit bzw. die Vorschubleistung beim Drehen nur etwa 0,03 bis 3 % der entsprechenden Schnittarbeit oder Schnittleistung. Es kann deswegen in den meisten Fällen $W_e \approx W_c$ und $P_e \approx P_c$ gesetzt werden.

Bild 3-12 bietet einen Überblick über die Aufteilung der Gesamtzerspanarbeit in Scher-, Trenn- und Reibungsarbeit in Abhängigkeit von der Spanungsdicke [35]. Aus dem Bild geht hervor, daß die Anteile der verschiedenen Arbeiten von der Spanungsdicke abhängen, wobei die Scherarbeit bei großen Spanungsdicken den wichtigsten Anteil darstellt.

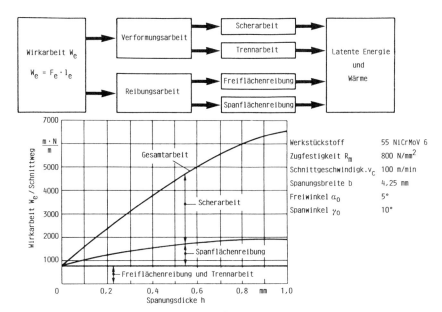

Bild 3-12. Aufteilung der Wirkarbeit beim Zerspanen in Abhängigkeit von der Spanungsdicke (nach Vieregge)

Die für die Zerspanung aufgewendete mechanische Wirkarbeit wird fast vollständig in Wärmeenergie umgewandelt. Da die Wärmezentren mit den Verformungszentren identisch sind, kommen als Wärmequellen die Scherzone und die Reibzonen am Werkzeug in Betracht. Wie Bild 3-7 zeigt, ist der Verformungsgrad in der Fließzone an der Spanunterseite wesentlich höher als in der Scherzone, so daß zwischen Span und Werkzeug die höchsten Temperaturen zu erwarten sind. Da die Dicke der Fließzone jedoch im Vergleich zur Scherzone sehr gering ist, sind die höheren Temperaturen nicht auch einem höheren Energieumsatz gleichzusetzen.

Die Darstellung in Bild 3-13 links gibt Aufschluß über die Wärmemengen, die von Werkstück, Span und Werkzeug aufgenommen bzw. abgeführt werden. Der größte Teil der Wärme wird vom Span abgeführt. Der Hauptanteil der mechanischen Energie (in diesem Fall 75 % und im allgemeinen mehr als 50 %) wird in der Scherzone umgesetzt. Die an den einzelnen Entstehungsstellen anfallenden Wärmemengen werden durch Wärmeleitung, Strahlung und Konvek-

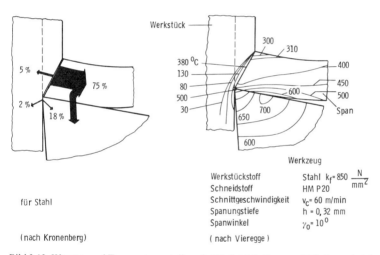

Bild 3-13. Wärme- und Temperaturverteilung in Werkstück, Span und Werkzeug bei der Stahlzerspanung (nach Kronenberg und Vieregge)

tion an die Umgebung abgeführt. Als Folge dieser Wärmebilanz bilden sich im Werkstück und Werkzeug entsprechende Temperaturfelder aus, die sich solange verändern, bis ein Gleichgewicht zwischen zu- und abgeführten Wärmemengen erreicht ist. Ein solches Temperaturfeld ist im rechten Bildteil gezeigt.

Betrachtet man ein Materialteilchen in der Trennzone, so wird seine Temperatur mindestens gleich der eines Teilchens in der Scherzone sein. Beim weiteren Gleiten über die Kontaktzone wird das Material an der Spanunterseite und das

Werkzeug an der Spanfläche stark aufgeheizt, weil die zur Überwindung der Reibung zwischen Span und Spanfläche erforderliche Energie fast vollständig in Wärme umgesetzt wird. Da dieser Vorgang nur in Grenzschichten des Span- und Schneidstoffvolumens stattfindet, heizt er die Spanfläche und die Spanunterseite um so stärker auf, je weniger Zeit infolge hoher Schnittgeschwindigkeiten zur Wärmeableitung zur Verfügung steht; die maximale Temperatur tritt nicht direkt an der Schneidkante, sondern je nach Schnittbedingungen in einem Bereich hinter der Schneidkante auf.

Einen Überblick über die Größenordnung der zu erwartenden mittleren Temperaturen auf der Spanfläche in Abhängigkeit von der Schnittgeschwindigkeit für verschiedene Schneidstoffe gibt Bild 3-14. Im Bereich v_c = 20 bis 50 m/min ist der Temperaturverlauf im doppelt-logarithmischen Koordinatensystem nicht linear. Der Grund hierfür ist die in diesem Schnittgeschwindigkeitsbereich auftretende Aufbauschneidenbildung (s. Abschn. 3.4.2), die die direkte Wärmeleitung stört.

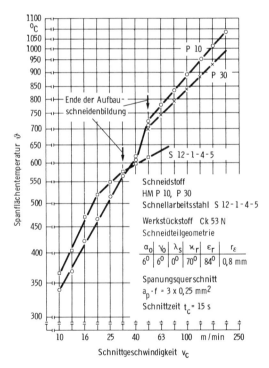

Bild 3-14. Mittlere Spanflächentemperaturen

3.3.1 Einfluß der Geometrie des Schneidteils auf seine Beanspruchbarkeit

Je nach Zerspanungsaufgabe wählt man sehr unterschiedliche Geometrien des Schneidteils. Die Wahl der Geometrie hängt ab von

- Schneidstoff
- Werkstückstoff
- Schnittbedingungen und
- Werkstückgeometrie.

Übliche Größenordnungen der Werkzeugwinkel bei der Stahlzerspanung sind in der Tabelle 3-1 angegeben. Jede Festlegung von Werkzeugwinkeln ist eine Kompromißlösung, die den verschiedenen Anforderungen nur annähernd gerecht werden kann.

Schneidteilgeometrie / Schneidstoff	Spanwinkel γ_o	Freiwinkel α_o	Neigungswinkel λ_s	Einstellwinkel $\varkappa_r$	Eckenwinkel ε_r	Eckenradius r_ε
Schnellarbeitsstahl (HSS)	-6° bis +20°	6° bis 8°	-6° bis +6°	10° bis 100°	60° bis 120°	0,4 bis 2 mm
Hartmetall	-6° bis +15°	6° bis 12°				

Tabelle 3-1. Werkzeugwinkel bei der Stahlzerspanung

Bild 3-15 zeigt, in welcher Weise eine Veränderung der Schneidkeilgeometrie die Zerspanungskenngrößen beeinflußt.

Freiwinkel α_o

Der Verschleiß an der Freifläche (gekennzeichnet durch die Verschleißmarkenbreite VB) wird wesentlich durch die Größe des Freiwinkels bestimmt. Ist dieser groß, wird der Schneidteil in zweifacher Hinsicht geschwächt: im Werkzeug kann ein Wärmestau entstehen, der möglicherweise den Verlust der Warmhärte zur Folge hat; ein zu kleiner Keilwinkel erhöht außerdem die Ausbruchgefahr der Schneidkante.

Geht $\alpha_o \rightarrow 0°$, so nimmt der Flächenverschleiß zu, da verstärkt Preßschweißungen an den Kontaktstellen der Reibpartner auftreten.

Spanwinkel γ_o, Keilwinkel β_o

Der Spanwinkel γ_o kann im Gegensatz zu α_o im positiven wie im negativen Bereich liegen. Er ist für die Trennung des zu zerspanenden Materials verantwortlich. Die Größe des Spanwinkels γ_o beeinflußt die Stabilität des Schneidkeils

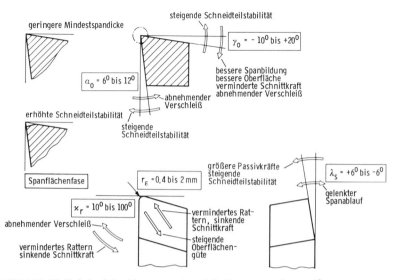

Bild 3-15. Einfluß der Schneidengeometrie auf die Zerspanungskenngrößen

wesentlich; daher können stark positive Spanwinkel infolge erhöhter Schneidkeilschwächung zum Bruch des Werkzeugs führen. Als Vorteile eines positiven Spanwinkels sind in erster Linie die geringen Schnitt- und Vorschubkräfte sowie meist verbesserte Werkstückoberflächen zu nennen. Der durch einen positiven Spanwinkel begünstigte Spanablauf bedingt jedoch oft eine nur ungenügende Spanbrechung (Neigung zur Fließspanbildung). Negative Spanwinkel erhöhen die Schneidenstabilität (Anwendung z. B. beim Hobeln und bei der Bearbeitung von Werkstücken mit Durchbrüchen, Walz- oder Gußhaut). Die dabei verstärkte Verformung des ablaufenden Spans und die großen Schnittkräfte haben eine starke Temperaturbelastung des Schneidteils zur Folge. Es entsteht ein erhöhter Kolkverschleiß auf der Spanfläche, der zu niedrigen Standzeiten der Werkzeuge führen kann.

Spanwinkel γ_o und Freiwinkel α_o bilden zusammen mit dem Keilwinkel β_o einen rechten Winkel (vgl. Bild 3-5 und 3-6).

Eckenwinkel ε_r

Wegen der bei extremen Schnittbedingungen erwünschten Werkzeugstabilität sollte der Eckenwinkel ε_r möglichst groß sein. Kleine Eckenwinkel werden besonders bei Kopier- und NC-Bearbeitung benötigt. Der mögliche Bereich ist dadurch eingeengt, daß die Lage der Hauptschneide vorgegeben ist und der Winkel zwischen Nebenschneide und Vorschubrichtung mindestens 2° betragen soll, um ein Nachschaben der Nebenschneide am Werkstück zu vermeiden.

Einstellwinkel $\varkappa_r$

Bei konstantem Vorschub und konstanter Schnittiefe steigt mit kleiner werdendem $\varkappa_r$ die Spanungsbreite b an. Dadurch sinkt die spezifische Schneidenbelastung, so daß kleine Einstellwinkel speziell bei der Zerspanung von Werkstoffen mit hoher Festigkeit eingesetzt werden, um so die Werkzeugbelastung bzw. den -verschleiß gering zu halten. Andererseits nimmt die Passivkraft F_p mit kleiner werdendem $\varkappa_r$ zu und damit die Gefahr, daß aufgrund wachsender Instabilität des Zerspanprozesses Ratterschwingungen auftreten.

Neigungswinkel λ_s

Durch einen negativen Neigungswinkel kann der Zerspanungsvorgang weitgehend stabilisiert werden, weil der Anschnitt des Werkzeugs nicht an der Schneidenecke sondern in Richtung Schneidenmitte erfolgt. Dadurch ergibt sich ein günstigerer Belastungsverlauf, so daß die Gefahr des Schneidenbruchs infolge örtlicher Überlastung gemindert wird. Die Problematik des belastungsarmen Anschnitts gewinnt insbesondere bei unterbrochenen Schnitten (z. B. beim Fräsen, Hobeln) und bei der Bearbeitung von Guß- und Schmiedeteilen (Werkstücke mit Querbohrungen, Lunker) an Bedeutung.

Negative Neigungswinkel rufen große Passivkräfte hervor, die von den Werkzeugmaschinen aufgenommen werden müssen (Steifigkeit senkrecht zur Hauptspindel!).

Der Neigungswinkel hat weiterhin einen Einfluß auf die Spanabflußrichtung. Ein negativer Neigungswinkel kann zur Folge haben, daß der Span auf die Werkstückoberfläche abgelenkt wird und es damit zu einer Verschlechterung der Oberflächengüte kommt.

Eckenradius r_ε

Der zu wählende Eckenradius des Schneidteils hängt vom Vorschub f und der Schnittiefe a_p ab. Im Zusammenhang mit dem gewählten Vorschub beeinflußt er wesentlich die erreichbare Werkstückoberflächengüte (siehe Abschn. 6.2.3), wobei annähernd die Beziehung gilt:

$$R_t = \frac{f^2}{8 r_\varepsilon} \tag{12}$$

Große Eckenradien bewirken eine verbesserte Werkstückoberfläche und Schneidenstabilität, kleine Eckenradien haben den Vorteil einer geringen Ratterneigung aufgrund der kleineren Passivkräfte.

3.4 Verschleiß

3.4.1 Verschleißformen und -meßgrößen

Während des Zerspanungsvorgangs treten am Schneidteil Verschleißerscheinungen auf, die sich je nach Belastungsart und -dauer unterschiedlich stark ausbilden. Bild 3-16 zeigt hauptsächlich am Drehwerkzeug vorkommende Verschleißformen. Der Schneidteil verschleißt auf der Spanfläche und auf der Freifläche; der Oxidationsverschleiß an der Nebenfreifläche hat nur zweitrangige Bedeutung. In der Praxis werden daher in erster Linie der Freiflächenverschleiß und der Kolkverschleiß als Standkriterien herangezogen.

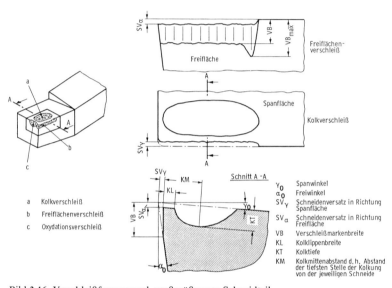

Bild 3-16. Verschleißformen und -meßgrößen am Schneidteil

Die Verschleißmeßgrößen sind schematisch in Bild 3-16 dargestellt. Im einzelnen unterscheidet man die Verschleißmarkenbreite VB, den Schneidenversatz SV_α und SV_γ in Richtung der Frei- bzw. Spanfläche gemessen, die Kolktiefe und den Kolkmittenabstand, aus denen das Kolkverhältnis $K = KT/KM$ gebildet wird.

3.4.2 Verschleißursachen

Die Reibungsvorgänge in den Kontaktzonen der Werkzeuge sind mit denen der trockenen Reibung im Vakuum vergleichbar. Zusammen mit außerordentlich hohen mechanischen und thermischen Beanspruchungen ergibt sich in der Regel eine schnelle Abnutzung des Werkzeuges [39 bis 42].

Nach dem heutigen Stande der Erkenntnisse kann man für den Sammelbegriff „Verschleiß" folgende Einzelursachen angeben, Bild 3-17:
- Beschädigung der Schneidkante infolge mechanischer und thermischer Überbeanspruchung,
- Adhäsion (Abscheren von Preßschweißstellen),
- Diffusion,
- mechanischer Abrieb,
- Verzunderung.

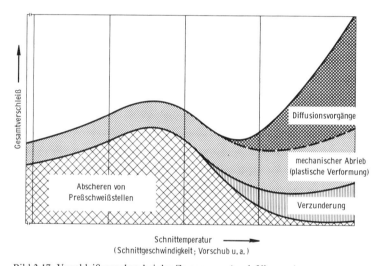

Bild 3-17. Verschleißursachen bei der Zerspanung (nach Vieregge)

Die Vorgänge überlagern sich in weiten Bereichen und sind sowohl in ihrer Ursache als auch in ihrer Auswirkung auf den Verschleiß nur zum Teil voneinander zu trennen [43 bis 46].

Beschädigungen der Schneidkante, wie Ausbrüche, Querrisse, Kammrisse oder plastische Verformungen, treten bei mechanischer oder thermischer Überbeanspruchung auf.

a) Ausbrüche

Große Schnittkräfte führen leicht zu Schneidkanten- oder Eckenausbrüchen, wenn die Keil- oder Eckenwinkel des Werkzeugs zu klein sind oder ein zu spröder Schneidstoff benutzt wird. Bei derartigen Ausbrüchen ist der Verlauf der Bruchfläche durch die Schnittkraftrichtung bestimmt [47]. Auch Schnittunterbrechungen können Ausbrüche hervorrufen, vor allem bei der Bearbeitung zäher Werkstückstoffe, deren Späne kleben. Kleine Ausbrüche treten auf, wenn die Werkstücke harte, nichtmetallische Einschlüsse enthalten, die bei der Desoxidation des Stahls entstehen [48 bis 50]. Gegen diese Art örtlicher Überbeanspruchung sind die Sinteroxide und die verschleißfesteren Hartmetallsorten [51 bis 54] empfindlich, insbesondere bei Fertigungsverfahren mit relativ kleinen Spanungsquerschnitten (z. B. Reiben oder Schaben).

b) Querrisse

Bei unterbrochenem Schnitt (z. B. Fräsen) unterliegt die Schneide einer starken Wechselbeanspruchung. Diese dynamische Druckschwellbelastung kann zum Dauerbruch führen. Ein kurzzeitig aufeinanderfolgender Schnittkraftwechsel führt vor allem beim Fräsen mit Hartmetallwerkzeugen zu sogenannten Querrissen, Bild 3-18.

Die schnell wechselnde Beanspruchung bei Lamellenspanbildung kann beim Überschreiten einer kritischen Lastspielzahl ebenfalls zur Bildung von Querrissen führen [2, 55], z. B. bei der Zerspanung von Titanwerkstoffen.

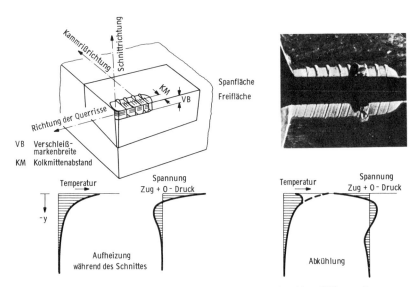

Bild 3-18. Kamm- und Querrißbildung beim Fräsen (nach Lehwald und Vieregge)

c) Kammrisse

Kammrisse, Bild 3-18, sind Beschädigungen der Schneide infolge thermischer Wechselbeanspruchungen, die ihrerseits mechanische Wechselbeanspruchungen des Schneidstoffs verursachen. Derartige Beanspruchungen entstehen hauptsächlich beim Arbeiten im unterbrochenen Schnitt.

Während des Werkzeugeingriffs heizt sich die Schneide schnell auf hohe Temperaturen auf. Nach dem Austritt aus dem Werkstück kühlt sie ab. Die Differenz zwischen höchster und niedrigster Temperatur ist u. a. vom Werkstückstoff, den Schnittbedingungen und dem Verhältnis der im Werkstückstoff und in der Luft zurückgelegten Wege abhängig. Der Einsatz von Kühlschmierstoffen ist bei unterbrochenen Schnitten im Hinblick auf die Größe der Temperaturdifferenz von besonderer Bedeutung, weil sie eine sehr viel größere Abschreckwirkung besitzen als Luft. Die Kühlung begünstigt bei Hartmetallen und keramischen Schneidstoffen die Kammrißbildung. Der Verlauf der Kammrisse deckt sich mit dem Verlauf der Isothermen des Temperaturfeldes im Schneidteil.

d) Plastische Verformung

Plastische Verformung der Schneidkante tritt auf, wenn der Schneidstoff aufgrund hoher Temperatur erweicht und unter der Einwirkung der Zerspankräfte zu fließen beginnt. Schneiden aus Werkzeugstahl oder aus Schnellarbeitsstahl verformen sich um so stärker, je geringer die Differenz zwischen der Temperatur an der Schneide und der Anlaßtemperatur des Schneidstoffs ist, Bild 3-19.

Auch bei Hartmetallen und Cermets treten plastische Verformungen auf, allerdings erst bei höheren Temperaturen (Schnittgeschwindigkeiten) und bei höheren Kräften als bei Werkzeug- und Schnellarbeitsstählen. Hartmetalle verformen sich um so stärker, je höher der Anteil der Bindephase, meist Kobalt, ist. Die plastische Verformung der Cermets ist wesentlich geringer als die der kobaltreichen Hartmetallarten.

Als mechanischer Abrieb werden Schneidstoffteilchen bezeichnet, die sich unter dem Einfluß äußerer Kräfte lösen. Der Abrieb wird hauptsächlich durch harte Teile im Werkstückstoff, wie Karbide und Oxide, verursacht.

Der Verschleiß durch Preßschweißungen entsteht dadurch, daß sich unter der Wirkung freier Kraftfelder bei genügend angenäherten oxidfreien Oberflächen durch Adhäsion Verschweißungen bilden, die wieder getrennt werden, wobei die Scherstelle im Schneidstoff liegen kann. Die Festigkeit der Schweißverbindungen ist um so höher, je größer die Verformungen sind.

Während der Spanbildung werden diejenigen Werkstückstoffschichten, die nach der Trennung die Grenzschicht zwischen der Spanfläche und der Spanun-

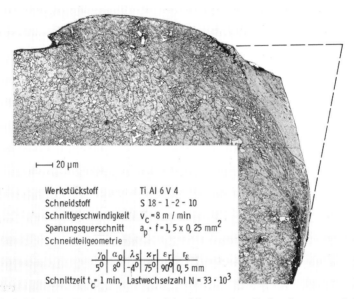

Werkstückstoff			Ti Al 6 V 4		
Schneidstoff			S 18 - 1 -2 - 10		
Schnittgeschwindigkeit			v_c = 8 m / min		
Spanungsquerschnitt			$a_p \cdot f$ = 1,5 x 0,25 mm^2		
Schneidteilgeometrie					
γ_0	α_0	λ_s	$\varkappa_r$	ε_r	r_ε
5°	8°	-4°	75°	90°	0,5 mm

Schnittzeit t_c = 1 min, Lastwechselzahl N = 33 · 10^3

Bild 3-19. Plastische Verformung an der Schneidkante eines Drehwerkzeugs aus Schnellarbeitsstahl

Werkstoff Ck 45 N
Schneidstoff HM P30
Schnittgeschwindigkeit v_c = 25 m/min
Spanungsquerschnitt
$a_p \cdot f$ = 2 · 0,25 mm^2
Schneidteilgeometrie

α_0	γ_0	λ_s	$\varkappa_r$	ε_r	r_ε
6	6	0	90	85	0,5 mm

Trockenschnitt

Härte HV 0,025

- 200 - 300
- 300 - 400
- 400 - 500
- 500 - 600
- 600 - 700
- 700 - 800

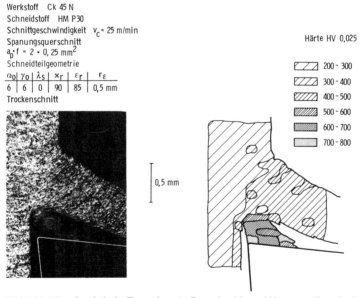

Bild 3-20. Charakteristische Form einer Aufbauschneide und Härteverteilung in der Spanentstehungsstelle

terseite bilden, plastisch stark verformt. Der Werkstoff und insbesondere die frisch entstandenen Oberflächen befinden sich deshalb in einem durch Erwärmung, Verformung und Trennung äußerst aktivierten Zustand. Unter diesen Umständen muß immer damit gerechnet werden, daß bei der Zerspanung Preßschweißungen auftreten.

Erhöhter Verschleiß durch Preßschweißungen wird beobachtet bei rauhen Werkzeugoberflächen, intermittierendem Kontakt zwischen Werkstückstoff und Werkzeug sowie bei Störungen im Materialfluß über die Werkzeugoberflächen.

Der Verschleiß durch Mikroausbröckelungen infolge von Preßschweißungen wird besonders stark beeinflußt durch Störungen im Materialfluß über die Werkzeugoberflächen. Dieser Verschleißanteil ist größer bei niedrigen Schnittgeschwindigkeiten, bei denen eine intensive Aufbauschneidenbildung auftritt [56, 57].

Aufbauschneiden sind hochverfestigte Schichten des zerspanten Werkstückstoffs, die als Verklebungen auf dem Werkzeug die Funktion der Werkzeugschneide übernehmen. Ermöglicht wird diese Erscheinung durch die Eigen-

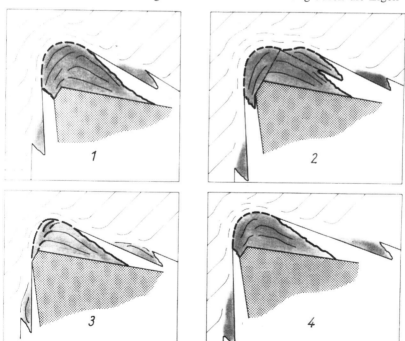

Bild 3-21. Schema der periodischen Aufbauschneidenbildung

schaft bestimmter Werkstückstoffe, sich bei plastischer Verformung zu verfestigen. Der an der Schneide haftende Werkstoff wird durch den Spandruck verformt und gewinnt eine hohe Härte, Bild 3-20, die ihn befähigt, seinerseits die Funktion eines spanabhebenden Werkzeugs zu übernehmen.

Je nach Schnittbedingungen gleiten Aufbauschneidteilchen periodisch zwischen Freifläche und Schnittfläche ab. Sie führen bei hoher Härte zu Ablösefrequenzen bis rd. 1,5 kHz, zu einem erhöhten Freiflächenverschleiß und verschlechtern erheblich die Oberflächengüte des Werkstücks [58], Bild 3-21.

Da der Span über die Aufbauschneide und nicht über die Spanfläche abgeleitet wird, ist der Kolkverschleiß meist vernachlässigbar klein.

In Bild 3-22 ist eine Verschleiß-Schnittgeschwindigkeitsfunktion (VB-v_c-Kurve) dargestellt. Danach steigt der Freiflächenverschleiß mit der Schnittge-

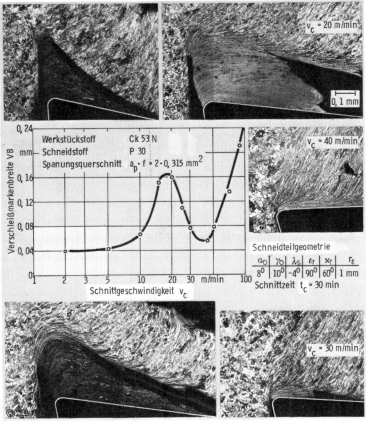

Bild 3-22. Freiflächenverschleiß und Aufbauschneidenbildung

schwindigkeit nicht kontinuierlich an, sondern weist mindestens zwei ausgeprägte Extremwerte auf [57]. Der Verschleiß erreicht zunächst ein Maximum bei der Schnittgeschwindigkeit, bei der die Aufbauschneiden ihre größten Abmessungen aufweisen. Ein Verschleißminimum tritt bei der Schnittgeschwindigkeit auf, bei der keine Aufbauschneide mehr entsteht.

Der nach Überschreiten des Maximums trotz höherer Schnittgeschwindigkeit geringer werdende Freiflächenverschleiß ist darauf zurückzuführen, daß infolge von Rekristallisations- bzw. Umkristallisationsvorgängen die Verfestigung der Aufbauschneide abgebaut wird. Sie wird instabil und wandert nicht mehr teilweise zwischen Schnittfläche und Freifläche, sondern insgesamt über die Spanfläche ab.

Die Lage der Maxima und Minima der VB-v_c-Kurve ist temperaturabhängig. Sie wird durch jegliche Maßnahmen zur Erhöhung der Schnittemperatur (z. B. höheren Vorschub, kleineren Spanwinkel, höhere Werkstückstoffestigkeit) zu niedrigeren Schnittgeschwindigkeiten verschoben, Bild 3-23. Maßnahmen zur Herabsetzung der Schnittemperatur (z. B. Kühlung) verschieben die Extremwerte demgemäß zu höheren Schnittgeschwindigkeiten [59, 60].

Bei den warmverschleißfesten Hartmetallwerkzeugen muß bei hohen Schnittgeschwindigkeiten und gegenseitiger Löslichkeit der Partner mit Diffusionsverschleiß gerechnet werden. Werkzeugstahl und Schnellarbeitsstahl erweichen

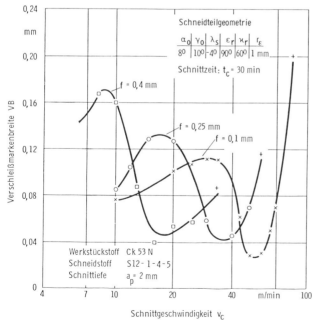

Bild 3-23. Freiflächenverschleiß an Drehwerkzeugen

schon bei Temperaturen, bei denen Diffusion kaum in Erscheinung treten kann (z. B. etwa 600 °C für Schnellarbeitsstahl).

Bei Diffusion laufen folgende Reaktionen ab, Bild 3-24:
- Diffusion von Fe in die Bindemittelphase Co.
- Diffusion von Co in den Stahl, wobei Fe und Co eine lückenlose Mischkristallreihe bilden.
- Auflösung von Wolframkarbid unter Bildung von Misch- und Doppelkarbiden in Form Fe_3W_3C, $(FeW)_6$ und $(FeW)_{23}C_6$.

Der bei der Auflösung des Wolframkarbids freiwerdende Kohlenstoff wandert in Richtung geringerer Konzentration, d. h. in den Stahl. Die Kohlenstoffdiffusion läuft über die Kobaltphase ab. Die maximale Löslichkeit von Kohlenstoff in Kobalt liegt bei Temperaturen von 1200 °C in der Größenordnung von 0,7 %. Bei Anwesenheit von Fe erhöht sich die Löslichkeit auf 1,5 bis 2 %. Das eindiffundierende Eisen leitet also zwei die Auflösung beschleunigende Reaktionen ein. Es bietet sich zur Bildung der Eisen-Mischkarbide an und erhöht die Aufnahme von Kohlenstoff in Kobalt, die wiederum die Voraussetzung zur Auflösung des Wolfram-Monokarbids ist.

Der Einfluß der Hartmetallzusammensetzung auf die Diffusionstiefe für konstante Glühdauer zeigt Bild 3-25. Die Abnahme der Diffusionsgeschwindigkeit dürfte darin begründet sein, daß die Gesamtmenge des an der Diffusion beteiligten Kobalts mit steigendem Ti-Ta-Karbidgehalt abnimmt, so daß die Fe-Diffusion, die über die Co-Phase abläuft, stark behindert wird.

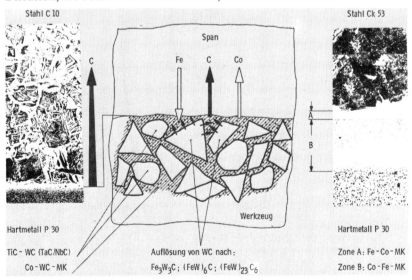

Bild 3-24. Vereinfachte Darstellung der Diffusionsvorgänge im Hartmetallwerkzeug

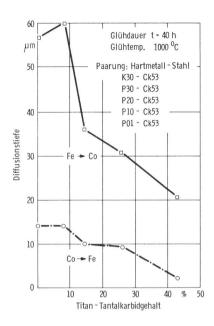

Bild 3-25. Diffusion zwischen Hartmetall und Stahl bei verschiedenen Paarungen

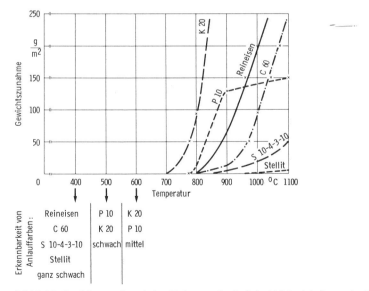

Bild 3-26. Gewichtszunahme beim Glühen an der Luft in Abhängigkeit von der Temperatur Glühzeit 15 min (nach Vieregge)

Betrachtet man ein Werkzeug nach dem Schnitt, so sind vielfach in Nähe der Kontaktzone Anlauffarben zu erkennen, die auf eine Verzunderung (Oxidationsvorgang) des Schneidstoffs hindeuten. Die Verzunderung ist je nach Schneidstofflegierung und Schneidentemperatur von unterschiedlicher Bedeutung, Bild 3-26. Hartmetall beginnt bereits bei 700 bis 800 °C zu zundern, wobei Hartmetalle aus reinem Wolframkarbid und Kobalt stärker oxidieren als solche mit Zusätzen von Titankarbid oder anderen Karbiden [61].

Schon unter üblichen Schnittbedingungen bilden sich am WC-haltigen Werkzeug in der Nähe der Schneidkante durch die auftretenden Schnittemperaturen und unter Einwirkung des Luftsauerstoffs ein Oxidfilm. Dieser bedeckt dabei die Gebiete, an denen der Luftsauerstoff freien Zutritt hat, also die Enden der Kontaktzonen auf Freifläche, Nebenfreifläche und Spanfläche, Bild 3-27.

Der zerstörende Einfluß der Oxidation auf das Hartmetallgefüge kann besonders deutlich an der Nebenschneide beobachtet werden. Es entsteht ein komplexes Wolfram-Kobalt-Eisen-Oxid, das sich infolge seines gegenüber dem Hartmetall größeren Molvolumens warzenartig ausbildet und zum Ausbruch der Schneidenecke führen kann [47].

Für Werkzeugstähle und Schnellarbeitsstähle ist eine Verzunderung praktisch ohne Bedeutung, da ihre Warmfestigkeit überschritten wird, bevor die Oberflächen stärker oxidieren.

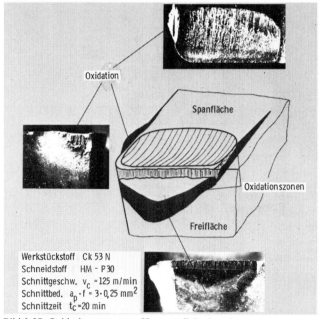

Bild 3-27. Oxidationszonen am Hartmetall-Drehwerkzeug

4 Schneidstoffe und Werkzeuge

4.1 Schneidstoffübersicht

Werkzeugwechselzeiten und damit sowohl Fertigungszeiten als auch Werkzeug-, Maschinen- und Lohnkosten werden über den Verschleiß von den Eigenschaften der Schneidstoffe beeinflußt.

Die Entwicklung auf dem Schneidstoffsektor ist deshalb keineswegs abgeschlossen, sondern von den ständigen Bestrebungen gekennzeichnet, sowohl bereits bekannte Schneidstoffe zu verbessern als auch neuartige Materialien zur Herstellung von Schneidkörpern zu verwenden.

Schneidstoffe sollten, um allen Beanspruchungen gerecht zu werden, über folgende Eigenschaften verfügen:

- Härte und Druckfestigkeit,
- Biegefestigkeit und Zähigkeit,
- Kantenfestigkeit,
- innere Bindefestigkeit,
- Warmfestigkeit,
- Oxidationsbeständigkeit,
- geringe Diffusions- und Klebneigung,
- Abriebfestigkeit,
- reproduzierbares Verschleißverhalten.

Faßt man alle diese Eigenschaften zusammen, so stellt sich die Forderung nach dem „idealen" Schneidstoff, Bild 4-1, mit universellem Anwendungsbereich. Einen Schneidstoff, der das Optimum aller Eigenschaften, die zum Teil gegenläufig sind, in sich vereint, wird es jedoch nicht geben. Ein Grund hierfür ist z. B. der Widerspruch zwischen Härte und Zähigkeit. Die Entwicklungsaktivitäten auf dem Schneidstoffsektor konzentrieren sich daher darauf, durch optimierte Herstellungstechnologien und legierungstechnische Maßnahmen die Einsatzgebiete der Schneidstoffe entsprechend den Anforderungen einer modernen Fertigung zu erweitern.

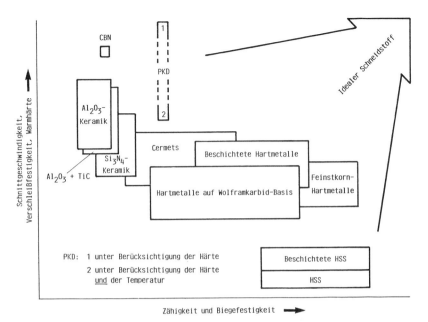

Bild 4-1. Eigenschaften verschiedener Schneidstoffe – schematisch

Die Schneidstoffe in der Reihenfolge ihrer Verschleißfestigkeit sind:

- Werkzeugstähle,
- Schnellarbeitsstähle,
- Hartmetalle,
- Schneidkeramik,
- kubisch-kristallines Bornitrid und
- Diamant.

Die Stundengeschwindigkeit v_{c60} der verschiedenen Schneidstoffe nimmt mit steigender Härte zu; einen gegenläufigen Verlauf weist die Biegebruchfestigkeit auf [62, 63].

Schwerpunktmäßig kann bei den in der Zerspanung mit definierter Schneidteilgeometrie eingesetzten Schneidstoffen zwischen

- metallischen Schneidstoffen,
- Verbundschneidstoffen (Hartmetalle) und
- keramischen Schneidstoffen

unterschieden werden, Bild 4-2.

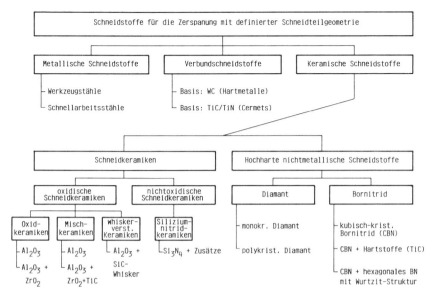

Bild 4-2. Einteilung der Schneidstoffe für die Zerspanung mit definierter Schneidteilgeometrie

Zu den metallischen Schneidstoffen zählen die Werkzeug- und Schnellarbeitsstähle. Unter der Bezeichnung Verbundschneidstoffe sind die Hartmetalle zusammengefaßt. Die keramischen Schneidstoffe können nochmals, in Anlehnung an den in der Praxis üblichen Sprachgebrauch, in die Gruppe der Schneidkeramiken und der hochharten nichtmetallischen Schneidstoffe unterteilt werden. Schneidkeramik ist der Oberbegriff für Schneidstoffe aus Oxid-, Misch- und Nichtoxidkeramik. Als hochhart und nichtmetallisch werden die Schneidstoffe aus Diamant und Bornitrid bezeichnet.

4.2 Metallische Schneidstoffe

4.2.1 Werkzeugstähle

Werkzeugstähle sind die zeitlich zuerst industriell eingesetzten Schneidstoffe. Sie erhalten ihre Verschleiß- und Zähigkeitseigenschaften durch eine Wärmebehandlung, die aus Erwärmen auf Austenitisierungstemperatur, Abschrecken im Wasserbad (hohe Abkühlgeschwindigkeit erforderlich, Martensithärte) und Anlassen (mit dem Ziel eines teilweisen Härteabbaus und dabei entstehender Zähigkeitserhöhung) besteht.

Die Werkzeugstähle lassen sich in unlegierte und legierte einteilen. Die unlegierten Werkzeugstähle enthalten rd. 1,25 % C und in geringen Mengen Si und Mn, dagegen die legierten Werkzeugstähle rd. 1,25 % C sowie bis zu 1,5 % Cr, 1,2 % W, 0,5 % Mo und 1,2 % V.

Härte und Verschleißwiderstand unlegierter Werkzeugstähle hängen von der Ausbildung des martensitischen Gefüges ab. Der Verschleißwiderstand nimmt mit der Härte und mit steigendem Kohlenstoffgehalt zu; gleichzeitig fällt aber die Zähigkeit ab und damit wird die Empfindlichkeit während der Wärmebehandlung und des Werkzeugeinsatzes größer. Unlegierte Werkzeugstähle härten nicht über dem gesamten Querschnitt gleichmäßig durch, sondern nur an der Werkstückoberfläche. Die geringe Warmhärte, die Schnittemperaturen von max. 200 °C zuläßt, begrenzt ihren Anwendungsbereich auf Handwerkzeuge wie z. B. Feilen und Stichel oder Sägeblätter für die Holzbearbeitung.

Die Vorteile der legierten gegenüber den unlegierten Werkzeugstählen liegen in der Erhöhung der Verschleißfestigkeit (Zusatz von karbidbildenden Elementen), der Anlaßbeständigkeit und Warmfestigkeit (Zulegieren von Chrom, Wolfram, Molybdän, Vanadin) und in der höheren Härte (in Lösung gegangener Kohlenstoff). Außerdem sinkt die kritische Abkühlgeschwindigkeit, so daß eine bessere Durchhärtbarkeit erzielt werden kann. Sie werden vorwiegend bei der Stahlbearbeitung mit niedrigen Schnittbedingungen (Reiben, Gewindeschneiden) und zur Herstellung von Werkzeugen für Reparaturarbeiten verwendet, da die Kosten infolge des kleineren Anteils an Legierungselementen geringer als bei Schnellarbeitsstahl (HSS)-Werkzeugen sind [64, 65].

4.2.2 Schnellarbeitsstähle

Schnellarbeitsstähle (HSS) sind hochlegierte Stähle, die als Hauptlegierungselemente Wolfram, Molybdän, Vanadin, Kobalt und Chrom enthalten. Sie verfügen über eine verhältnismäßig hohe Biegebruchfestigkeit und damit über günstige Zähigkeitseigenschaften.

Gegenüber den Werkzeugstählen zeichnen sie sich durch eine verbesserte Anlaßbeständigkeit des Grundgefüges und eine höhere Härte aus. Ihre Härte von etwa 60 – 70 HRC behalten sie bis zu Temperaturen von 600 °C. Hieraus sowie aufgrund ihrer Bearbeitbarkeit ergibt sich nach wie vor ein breites Einsatzgebiet für Schnellarbeitsstähle im Bereich der spanenden Bearbeitung, vor allem für Werkzeuge mit scharfen Schneidkanten und kleinen Keilwinkeln wie z. B. Räumwerkzeugen, Spiralbohrern, Gewindeschneidwerkzeugen, Reibahlen, Fräsern und Drehwerkzeugen für Ein- und Abstechoperationen sowie für die Feinbearbeitung.

Während die Härte der Schnellarbeitsstähle durch die Anzahl und Verteilung der Karbide beeinflußt wird, sind für die Anlaßbeständigkeit die in der Matrix gelösten Anteile der Legierungselemente W, Mo, V und Co verantwortlich. Härte und Verschleißfestigkeit werden gesteigert durch den im Grundgefüge angelassenen Martensit und die eingelagerten Karbide (besonders Mo-W-Doppelkarbide, Cr- und V-Karbide). Karbidbildung und Durchhärtung werden durch Zulegieren von Cr gefördert.

Einteilung der Schnellarbeitsstähle

Schnellarbeitsstähle werden mit den Buchstaben „S" und der prozentualen Angabe der Legierungselemente in der Reihenfolge W-Mo-V-Co gekennzeichnet, z. B.: S 10-4-3-10. Die Einteilung der Schnellarbeitsstähle erfolgt nach ihrem W- und Mo-Gehalt in vier Legierungs- und Leistungsgruppen, Tabelle 4-1.

Stahlgruppe	Kurz-bezeichnung W-Mo-V-Co	Bisherige Klassen-Bezeichnung	Zur Bearbeitung von Stahl bei mittlerer Beanspruchung	bei höchster Beanspruchung	
				Schruppen	Schlichten
18 % W	S 18 - 0 - 1 S 18 - 1 - 2 - 5 S 18 - 1 - 2 - 10 S 18 - 1 - 2 - 15	B 18 E 18 Co 5 E 18 Co 10 E 18 Co 15	x x - -	- x xx xx	- - - -
12 % W	S 12 - 1 - 2 S 12 - 1 - 4 S 12 - 1 - 2 - 3 S 12 - 1 - 4 - 5 S 3 - 3 - 2	D EV 4 E Co 3 EV 4 Co ABC III	x - - - x	- - (x) (x) -	- x x xx -
6 % W + 5 % Mo	S 6 - 5 - 2 S 6 - 5 - 3 S 6 - 5 - 2 - 5 S 10 - 4 - 3 - 10	D Mo 5 E Mo 5 V 3 E Mo 5 Co 5 EW 9 Co 10	xx - xx xx	- - - xx	- x - xx
2 % W + 9 % Mo	S 2 - 9 - 1 S 2 - 9 - 2 S 2 - 9 - 2 - 5 S 2 - 9 - 2 - 8	B Mo 9 M 7 M 30 } nach AISI M 34	x x - -	- - x xx	- - - x

Tabelle 4-1. Legierungs- und Leistungsgruppen der Schnellarbeitsstähle

Gruppe I umfaßt die hoch wolframhaltigen Stähle (18 % W). Sie besitzen, besonders in Verbindung mit Co, eine gute Anlaßbeständigkeit und werden für das Schruppen von Stahl und Gußeisen eingesetzt [47].

Zur 2. Gruppe (12 % W) gehören Stähle mit steigendem V-Gehalt. Infolge des abgesenkten W- und Co-Gehalts haben sie gegenüber Stählen der ersten Gruppe eine verminderte Anlaßbeständigkeit, erreichen jedoch bei 4 % V mindestens die gleiche Verschleißfestigkeit. Sie werden benutzt zum Schlichten von Stahl, für Automatenarbeiten sowie zur Bearbeitung von Nicht-Eisen-Werkstückstoffen. Die Stähle S 12-1-2 und S 12-1-4 sind aufgrund ihrer guten

Verarbeitbarkeit, Zähigkeit und Kantenfestigkeit besonders für die Herstellung formschwieriger Werkzeuge geeignet.

In den letzten zwei Gruppen sind hauptsächlich wolfram- und molybdänhaltige Stähle (2 % W + 9 % Mo) angeführt. Molybdän kann unter metallurgischen Gesichtspunkten Wolfram ersetzen und ist bei gleichen Gewichtsprozenten wirksamer, weil es infolge seines geringen spezifischen Gewichts einen etwa doppelt so hohen Volumenanteil besitzt (γ Mo $\approx$ 0,5 γ W). Molybdänhaltige Stähle verfügen über eine besonders gute Zähigkeit. Kobaltarme und -freie Stähle dieser beiden Gruppen dienen zur Herstellung von Werkzeugen aller Art. Kobalthaltige Sorten benutzt man dagegen für Zerspanungsarbeiten mit einfachen Werkzeugen, wenn eine robuste Beanspruchung zu erwarten ist (Bohrer, Dreh-, Fräs-, Hobel- und Räumwerkzeuge, Wälzfräser).

Der prinzipielle Einfluß der Legierungselemente ist im folgenden noch einmal stichwortartig zusammengefaßt:

W: Karbidbildner; erhöht die Anlaßbeständigkeit und Verschleißfestigkeit.

Mo: Erhöhte Durchhärtung; verbesserte Zähigkeit von HSS; W ist durch Mo ersetzbar (halbes spezifisches Gewicht!).

V: Liegt als Primärkarbid VC vor und erhöht die Verschleißfestigkeit (Schlichtbearbeitung).

Co: Verschiebt die Grenze der Überhitzungsempfindlichkeit zu höheren Temperaturen, wodurch höhere Härtetemperaturen erreichbar werden. Es gehen mehr Karbide in Lösung und die Warmhärte steigt.

Anwendungsgebiete

In Tabelle 4-2 sind die Hauptanwendungsgebiete der Schnellarbeitsstähle nach DIN 17350 aufgelistet.

Mit steigendem Gehalt an Legierungselementen nimmt die Leistungsfähigkeit dieser Schneidstoffe im Hinblick auf eine verbesserte Verschleißfestigkeit und hohe Standzeit zu. Gleichzeitig wird jedoch ihre Verarbeitbarkeit schwieriger, was sich insbesondere bei der Herstellung komplizierter Formwerkzeuge ungünstig auswirkt. Allgemein bedeutet ein höherer Gehalt an Legierungselementen höhere Werkzeugkosten. Die Wirtschaftlichkeit eines Fertigungsprozesses wird damit auch durch die Wahl des Schnellarbeitsstahls bestimmt.

Der Einsatz hochlegierter Schnellarbeitsstähle bietet sich vor allem dann an, wenn Zerspanungsprobleme gelöst werden müssen, bei denen sich die Erhöhung der Warmfestigkeit oder der Zähigkeit besonders stark auswirken. Kobaltlegierte Schnellarbeitsstähle (z. B. S 6-5-2-5, S 18-1-2-5, S 7-4-2-5) eignen sich für Bearbeitungsaufgaben, die erhöhte Anforderungen an die Warmfestig-

Stahlsorte Kurzname nach DIN neu	alt	Werkstoff-Nr.	Hauptsächlicher Verwendungszweck
S 6-5-2	DMo5	1.3343	Räumnadeln, Spiralbohrer, Fräser, Reibahlen, Gewindebohrer, Senker, Hobelwerkzeuge, Kreissägen, Umformwerkzeuge, Schneid- und Feinschneidwerkzeuge, Einsenkpfaffen.
SC 6-5-2	-	1.3342	Räumnadeln, Spiralbohrer, Fräser, Reibahlen, Gewindebohrer, Senker, Umformwerkzeuge, Schneid- und Feinschneidwerkzeuge
S 6-5-3	EMo5V3	1.3344	Gewindebohrer und Reibahlen
S 6-5-2-5	EMo5Co5	1.3243	Fräser, Spiralbohrer und Gewindebohrer
S 7-4-2-5	-	1.3246	Fräser, Spiralbohrer, Gewindebohrer, Formstähle
S 10-4-3-10	EW9Co10	1.3207	Drehmeißel und Formstähle
S 12-1-4-5	EV4Co	1.3202	Drehmeißel und Formstähle
S 18-1-2-5	E18Co5	1.3255	Dreh-, Hobelmeißel und Fräser
S 2-10-1-8		1.3247	Schaftfräser

Tabelle 4-2. Hauptanwendungsgebiete der wichtigsten Schnellarbeitsstähle (nach DIN 17350)

keit der Werkzeuge stellen. Stähle, die neben Kobalt noch Vanadin enthalten, wie z.B. die Qualitäten S 12-1-4-5 und S 10-4-3-10, zeichnen sich durch verbesserte Verschleißeigenschaften bei erhöhter Temperaturbeanspruchung aus und eignen sich für Zerspanaufgaben, die höchste Anforderungen an den Verschleißwiderstand der Werkzeuge stellen.

Schmelzmetallurgische Herstellung und Wärmebehandlung

An das Erschmelzen und Abgießen (1550 °C) des Stahls in Kokillen schließt sich ein Blockglühen (900 °C) an (Homogenisierung), Bild 4-3. Es folgen ein Schmiedevorgang (Zertrümmerung des Ledeburits und der Karbide) mit evtl. Zwischenaufheizung des Werkstücks sowie das Walzen (1200 °C). Nach dem Fertigglühen (Weichglühen zur Verbesserung der Bearbeitbarkeit) wird der Stahl ein- oder mehrmals entsprechend den im Bild gezeigten Stufen vorgewärmt (1250 bis 1300 °C) und gehärtet. Dabei sind Härtetemperatur und Tauchzeit so zu wählen, daß ein möglichst großer Teil der Karbide in Lösung geht, andererseits jedoch keine Grobkörnigkeit entsteht. Nach dem Abschrecken in Glühsalz- oder Ölbädern enthält die Grundmasse noch Austenit, dessen Anteil durch mehrmaliges Anlassen auf 540 bis 580 °C vermindert wird. Dabei zerfällt mit steigender Anlaßtemperatur (ab 150 °C) der Martensit unter Ausscheidung des sich in Zwangslösung befindlichen Kohlenstoffs. Dabei wirkt die Ausscheidung von Karbiden dem damit verbundenen Härteabfall entgegen; gleichzeitig scheidet ab etwa 400 °C der Restaustenit äußerst fein verteilte Sonderkarbide aus.

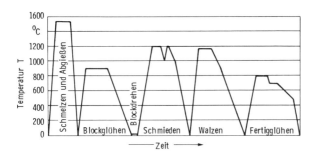

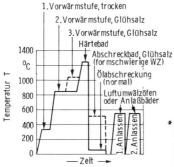

Bild 4-3. Wärmebehandlung der Schnellarbeitsstähle

Durch mehrmaliges Anlassen verarmt das Grundgefüge infolge der Karbidbildung an Legierungselementen, so daß sich bei anschließender Abkühlung ein weiterer Teil des Austenits in Sekundärmartensit umwandelt. Dadurch wird das Maximum des Härteverlaufs zu höheren Temperaturen (560 °C) verschoben. Die beobachtete Anlaßkurve zeigt Bild 4-4.

Umfangreiche Untersuchungen haben gezeigt, daß die Gebrauchseigenschaften eines Schnellarbeitsstahls wesentlich vom gewählten Herstellverfahren abhängen.

Konventionell hergestellte Schnellarbeitsstähle neigen während der Erstarrungsphase zu Seigerungen (Entmischungen), die bei großen Gußblöcken und hochlegierten Stählen besonders ausgeprägt sind. Derartige Erscheinungen sind bei späterem Werkzeugeinsatz meist Ursachen für Standzeitstreuungen.

Unabhängig von bereits angewendeten Maßnahmen, wie verbesserter Schmelzenführung oder Impfen, verspricht vor allem das Umschmelzen von HSS-Blöcken nach dem Elektroschlackeumschmelzverfahren (ESU) Vorteile. Die Möglichkeit der gleichmäßigeren Gefügeausbildung bei diesem Verfahren ergibt sich daraus, daß während des Umschmelzens nicht der gesamte Block flüs-

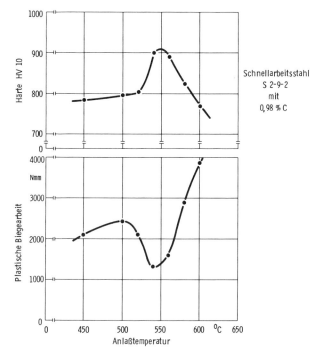

Härtetemperatur = Solidustemperatur − 20 °C, Anlassen : 2 x 1 h

Bild 4-4. Anlaßkurve eines Schnellarbeitsstahls (nach Bungardt, Weigand, Haberling)

sig ist, sondern nur jeweils ein geringer Teil. Dadurch lassen sich makroskopische Entmischungen wie Karbidhäufungen vermindern.

Aus der gleichmäßigen Karbidverteilung und Gefügeausbildung ergeben sich als praktische Konsequenzen:

a) Unempfindlicheres Verhalten bei der Wärmebehandlung, weil jene Härtespannungen und Risse vermieden werden, die sonst häufig von Karbidnestern mit hohem örtlichen Kohlenstoffgehalt ausgehen.

b) Geringerer Verzug beim Härten und Anlassen, ein Vorteil, der besonders bei langen oder mit geringem Schleifaufmaß vorbearbeiteten Werkzeugen wie Räumwerkzeugen oder Wälzfräsern wichtig ist.

c) Bessere Bearbeitbarkeit des Schnellarbeitsstahls

d) Geringfügig verbesserte Zähigkeit, die sich ebenfalls aus dem Fehlen o. a. Härtespannungen erklärt.

e) Gleichmäßige Schneideigenschaften über dem gesamten Stabquerschnitt.

Insbesondere bei großen Querschnitten wird das ESU-Verfahren Anwendung finden, da hier die geforderte Gleichmäßigkeit nicht mehr durch andere Verfahren wie Schmieden oder Walzen mit hohen Umformgraden erreicht werden kann. Nachteilig sind die höheren Herstellkosten [66 bis 70].

Zusätzliche Möglichkeiten zur Standzeitverbesserung bieten Oberflächenbehandlungsverfahren wie

– Nitrieren,

– Dampfanlassen,

– Verchromen.

Pulvermetallurgische Herstellung

Ausgangsmaterialien für die pulvermetallurgische Herstellung von Schnellarbeitsstählen sind Pulver, die durch Gas- bzw. Wasserverdüsung der Schmelze gewonnen werden, Bild 4-5. Gasverdüste Pulver werden gekapselt, kalt- und anschließend heißisostatisch verdichtet. Die so hergestellten Halbzeuge werden nach einer Warmumformung konventionell spanend zu Werkzeugen weiterverarbeitet. Wasserverdüstes Pulver wird in einer Form zum Knüppel oder zu einem endkonturnahen Grünling gepreßt und anschließend in einem Vakuumofen gesintert. Bei der Halbzeugfertigung wird nicht bis zum Erreichen der vollen theoretischen Dichte gesintert. Die endgültige Verdichtung erfolgt erst in einem nachgeschalteten Schmiedevorgang. Demgegenüber wird beim Sintern von Formteilen (z. B. Wendeschneidplatten, Formfräser u. a.) die volle theoreti-

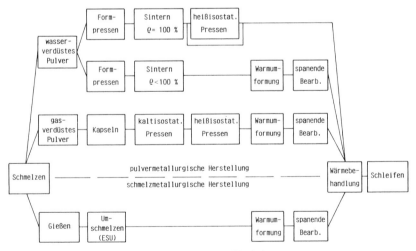

Bild 4-5. Fertigungsfolge bei der Herstellung von HSS-Werkzeugen

sche Dichte angestrebt. Dem Sinterprozeß kann gegebenenfalls noch ein heißisostatisches Pressen nachfolgen.

Pulvermetallurgisch hergestellte Schnellarbeitsstähle zeichnen sich durch ein homogenes Gefüge (keine Karbidseigerungen) mit gleichmäßiger Verteilung feiner Karbide aus. Aufgrund ihres Gefügeaufbaus weisen die PM-Stähle eine bessere Schleifbarkeit und höhere Zähigkeit auf. Hinsichtlich ihrer Leistungsfähigkeit als Zerspanwerkzeuge werden die pulvermetallurgisch hergestellten Schnellarbeitsstähle z. T. unterschiedlich bewertet. Zahlreiche Zerspanversuche haben gezeigt, daß sie konventionellen Schnellarbeitsstählen mit gleicher nomineller Zusammensetzung jedoch mindestens gleichwertig sind. Vorteile für PM-Stähle ergeben sich bei hohen mechanischen Belastungen infolge großer Vorschübe und bei der Bearbeitung schwer zerspanbarer Werkstoffe [71 bis 76].

Wendeschneidplatten aus HSS

Wendeschneidplatten aus Schnellarbeitsstahl können durch Feinguß, spanend aus Halbzeugen oder direkt durch pulvermetallurgische Verfahren hergestellt werden. Während Halbzeuge erst noch spangebend bearbeitet werden müssen, werden z. B. bei der pulvermetallurgischen Herstellung von HSS-Wendeschneidplatten die kostenintensiven Legierungselemente wesentlich besser ausgenutzt. Weitere Vorteile gesinterter HSS-Wendeschneidplatten sind neben geringeren Herstellkosten und der höheren Materialausnutzung vor allem die größere Flexibilität im Werkzeugeinsatz durch die Nutzung der Wendeschneidplattentechnik. So bieten sich für Fertigungsverfahren wie Fräsen oder Bohren in Verbindung mit der Wendeplattentechnik die Möglichkeit, Werkzeuge beanspruchungsgerecht mit unterschiedlichen Schneidstoffen zu bestücken, Bild 4-6. Wendeschneidplatten aus Feinguß haben für die Stahlzerspanung bisher keine Bedeutung erlangt [76 bis 82].

Beschichtete Schnellarbeitsstähle

Deutliche Leistungssteigerungen können bei HSS-Werkzeugen durch eine Hartstoffbeschichtung erzielt werden. Das Leistungspotential dieser Werkzeuge erlaubt gegenüber den unbeschichteten Werkzeugen eine deutliche Erhöhung der Schnittbedingungen (vgl. Kap. 8.3.2.2). Der Einsatz von beschichteten HSS-Wendeplatten-Werkzeugen bietet sich u. a. dann an, wenn z. B. die Schnittbedingungen, bedingt durch Werkstück oder Werkzeugmaschine nicht so weit geändert werden können, daß Hartmetall als Schneidstoff möglich wird.

HSS-Werkzeuge werden im allgemeinen nach dem PVD-Verfahren beschichtet. Aufgrund der niedrigen Prozeßtemperatur, die mit ca. 500 °C unterhalb der Anlaßtemperatur liegt, können die verzugsanfälligen HSS-Werkzeuge bereits

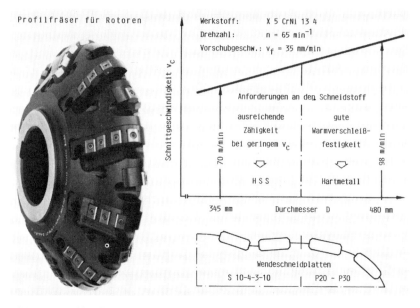

Bild 4-6. Schneidstoffe beanspruchungsgerecht kombinieren (nach Fette)

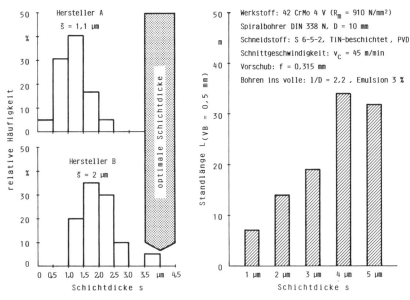

Bild 4-7. Schichtdicke und Leistung von HSS-Spiralbohrern

vor dem Beschichten gehärtet werden. Das CVD-Verfahren ist nur für geometrisch einfache HSS-Werkzeuge, z. B. Wendeschneidplatten, geeignet. Beim CVD-Verfahren übersteigt die Prozeßtemperatur die Anlaßtemperatur des Schnellarbeitsstahls, so daß die Werkzeuge erst nach dem Beschichten endgültig wärmebehandelt werden können, was sich vielfach jedoch wegen des damit verbundenen Verzuges verbietet.

Die Titannitridbeschichtung nach dem PVD-Verfahren ist heute Stand der Technik. Derartige Werkzeuge werden erfolgreich beim Bohren, Fräsen, Abwälzfräsen, Reiben, Gewindebohren, Räumen, Schneiden, Blechumformen, Kaltmassivumformen und Kunststoffspritzen eingesetzt. Mit neuen Beschichtungsmaterialien, wie z. B. Titanaluminiumnitrid ($TiAlN_2$), wird derzeit noch experimentiert.

Nachgeschliffene Werkzeuge weisen ein geringeres Leistungsvermögen auf und sollen bei niedrigeren Schnittgeschwindigkeiten weiter eingesetzt werden [78, 79, 83 bis 92].

Optimale Schichtdicken für Bohrer liegen bei 4 μm, Bild 4-7. Trotz dieser Kenntnis weisen noch immer viele Spiralbohrer Schichten auf, die zu dünn sind, um optimalen Verschleißschutz bieten zu können.

4.3 Hartmetalle

Hartmetalle sind Verbundwerkstoffe aus Keramik und Metall. Sie bestehen aus einer weichen metallischen Bindephase (Kobalt oder Nickel) in die Karbide der Übergangsmetalle (4. bis 6. Nebengruppe des Periodensystems; W, Ti, Ta, Nb, ...) eingebettet sind. Die Karbide liegen an der Grenze zwischen Metallen und Keramik. Sie weisen z. T. noch metallähnliche Eigenschaften (z. B. elektrische Leitfähigkeit) auf, werden aber als sog. metallische Hartstoffe, der nichtoxidischen Keramik zugeordnet [93, 94].

Aufgabe der Bindephase ist die Verbindung der spröden Karbide zu einem relativ festen Körper, wogegen durch die Karbide eine hohe Warmhärte und Verschleißfestigkeit erzielt wird.

Die Vorteile der Hartmetalle bestehen in der guten Gefügegleichmäßigkeit aufgrund der pulvermetallurgischen Herstellung, der hohen Härte, Druckfestigkeit und Warmverschleißfestigkeit. Hartmetall besitzt bei 1000 °C die gleiche Härte wie Schnellarbeitsstahl bei Raumtemperatur. Ferner besteht die Möglichkeit, Hartmetallsorten mit unterschiedlichen Eigenschaften durch gezielte Änderung des Karbid- und Bindemittelanteils herzustellen.

Herstellung

Die Herstellung der Hartmetalle erfolgt auf pulvermetallurgischem Weg durch Sintern nach verschiedenen Verfahren:

- Vorsintern, mechanische Formgebung, Fertigsintern,
- Formpressen und Sintern,
- Strangpressen und Sintern,
- Heißpressen,
- Vorsintern und heißisostatisches Pressen.

Für die Herstellung von Formwerkzeugen hat sich der zuerst genannte Verfahrensablauf bewährt. Nach dem Mischen der vorgesehenen Anteile von metallischer Bindephase und Karbiden, die in Pulverform vorliegen, erfolgt ein Vorsintern (900 °C). Der dann vorliegende „Grünling" hat die für eine Bearbeitung notwendige Festigkeit. Daran schließen sich eine mechanische Formgebung und ein Fertigsinterprozeß im Schutzgas- oder Vakuumofen (1300 bis 1600°) an.

Wendeschneidplatten aus HM werden aufgrund der hohen Stückzahl und der einfachen Form durch Formpressen und anschließendes Sintern hergestellt. Zur Verringerung der Restporosität werden die Schneidplatten vielfach im Anschluß an das Sintern noch durch isostatisches Heißpressen nachverdichtet.

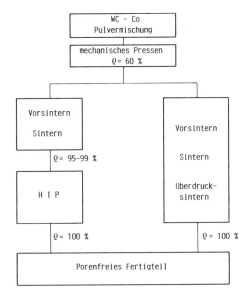

Bild 4-8. Fertigungsfolge bei der Herstellung von HM-Wendeschneidplatten (nach Degussa)

Sintern und isostatisches Heißpressen (HIP – Hot Isostatic Pressing) erfolgen bei der konventionellen Fertigung in zwei getrennten Schritten und Anlagen. Das sog. Überdruck-Sintern (Sinter/HIPen) bietet im Gegensatz hierzu den Vorteil, ohne zusätzliches Abkühlen und Aufheizen und ohne zusätzliches Handling der Teile, Sintern und anschließendes Verdichten unter Druck in einem Zyklus und in einer Anlage durchzuführen, Bild 4-8 [96].

Im wesentlichen können die Hartmetallschneidstoffe in zwei Gruppen unterteilt werden und zwar in Hartmetalle auf

– WC/Co-Basis und
– Ti(C, N)-Basis.

Für die Hartmetalle auf der Basis von Ti(C,N) hat sich in der Literatur die Bezeichnung „Cermets" eingebürgert.

4.3.1 WC/Co-Hartmetalle

Komponenten und ihre Eigenschaften

Die Hartmetalle dieser Gruppe enthalten überwiegend Wolframkarbid, daneben aber auch noch z. T. Titankarbid, Tantal/Niob-Mischkarbide und als Bindephase Kobalt, Tabelle 4-3.

Zerspanungs-anwendungs-gruppe nach ISO	In Pfeilrichtung zunehmend	Zusammensetzung			Vickers-härte	Biege-festigkeit	Druck-festigkeit	Elastizitäts-modul	Wärme-dehnung
		WC	TiC + TaC	Co					
		%	%	%	HV 30	MPa	MPa	GPa	$10^{-6} \cdot K^{-1}$
P 02	↑ Verschleißverhalten u. Härte/Schnittgeschwindigkeit) ↑ Zähigkeit (Vorschub) ↓	33	59	8	1650	800	5100	440	7,5
P 03		32	56	12	1500	1000	5250	430	8
P 04		62	33	5	1700	1000	5250	500	7
P 10		55	36	9	1600	1300	5200	530	6,5
P 15		71	20	9	1500	1400	5100	530	6,5
P 20		76	14	10	1500	1500	5000	540	6
P 25		70	20	10	1450	1750	4900	550	5,5
P 30		82	8	10	1450	1800	4800	560	5,5
P 40		74	12	14	1350	1900	4600	560	5,5
M 10		84	10	6	1700	1350	6000	580	5,5
M 15		81	12	7	1550	1550	5500	570	5,5
M 20		82	10	8	1550	1650	5000	560	5,5
M 40		79	6	15	1350	2100	4400	540	5,5
K 03		92	4	4	1800	1200	6200	630	5
K 05		92	2	6	1750	1350	6000	630	5
K 10		92	2	6	1650	1500	5800	630	5
K 20		92	2	6	1550	1700	5500	620	5
K 30		93		7	1400	2000	4600	600	5,5
K 40		88		12	1300	2200	4500	580	5,5

Tabelle 4-3. Zusammensetzung und Eigenschaften verschiedener Hartmetalle

WC-Co
WC ist in Co löslich, daraus resultiert eine hohe innere Binde- und Kantenfestigkeit der reinen WC-Co-Hartmetalle. WC ist außerdem noch verschleißfester als TiC und TaC. Andererseits wird die Schnittgeschwindigkeit begrenzt durch die Lösungs- und Diffusionsfreudigkeit bei höheren Temperaturen.

TiC
Titankarbid hat eine geringe Diffusionsneigung. Daraus resultiert eine hohe Warmverschleißfestigkeit der TiC-haltigen Hartmetalle, aber eine geringe Binde- und Kantenfestigkeit. Hoch-TiC-haltige Hartmetalle sind deshalb spröde und bruchanfällig. Sie werden bevorzugt zur Zerspanung von Stahlwerkstückstoffen mit hohen Schnittgeschwindigkeiten eingesetzt. Mit WC bildet TiC ein Mischkarbid.

TaC
In kleinen Mengen wirkt TaC kornverfeinernd und damit zähigkeits- und kantenfestigkeitsverbessernd; die innere Bindefestigkeit fällt nicht so stark ab wie beim TiC.

NbC
NbC hat eine ähnliche Wirkung wie TaC. Beide Karbide treten als Mischkristall Ta-(Nb)-C im Hartmetall auf.

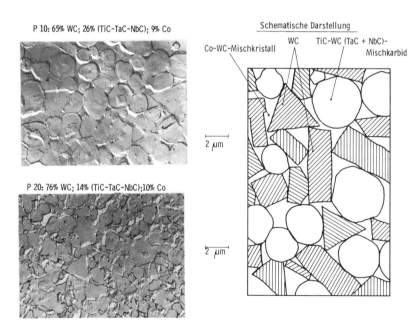

Bild 4-9. Hartmetall-Gefüge

Im gebrauchsfertigen Hartmetall liegen die Mischkarbide in runder, die Wolframkarbide in eckiger Form vor; das Karbidskelett wird durch die Bindephase ausgefüllt, Bild 4-9.

Nach DIN 4990 werden die Hartmetalle in drei Zerspanungs-Hauptgruppen eingeteilt und mit den Kennbuchstaben P, M und K bezeichnet, Tabelle 4-4. Kriterien hierfür sind die Zusammensetzung der Hartmetalle und ihre daraus resultierenden Eigenschaften und bevorzugten Einsatzgebiete.

P-Gruppe
Die Hartmetalle dieser Gruppe enthalten neben Wolframkarbid noch Titan-, Tantal- und Niobkarbid. Sie zeichnen sich durch eine hohe Warmfestigkeit bei geringem Abrieb aus. Sie finden bei der Zerspanung von langspanenden Stahlwerkstoffen Anwendung.

M-Gruppe
Hartmetalle der Hauptgruppe M haben eine relativ gute Warmverschleißfestigkeit und Abriebfestigkeit. Sie sind besonders geeignet für die Zerspanung von rost-, säure- und hitzebeständigen Stählen sowie für legierten oder harten Grauguß.

K-Gruppe
Hartmetalle der Hauptgruppe K weisen bei einer geringeren Warmfestigkeit eine hohe Abriebfestigkeit auf. Sie finden deshalb Anwendung bei kurzspanenden Werkstoffen, Gußeisen, Nichteisen- und Nichtmetallen, hochwarmfesten Werkstoffen sowie bei der Gestein- und Holzbearbeitung. Die Hartmetalle dieser Gruppe bestehen fast ausschließlich aus WC und der Bindephase Co und nur geringen Mengen an TiC, TaC und NbC.

Die Zerspanungs-Hauptgruppen sind zusätzlich noch in Zerspanungs-Anwendungsgruppen unterteilt, Tabelle 4-4. Die Reihenfolge der Kenn-Nummern der Zerspanungs-Anwendungsgruppe weist innerhalb der betreffenden Hauptgruppe auf die Zähigkeit und Verschleißfestigkeit der zuzuordnenden Hartmetallsorte hin. Eine niedrige Kennzahl (z. B. P 01, P 10) bedeutet eine hohe Verschleißfestigkeit bei geringerer Zähigkeit; eine große Kennzahl (P 30, P 40) eine geringere Verschleißfestigkeit bei hoher Zähigkeit. Die Kennzahlen sind hierbei lediglich Ordnungsnummern, die auf eine gewisse Reihenfolge hinweisen. Sie haben keinerlei Aussagekraft über die Größe der Verschleißfestigkeit oder der Zähigkeit eines Schneidstoffs. Zu jeder Zerspanungs-Anwendungsgruppe ist in Tabelle 4-4 ferner angegeben, für welche Werkstoffe, Arbeitsverfahren und Arbeitsbedingungen Hartmetalle dieser Gruppe geeignet sind. Hartmetalle der Hauptgruppe P mit niedrigen Kennziffern, z. B. P 01, P 10 werden für die Schlichtbearbeitung von Stählen bei hohen Schnittgeschwindigkeiten und kleinen Vorschüben eingesetzt. Für die Schruppbearbeitung von Stahlwerkstoffen mit großen Vorschüben bzw. für Fräsoperationen werden aufgrund ihrer großen Zähigkeit Hartmetalle der Sorten P 20, P 30 bevorzugt [61, 95 bis 116].

Zerspanungs-Hauptgruppen				Zerspanungs-Anwendungsgruppen		Zunehmende Werte der Merkmale		
Kennbuchstabe	Allgemeine Beschreibung der zu bearbeitenden Werkstoffe	Kennfarbe	zu bearbeitende Werkstoffe	Bezeichnung der Zerspanungs-Anwendungsgruppe	Bearbeitungsverfahren Zerspanungsbedingungen	des Zerspanvorgangs		des Hartmetalls
1	2	3	4	5	6	7		8
P	Langspanende Stähle	blau	Stähle gewalzt, geschmiedet, gezogen, gegossen	P01	Feindrehen (außen und innen), hohe Maßgenauigkeit und Oberflächengüte, schwingungsfreie Arbeiten	↑ Zunehmende Schnittgeschwindigkeit ↓ Zunehmende Vorschübe ↑	↑ Zunehmende Verschleißfestigkeit ↓ Zunehmende Zähigkeit ↑	
P		blau	Stähle gewalzt, geschmiedet, gezogen, gegossen	P10	Fertigdrehen (außen und innen), Einstechdrehen, Gewindeschneiden, Tieflochbohren, Fertigfräsen, Schälen			
P		blau	Hochlegierte Stähle gewalzt, geschmiedet, gegossen	P20	Außen- und Innendrehen, Fräsen, Einstechdrehen, Gewindeschneiden, Schälen			
P		blau	Vergütete und gehärtete Werkzeugstähle bis 45 HRC	P30	Fräsen, Drehen, Abstechen, Einstechdrehen, Sägen			
P		blau		P40	Außen- und Innendrehen, Abstechen, Fräsen, Hobeln, Schlitz- und Nutenfräsen, ungünstige Arbeitsbedingungen			
M	Stähle	gelb	Austenitische Stähle, Manganhartstahl	M10	Drehen	Allg. zun. Schnittgeschw. Zunehm. Verschl.-fest. Allg. zun. Vorschübe Zunehm. Zähigkeit		
M	Hochtemperatur-Legierungen	gelb	Hochtemperatur-Legierungen	M20	Drehen, Fräsen			
K		rot	Austenitische Stähle	K01	Fertigdrehen, Außen- und Innendrehen, Fräsen, Einstechdrehen, Reiben, Senken, Räumen, Sägen	Allgemein zunehmende Schnittgeschwindigkeit ↓ Allgemein zunehmende Vorschübe ↑	Zunehmende Verschleißfestigkeit ↓ Zunehmende Zähigkeit ↑	
K	Gehärtete Stähle	rot	Gehärtete Stähle, über 45 HRC	K10	Außen- und Innendrehen, Fräsen, Tieflochbohren, Reiben, Senken, Räumen, Gewindeschneiden, Einstechdrehen, Abstechen, Bohren, Schlitz- und Nutenfräsen, Hobeln, Schälen			
K		rot		K20	Außen- und Innendrehen, Fräsen, Tieflochbohren, Abstechen, Einstechdrehen, Gewindeschneiden, Reiben			
K		rot		K30	Fräsen, Schlitz- und Nutenfräsen, Drehen, besonders unter ungünstigen Bedingungen			

Tabelle 4-4. Zerspanungs-Haupt- und Anwendungsgruppen

Mehrbereichs-Hartmetalle

Hartmetalle, die für mehrere Zerspanungsanwendungsgruppen geeignet sind, die sogenannten Mehrbereichs-Hartmetalle, werden durch die Angabe der ersten und, nach dem Schrägstrich, der letzten angegebenen Zerspanungs-Anwendungsgruppe (z. B. P 10/P 30) bezeichnet. Bei den von den Herstellern angebotenen Schneidstoffen handelt es sich in der Regel um solche Mehrbereichs-Hartmetalle, die insbesondere unter dem Gesichtspunkt der Sortenreduzierung wirtschaftlich interessant sind.

Feinstkornhartmetalle

Höchsten Anforderungen an die Kanten- und Verschleißfestigkeit scharfer Schneiden genügen die Feinstkornhartmetalle. Die Karbidgröße, die bei konventionellen Hartmetallen 1 - 3 μm beträgt, liegt bei ihnen unter 1 μm, Bild 4-10.

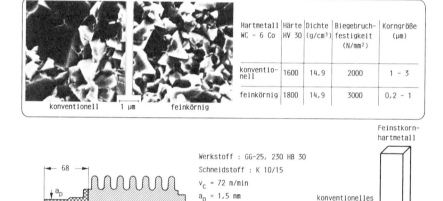

Bild 4-10. Gefüge, Eigenschaften und Leistungsfähigkeit feinkörniger Hartmetalle (nach Krupp Widia)

Hochwertige Feinstkornhartmetalle sind konventionellen in Härte, Kantenfestigkeit und Zähigkeit überlegen. Sie besitzen zudem nur eine geringe Neigung zum Kleben und zum Verschleiß durch Diffusion. Diese Eigenschaften sind erforderlich, wenn die Aufgabe besteht, gehärtete Materialien mit kleinsten Aufmaßen in Schleifqualität fertig zu bearbeiten.

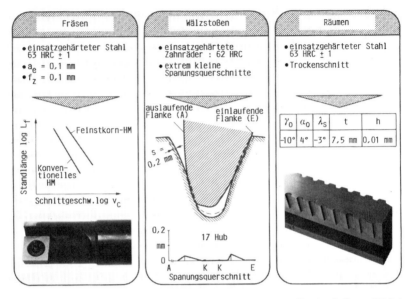

Bild 4-11. Beispiele für die Hartbearbeitung mit Feinkornhartmetallen (nach Krupp Widia)

Das Anwendungsgebiet der feinkörnigen Hartmetalle liegt dort, wo eine hohe Zähigkeit, hohe Verschleißfestigkeit sowie höchste Kantenfestigkeit der Schneide gefordert werden, z. B. beim Räumen, Fräsen und Wälzstoßen vergüteter und gehärteter Stähle, Bild 4-11, bei der Gußzerspanung, dem Bearbeiten von Faserverbundwerkstoffen und Nichteisenmetallen [78, 114 bis 120].

Unbeschichtete Hartmetalle

Die unbeschichteten Hartmetalle haben ihren festen Einsatzbereich in der Zerspantechnik immer noch dort, wo hohe Anforderungen an Schneidenschärfe und Zähigkeitseigenschaften gestellt werden, wie z. B. beim Fräsen von Stahl, bei der Feinbearbeitung, bei Ein- und Abstecheoperationen oder bei der Gewindeherstellung.

Beschichtete Hartmetalle

Beschichtete Hartmetalle wurden entwickelt mit dem Ziel, die beiden gegenläufigen Eigenschaften – hohe Zähigkeit und hohe Verschleißfestigkeit – miteinander zu kombinieren. Bei der Hartmetallbeschichtung werden auf einem relativ zähen Grundkörper, z. B. P 20, dünne, hoch verschleißfeste, feinkörnige Hartstoffschichten aufgebracht. Zur Unterscheidung wird der Bezeichnung der Zerspanungs-Anwendungsgruppe der Kennbuchstabe C (coated), z. B.

P 20 C, hinzugefügt. Der Anteil beschichteter Hartmetall-Wendeschneidplatten bei der spanenden Bearbeitung von Eisenwerkstoffen liegt derzeit bei etwa 60 %.

Die Hauptanwendungsbereiche für diese Schneidstoffe sind vor allem das Drehen und Fräsen. Hierbei wird in erster Linie die hohe Verschleißfestigkeit der Hartstoffe ausgenutzt. Bei der spanenden Bearbeitung von Werkstoffen auf Eisenbasis bewirkt die Hartstoffbeschichtung, daß die Schnittzeiten verlängert und damit die Werkzeugkosten gesenkt und/oder die Schnittgeschwindigkeit und somit die Produktivität erhöht werden, Bild 4-12.

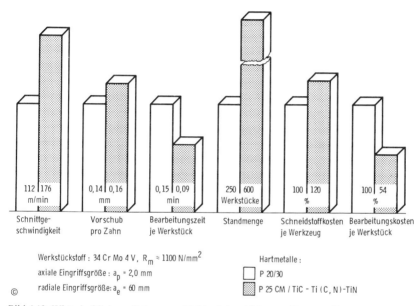

Bild 4-12. Wirtschaftlicheres Fräsen von Stahl mit beschichtetem Hartmetall (nach Sandvik)

Beschichtungsverfahren

Das Aufbringen von Hartstoffschichten auf Hartmetallen kann sowohl auf chemischem als auch auf physikalischem Wege erfolgen. Verfahrensvarianten sind die

CVD-Verfahren (Chemical Vapor Deposition)

sowie die

PVD-Verfahren (Physical Vapor Deposition).

a) CVD-Verfahren (Chemische Abscheidung aus der Gasphase)

Unter den heute üblicherweise zur Beschichtung von Hartmetallen angewendeten CVD-Verfahren versteht man chemische Reaktionen, die in der Gasphase bei einem bestimmten Druck unter Energiezufuhr ablaufen und dabei neben flüchtigen Produkten technisch nutzbare Feststoffe (Hartstoffe) bilden. Zur Erzeugung einer TiC-Schicht werden Titantetrachlorid ($TiCl_4$) und Methan (CH_4) verdampft. Das Gasgemisch wird zu einem Reaktionsgefäß geleitet, das mehrere tausend Wendeschneidplatten faßt. Bei Temperaturen von 900 bis 1100 °C und einem Druck unterhalb des Atmosphärendrucks erfolgt eine chemische Reaktion, bei der nach der Gleichung

$$TiCl_4 + CH_4 + nH_2 \xrightarrow{1000 \text{ Grad C}} TiC + 4\,HCl + nH_2$$

Titankarbid gebildet wird, Bild 4-13. Die Titankarbidschicht wächst sehr langsam auf dem Hartmetall. Die Reaktion läuft unter einer Wasserschutzgasatmosphäre ab, die auf der Hartmetalloberfläche die Bildung von Oxiden vermeiden soll, welche die Haftfähigkeit der Beschichtung auf dem Grundkörper vermindern.

Das CVD-Verfahren wird für die Beschichtung von HM-Wendeschneidplatten in großem Umfang eingesetzt. Auch für die Herstellung mehrlagiger Schichten

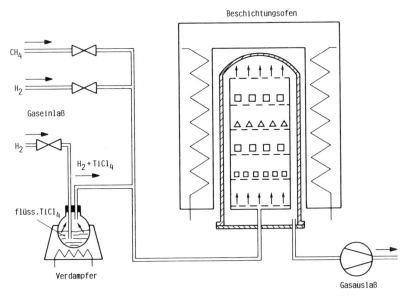

Bild 4-13. Schematischer Aufbau einer CVD-Beschichtungsanlage zur Abscheidung von Titancarbid

ist es geeignet, da die unterschiedlichen Schichtzusammensetzungen über die Gasphase leicht eingestellt werden können.

Übliche Hartstoffschichten, die nach dem CVD-Verfahren auf Hartmetall-Wendeschneidplatten aufgebracht werden, sind: Titankarbid, Titankarbonitrid, Titannitrid, Aluminiumoxid und Aluminiumoxinitrid. Sie werden in unterschiedlicher Dicke, Kombination und Reihenfolge auf den Hartmetalloberflächen abgeschieden. Die Schichtdicken betragen für das Drehen ca. 10 µm, für das Fräsen etwa 3 - 5 µm.

Das gute Verschleißverhalten der beschichteten Schneidplatten hat unterschiedliche Ursachen:

Der Reibungskoeffizient von TiC ist kleiner als der von herkömmlichen WC/Co-Hartmetallen. Die Verminderung der Reibung und die geringe Wärmeleitfähigkeit der aufgebrachten Schicht führen zu einer Erniedrigung der Temperatur der Schneidkante und damit der Diffusion zwischen Werkstückmaterial und Schneidstoff.

Reibverschleiß und Diffusionsverschleiß werden dadurch vermindert. Auch die Verschweißneigung zwischen Hartstoffschicht und Werkstückmaterial ist geringer als bei konventionellen Hartmetallen. Der niedrige Reibungskoeffizient und die geringe Klebneigung ergeben kleinere Vorschub- und Passivkräfte, während die Schnittkraft bei unbeschichteten und beschichteten Hartmetallen nahezu gleich groß ist. Die kleinere Zerspankraft, die niedrigere Schneidentemperatur und der geringere Reibungskoeffizient bewirken, daß bei sonst gleichen Schnittbedingungen die plastische Verformung des beschichteten Grundwerkstoffs kleiner ist als bei dem gleichen, nicht beschichteten Hartmetall.

Das Ausmaß der verschleißmindernden Wirkung hängt von den Eigenschaften des Hartstoffs ab, Tabelle 4-5. Titankarbid zeichnet sich gegenüber Titannitrid insbesondere durch seine größere Härte aus, die für eine gute Verschleißfestigkeit von größter Bedeutung ist. Außerdem ist sein Wärmeausdehnungskoeffizient niedriger, was im Hinblick auf die Temperaturwechselbeanspruchung z. B. beim Fräsen besonders günstig ist. Titannitrid dagegen ist aufgrund seiner großen Bildungswärme chemisch stabiler, d.h. sein Diffusionsvermögen gegenüber Eisenmetallen ist geringer. Für den Zerspanungsprozeß bedeutet dies, daß der Widerstand gegen Kolkverschleiß bei Titannitrid größer ist als bei Titankarbid, während der Freiflächenverschleiß mit zunehmendem Anteil von Titannitrid in der Schicht stark zunimmt. Die Schichtdicken für TiC liegen bei etwa 4 bis 8 µm, für TiN bei etwa 5 bis 7 µm, in Ausnahmen bis zu 15 µm.

Als Beschichtungsmaterial eignet sich auch Aluminiumoxid ($\alpha\text{-}Al_2O_3$), der spröndeste der drei Hartstoffe. Al_2O_3 zeichnet sich durch eine hohe Warmhärte, Oxidationsbeständigkeit auch bei hohen Temperaturen und durch Wider-

Hartstoffe / physikalische Kennwerte	Titankarbid TiC	Titannitrid TiN	Aluminiumoxid $\alpha\text{-}Al_2O_3$
Härte HV_{01}	3200	2450	2500 bis 3000
Bildungsenthalpie ΔH_{298} kJ/Mol	-183,8	-336,6	-1670,6
Schmelzpunkt °C	3160	2950	2050
Wärmeausdehnungskoeffizient $\alpha_{25/1000}$ 10^{-6}/K	7,4	9,4	8,3
Wärmeleitfähigkeit λ_{RT} W/mK	29	38	25
spez.el.Widerstand ϱ_{RT} $\mu\Omega \cdot cm$	68	25	10^{22}
Oxidationsbeständigkeit	mäßig	gut	sehr gut
Dichte ϱ_{RT} g/cm³	4,93	5,4	3,96
Kristallstruktur	kubisch flächenzentriert	kubisch flächenzentriert	hexagonal
Gitterkonstante Å	4,33	4,23	5,13

Tabelle 4-5. Physikalische Kennwerte der Hartstoffe

standsfähigkeit gegenüber chemischen Angriffen aus. Al_2O_3 weist somit einen sehr guten Widerstand gegen Kolkverschleiß auf. Ein wesentlicher Nachteil dieses Hartstoffs ist die geringe Temperaturwechselbeständigkeit und die große Sprödigkeit.

– *Titankarbidschichten*

Mit Titankarbid beschichtete WC/Co-Hartmetalle wurden Mitte der 60er Jahre auf dem Markt eingeführt. Sie sind auch heute noch von Bedeutung. In vielen Anwendungsbereichen konnten sich TiC-beschichtete Hartmetalle behaupten, Bild 4–14.

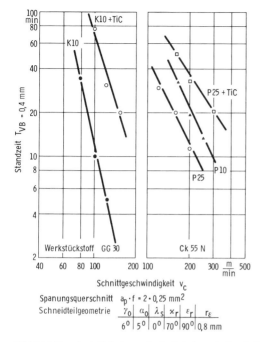

Bild 4-14. Standzeit-Schnittgeschwindigkeitsverhalten bei der Drehbearbeitung von GG 30 und Ck 55 N mit beschichtetem Hartmetall

– *Titankarbonitridschichten*

Die mehrlagige Titankarbonitridbeschichtung (TiC-Ti (C, N)-TiN) verbindet das gute Freiflächenverschleißverhalten des TiC mit der Beständigkeit des TiN gegen Kolk- und Oxidationsverschleiß.

Auf das Grundmaterial wird zunächst reines TiC aufgebracht, so daß eine gute Bindung der Schicht mit dem Grundhartmetall gewährleistet ist. Dann erfolgt ein kontinuierlicher Übergang des TiC in TiN, Bild 4–15.

Da außerdem das TiN weniger spröde ist und einen geringeren Reibungskoeffizienten als TiC hat, werden sowohl die Schnittkräfte gesenkt als auch die Möglichkeit geschaffen, Werkstücke im unterbrochenen Schnitt zu bearbeiten.

Der Einsatz erfolgt bei: Stahl, Stahlguß, Grauguß, Temperguß u.a. sowie bei harten Werkstückstoffen mit hoher Schnittgeschwindigkeit.

– *Aluminiumoxidschichten*

Wie bei reinem TiN ist die Haftfestigkeit von reinem Aluminiumoxid auf dem Grundhartmetall nicht zufriedenstellend, so daß auch hier eine Zwischen-

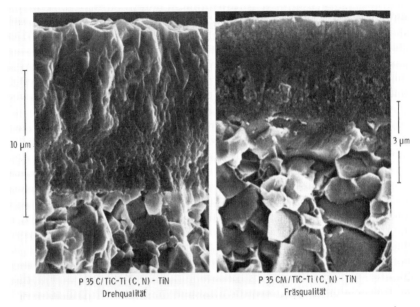

Bild 4-15. Bruchgefüge beschichteter Hartmetalle (nach Krupp Widia)

schicht aus TiC aufgebracht werden muß. Das Haupteinsatzgebiet der TiC-Al_2O_3 beschichteten Hartmetalle ist die Drehbearbeitung von Stahl, Stahlguß und Gußeisen bei hohen Schnittgeschwindigkeiten.

–*Mehrlagenbeschichtungen*

In dem Bestreben, die Verschleißbeständigkeit und die Zähigkeit der überaus oxidationsbeständigen Al_2O_3-Schichten zu verbessern, wurden Mehrlagen-Hartstoffbeschichtungen entwickelt. Die Mehr- oder Viellagenbeschichtungen bestehen aus einer Kombination herkömmlicher Beschichtungen wie TiC, TiN oder Ti (C, N) mit Al_2O_3- oder Aluminiumoxinitrid (AlON)-Schichten, Bild 4–16. Derartige Beschichtungen können u. U. aus 10 und mehr Lagen aufgebaut sein, wobei die jeweiligen Einzelschichten z. T. dünner als 0,2 μm sind. Mehrlagenbeschichtungen weisen auch bei hohen Schnittgeschwindigkeiten und damit hohen Temperaturen günstige Verschleißeigenschaften auf. Verwendung finden sie für die Drehbearbeitung von Stahl, Stahlguß und Eisenguß-Werkstoffen bei höchsten Schnittgeschwindigkeiten, Bild 4–17.

Bild 4–18 zeigt in einer Gegenüberstellung nochmals den unterschiedlichen Einfluß der Hartstoffschichten auf die Ausbildung des Span- und Freiflächenverschleißes beschichteter Hartmetalle beim Drehen von Stahl und Grauguß [79, 94, 111, 121 bis 126].

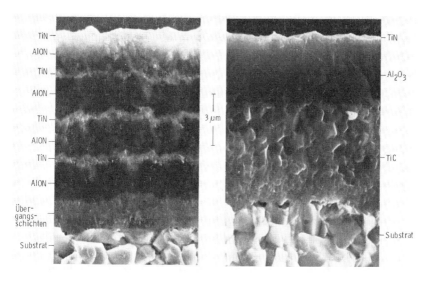

Bild 4-16. Keramische Viellagenbeschichtungen (nach Krupp Widia, Sandvik)

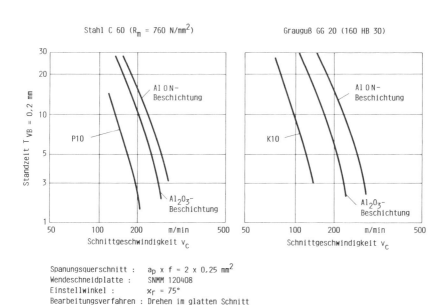

Bild 4-17. Standzeitkurven beim Drehen von C 60 und GG 25 mit unbeschichteten sowie ein- und mehrlagig beschichteten Hartmetallen (nach Krupp Widia)

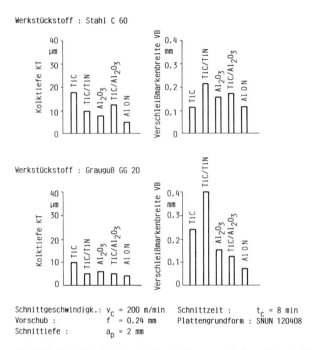

Bild 4-18. Vergleich des Verschleißverhaltens verschiedener Hartstoffschichten beim Drehen im glatten Schnitt (nach Krupp Widia)

b) PVD-Verfahren (Physikalische Abscheidung von Hartstoffschichten)

Unter PVD-Verfahren versteht man die Herstellung von dünnen Schichten im Vakuum nach physikalischen Prinzipien. Ihr Vorteil gegenüber den CVD-Verfahren ist die Abscheidung hochschmelzender Stoffe bei niedrigen Temperaturen und die damit verbundene Substratschonung. Im wesentlichen unterscheidet man zwischen drei Verfahrensvarianten: dem Aufdampfen im Hochvakuum, dem Ionenplattieren und dem Kathodenzerstäuben (Sputtern).

Für die Beschichtung von Hartmetall- und HSS-Werkzeugen haben sich die plasmaunterstützten PVD-Verfahren – Kathodenzerstäubung und Ionenplattieren – bewährt. Die Hartstoffschichten werden bei Temperaturen zwischen 400–550 °C im Druckbereich von 10^{-2}–10^{0} Pa abgeschieden. Die Beschichtung mit TiN nach dem PVD-Verfahren ist heute Stand der Technik. Neue Schichtstoffe, wie z.B. Titanaluminiumnitrid ($TiAlN_2$), werden insbesondere bei der Beschichtung von HSS-Werkzeugen erprobt. Nach dem PVD-Verfahren mit TiN-beschichtete Hartmetalle werden bislang vor allem beim Räumen und Frä-

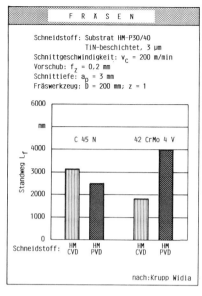 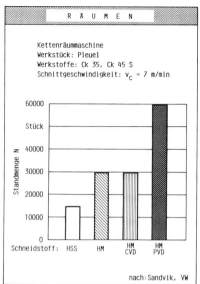

Bild 4-19. Einsatz PVD-beschichteter Hartmetalle (nach Krupp Widia, Sandvik, VW)

sen mit Erfolg eingesetzt. Insbesondere beim Fräsen vergüteter Stahlwerkstoffe kann mit Leistungssteigerungen beim Einsatz PVD-beschichteter Hartmetallwerkzeuge gerechnet werden, Bild 4–19 [79, 123, 127 bis 129].

4.3.2 Cermets

Als Cermets (gebildet aus **cer**amiks + **met**alls) werden in der angelsächsischen Literatur Hartmetall-Schneidstoffe auf der Basis von Titankarbonitrid in einer Ni/Mo-Bindephase bezeichnet. Im Vergleich zu den konventionellen Hartmetallen auf WC/Co-Basis zeichnen sich diese Schneidstoffe durch einen weitgehenden Verzicht auf die seltenen und damit preissensiblen Rohstoffe wie Wolfram, Tantal und Kobalt aus.

Die Cermets besitzen eine große Härte, geringe Diffusions- und Adhäsionsneigung sowie eine hohe Warmverschleißfestigkeit. Aufgrund der hohen Kantenfestigkeit, des großen Widerstandes gegen abrasiven Verschleißangriff und der geringen Klebneigung sind die Cermets besonders zum Schlichten von Stahlwerkstoffen geeignet. Der Einsatzschwerpunkt liegt beim Bearbeiten nicht wärmebehandelter Stahlwerkstoffe mit hohen Schnittgeschwindigkeiten und kleinen Spanungsquerschnitten, Bild 4–20. Die große Verschleißfestigkeit der

Schneiden, in Verbindung mit der geringen Diffusionsneigung und hohen Oxidationsbeständigkeit, führt bei der Schlicht- und Feinstbearbeitung i. a. zu besseren Oberflächenqualitäten als sie mit beschichteten Hartmetallen erreicht werden können. Dabei kann aufgrund dieser Eigenschaften auch mit höheren Schnittgeschwindigkeiten im Vergleich zu konventionellen Hartmetallen gearbeitet werden.

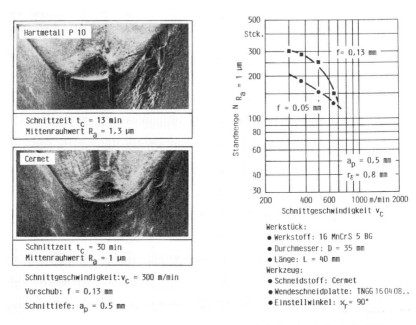

Bild 4-20. Werkzeugverschleiß und Standmengen beim Feindrehen (nach Sandvik, WZL)

Aufgrund der hohen Härte und der geringen Biegebruchfestigkeit sind Cermets für Drehoperationen im unterbrochenen Schnitt sowie für das Fräsen bislang nur bedingt geeignet. Um den Einsatzbereich auch auf diese Bearbeitungsoperationen zu erweitern, sind „zähere" Sorten in der Entwicklung. Zielrichtung sind Zähigkeiten, die etwa dem Bereich P 25 des konventionellen Hartmetalls auf WC/Co-Basis entsprechen [78, 79, 130 bis 136].

4.4 Keramische Schneidstoffe

Zu den keramischen Werkstoffen werden alle nichtmetallischen, anorganischen Feststoffe gezählt. Im wesentlichen handelt es sich hierbei um chemische Verbindungen von Metallen mit nichtmetallischen Elementen der Gruppen III A bis VII A. Unterschieden wird zwischen den oxidischen und den nichtoxidischen Keramiken. Die größte Gruppe der Keramiken stellen die Oxide dar. Nichtoxidische Keramiken sind Karbide, Boride, Nitride und Silicide. Verschiedene Autoren differenzieren hierbei nochmals zwischen metallischen Hartstoffen (Verbindungen zwischen C, B, N oder S mit Ti, Zr, Nb, Ta, W u. a.) und nichtmetallischen Hartstoffen wie Diamant, SiC, Si_3N_4, B_4C und BN. Kennzeichnende Eigenschaften der keramischen Werkstoffe sind Druckfestigkeit, hohe chemische Beständigkeit und hohe Schmelztemperaturen, die auf die feste kovalente und Ionenbildung der Atome zurückzuführen sind [93, 34].

Im folgenden werden die keramischen Werkstoffe, die als Schneidstoffe in der Fertigungstechnik Verwendung finden, näher beschrieben. In Anlehnung an den in der Praxis üblichen Sprachgebrauch wird hierbei zwischen den Schneidkeramiken (Oxid- und Nichtoxidkeramiken) sowie den hochharten nichtmetallischen Schneidstoffen (Diamant und Bornitrid) unterschieden.

4.4.1 Schneidkeramiken

Schneidkeramiken haben in den vergangenen Jahren im Bereich der spanenden Bearbeitung mit definierter Schneidteilgeometrie zunehmend an Bedeutung gewonnen. In vielen Bereichen, wie z. B. in der Massenfertigung von Bremsscheiben, Schwungscheiben u. ä. Werkstücken, ist ihr Einsatz heute selbstverständlich geworden [150].

Die zunehmende Bereitschaft der Anwender, Schneidkeramiken in der Produktion einzusetzen, ist im wesentlichen auf das in den letzten Jahren deutlich verbesserte Bruchverhalten dieser Schneidstoffe zurückzuführen. Das für keramische Werkstoffe charakteristische Sprödbruchverhalten, die Streuung ihrer Festigkeitseigenschaften und die hieraus resultierenden stochastisch auftretenden Werkzeugbrüche sind jedoch nach wie vor die Hauptursachen dafür, daß diese Schneidstoffe bislang nicht in dem Maße Eingang in die Zerspantechnik gefunden haben wie z. B. die Hartmetalle.

Neu- und Weiterentwicklungen von Schneidkeramiken konzentrieren sich infolgedessen auf die weitere Erhöhung des Bruchwiderstandes und damit der Sicherheit beim Einsatz in der Produktion.

Die Verbesserung dieser Eigenschaften wird bei den Oxidkeramiken durch die Erhöhung des Zirkonoxidgehaltes, die Optimierung der Verteilung dieser Phasen und durch die Einstellung eines gleichmäßigeren Gefüges angestrebt. Bei den Mischkeramiken kommen feinkörnigere Hartstoffe zum Einsatz und es erfolgt eine partielle Substitution des Titankarbids durch Titankarbonitrid. Weitere Maßnahmen sind die Faser- und/oder Whiskerverstärkung, die Reduzierung des Glasphasenanteils an den Korngrenzen nichtoxidischer Keramiken sowie die Ausbildung spezieller Gefügestrukturen [79, 137 bis 143].

Einteilung der Schneidkeramiken

Die keramischen Schneidstoffe können in oxidische und nichtoxidische Schneidkeramiken eingeteilt werden, Bild 4-21.

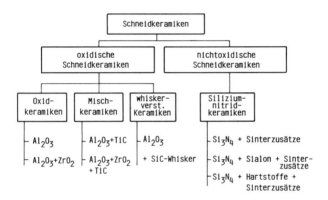

Bild 4-21. Einteilung der Schneidkeramiken

Zu den oxidischen Schneidkeramiken zählen alle Schneidstoffe auf der Basis von Aluminiumoxid (Al_2O_3). Man unterscheidet zwischen den Oxidkeramiken, die außer Al_2O_3 als weitere Komponenten nur Oxide (z. B. ZrO_2) enthalten, die Mischkeramiken, die neben Al_2O_3 noch metallische Hartstoffe (TiC/TiN) aufweisen sowie die whiskerverstärkten Keramiken, bei denen in die Al_2O_3-Matrix SiC-Whisker eingelagert sind.

Bild 4-22 zeigt rasterelektronenmikroskopische Aufnahmen der Bruchgefüge verschiedener Schneidkeramiken. Typisch für die oxidischen Schneidkeramiken ist, daß sie keine sichtbare Bindephase wie z. B. die Hartmetalle (Kobalt) besitzen. Man erkennt die globularen Körner der Oxidkeramik, die extreme Feinkörnigkeit der Misch- und whiskerverstärkten Keramik sowie in der Ausschnittsvergrößerung, die nur wenige μm großen SiC-Whisker. Kennzeichnend für die nichtoxidischen Keramiken auf der Basis von Si_3N_4 ist die stäbchenförmige Ausbildung der Kristalle. Zur Verbesserung der Verschleißfestigkeit können Si_3N_4-Schneidkeramiken auch mit Al_2O_3 beschichtet werden [79, 140, 146].

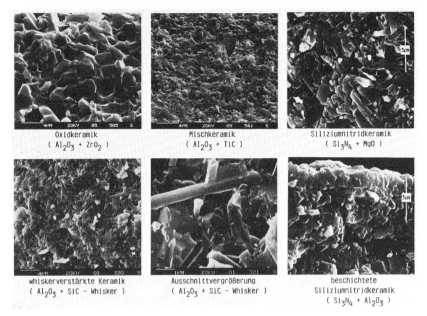

Bild 4-22. Bruchgefüge verschiedener Schneidkeramiken

4.4.1.1 Schneidkeramiken auf der Basis von Al_2O_3

a) Oxidkeramiken

Die traditionelle Schneidkeramiksorte ist die weiße Oxidkeramik. Bereits Ende der 30er Jahre wurden Keramiken auf der Basis von Al_2O_3 als Schneidstoffe vorgestellt [137, 146]. Die Schneidplatten bestanden lange Zeit aus reinem Aluminiumoxid. Aufgrund ihrer großen Sprödigkeit und Bruchanfälligkeit finden derartige Schneidplatten in der Zerspanung mit definierter Schneidteilgeometrie keine Verwendung mehr. Die heute eingesetzten Oxidkeramiken sind Dispersionswerkstoffe, die neben Al_2O_3 zur Verbesserung der Zähigkeitseigenschaften ca. 3–15 % feinverteiltes Zirkondioxid enthalten.

Die zähigkeitssteigernde Wirkung von dispergierten ZrO_2-Teilchen in einer Al_2O_3-Matrix beruht auf der Phasenumwandlung des Zirkondioxids. ZrO_2, das im Sintertemperaturbereich (1400 bis 1600 °C) in Form einer tetragonalen Gittermodifikation vorliegt, wandelt sich beim Abkühlen in seine monokline Tieftemperaturmodifikation um. Die Temperaturen, bei der die Umwandlung stattfindet, ist abhängig von der Teilchengröße. Je kleiner die ZrO_2-Teilchen sind, um so niedriger ist die Umwandlungstemperatur. Da die Umwandlung von der tetragonalen in die monokline Modifikation mit einer Volumenausdehnung verbunden ist, können in Abhängigkeit von der Teilchengröße unterschiedliche, jeweils spezifische Wirkmechanismen zur Geltung gelangen. Diesen Mechanismen ist gemeinsam, daß sie letztlich Bruchenergie absorbieren. Durch Mikrorißbildung, Rißverästelung, spannungsinduzierte Umwandlung kleiner ZrO_2-Teilchen sowie Rißablenkung wird die Rißausbreitungsgeschwindigkeit vermindert. Dies hat zur Folge, daß kritische Risse erst bei höherem Energieniveau entstehen, was einer Erhöhung des Bruchwiderstandes entspricht [138, 139, 144–146, 156].

b) Mischkeramiken

Die Mischkeramiken (schwarze Keramiken) sind Dispersionswerkstoffe auf der Basis von Al_2O_3, die zwischen 5 und 40 % nichtoxidische Bestandteile in Form von TiC und TiN enthalten. Die Hartstoffe bilden im Grundgefüge feinverteilte Phasen, die das Kornwachstum des Aluminiumoxids begrenzen. Dementsprechend weisen diese Keramiken ein sehr feinkörniges Gefüge, verbesserte Zähigkeitseigenschaften sowie eine hohe Kanten- und Verschleißfestigkeit auf. Im Vergleich zur Oxidkeramik besitzen sie eine höhere Härte und aufgrund der guten Wärmeleitfähigkeit der metallischen Hartstoffe günstigere Thermoschockeigenschaften, Tabelle 4–6. Durch Zugabe von ZrO_2 kann das Zähigkeitsverhalten dieser Keramiken weiter verbessert werden.

In Tabelle 4–6 sind einige physikalische und mechanische Eigenschaften handelsüblicher oxidkeramischer Schneidstoffe zusammengestellt. In Abhängigkeit von der chemischen Zusammensetzung unterscheiden sich die verschiedenen Keramiksorten in ihren Eigenschaften z. T. erheblich. Zur besseren Beurteilung des Einflusses der verschiedenen Schneidstoffkomponenten auf die Schneidstoffeigenschaften, sind in Tabelle 4–6 zusätzlich die entsprechenden physikalischen und mechanischen Kennwerte von Al_2O_3, ZrO_2 (monoklin) und TiC mit aufgeführt [137, 139 bis 141, 150 bis 158].

c) Whiskerverstärkte Schneidkeramiken

Whiskerverstärkte Schneidkeramiken sind Schneidstoffe auf der Basis von Al_2O_3 mit ca. 20 bis 40 % Siliziumkarbid-Whiskern. Whisker sind stäbchenförmige Einkristalle mit einem geringen Fehlordnungsgrad im Gitter. Sie haben dementsprechend eine hohe mechanische Festigkeit (R_m bis 7000 MPa). Ihre Länge beträgt ca. 20–30 μm, ihr Durchmesser 0,1–1 μm.

Ziel der Whiskerverstärkung ist die Verbesserung der Zähigkeitseigenschaften keramischer Schneidstoffe. Der Zähigkeitsgewinn bei oxidischen Keramiken durch den Einbau von Whiskern ist bemerkenswert. Im Vergleich zu Mischkeramiken weisen whiskerverstärkte Sorten eine bis zu 60 % höhere Bruchzähigkeit auf. Die Whisker bewirken eine gleichmäßigere Verteilung der mechani-

Eigenschaften			Oxidkeramik		Mischkeramik		whiskerverst. Oxidkeramik	Al_2O_3	ZrO_2	TiC
			Al_2O_3 +3,5%ZrO_2	Al_2O_3 +15%ZrO_2	Al_2O_3 +10%ZrO_2 + 5% TiC	Al_2O_3 +30%Ti(CN)	Al_2O_3 +15%ZrO_2 +20%SiC-Whisker			
Dichte	ϱ	g/cm³	4,0	4,2	4,1	4,3	3,7	3,9	6,1	4,9
Vickershärte	–		1730[1]	1750[1]	1730[1]	1930[1]	1900[1]	2100[2]	1300[1]	3200[3]
Biegebruch-festigkeit	σ_{bB}	MPa	700	800	650	620	900	400	1200	–
Druck-festigkeit	σ_{dB}	MPa	5000	4700	4800	4800	–	5000	3000	–
E-Modul	E	GPa	380	410	390	400	390	410	240	320
Bruch-zähigkeit	K_{Ic}	MPa √m	4,5	5,1	4,2	4,5	8	4	7	
Wärmeleit-fähigkeit	λ	W/mK	16,4	15	14,7	20	32	25	2	29
Wärmeaus-dehnung	α	$10^{-6}K^{-1}$	8	8	8	8	–	8,3	10,0	7,4
Schmelz-punkt		°C	–	–	–	–	–	2050	2680	3140

[1] HV 30   [2] HV 10   [3] HV 01

Tabelle 4-6. Physikalische und mechanische Eigenschaften verschiedener Oxidkeramiken und ihrer Hauptkomponenten

schen Belastungen im Schneidstoff sowie aufgrund der besseren Wärmeleitfähigkeit eine schnellere Abfuhr der Wärme aus den thermisch belasteten Schneidenbereichen. Daraus ergibt sich eine verbesserte Wechselfestigkeit und Thermoschockbeständigkeit, so daß mit whiskerverstärkten Schneidkeramiken auch im Naßschnitt gearbeitet werden kann [79, 142 bis 144, 199].

Herstellung von oxidischen Schneidkeramiken

Die Ausgangsmaterialien der Schneidkeramiken werden einschließlich der Preß- und Sinterhilfsmittel nach einer genauen Rezeptur dosiert, in Schwingmühlen homogenisiert und in einem Sprühtrockner zu einem preßfähigen Pulver mit hoher Rieselfähigkeit aufbereitet.

Die Oxidkeramiken, wie auch die Mischkeramiken mit geringen Hartstoffanteilen werden bei Raumtemperatur zu Schneidplatten (Kaltpressen) verpreßt und anschließend gesintert. Das Sintern erfolgt bei ca. 1600 °C. Mischkeramiken mit einem hohen Hartstoffanteil (> 10 %) sowie die whiskerverstärkten Keramiken müssen heißgepreßt werden, d.h. Pressen und Sintern erfolgen in einem Arbeitsgang. Aufgrund der hierfür erforderlichen speziellen Einrichtungen (z. B. Graphit- statt Hartmetallformen) ist das Heißpressen kostenintensiver als das Normalsintern. Ferner ist die Anzahl der herstellbaren Schneidplatten-Geometrien deutlich eingeschränkt. Durch isostatisches Heißpressen können gesinterte Keramikteile nachverdichtet und damit die Porosität der Schneidplatten verringert werden. Eine Verfahrensvariante ist das heißisostatische Nachverdichten vorgesinterter Formteile mit geschlossener Porosität in einer Anlage.

Nach dem Sintern bzw. Heißpressen werden die Auflageflächen, bei Genauigkeitsplatten auch die Umfangsflächen, der Schneidplatten sowie die Schneidkantenfase mit Diamantschleifscheiben geschliffen [137, 139, 141, 150 bis 152].

Eigenschaften oxidkeramischer Schneidstoffe

Keramische Schneidstoffe auf der Basis von Al_2O_3 zeichnen sich aufgrund ihrer hohen Warmhärte und chemischen Beständigkeit durch ein hervorragendes Verschleißverhalten aus. Diese Eigenschaften ermöglichen bei der spanenden Bearbeitung von Stahl und Gußeisen die Anwendung hoher Schnittgeschwindigkeiten Bild 4–23. Den ausgesprochen günstigen Verschleißeigenschaften

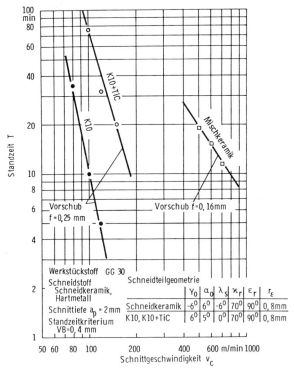

Bild 4-23. Standzeitdiagramm für das Drehen von lamellengraphithaltigem Gußeisen mit Schneidkeramik und Hartmetall

oxidkeramischer Schneidstoffe steht jedoch, bedingt durch die sprödharte Materialcharakteristik ihre Empfindlichkeit gegen Zug-, Biege-, Schlag- und thermische Schockbeanspruchung gegenüber. Wie eingangs dieses Kapitels bereits erwähnt, liegt aus diesem Grund der Schwerpunkt der in den letzten Jahren durchgeführten Weiterentwicklung oxidkeramischer Schneidstoffe auf einer Verbesserung der Zähigkeits- und Thermoschockeigenschaften, ohne dabei jedoch die Verschleißfestigkeit zu mindern.

In Tabelle 4-7 sind einige wichtige Eigenschaftskennwerte verschiedener Schneidstoffe zusammengestellt. Der Vergleich macht deutlich, daß die Biegefestigkeit der Keramiken deutlich niedriger ist als die von Hartmetall und Schnellarbeitsstahl. Des weiteren zeigt sich, daß die Keramiken eine geringe Dichte bei hoher Härte und Druckfestigkeit sowie eine geringe Wärmeleitfähigkeit bei gegenüber Hartmetallen etwas höherem Wärmeausdehnungskoeffizienten (Thermoschockempfindlichkeit) aufweisen.

Eigenschaften		Schnellarbeitsstahl	Hartmetall	oxidische Schneidkeramiken	Si_3N_4-Schneidkeramik	CBN	PKD
Dichte ϱ	g/cm^3	8,0 – 9,0	6,0 – 15,0	3,9 – 4,5	3,2 – 3,6	3,12	3,5
Vickershärte HV 10/30		700 – 900	1200 – 1800	1450 – 2100	1350 – 1600	3500	5000*
Biegebruchfestigkeit σ_{bB}	MPa	2500 – 4000	1300 – 3200	400 – 800	600 – 950	500 – 800	600 – 1100
Bruchzähigkeit K_{Ic}	MPam$^{1/2}$	15 – 30	10 – 17	4 – 6	5 – 7	–	–
Druckfestigkeit σ_{dB}	MPa	2800 – 3800	3500 – 6000	3500 – 5500	–	–	7600
E-Modul E	GPa	260 – 300	470 – 650	300 – 450	300 – 380	680	840
Wärmeausdehnung $\alpha_{RT-1000°C}$	$10^{-6}K^{-1}$	9 – 12	4,6 – 7,5	5,5 – 8,0	3,0 – 3,8	–	–
Wärmeleitfähigkeit λ	W/K·m	15 – 48	20 – 80	10 – 38	30 – 60	–	–

Tabelle 4-7. Eigenschaften verschiedener Schneidstoffe bei Raumtemperatur

Das ausgezeichnete Verschleißverhalten oxidischer Schneidstoffe, insbesondere bei hohen Schnittgeschwindigkeiten, beruht u. a. auf der im Vergleich zu anderen Schneidstoffen überlegenen Härte und Druckfestigkeit bei hohen Temperaturen. So weisen oxidkeramische Schneidstoffe bei 1000 °C noch eine höhere Härte als z. B. Schnellarbeitsstahl bei Raumtemperatur auf, Bild 4-24. Während die Druckfestigkeit von Al_2O_3 bei Raumtemperatur in etwa der von Hartmetall entspricht, ist sie bei 1100 °C noch so groß wie die von Stahl bei Raumtemperatur, während weder Stahl noch Hartmetall bei 1100 °C auf Druck

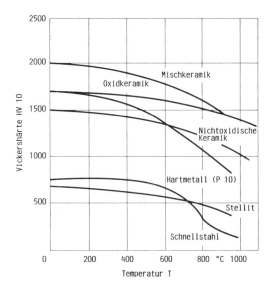

Bild 4-24. Warmhärte verschiedener Schneidstoffe

belastbar sind. Nicht zuletzt aufgrund der hohen Druckfestigkeit konnte Keramik sich als Schneidstoff durchsetzen. Da jedoch die Biegebruchfestigkeit relativ gering ist, müssen oxidkeramische Schneidstoffe so ausgelegt sein, daß die Schnittkräfte möglichst nur in Form von Druckspannungen wirksam werden [137, 139, 141, 144, 147 bis 147].

Eine weitere, den Einsatz keramischer Schneidstoffe bei hohen Schnittgeschwindigkeiten begünstigende Eigenschaft, ist das geringe Kriechen von Al_2O_3. Bei Hartmetallen wird die Warmfestigkeit durch die eigenschaftsbestimmende Kobaltphase bei Temperaturen zwischen 800 und 900 °C begrenzt. Bei höheren Temperaturen setzen Kriechvorgänge ein, die bei Al_2O_3 um Größenordnungen geringer sind.

Die hohe Verschleißfestigkeit oxidischer Schneidstoffe ist auch auf die gute chemische Beständigkeit des Al_2O_3 sowie den niedrigen Reibungskoeffizienten zwischen Schneidplatte und Span zurückzuführen. Al_2O_3 ist bei den in der Praxis auftretenden Schnittemperaturen oxidationsbeständig, zunderfest und zeigt nur eine geringe Affinität zu metallischen Werkstoffen.

Der wesentlichste Nachteil keramischer Schneidstoffe ist ihre Sprödigkeit, d. h. die mangelnde Fähigkeit, Spannungsspitzen durch plastische Deformation abzubauen. Ursache hierfür ist die zu geringe Anzahl von Gleitsystemen im Kristallaufbau keramischer Werkstoffe. Die Folgen sind eine hohe Empfindlichkeit gegen Zugspannungen und eine im Vergleich zu Metallen geringe mechanische und thermische Schockbeständigkeit.

Bei plötzlicher mechanischer Überbelastung durch impulsartige oder schlagende Beanspruchung kommt es zu einer Zerstörung des Schneidstoffes infolge Sprödbruch. Aufgrund der fehlenden Duktilität setzt bei Überschreitung des inneren Werkstoffzusammenhalts durch äußere Spannungen Rißbildung ein. Erreicht der Riß eine kritische Größe, tritt instabiles Rißwachstum auf und es kommt zum Bruch des keramischen Bauteils. Eine Kenngröße zur Beurteilung des Spannungszustandes an der Spitze eines Risses ist der Spannungsintensitätsfaktor K_I. Zum Versagen des Schneidstoffes durch Bruch kommt es, wenn der Spannungsintensitätsfaktor einen kritischen Wert, die Rißzähigkeit (Bruchzähigkeit) K_{IC} erreicht. Im Vergleich zu anderen Werkstoffen sind die K_{IC}-Werte für Keramiken (Tabelle 4-7) sehr niedrig.

Ein weiterer wesentlicher Nachteil von Oxidkeramik ist ihre relativ geringe Temperaturwechselbeständigkeit. Bei Temperatursprüngen von mehr als 200 °C wird reines Al_2O_3 zerstört [199]. Eine Verbesserung ist nur durch Zulegieren einer Komponente mit besserer Temperaturwechselbeständigkeit möglich.

Aufgrund der Thermoschockempfindlichkeit soll beim Schruppen und Schlichten mit Oxidkeramik nicht gekühlt werden. Kühlflüssigkeit sollte nur zur Temperierung des Werkstückes, z. B. aufgrund enger Werkstücktoleranzen, eingesetzt werden.

Geringe Biegebruchfestigkeit und verhältnismäßig hohe Empfindlichkeit auf Schlag- und Temperaturwechselbeanspruchung erfordert beim praktischen Einsatz das mit verzögerter Belastung der Werkzeugschneide verbundene, schräge An- und Ausschneiden, Bild 4-25. Bedingt durch die geringe Kantenfestigkeit sollen angefaste Kanten die Schneidenform stabilisieren.

Chemische Reaktionen und Aufbauschneidenbildung bei der Zerspanung von Leichtmetallegierungen machen die Al_2O_3-Schneidkeramik für die Bearbeitung von Al-, Mg- und Ti-Legierungen ungeeignet [137, 141, 142, 145, 150 bis 158].

Einsatzgebiete oxidkeramischer Schneidstoffe

Hauptanwendungsbereich von Oxidkeramiken ist das Schrupp- und Schlichtdrehen von Grauguß, Einsatz- und Vergütungsstählen. Mischkeramiken werden aufgrund ihrer hohen Kantenfestigkeit bevorzugt beim Feindrehen und Feinfräsen sowie zur Bearbeitung von Hartguß und gehärtetem Stahl eingesetzt. Whiskerverstärkte Oxidkeramiken werden bislang sehr erfolgreich beim Drehen hochwarmfester Nickelbasislegierungen erprobt [150 bis 158].

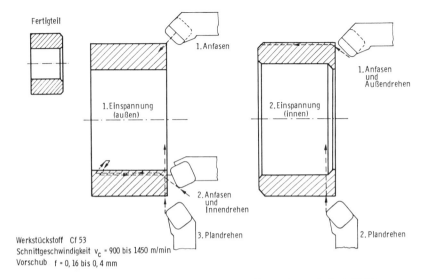

Bild 4-25. An- und Ausschnitt beim Drehen mit Schneidkeramik (nach Ford, Köln)

4.4.1.2 Nichtoxidische Schneidkeramiken

Von den nichtoxidischen Keramiken (Karbide, Nitride, Boride, Silizide...) haben in den letzten Jahren vor allem Werkstoffe auf der Basis von Si_3N_4 als Schneidstoffe für die Zerspanung mit definierter Schneidteilgeometrie große Bedeutung erlangt. Die Si_3N_4-Schneidkeramiken zeichnen sich im Vergleich zu den oxidischen Schneidkeramiken durch eine höhere Zähigkeit und eine bessere Thermoschockbeständigkeit aus, Tabelle 4-7. Darüber hinaus besitzen sie eine große Warmhärte und Warmfestigkeit, Bild 4-24. In der spanenden Fertigung ermöglichen sie bei der Bearbeitung von Grauguß die Anwendung höchster Schnittwerte bei hohen Standzeiten und geringen Ausfallraten. Insbesondere die hohe Sicherheit dieser Schneidstoffe gegen Schneidenbruch hat zu einer schnellen Akzeptanz der Si_3N_4-Schneidstoffe durch die Anwender geführt.

Der gegenüber den Oxid- und Mischkeramiken deutlich größere Bruchwiderstand ist auf die im Gegensatz zu den globularen Al_2O_3-Körnern stäbchenförmige Gestalt der hexagonalen β-Si_3N_4-Kristalle zurückzuführen. Das nicht gerichtete Wachstum der Kristalle führt zu einer Mikrostruktur, die aus mechanisch ineinander verankerten Bestandteilen aufgebaut ist und die dem Schneidstoff ausgezeichnete Festigkeitseigenschaften verleiht. Die im Vergleich zur Oxid- und Mischkeramik geringe Wärmeausdehnung der Si_3N_4-Keramiken ist unter anderem für das gute Thermoschockverhalten verantwortlich. Zur vollständigen Verdichtung von Siliziumnitrid-Keramiken sind jedoch Sinterhilfsmittel erforderlich, die an den Korngrenzen eine Glasphase bilden und die Hochtemperatureigenschaften dieser Keramiken nachteilig beeinflussen [137, 139–142, 160–167].

Neben den Sinterhilfsmitteln enthalten die Si_3N_4-Schneidkeramiken zum Teil noch Zusätze, die die Kristallstruktur oder das Gefüge und damit auch ihre Eigenschaften beeinflussen. Entsprechend ihrer chemischen Zusammensetzung können die derzeit zur Verfügung stehenden Si_3N_4-Schneidkeramiken schwerpunktmäßig in drei Gruppen eingeteilt werden [101].

I: Siliziumnitrid + Sinterhilfsstoffe
II: Siliziumnitrid + kristalline Phasen (Sialon-Mischkristalle) + Sinterhilfsstoffe
III: Siliziumnitrid + Hartstoffe (z. B. TiN, ZrO_2, SiC-Whisker) + Sinterhilfsstoffe

Die Schneidstoffe aus Gruppe I und III werden durch Heißpressen, Sintern, heißisostatisches Pressen oder durch eine Kombination dieser Verfahren hergestellt. Der größte Teil der zur Zeit auf dem Markt befindlichen Si_3N_4-Schneidstoffe ist Gruppe I zuzuordnen.

Die Schneidstoffe aus Gruppe II werden üblicherweise als Sialone bezeichnet. Siliziumnitrid kann bis zu 60 % Aluminiumoxid in fester Lösung aufnehmen. Einige Stickstoffatome werden hierbei durch Sauerstoffatome und Silizium durch Aluminiumatome ersetzt.

Im Vergleich zu den Schneidstoffen aus Gruppe I weisen die Sialone eine höhere Härte, eine bessere chemische Beständigkeit und einen höheren Oxidationswiderstand auf. Herstellverfahren ist hier das Sintern, dem ggf. noch ein heißisostatisches Nachverdichten folgen kann.

Der Gruppe III können die Si_3N_4-Schneidstoffe zugeordnet werden, deren Eigenschaften durch die Zugabe von Hartstoffen, wie z. B. Titannitrid, Titankarbid, Zirkondioxid oder SiC-Whisker gezielt beeinflußt werden.

Klassisches Einsatzgebiet von Si_3N_4-Schneidstoffen ist die Graugußbearbeitung [168 bis 171]. Hierbei wird, insbesondere in der automatisierten Fertigung, meist den zäheren Siliziumnitridkeramiken aus Gruppe I der Vorzug gegeben. Aufgrund des hohen Bruchwiderstandes dieser Schneidstoffe sind bei der Bearbeitung von Gußwerkstoffen im glatten und unterbrochenen Schnitt große Vorschübe und damit hohe Abtragraten realisierbar. So bringt z. B. beim Drehen von Bremsscheiben für Automobile der Einsatz der Si_3N_4-Keramiken im Vergleich zu Oxidkeramiken beträchtliche Standmengengewinne, Bild 4-26. Die verbesserte Sicherheit gegen Bruch erlaubt es, wie das Beispiel im Bild 4-26 zeigt, das Anfasen der Werkstücke entfallen zu lassen, wenn auf eine maximale Ausnutzung des Schneidstoffes verzichtet wird.

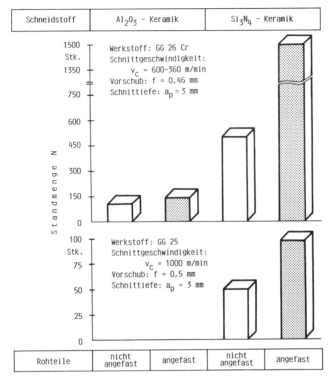

Bild 4-26. Einsatz von Si_3N_4-Schneidkeramik in der Bremsscheibenfertigung (nach Daimler Benz, Feldmühle)

Darüber hinaus können Siliziumnitridkeramiken auch bei der Schruppbearbeitung von Nickelbasislegierungen vorteilhaft eingesetzt werden. Wie Untersuchungen beim Drehen von Inconel 718 gezeigt haben, sind für diese Bearbeitungsaufgabe Schneidstoffe aus Gruppe II bzw. III am besten geeignet.

Die Verschleißfestigkeit von Nitridkeramik ist im Vergleich zu Oxidkeramik geringfügig schlechter. Siliziumnitridschneidstoffe weisen unter Zerspanbedingungen eine starke Affinität zu Eisen und Sauerstoff auf. Sie verschleißen bei der Stahlbearbeitung sehr schnell, so daß für diese Werkstoffgruppe derzeit kein wirtschaftlicher Einsatz gegeben ist.

Der Verschleiß tritt hauptsächlich an der Freifläche auf. Dabei zeigt die Schneidkante eine Tendenz zur Verrundung. Als Folge davon steigen die Zerspankräfte mit zunehmender Schnittzeit zum Teil erheblich an. Dadurch erhöht sich insbesondere beim Fräsen die Gefahr von unsauberen, ausgebröckelten Werkstückkanten und von Gratbildung an der Austrittsseite der Werkzeuge. Aufgrund dieser Gegebenheiten eignet sich Siliziumnitridkeramik eher zum Schruppen als zum Schlichten. Sie substituiert überwiegend Oxidkeramik, in Einzelfällen auch Hartmetall [24, 29 bis 32, 139, 150, 167 bis 173].

Um die Verschleißfestigkeit zu verbessern, werden Versuche zur Beschichtung von Siliziumnitrid unternommen. Beschichtungsmaterial ist Aluminiumoxid, das in einem CVD-Prozeß aufgebracht wird. Die Schichtdicke beträgt etwa 1 bis 2 μm. Die Verschleißminderung durch eine derartige Beschichtung ist grundsätzlich nachgewiesen. Die Verlängerung der Standzeit ist von Einsatzfall zu Einsatzfall noch uneinheitlich [139].

4.4.2 Hochharte nichtmetallische Schneidstoffe

Als hochhart und nichtmetallisch werden in der spanenden Fertigung mit definierter Schneidteilgeometrie Schneidstoffe auf der Basis von Diamant und Bornitrid bezeichnet. Definitionsgemäß handelt es sich in beiden Fällen um keramische Schneidstoffe, wobei der Diamant zu den einatomaren, das Bornitrid zu den nichtoxidischen Keramiken gezählt wird.

4.4.2.1 Diamant als Schneidstoff

Elementarer Kohlenstoff tritt in den beiden Kristall-Modifikationen Graphit und Diamant auf. Diamant erstarrt im kubisch-kristallinen Gittersystem, in dem die C-Atome durch Kovalenzbindung tetraedisch miteinander verbunden sind. Die extrem hohe Bindungs- und Gitterenergie sind der Grund dafür, daß der Diamant der härteste aller bekannten Stoffe ist. Bild 4-27 zeigt die Härte einiger Stoffe , die vorwiegend als Schleifmittel verwendet werden, sowie verschiedener Karbide, die Bestandteil von Hartmetallwerkzeugen sind. Aus Diamant werden heute in zunehmendem Maße Werkzeuge mit geometrisch definierter Schneidteilgeometrie hergestellt.

Einteilung der Diamantschneidstoffe

Zur Einteilung der Diamantschneidstoffe unterscheidet man zwischen natürlichem und synthetischem Diamant, die beide in mono- oder polykristalliner Form vorliegen können.

a) Naturdiamant

Von besonderer Bedeutung für die Zerspanung mit geometrisch bestimmter Schneide ist Naturdiamant nur in seiner monokristallinen Form. Obwohl Diamant in der Natur auch in polykristalliner Ausbildung (Ballas, Carbonado) vorkommt, sind diese Diamantarten als Schneidstoffe von untergeordnetem

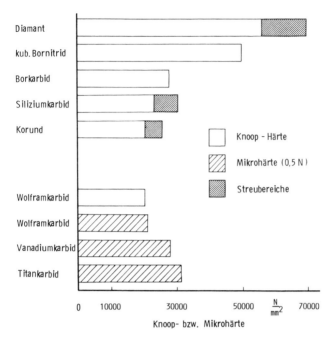

Bild 4-27. Härte verschiedener Hart- und Schneidstoffe (nach Coes)

Interesse, da die synthetische Herstellung von polykristallinem Diamant sowohl wirtschaftliche als auch technologische Vorteile liefert.

Eine wichtige Eigenschaft monokristalliner Naturdiamanten ist die Anisotropie (Richtungsabhängigkeit) der mechanischen Kennwerte wie Härte, Festigkeit oder Elastizitätsmodul. Im Gegensatz hierzu weisen polykristalline Materialien aufgrund einer völlig regellosen Verteilung der einzelnen Kristallite ein quasiisotropes Verhalten hinsichtlich ihrer mechanischen Eigenschaften auf.

Aus dem gleichen Grund ergibt sich eine Spaltbarkeit des monokristallinen Diamanten in vier bevorzugten Spaltrichtungen. Hieraus ist ersichtlich, daß sowohl für die Bearbeitung eines monokristallinen Diamanten durch Schleifen als auch für seinen Einsatz als Werkzeug die Lage der Gitterrichtungen bekannt sein muß. Während das Schleifen immer in Richtung der geringsten Härte erfolgen sollte, müssen monokristalline Diamantwerkzeuge im Werkzeughalter so orientiert werden, daß die Zerspankraft in die Richtung eines Härtemaximums weist.

b) Synthetischer Diamant

Der Prozeß zur Herstellung synthetischer Diamanten läuft unter Verwendung einer Katalysatorlösung in einem Druck- und Temperaturbereich ab, in dem Diamant die stabile Phase bildet. Durch gezielte Wahl der Prozeßparameter lassen sich die Kristallwachstumsrate und damit die Abmessungen der Kristalle im Bereich von wenigen Mikrometern bis zu mehreren Millimetern steuern und bestimmte Eigenschaften wie Reinheit oder Porosität beeinflussen.

Die Diamantsynthese liefert monokristalline Diamantpartikel, die aber in der spanenden Bearbeitung mit geometrisch bestimmter Schneide vorwiegend zur Weiterverarbeitung zu polykristallinen Schneidteilen mit Hilfe eines Heißpreßprozesses verwendet werden.

Obwohl die Herstellung von synthetischen, monokristallinen Diamantschneidkörpern technisch durchaus möglich ist, werden als monokristalline Diamantschneidstoffe überwiegend Naturdiamanten eingesetzt, da bei Schneidkantenabmessungen in der Größenordnung von 1 bis 5 mm die Herstellung entsprechend großer, synthetischer Diamant-Einkristalle nicht wirtschaftlich ist.

Herstellung und Ausführungsarten von Schneidkörpern aus Diamantschneidstoffen

a) Monokristalline Diamantwerkzeuge

Die gebräuchlichsten Schneidenformen monokristalliner Diamantwerkzeuge sind in Bild 4-28 dargestellt [174]. Das Werkzeug mit einer Schneidkante wird sowohl für Bohrarbeiten als auch für das Außendrehen verwendet, wobei im letzteren Fall zur Erzielung eines günstigen Oberflächenprofils ein Eckenradius

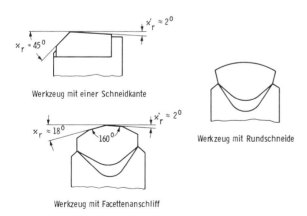

Bild 4-28. Formen von monokristallinen Diamantwerkzeugen

angeschliffen wird. Durch die Wahl eines sehr kleinen Nebenschneideneinstellwinkels $\varkappa_r' \langle 2°$ läßt sich die Nebenschneide als Breitschlichtschneide ausführen, die das Nachglätten der Oberfläche übernimmt [174].

Das Werkzeug mit Rundschneide bietet zwar den Vorteil einer sehr großen nutzbaren Schneidenlänge, liefert aber infolge der Schneidenkrümmung ungünstige Spanbildungsbedingungen und relativ hohe Passivkräfte.

Beim Schneidkörper mit Facettenanschliff werden drei bis fünf Schneidkanten angeschliffen, von denen jeweils zwei benachbarte Kanten einen Winkel von etwa 160° miteinander bilden. Dabei wird das Werkzeug so eingestellt, daß die Nebenschneide einen sehr kleinen Einstellwinkel aufweist und als Breitschlichtschneide fungiert. Durch geringfügige Variation von $\varkappa_r'$ kann die Oberflächengüte erheblich beeinflußt werden.

Die geschliffenen Schneideneinsätze werden entweder auf einen Werkzeugträger aufgelötet oder mit speziellen Klemmvorrichtungen gespannt.

b) Polykristalline Diamantwerkzeuge

Schneidkörper mit einer synthetischen polykristallinen Diamantschicht wurden 1973 erstmals vorgestellt und haben auf einigen Einsatzgebieten die monokristallinen Diamantwerkzeuge und die Hartmetalle ersetzt. Ausgangsmaterial sind synthetische Diamantpartikel sehr kleiner, definierter Körnung, um ein Höchstmaß an Homogenität und Packungsdichte zu erreichen.

Die Herstellung der polykristallinen Diamantschicht erfolgt durch einen Hochdruck-Hochtemperaturprozeß (60 bis 70 kbar, 1400 bis 2000 °C), wobei die synthetischen Diamanten über eine kobalthaltige Binderphase zu einem polykristallinen Körper zusammengesintert werden. Die Diamantschicht, deren Dicke etwa 0,5 mm beträgt, wird entweder direkt auf eine vorgesinterte Hartmetallunterlage aufgebracht oder über eine dünne Zwischenschicht, die aus einem Metall mit niedrigem Elastizitätsmodul besteht, mit dem Hartmetall verbunden, um Spannungen zwischen der Diamantschicht und der Hartmetallunterlage auszugleichen [175].

Die Diamantschicht stellt aufgrund ihres polykristallinen Aufbaus einen statistisch isotropen Gesamtkörper dar, in dem die Anisotropie der einzelnen, monokristallinen Diamantpartikel durch die regellose Verteilung der Diamantkörner ausgeglichen wird. Polykristalliner Diamant weist somit nicht die Härteanisotropie und Spaltbarkeit monokristalliner Diamanten auf, erreicht auf der anderen Seite auch nicht die Härtewerte eines Diamant-Einkristalls in dessen „härtester" Richtung, zumal die Härte außerdem durch den Grad des Zusammenwachsens der einzelnen Kristalle und deren Bindung an die Binderphase beeinflußt wird.

Die Schneidenformgebung des Schneidteilrohlings, d. h. der Hartmetallunterlage mit aufgebrachter Diamantschicht, erfolgt nach dem funkenerosiven Schneiden durch Schleifen.

Schneidengrundformen, wie sie von Diamantwerkzeugherstellern angeboten werden, zeigt Bild 4-29.

Bezeichnungen	Schneidengrundformen	Geometrie β_0 [°]	ε_r [°]	r_ε [mm]
Kreisbogenschneide	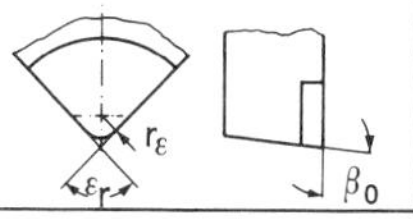	78, 84, 90	60, 90	0,2 bis 0,4
Schruppschneide	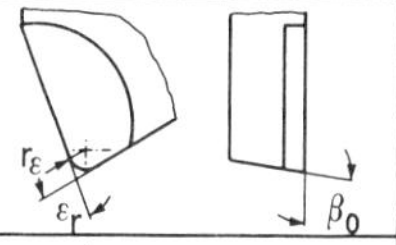	78, 84, 90	80	0,4 bis 1,6
Kreisbogenschneide mit Nebenschneiden	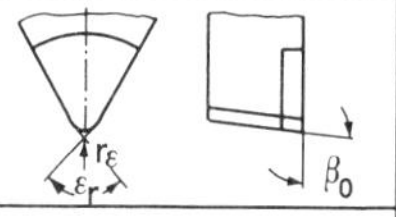	78, 84, 90	85	0,2
Fasenschneide	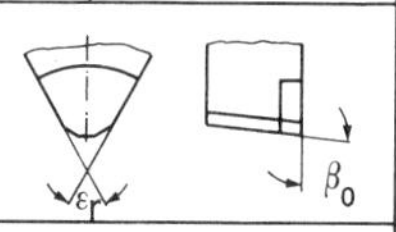	78, 84, 90	60, 90	
Stechschneide	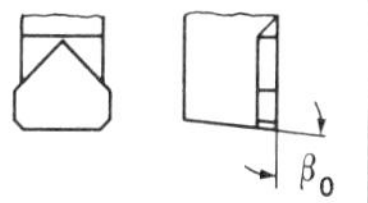	78, 84, 90		

Bild 4-29. Schneidengrundformen von polykristallinen Diamantwerkzeugen (nach E. Winter und Sohn)

Die Schneidkörper werden entweder auf dem Werkzeugträger aufgelötet oder in genormte Werkzeughalter geklemmt, da die Wendeschneidplatten aus polykristallinem Diamant in Form und Abmessung mit den handelsüblichen Hartmetall- oder Schneidkeramikwendeschneidplatten übereinstimmen.

Anwendungsgebiete von Diamantschneidstoffen

Die Zerspanung von Eisen- und Stahlwerkstoffen mit Diamantwerkzeugen ist aufgrund der Affinität des Eisens zum Kohlenstoff nicht möglich. Der Diamant wandelt sich in der Kontaktzone zwischen Werkzeug und Werkstück wegen der dort auftretenden hohen Temperaturen in Graphit um und reagiert mit dem Eisen. Die Folge ist ein schnelles Abstumpfen der Schneidkante sowohl bei mono- als auch bei polykristallinen Diamantschneidstoffen.

Monokristalline Diamantwerkzeuge eigenen sich insbesondere für die Zerspanung von Leicht-, Schwer- und Edelmetallen, von Hart- und Weichgummi sowie von Glas, Kunststoffen und Gestein. Ihr Anwendungsgebiet liegt hauptsächlich in der Feinbearbeitung, da aufgrund der begrenzten Schneidkantenabmessungen und der relativ geringen Biegebruchfestigkeit die Realisierung großer Schnittiefen und Vorschübe nicht möglich ist. Der Einsatz monokristalliner Diamantschneidstoffe verspricht dann Vorteile, wenn die Forderung nach sehr hoher Maßgenauigkeit und Oberflächengüte im Vordergrund steht. So können beim Glanzdrehen, einem Feinstbearbeitungsverfahren, durch die Verwendung nahezu schartenfrei auspolierter Diamantschneiden Rauhtiefen in der Größenordnung um 0,02 μm erreicht werden [174 bis 176].

Die Palette der mit polykristallinen Diamantwerkzeugen zerspanbaren Werkstückstoffe umfaßt neben den Leicht-, Schwer- und Edelmetallen verschiedene Kunststoffe, Kohle und Graphit und vorgesintertes Hartmetall. Die Anwendung ist nicht auf die Feinbearbeitung beschränkt, sondern schließt auch die Schruppbearbeitung mit ein. In manchen Fällen ist es möglich, Vor- und Endbearbeitung in einem Arbeitsgang zusammenzufassen.

Besondere Bedeutung haben polykristalline Diamantwerkzeuge bei der Bearbeitung hoch siliziumhaltiger Aluminiumlegierungen erlangt, Bild 4-30. Da

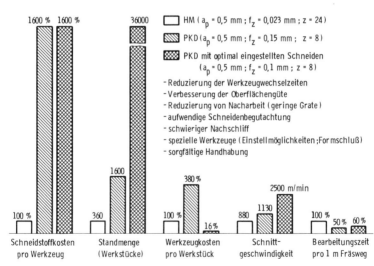

Bild 4-30. Vergleich von HM und PKD beim Fräsen der Aluminiumlegierung GK-AlSi17Cu4Mg (nach Daimler Benz)

diese Legierungen eine Hart-Weich-Struktur aufweisen und somit die Schneide abwechselnd durch die weiche Aluminiumphase und die harten Siliziumpartikel schneidet, entstehen Verhältnisse, die mit denen im unterbrochenen Schnitt vergleichbar sind. Daher ist der Einsatz sehr verschleißfester, aber damit auch sehr spröder Schneidstoffe nicht möglich. Zähe, aber vergleichsweise verschleißempfindliche Schneidstoffe unterliegen aufgrund der starken abrasiven Wirkung der Siliziumpartikel einem sehr großen Verschleiß. Darüber hinaus wirkt sich beim Einsatz von Hartmetallwerkzeugen, die bisher bei der Bearbeitung dieser Legierungen überwiegend verwendet wurden, die Klebneigung des Aluminiums mit dem Schneidstoff nachteilig auf den Zerspanprozeß aus.

Gegenüber der Zerspanung mit Hartmetallen führt die Verwendung von polykristallinen Diamantwerkzeugen zu erheblichen Standzeitgewinnen, zu einer Verringerung der Zerspankraftkomponenten und deren Anstieg über der Schnittzeit, zu einer Vermeidung der Klebneigung und zu einer Verbesserung der Oberflächengüte [174 bis 184].

4.4.2.2 Bornitrid als Schneidstoff

Bornitrid tritt in Analogie zum Kohlenstoff in einer weichen hexagonalen Modifikation, die im gleichen Gittertyp wie Graphit kristallisiert und in einer harten kubischen Modifikation, die eine mit dem Diamantgitter identische Struktur besitzt, auf. Darüber hinaus existiert noch eine dritte Modifikation, die in der Wurtzit-Struktur kristallisiert. Das Wurtzit-Gitter ist ein Gittertyp mit hexagonaler Symmetrie, jedoch mit anderer Atomanordnung als das Graphit-Gitter. Bezüglich der Härte liegt diese Form zwischen den beiden anderen Modifikationen.

Im Gegensatz zum Siliziumnitrid ist das natürlich vorkommende hexagonale Bornitrid weich und als Schneidstoff für die Zerspanung mit definierter Schneidteilgeometrie nicht geeignet. Erst nach Transformation des hexagonalen in das kubisch-kristalline Gitter mit Hilfe eines Hochdruck-Hochtemperatur-Prozesses weist das Bornitrid die Eigenschaften auf, die es als Schneidstoff auszeichnet. Kubisches Bornitrid (CBN) ist nach Diamant das zweithärteste bekannte Material, Bild 4-27.

Die Herstellung von hexagonalem Bornitrid erfolgt über die Reaktion von Borhalogeniden mit Ammoniak. Es hat eine Dichte von 2,27 g/cm³ und einen Schmelzpunkt von 2730 °C [95]. Das kubische Bornitrid (φ = 3,45 g/cm³) kommt in der Natur nicht vor. Seine Herstellung unter den Bedingungen der Diamantensynthese gelang erstmals im Jahre 1957. Die Umwandlung von hexagonalem in kubisches Bornitrid erfolgt bei Drücken von 50 bis 90 kbar und Temperaturen von 1800 bis 2200 °C unter dem katalytischen Einfluß von Alkali- oder Erdalkalinitriden. Bild 4-31 zeigt das Phasendiagramm des Sy-

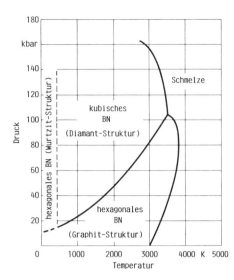

Bild 4-31. Phasendiagramm von Bornitrid

stems Bornitrid mit den vier Zustandsbereichen Schmelze, hexagonales BN mit Graphit- bzw. Wurtzit-Struktur und kubisches BN mit Diamant-Struktur.

Trotz der identischen Gitterstruktur lassen sich zwischen Diamant und CBN einige wesentliche Unterschiede feststellen. CBN besitzt sechs Spaltebenen, also zwei mehr als der Diamant. Diese Eigenschaft ist für den Einsatz von CBN in der Zerspanung mit definierter Schneide unbedeutend, da ausschließlich polykristalline Werkzeuge verwendet werden.

Von größerer Bedeutung ist die Tatsache, daß BN kein chemisches Element wie Kohlenstoff, sondern eine chemische Verbindung darstellt. Das Bornitridgitter enthält Bor- und Stickstoffatome und kann daher nicht die gleiche Symmetrie der Bindungskräfte und folglich nicht die Härte des Diamanten erreichen, dessen Gitter nur aus C-Atomen aufgebaut ist [198].

Im Hinblick auf seine chemische Beständigkeit, insbesondere gegen Oxidation, ist das CBN aber dem Diamanten deutlich überlegen. Es ist bei atmosphärischem Druck bis rd. 2000°C stabil, wogegen die Graphitisierung des Diamanten schon bei etwa 900°C einsetzt [198].

Die derzeit gebräuchlichsten Schneidstoffe auf der Basis von Bornitrid lassen sich schwerpunktmäßig in drei Gruppen unterteilen.

    I) CBN + Binderphase

    II) CBN + Karbide (TiC) + Binderphase

    III) CBN + hexagonales Bornitrid mit Wurtzit-Struktur (HBN) + Binderphase (+ ggf. Hartstoffe).

Gruppe I umfaßt die konventionellen CBN-Schneidstoffe. Diese Sorten weisen einen hohen Anteil von CBN, einen geringen Gehalt an Binderphase sowie relativ große Körner auf. Anwendungsschwerpunkt für diese Schneidstoffe ist die Grobzerspanung harter Eisenwerkstoffe durch Drehen, Bohren und Fräsen.

Bei den Schneidstoffen aus Gruppe II besteht die Binderphase hauptsächlich aus Karbiden, insbesondere Titankarbid. Diese karbidhaltigen CBN-Sorten weisen im Vergleich zu den Schneidstoffen aus Gruppe I einen geringeren CBN-Gehalt, einen höheren Anteil an Binderphase, ein feinkörnigeres Gefüge sowie eine geringere Wärmeleitfähigkeit auf. Sie wurden speziell für die Feinstbearbeitung entwickelt und eignen sich aufgrund ihrer hohen Kantenstabilität sowie Verschleißfestigkeit vor allem für die Schlichtbearbeitung gehärteter Stähle.

Die Schneidstoffe aus Gruppe III enthalten neben dem kubischen Bornitrid noch hexagonales Bornitrid mit Wurtzit-Struktur. Diese Schneidstoffe zeichnen sich durch einen feinkristallinen Aufbau und damit durch eine hohe Zähigkeit und Schneidhaltigkeit aus. Empfohlenes Anwendungsgebiet ist das Schruppen und Schlichten von Stahl- und Gußwerkstoffen sowie gehärtetem Stahl im glatten und unterbrochenen Schnitt.

Werkzeuge aus kubischem Bornitrid mit definierter Schneidteilgeometrie werden bevorzugt bei der spanenden Bearbeitung von gehärtetem Stahl mit einer Härte > 45 HRC, Schnellarbeitsstahl, hochwarmfesten Legierungen auf Nickel- und Kobaltbasis, die sich mit Hartmetallwerkzeugen nur sehr schwer und mit Diamantschneidstoffen überhaupt nicht bearbeiten lassen, eingesetzt. Ferner ist die Zerspanung von Werkstücken mit flammgespritzten Beschichtungen und Auftragsschweißungen mit hohem Wolframkarbid- oder Chrom-Nickel-Anteil möglich.

Neben der Zerspanung vergüteter Stähle können auch Werkstoffe geringerer Härte wirtschaftlich mit CBN bearbeitet werden. Restriktionen bestehen bei weichen Werkstoffen insofern, daß sie weder Austenit noch Ferrit enthalten dürfen, wobei die Mechanismen, die dann zu vorzeitigem Erliegen führen, noch nicht geklärt sind. Anwendungsfälle für CBN zum Bearbeiten weicher Werkstoffe liegen vor allem dort vor, wo bei hohen Stückzahlen über einen langen Zeitraum hinweg ein gleichmäßiges Arbeitsergebnis mit hoher Oberflächengüte und minimaler Maßabweichung gefordert ist. Als Beispiel läßt sich die Bearbeitung von Ventilsitzringen nennen, Bild 4-32. Die Wirtschaftlichkeit ergab sich aus höherer Standmenge, kürzerer Bearbeitungszeit und aus der Tatsache, daß die CBN-Wendeschneidplatten allseitig nachgeschliffen und mehrfach verwendet wurden.

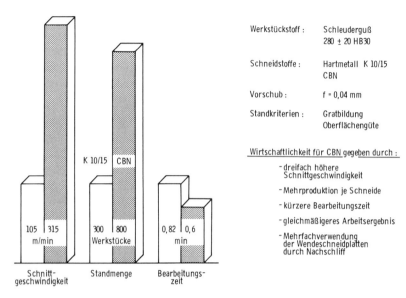

Bild 4-32. Wirtschaftlicher Einsatz von CBN bei der Bearbeitung von Ventilsitzringen (nach Daimler Benz)

Polykristallines kubisches Bornitrid wird als massive Schneidplatten oder in Form von Werkzeugen mit aufgelötetem polykristallinem Schneidteil eingesetzt. Die Herstellung des Schneidteils erfolgt in einem Hochdruck-Hochtemperatur-Prozeß durch Sintern von Partikeln aus kubisch-kristallinem Bornitrid mit Hilfe einer Binderphase bei gleichzeitiger Verbindung der etwa 0,5 mm dicken CBN-Schicht mit einer Hartmetallunterlage. Man unterscheidet zwischen Schneidenrohlingen, die durch Löten mit dem Werkzeughalter verbunden werden und erst durch Schleifen ihre endgültige Schneidenform erhalten und Wendeschneidplatten, die in handelsüblichen Klemmhaltern geklemmt werden können.

Einen Überblick über die von einem CBN-Werkzeughersteller angebotenen Schneidenrohlinge und Wendeschneidplatten gibt Bild 4-33 [186 bis 197].

4.5 Werkzeugausführungen

Schon bei der Konstruktion der Werkzeuge müssen bestimmte Merkmale, die ihre Funktionstüchtigkeit innerhalb der verschiedenen Einsatzbereiche gewährleisten, Beachtung finden. Beispielsweise sind hinsichtlich der konstruktiven Gestaltung des Werkzeugs folgende Punkte zu berücksichtigen:

Formen	Abmessungen			
	CBN - Rohlinge			
	δ [°]	l [mm]	d [mm]	t [mm] 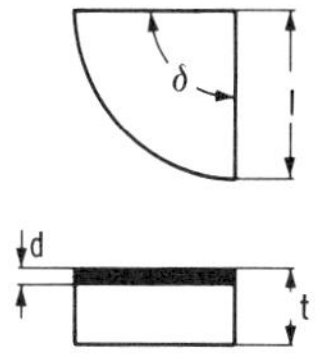
 ▼	45	3,4	0,5	3,2
▼	60	3,6	0,5	3,2
◗	90	3,8	0,5	3,2
◖	180	8,0	0,5	3,2
●	360	8,0	0,5	3,2
	CBN - Wendeschneidplatten			
	α_0 [°]	ic [mm]	d [mm]	t [mm] 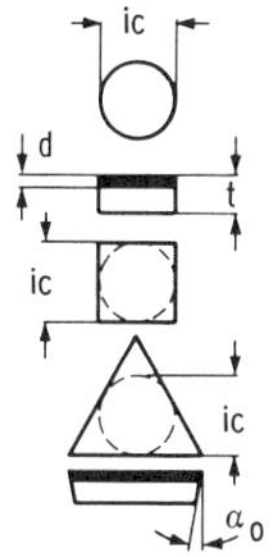
●	8	12,7	0,5	4,76
		12,7	0,5	4,76
		15,8	0,5	4,76
■		12,7	0,5	4,76
		15,8	0,5	4,76
▲	6	12,7	0,5	4,76
		12,7	0,5	4,76

Bild 4-33. Formen und Abmessungen von CBN-Rohlingen und CBN Wendeschneidplatten (nach General Electric)

- die mechanischen Werkzeugbelastungen durch die auftretenden Zerspanungskräfte,
- die thermische Werkzeugbelastung,
- schnelles Positionieren und Wechseln der Werkzeugschneide,
- das einfache und schnelle Auswechseln verschlissener Werkzeugteile,
- die vielseitigen Verwendungsmöglichkeiten,
- die Herstellkosten und der Instandhaltungsaufwand.

Im folgenden werden die Werkzeuggruppen beispielhaft an den Werkzeugen für die Drehbearbeitung erläutert. Drehwerkzeuge können als

- Vollstahlwerkzeuge,
- Werkzeuge mit aufgelöteten Schneidplatten und
- Werkzeuge mit geklemmten Schneidplatten

ausgebildet sein. Darüberhinaus können beim Fräsen und Bohren auch Vollhartmetallwerkzeuge wirtschaftlich eingesetzt werden; beim Drehen finden sie nur in Sonderfällen Anwendung (vgl. Kap. 4.5.2).

Nähere Spezifikationen zu Werkzeugsystemen anderer spanabhebender Bearbeitungsverfahren mit definierter Schneide sind in Abschn. 8 und 9 zu finden.

4.5.1 Vollstahl-Werkzeuge

Unter Vollstahl-Werkzeugen sind Drehwerkzeuge zu verstehen, bei denen der Schneidkörper und der Schaft aus einem Material, meist Schnellarbeitsstahl, bestehen. Diese Art von Werkzeug wird auch Drehling genannt und entsteht durch das Anschleifen der Schneidteilgeometrie an die verschiedensten Grundformen, Bild 4-34.

Abstechdrehlinge haben bereits eine gebrauchsfertige Geometrie. Die für den Abstechvorgang notwendigen Winkel sind bis auf den Freiwinkel angeschliffen. Diese Werkzeuge werden nach dem Anschliff des Freiwinkels in einen Klemmhalter eingesetzt, Bild 4-35. Das Nachschleifen der Werkzeuge erfolgt jeweils nur auf der Freifläche; die notwendige Höhenkorrektur wird durch Nachschieben des Drehlings im Halter erreicht.

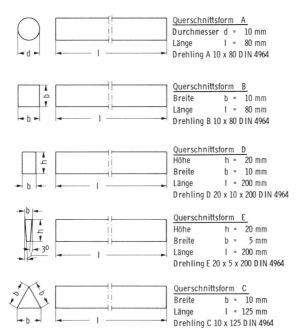

Bild 4-34. Grundformen von Drehlingen aus Schnellarbeitsstahl (nach DIN 4964)

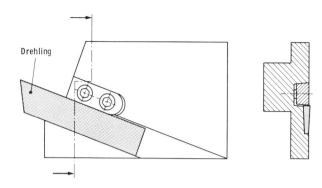

Bild 4-35. Klemmhalter für Abstechdrehling

Ein Vorteil von Drehlingen ist, daß freiwählbare Formen angeschliffen werden können. Bild 4-36 zeigt zwei Formwerkzeuge in Rund- und Flachausführung. Letzteres wird als Tangentialwerkzeug bezeichnet, da das Werkzeug tangential nachgeschoben werden kann, im Gegensatz zum Radialwerkzeug, das radial nachzustellen ist. Die Rundwerkzeuge (DIN 4970) werden nach dem Nachschleifen um einen entsprechenden Winkel gedreht. Diese Arten von Formwerkzeugen werden nur an den Spanflächen nachgeschliffen, da ein Nachschleifen der Freiflächen die mit großem Kostenaufwand erzeugte Form verändern würde.

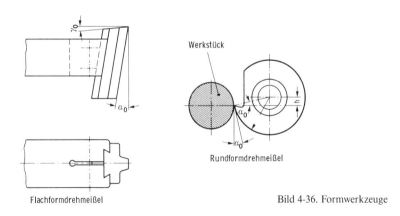

Bild 4-36. Formwerkzeuge

Vorteilhaft werden diese Werkzeuge für das Drehen von Werkstückstoffen eingesetzt, die keine Spanleitstufe erfordern, da sie in diesen Fällen einfach nachschleifbar sind. Rundwerkzeuge sind bis zu 75 % ihres Umfangs auszunutzen.

4.5.2 Werkzeuge mit aufgelöteten Schneidplatten

Als Werkstoff für Drehwerkzeugschäfte haben sich unlegierte Baustähle mit einer Festigkeit von 700 bis 800 N/mm² bewährt. Werden Werkzeuge für große Spanungsquerschnitte benötigt, sollte die Festigkeit 800 bis 1000 N/mm² betragen. Schaftquerschnitte sind nach DIN 770 genormt.

Drehwerkzeuge können dann ganz aus Hartmetall hergestellt werden, wenn das Auflöten zu große Schwierigkeiten bereitet, z. B. bei kleinen Werkzeugen oder wenn der große E-Modul von Hartmetall ausgenutzt werden soll, damit die Durchbiegung des Schafts möglichst klein ist.

Bei gelöteten Werkzeugen werden Schneidplatten aus Schnellarbeitsstahl, Hartmetall oder Keramik auf den Werkzeugschaft aufgelötet. Das Auflöten von Schnellarbeitsstahl wird kaum angewendet, da der Einsatz von Drehlingen Preisvorteile bietet.

In den meisten Fällen werden Hartmetallschneidplatten aufgelötet, die in DIN 4971 bis 4982 genormt sind. Bild 4-37 stellt verschiedene Lötverfahren dar, die zum Löten von Hartmetallwerkzeugen üblich sind.

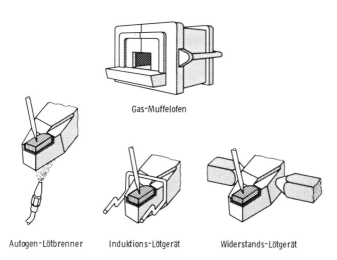

Bild 4-37. Löten von Hartmetallwerkzeugen – Lötverfahren (nach Krupp)

Wird Hartmetall mit einem Trägerwerkstoff durch Löten verbunden, so entstehen Lötspannungen [200]. Diese werden durch die unterschiedlichen Wärmedehnungen von Hartmetall und Stahl hervorgerufen. Beim Abkühlen gelöteter Werkzeuge von der Löttemperatur schrumpft der Trägerwerkstoff stärker als das Hartmetall. Da beide Materialien durch die Lötnaht verbunden sind, ent-

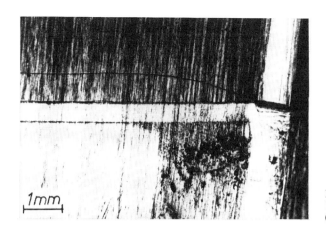

Bild 4-38. Lötriß im Hartmetall (nach Krupp)

steht ein Spannungszustand, der längs der Lötnaht Schubspannungen und an der Hartmetalloberfläche Zugspannungen ergibt [201]. Bei unsachgemäßem Auflöten der Schneidplatte können Risse in der Platte entstehen, Bild 4-38. Teilweise treten diese Risse erst beim Schleifen oder bei der Zerspanung auf.

Bild 4-39 zeigt ein gelötetes Werkzeug mit eingeschliffener Spanleitstufe. Ein Nachteil ist der hohe Schleifaufwand und die dadurch verursachten Auf- und Abspannkosten. Wird mit unterschiedlichen Schnittbedingungen zerspant, so ist die Spanleitstufengeometrie diesen immer neu anzupassen und somit nachzuschleifen. Hohe Lagerhaltungskosten entstehen, da für jede geforderte Schneidstoffqualität ein komplettes Werkzeug verfügbar sein muß.

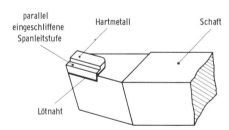

Bild 4-39. Drehwerkzeug mit aufgelötetem Hartmetall

Anzuwenden sind gelötete Werkzeuge als Form-, Einstech- und Abstechwerkzeuge [202]. Bei vertretbarem Schleifaufwand können Sonderwerkzeuge hergestellt werden, die in Reparaturbetrieben Anwendung finden oder bei der Zerspanung von Werkstoffen, die nur mit sehr großen Spanwinkeln zerspanbar sind.

4.5.3 Werkzeuge mit geklemmten Schneidplatten

Die Schneidplatten sind bei diesen Werkzeugen mit Klemmvorrichtungen auf dem Werkzeugträger befestigt. Vorteilhaft ist das sichere und schnelle Spannen der Schneidplatten. Entsprechend der gewählten Toleranzklasse ist das Auswechseln der Schneidplatten innerhalb der Fertigung sehr schnell möglich, da eine neue Positionierung der Schneide gegenüber dem Werkstück entfällt. Da die Klemmhalter ein Spannen der verschiedensten Schneidstoffqualitäten ermöglichen, können diese der Bearbeitungsaufgabe gut und schnell angepaßt werden. Die Lagerkosten sind relativ gering, da sich diese im wesentlichen nur auf die Lagerung der Schneidplatten und Ersatzteile für die Werkzeughalter beschränken [203].

Beispiele für Werkzeuge mit Wendeschneidplatten für die Bohr-, Fräs-, Säge- und Drehbearbeitung zeigt Bild 4-40.

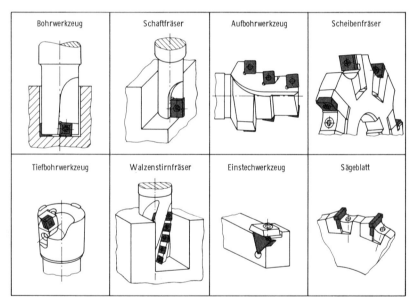

Bild 4-40. Werkzeuge mit Wendeschneidplatten

Gegenüber den gelöteten Schneideinsätzen haben die geklemmten Schneidplatten unter anderem den Vorteil, daß mehrere Schneiden einer Platte einsetzbar sind. Ist eine der Schneiden infolge zu hohen Verschleißes unbrauchbar geworden, so wird nach Lösen der Klemmvorrichtung die Schneidplatte gedreht oder gewendet und dadurch eine neue Schneide zum Einsatz gebracht. Hieraus ergibt sich die Bezeichnung Wendeschneidplatte. Das Bezeichnungssystem für übliche Wendeschneidplatten ist nach ISO genormt [204].

Die in der Praxis überwiegend angewendeten Formen von Wendeschneidplatten zeigt Bild 4-41. Für die verschiedenen Klemmhaltersysteme gibt es Schneidplatten mit und ohne Loch. Schneidplatten ohne Loch werden im allgemeinen mit aufgesetzten, gelochte Platten mit eingeformten Spanleitstufen angewendet.

Bild 4-41. Formen von Wendeschneidplatten (nach Krupp)

Wendeschneidplatten aus keramischen Schneidplatten und CBN werden vorwiegend ohne Loch hergestellt und können somit nur in Klemmhaltern mit Klemmfinger fixiert werden.

Die quadratischen Vierkantplatten weisen durch den großen Eckenwinkel ($\varepsilon_r = 90°$) eine sehr große Schneidenstabilität auf. Ihr Einsatz ist im Gegensatz zur Dreikantplatte bei Formdreharbeiten nur begrenzt möglich. Dreikantplatten weisen infolge des kleinen Eckenwinkels geringere Schneidenstabilität auf. Sehr hohe Oberflächenqualitäten können durch den Einsatz von runden Wendeschneidplatten erreicht werden, Bild 4-42. Ihr Nachteil ist jedoch, daß der kleinste zu fertigende Werkstückradius durch die Schneidplattengeometrie vorgegeben ist. Speziell für Kopierarbeiten wurden rhomboidische Schneidplatten entwickelt. Mit ihnen sind tiefe und runde Konturen nachzuformen.

Man unterscheidet negative und positive Schneidplatten. Kriterium für diese Unterscheidung ist die Größe des Spanwinkels im eingespannten Zustand, also in der Bearbeitungsposition. Liegt ein positiver Spanwinkel vor, so wird die Platte als Positivplatte bzw. beim negativen Spanwinkel als Negativplatte bezeichnet, Bild 4-43.

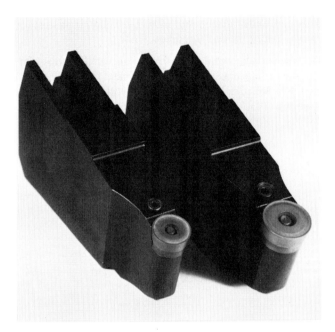

Bild 4-42. Drehmeißelhalter mit runden Wendeschneidplatten (nach Sandvik)

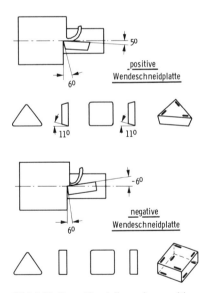

Bild 4-43. Gegenüberstellung einer positiven und einer negativen Wendeschneidplatte

Positive Schneidplatten weisen nur an der Oberseite einsetzbare Schneiden auf. Wendeschneidplatten für Klemmhalter mit eingearbeiteten positiven Spanwinkeln sind mit Freiwinkeln versehen. Beträgt, wie in Bild 4-43 angenommen, der Freiwinkel der Schneidplatte 11° (Keilwinkel β_o = 79°) und der Spanwinkel des Halters + 5°, dann ergibt sich der Freiwinkel während des Werkzeugeingriffs zu + 6°. Negative Wendeschneidplatten haben einen Keilwinkel von 90°, wodurch an Ober- und Unterseite der Schneidplatte Schneiden zur Verfügung stehen.

Schneidplatten mit eingeformten oder eingeschliffenen Spanleitstufen haben die gleiche Grundform wie die negativen Wendeschneidplatten, zerspanen aber effektiv, bedingt durch die Geometrie der Spanleitstufe, mit positivem Spanwinkel, Bild 4-44.

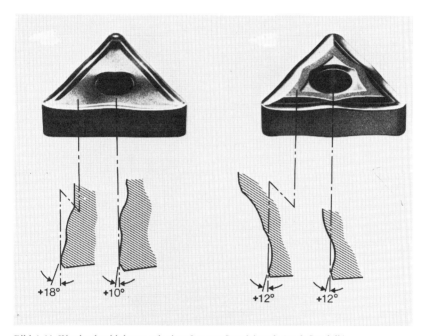

Bild 4-44. Wendeschneidplatten mit eingeformter Spanleitstufe (nach Sandvik)

Zu beachten ist, daß die eingeformten bzw. eingeschliffenen Spanleitstufen an die jeweiligen Schnittbedingungen anzupassen sind [205]. Um den möglichen Anwendungsbereich zu vergrößern, sind oft mehrere Spanleitstufen hintereinander angeordnet. Kleine, im Bereich des Eckenradius angeordnete Spanleistufen garantieren einen guten Spanbruch bei Schlichtarbeiten.

139

Die Herstellungstoleranzen der Wendeschneidplatten haben bei einem Plattenwechsel, z. B. auf NC-Maschinen, einen sehr großen Einfluß auf die Maßgenauigkeit der Werkstücke. Man unterscheidet bei Wendeplatten die Normal- und Genauigkeitsausführung. Die Toleranzen liegen bei der Normalausführung im Bereich von ± 0,13 mm, bei der Genauigkeitsausführung bei ± 0,025 mm, wodurch sich Werkstücktoleranzen von etwa ± 0,1 mm nach einem Plattenwechsel ohne zusätzliche Positionierung einhalten lassen.

Eine Vielzahl von Schneidplatten für die spanenden Bearbeitungsverfahren mit definierter Schneide sind Sonderausführungen und nicht genormt. Bild 4-45 zeigt einige Beispiele von Sonderformen positiver Wendeschneidplatten [206]. Die jeweiligen Ziffern neben den Schneidplatten geben die Anzahl der einsetzbaren, positiven Schneiden an. Die gezeigten Platten werden tangential im Werkzeug angeordnet. Die Schneide erhält so eine größere Stabilität und erzielt damit höhere Zerspanleistungen bzw. Standzeiten.

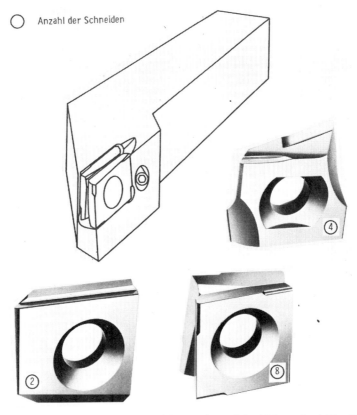

Bild 4-45. Drehwerkzeug mit tangential angeordneten Schneidplatten (nach Hertel)

Die Klemmsysteme für Wendeschneidplatten haben im wesentlichen folgende Aufgaben zu erfüllen:
- Die Wendeschneidplatte ist nach dem Auswechseln stets in eine gleiche Lage zu klemmen.
- Eine Lageänderung durch auftretende Zerspanungskräfte ist zu verhindern.
- Eine ebene Spanfläche ist notwendig, damit ein Verbiegen der Schneidplatten vermieden wird.
- Das Klemmsystem muß gewährleisten, daß die entstehende Wärme gut in den Werkzeughalter abgeleitet wird.
- Die Zerspanungskräfte sind so auf den Halter überzuleiten, daß die Zentrierung der Schneidplatte unterstützt wird.
- Je nach der vorliegenden Bearbeitungsaufgabe ist das Klemmen eines Spanformers erforderlich.

Klemmhalter für die Drehbearbeitung sind in der ISO 5608 [207] genormt. Bild 4-46 stellt anhand eines Beispiels das Bezeichnungssystem für Klemmhalter dar.

In Bild 4-47 sind Klemmsysteme verschiedener Ausführungen für Wendeschneidplatten ohne Loch (oben) und mit Loch (unten) dargestellt. Vorteilhaft bei Spannsystemen für Lochplatten ist, daß alle Spannelemente im Halter vor Spänen geschützt sind. Die Wendeschneidplatten werden z. B. durch Kniehebel oder Stifte unverrückbar im Plattensitz zentriert und fixiert.

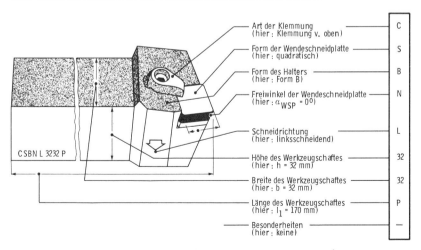

Bild 4-46. Bezeichnungssystem für Drehmeißelklemmhalter (nach: ISO 5608)

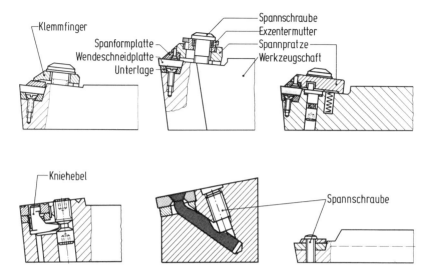

Bild 4-47. Klemmsysteme für Wendeschneidplatten (nach Krupp und Hertel)

Die konstruktiv einfachste Klemmung wird durch eine Spannschraube verwirklicht. Eine andere Möglichkeit bietet die Fixierung durch eine Spannpratze, die die Wendeschneidplatte und eine stufenlos verstellbare Spanleitstufe klemmt. Hierbei kann der Spanformer besonders gut wechselnden Schnittbedingungen angepaßt werden, um eine günstige Spanform zu erreichen.

Klemmhalter mit Klemmfinger werden angewendet, wenn der Spanformer stufenweise verstellbar ist und weitestgehend konstante Arbeitsbedingungen vorhanden sind. Treten Beschädigungen am Klemmhalter auf, so sind die einzelnen Teile durch ein Ersatzteilangebot der Klemmhalterhersteller austauschbar.

Bei der Lagerhaltung ist zu beachten, daß Bauteile verschiedener Fabrikate nicht gegeneinander austauschbar sind. Aus diesem Grunde ist es unwirtschaftlich, in einem Betrieb für den gleichen Verwendungszweck verschiedene Halterkonstruktionen zu verwenden, da diese die Lagerhaltung der Ersatzteile erheblich verteuern.

4.5.4 Sonderausführungen

Um Rüst- und Nebenzeiten zu verkürzen, werden häufig voreinstellbare Werkzeuge verwendet. Diese Werkzeuge werden nach dem Schleifen so vorbereitet, daß sie im eingespannten Zustand z. B. an NC-Maschinen oder Drehautomaten, ohne zusätzliche Einstellarbeit immer wieder genau dieselbe Stellung gegenüber dem Werkstück einnehmen. Durch die Voreinstellung außerhalb der

Maschine verkürzen sich die Maschinenstillstandzeiten wesentlich, wenn zum Austauschen der Werkzeuge mindestens zwei gleiche Werkzeugsysteme vorhanden sind.

Ein Präzisionswerkzeug ist in Bild 4-48 dargestellt. Diese Feinbohreinheiten sind auf 2,5 μm Genauigkeit per Knopfdruck über ein spezielles Getriebe einstellbar. Bei der Bearbeitung kann somit der Schneidkantenversatz kompensiert und somit die Schneidenstandzeit verlängert werden. Zum Einsatz kommen Wendeschneidplatten mit Lochklemmung [208].

Bild 4-48. Feinbohreinheit mit Wendeschneidplatten (nach Microbore)

Im Bereich der Großserienfertigung werden Sonderkonstruktionen mit austauschbaren Kurzklemmhaltern oder Kassetten eingesetzt, Bild 4-49.
Hauptsächlich für Kopierdrehmaschinen oder für verkettete Maschinen und Transferstraßen mit automatischer Werkstückbeschickung können Werkzeuge eingesetzt werden, die verbrauchte Wendeschneidplatten automatisch wech-

Bild 4-49. Sonderwerkzeug mit vier Wendeschneidplatten (nach Sandvik)

seln. Die verschlissene Schneidplatte wird während der Werkstückbeschickung durch einen Impuls vom Steuersystem der Maschinen ohne Zeitverlust ausgetauscht und richtig positioniert, Bild 4-50.

Darüber hinaus ist ein automatisches Verschleißausgleichssystem entwickelt worden, das den Schneidkantenversatz während der laufenden Bearbeitung ausgleicht. Diese Entwicklungen sind noch nicht abgeschlossen.

Bild 4-50. Werkzeug mit automatischem Plattenwechselsystem (nach Sandvik)

4.6 Aufbereitung von Werkzeugen

Soll ein Werkzeug aufbereitet werden, so muß, um Schleif- und Werkzeugkosten zu sparen, rechtzeitig nachgeschliffen werden. Das bedeutet, daß die Schneide nicht über einen zulässigen Verschleiß hinaus benutzt werden sollte. Tabelle 4-8 gibt einen Überblick über Verschleißwerte, die als Kriterium für das Standzeitende eines Werkzeugs gelten.

Schneidstoff	Meßgröße			anzustrebende Verschleißwerte
Schnell-arbeitsstahl	Verschleiß-markenbreite	VB	mm	0,2 bis 1,0
		VB_{max}	mm	0,35 bis 1,0
	Kolktiefe	KT	mm	0,1 bis 0,3
Hartmetall	Verschleiß-markenbreite	VB	mm	0,3 bis 0,5
		VB_{max}	mm	0,5 bis 0,7
	Kolktiefe	KT	mm	0,1 bis 0,2
Schneidkeramik	Verschleiß-markenbreite	VB	mm	0,15 bis 0,3
	Kolktiefe	KT	mm	0,1

Tabelle 4-8. Kennwerte für die Standzeit von Schneidstoffen

Das An- bzw. Nachschleifen der Werkzeuge sollte auf Schleifvorrichtungen durchgeführt werden. Nur auf diese Weise lassen sich stets gleiche Winkel und Spanbrechergeometrien anschleifen. Anschliffe von Hand sind ungenau und haben infolgedessen Einfluß auf das Standzeitverhalten und die entstehenden Spanformen.

Beim Schleifen von Schnellarbeitsstahl sind, abhängig von den verschiedenen Anschliffen wie Grob- und Feinschleifen, die verschiedenen Härten und Korngrößen der Schleifscheiben dem Schnellarbeitsstahl anzupassen. Als Schleifmittel kommen CBN- oder Edel-Korund-Scheiben zur Anwendung.

In Bild 4-51 sind die in Abhängigkeit von der Art des aufgetretenen Verschleisses zu schärfenden Schneidenflächen dargestellt. Bei überwiegendem Spanflächenverschleiß wird die Freifläche bearbeitet, umgekehrt bei Freiflächenverschleiß die Spanfläche. Spezielle Fertigungsprozesse der Feinbearbeitung erfordern scharf angeschliffene Werkzeugschneiden. Beschichtete Werkzeuge weisen an den Schneidkanten jedoch stets eine ausgeprägte Verrundung auf. Um die verschleißhemmende Wirkung der Beschichtung bei scharfkantigen Werkzeugschneiden aufrecht zu erhalten, werden bei überwiegendem Spanflächenverschleiß die Freifläche, bei Kolkverschleiß die Spanfläche abgeschliffen.

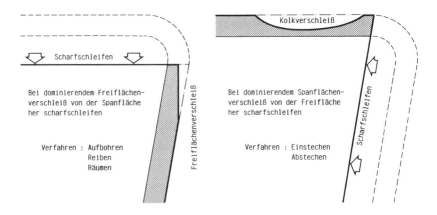

Bild 4-51. Bearbeitungsflächen beim Nachschleifen

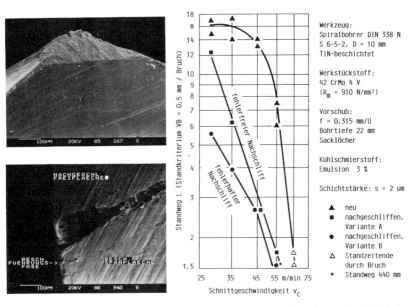

Bild 4-52. Erreichbare Standlänge in Abhängigkeit von der Qualität des Nachschliffs beim Bohren

Beim Nachschleifen beschichteter Spiralbohrer wirkt sich die Qualität des Schliffs stark auf den erreichbaren Standweg aus, Bild 4–52. Durch die richtige Wahl der Schleifmittel und angepaßte Bearbeitungsbedingungen muß deshalb ein fehlerfreier Nachschliff sichergestellt werden. Außerdem ist während des Schleifvorgangs darauf zu achten, daß sich das Werkzeug nicht über die Anlaßtemperatur erhitzt.

Der Vermeidung von wärme- und kraftbedingten Rissen kommt beim Aufbereiten von Werkzeugen mit aufgelöteten Schneideinsätzen besondere Bedeutung zu [200].

Bei Hartmetall wird das Nachschleifen, Feinschleifen und Anschleifen von Fasen und Rundungen mit Diamantscheiben durchgeführt. Ebenso eignet sich das elektrolytische Schleifen gut zum Vor- und Fertigschleifen der Werkzeuge [209].

Im allgemeinen werden verschlissene Wendeschneidplatten nicht wiederaufbereitet. Das Nach- bzw. Umschleifen von Wendeschneidplatten aus Hartmetall und Schneidkeramik läßt sich nur in einzelnen Bereichen der Großunternehmen bei entsprechender Organisation wirtschaftlich betreiben.

Unter dem Nachschleifen ist die Aufbereitung von Wendeschneidplatten für die gleiche Arbeitsoperation zu verstehen. Nach dem Nachschleifen ist die Schneidplatte in Sonderwerkzeuge einzusetzen, da sie kleiner geworden ist und somit eine Lagekorrektur erforderlich wird.

Im Gegensatz zum Nachschleifen werden die Platten nach dem Umschleifen für andere Arbeitsoperationen eingesetzt. Das Nach- und Umschleifen wird insbesondere bei Schneidplatten mit großen Ausgangsabmessungen, die nur eine Schneide aufweisen, durchgeführt.

5 Kühlschmierstoffe

5.1 Aufgaben der Kühlschmierstoffe

Mit der spanenden Metallbearbeitung sollen Werkstücke in vorgeschriebenen Toleranzen und Oberflächengüten mit möglichst geringem Kostenaufwand gefertigt werden. Die primäre Forderung an ein Kühlschmiermittel für den Zerspanprozeß muß daher die Herabsetzung der Bearbeitungskosten durch Reduzierung des Werkzeugverschleißes und die Verbesserung der Oberflächengüte der gefertigten Werkstücke sein [36]. Daneben kommt dem Kühlschmiermittel sekundär die Aufgabe der Spanabfuhr sowie der Systemkühlung zu.

Dabei ist sowohl eine zu starke Aufheizung der Werkstücke, die zu einer entsprechenden Ausdehnung führt, zu vermeiden als auch die Temperaturbelastung der Schneidstoffe zu verringern.

Die Erfüllung dieser Aufgaben mag zunächst einfach klingen, jedoch werden dazu oft Eigenschaften vom Kühlschmiermittel verlangt, die sich nicht ohne weiteres miteinander verbinden lassen.

5.2 Arten von Kühlschmierstoffen

Nach DIN 51385 werden die Kühlschmierstoffe in nichtwassermischbare und wassergemischte unterteilt. Die wassergemischten Kühlschmierstoffe werden einfach durch Anrühren der wassermischbaren Konzentrate mit Wasser zur gebrauchsfertigen Mischung hergestellt, Bild 5–1.

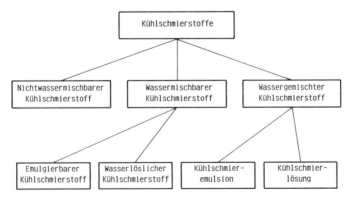

Bild 5-1. Unterteilung der für die Metallbearbeitung wichtigsten Kühlschmierstoffe nach DIN 51385

Nichtwassermischbare Kühlschmierstoffe

Nichtwassermischbare Kühlschmierstoffe sind Mineralöle, die meist Wirkstoffe zur Verbesserung der Schmierfähigkeit, des Verschleißschutzes, des Korrosionsschutzes, der Alterungsbeständigkeit und des Schaumverhaltens enthalten. Schmierungsverbessernde Zusätze dienen dazu, die Reibung an der Zerspanstelle herabzusetzen. Hierzu werden natürliche Fettöle (Palmöl, Rüböl) oder synthetische Fettstoffe (Ester) zulegiert. Die polare Struktur dieser Zusätze verleiht den Zusätzen eine gute Haftfähigkeit auf der Metalloberfläche, mit der sie einen halbfesten Schmierfilm, die sogenannte Metallseife, bildet. Die Wirksamkeit dieses Schmierfilms läßt aber bei Temperaturen oberhalb seines Schmelzpunktes (120°C bis 180°C) nach. Weiterhin werden Mineralölen EP-Zusätze (EP = extreme pressure) zugefügt. Verwendung finden phosphor- und schwefelhaltige Verbindungen sowie freier Schwefel. Die ebenfalls in Tab. 5–1 aufgeführten Chlorverbindungen haben nur noch eine untergeordnete Bedeutung. Die Verbrennung verbrauchter gechlorter Kühlschmiermittel ist nur noch in Sondermüllverbrennungsanlagen gestattet, da bei unkontrollierter Verbrennung möglicherweise toxische Dioxine entstehen können [393]. Dadurch verteuert sich die Entsorgung entscheidend, so daß auf den Einsatz chlorhaltiger Additive weitgehend verzichtet wird. Auf der Metalloberfläche bilden sie bei unterschiedlichen Temperaturen Metallsalze, die hohe Drücke aufnehmen können und nur eine geringe Scherfestigkeit aufweisen. Somit werden sowohl die Kräfte gesenkt als auch die Entstehungswärme an der Zerspanstelle vermindert. Die Temperaturwirkungsbereiche der einzelnen Zusätze sind Tab. 5–1 zu entnehmen [210 bis 213].

Wirkstoffart		Temperaturwirkungsbereich (°C)
Schmierungsverbessernde Zusätze	Fettöle (tierisch, pflanzlich)	bis ca. 120
	Synthetische Fettstoffe (Ester)	bis ca. 180
EP-Zusätze	Chlorhaltige Verbindungen	bis ca. 400
	Phosphorhaltige Verbindungen	bis ca. 600
	Schwefelhaltige Verbindungen	bis ca. 800
	Freier Schwefel	bis ca. 1000

Tabelle 5-1. Temperatureinsatzbereich von Kühlmittelzusätzen (nach Mobil Oil)

Wassermischbare Kühlschmierstoffe

Emulgierbare Kühlschmierstoffe werden als Konzentrat angeliefert und vor dem Gebrauch mit Wasser zu Emulsionen verdünnt. Der hohe Wasseranteil von bis zu 99 % ist Ursache für die gute Kühlwirkung der Emulsionen, aber auch für die korrosionsfördernden Eigenschaften. Der Rostschutz wird durch den leicht alkalischen Charakter (ph-Wert 8 bis 9) der Flüssigkeit gewährleistet. Höherlegierte Emulsionen enthalten zur Schmierungsverbesserung und Erhöhung der Druckfestigkeit die in Tab. 5–1 aufgeführten Zusätze. Ein besonderes Problem bei Emulsionen ist der Befall durch Mikroorganismen wie Bakterien, Hefen und Pilzen. Als Folge davon sinkt der ph-Wert ab und damit auch das Korrosionsschutzvermögen, es tritt eine Geruchsbelästigung auf und die hygienischen Randbedingungen für das Bedienungspersonal verschlechtern sich. Weiterhin wird die Emulsion instabil, d. h. es wird Öl auf der Oberfläche abgeschieden und es entstehen Ablagerungen, die die Filter verstopfen und somit zu Betriebsstörungen führen. Abhilfe schaffen Biozide, die zu einem Anteil von ca. 0,15 % der Emulsion zugefügt werden. Eine wesentliche Überschreitung dieses Wertes führt zu dermatologischen Erkrankungen des Bedienungspersonals, bei einer zu geringen Zugabe ist das Mittel wirkungslos [210 bis 213].

Die wichtigsten Zusätze von Kühlschmieremulsionen sind Emulgatoren. Sie haben die Aufgabe, das Öl im Wasser zu dispergieren, so daß sich nach dem Anmischen mit Wasser eine stabile Öl-in-Wasser-Emulsion einstellt. Es wird zwischen ionogenen und nichtionogenen Emulgatoren unterschieden. Sie bilden an der Grenzfläche zwischen Öltröpfchen und Wasser einen relativ stabilen Film, der ein Zusammenfließen der Öltröpfchen verhindert. Als Emulgatoren finden z. B. Alkaliseifen von Fettsäuren oder Naphtensäuren (ionogen) und Umsetzungsprodukte von Alkylphenolen mit Äthylenoxid Anwendung. Die Emulgatormenge bestimmt die Öltröpfchengröße. Sie liegt bei den in der Metallbearbeitung benutzten grobdispersen Emulsionen zwischen 1 μm und 10 μm [211].

Kühlschmierlösungen entstehen durch Vermischen eines wasserlöslichen Konzentrats mit Wasser. Sie besitzen keine große Bedeutung für die Zerspanung. Ihre Hauptanwendung liegt auf dem Gebiet des Schleifens [210].

5.3 Gebrauchshinweise für Kühlschmieremulsionen

Beim Ansetzen von Kühlschmieremulsionen sind einige Hinweise zu beachten, um deren Stabilität und Betriebsverhalten nicht zu beeinträchtigen. Die Qualität des Ansetzwassers als Hauptbestandteil der Emulsionen ist von entscheidender Bedeutung. Die Wasserhärte als wichtigste Eigenschaft ergibt sich aus dem Gehalt an wasserlöslichen Calzium- und Magnesiumsalzen. Sie wird in °dH (Grad Deutscher Härte) oder mmol/l angegeben (1 °dH = 0,179 mmol/l). Die Härte sollte zwischen 5 °dH und 20 °dH betragen. Bei zu großen Härtewerten reagieren die Emulgatoren mit den Calzium- und Magnesiumsalzen, was zur Bildung wasserunlöslicher Seifen (Aufrahmung auf der Emulsionsoberfläche) führt und den Emulgatorgehalt verringert. Die Gebrauchsdauer der Emulsion verkürzt sich dadurch drastisch. Weiches Wasser fördert dagegen unerwünschtes Schäumen.

Eine weitere Anforderung an das Ansetzwasser besteht bezüglich seiner Keimfreiheit. Trinkwasserqualität genügt im allgemeinen, um die Anfangsbelastung der Emulsion durch Mikroben entsprechend gering zu halten.

Beim Ansetzen der Kühlschmieremulsionen muß immer zuerst das Wasser in den Behälter gegeben werden und dann erst das Konzentrat. Der Mischvorgang sollte immer unter kräftigem Rühren ausgeführt werden, so daß sich eine einwandfreie Öl-in-Wasser-Emulsion ohne Ausflockungen bildet.

Ein Prüfpunkt der fertigen Emulsion ist die Konzentration. Dies kann entweder mit einem Handrefraktometer oder einem Emulsionsprüfkolben geschehen. Das Handrefraktometer ermöglicht eine einfache und schnelle Bestimmung der Konzentration vor Ort. Dabei wird der Zusammenhang zwischen Berechnungsindex und Konzentration ausgenutzt und zur Anzeige gebracht. Eine genauere Methode besteht darin, daß in einem Prüfkolben durch Zusatz von Salzsäure Öl und Wasser getrennt werden. Der Nachteil dieses Verfahrens liegt in dem größeren Zeitaufwand begründet.

Der ph-Wert der Emulsionen sollte in frisch angesetztem Zustand zwischen 8 und 9 betragen. Die Prüfung erfolgt in der Praxis meist mit Indikatorpapier, dessen Verfärbung beim Eintauchen in die Flüssigkeit als Maßstab dient. Die potentiometrische Bestimmung des ph-Wertes empfiehlt sich nur bei höheren Anforderungen an die Genauigkeit.

Während des Betriebs gelangen fortwährend Verunreinigungen wie Späne oder Abrieb in die Kühlschmiermittel. Sie müssen aus der Emulsion entfernt werden, da sie die Standzeiten der Werkzeuge und das Bearbeitungsergebnis negativ beeinflussen sowie die Pumpen zusetzen. Zur Beseitigung der Verunreinigungen kommen Schwerkraftreinigung im Sedimentationsbecken, Fliehkraftreiniger (z. B. Zentrifugen, Separatoren), Magnetfilter oder verschiedene Ausführungsformen von Bandfiltern in Frage [214].

Bei einem Wechsel des Kühlschmiermittels ist auf eine sorgfältige Reinigung des Behälters zu achten, da Bakteriennester die frische Füllung sofort infizieren und nur eine geringe Standzeit der Emulsion zur Folge haben. Systemreiniger oder Heißwasserstrahlgeräte haben sich zur Säuberung gut bewährt.

Ein großer Kostenfaktor wird durch die Entsorgung der Kühlschmiermittel verursacht. Die dabei erforderliche Trennung des Öls vom Wasser kann auf chemischem Wege (Salz-, Säurespaltung) erfolgen, durch Ultrafiltration (Membrantechnik) oder durch Verdampfen bzw. Verbrennen [214].

5.4 Auswirkungen der Kühlschmiermittel auf den Zerspanungsvorgang

Das Werkzeug ist, wie in Abschn. 3 näher erläutert, während der Zerspanung sehr hohen mechanischen und thermischen Belastungen ausgesetzt, wobei die zur Spanentstehung aufgebrachte mechanische Energie in der Scher- und Reibzone fast vollständig in Wärme umgesetzt wird.

Die Folge dieser Belastungen sind Verschleißerscheinungen wie mechanischer Abrieb und Abscheren von Preßschweißungen, die im gesamten nutzbaren Schnittgeschwindigkeitsbereich auftreten, sowie Diffusionsvorgänge und Verzunderungen, die erst ab bestimmten Temperaturen in Erscheinung treten (vgl. Abschn. 3.4).

Durch die Schmierwirkung von Kühlschmiermitteln kann man in erster Linie den erstgenannten Adhäsionsverschleiß beeinflussen, der durch das periodische Abwandern von Aufbauschneiden in bestimmten Geschwindigkeitsbereichen entsteht [42, 56, 215].

Besonders die auf Preßschweißungen im niedrigen Geschwindigkeitsbereich (beim Einsatz von HSS) beruhenden Erscheinungen lassen sich wirkungsvoll durch Schmierung bekämpfen.

Bei den dabei auftretenden Flächenpressungen sollten auf den Metalloberflächen Feststoffschichten mit hoher Druck- und geringer Scherfestigkeit vorhanden sein, die das direkte Aufeinandergleiten von Werkstoffstücken verhindern, so daß Verschweißungen unterdrückt oder wenigstens vermindert werden. Das läßt sich ggf. durch Hochdruckzusätze im Kühlschmiermittel erreichen, jedoch ist zu beachten, daß die entsprechenden Schwefel-, Chlor- oder Phosphorzusätze erst bei bestimmten Temperaturen wirksam werden und deshalb die Zusammensetzung des Schmiermittels auf die jeweilige Operation abgestimmt sein muß. Grundsätzliche Voraussetzung ist vor allem, daß der Schmierstoff in die Kontaktzone eindringen kann. Im Bereich zunehmender Aufbauschneidenbildung sind diese Bedingungen durch die Fluktuation der Aufbauschneiden gegeben.

Mit wachsender Schnittgeschwindigkeit – im Bereich abnehmender Aufbauschneidenbildung – werden die Voraussetzungen zur Bildung von Hochdruckschmierfilmen immer ungünstiger, weil die erhöhte Spanablaufgeschwindigkeit die Zeit für etwaige Reaktionen zwischen den Zusätzen und der metallischen Oberfläche verkürzt. Gleichzeitig führt der Temperaturanstieg zu Diffusionsvorgängen zwischen den Reibpartnern oder im Extremfall zu plastischen Verformungen der Schneide, so daß ein Herabkühlen der Schnittstelle notwendig wird.

Demzufolge beginnt von diesen Schnittgeschwindigkeiten an der Bereich, in dem die Standzeit eines Werkzeugs weniger durch die Schmierfähigkeit einer Flüssigkeit, sondern vielmehr durch deren Wärmeableitung verbessert wird, also durch Kühlung.

Andererseits ist es durchaus möglich, daß durch eine Kühlung der Verschleiß am Werkzeug erheblich vergrößert und die Standzeit entsprechend vermindert wird. Dies wird in Bild 5-2 verdeutlicht. Der Kolkverschleiß im Naßschnitt liegt erheblich höher als im Trockenschnitt. Durch die Kühlung ist die Temperatur des ablaufenden Spans geringer und damit seine Festigkeit größer, was sich in erhöhten Kräften äußert. Da das Kühlschmiermittel hauptsächlich die Oberseite des Spans abkühlt und die Spanunterseite aufgrund ihres intensiven Kontaktes mit der Spanfläche des Werkzeuges weitgehend unbenetzt bleibt, bildet

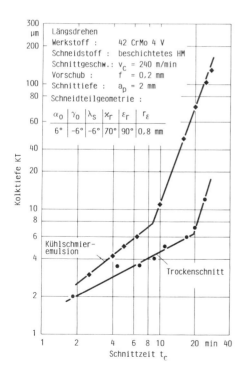

Bild 5-2. Verschleiß-Schnittzeit-Diagramm für Trockenschnitt und bei Anwendung von Kühlschmiermitteln

sich ein größerer Temperaturgradient im Span aus als beim ungekühlten Prozeß. Daraus resultiert eine größere Spankrümmung, so daß sich die Fläche, mit der der Span mit der Werkzeugspanfläche im Kontakt ist, verkleinert. Insgesamt erhöht sich also die spezifische Beanspruchung der Spanfläche und damit der Kolkverschleiß.

Ebenfalls zu beachten sind die Bearbeitungsoperationen mit niedrigen Schnittgeschwindigkeiten, die im allgemeinen so ausgelegt sind, daß der Bereich der Aufbauschneiden vermieden wird. Beim Einsatz von Kühlschmiermittel verlagern sich aber die für die Aufbauschneidenbildung maßgeblichen Temperaturen zu höheren Schnittgeschwindigkeiten, so daß ein für die ungekühlte Bearbeitung optimierter Prozeß dann eventuell falsch ausgelegt ist [57].

Deutliche Standzeitverbesserungen sind dagegen zu erwarten, wenn ohne den Einsatz von KSS die Schneidentemperaturen in der Nähe des Erweichungspunktes des verwendeten Schneidstoffes liegen. Wie wirksam die Kühlwirkung einer Emulsion dann wird, zeigt Bild 5-3 am Beispiel des Bohrens von Kupferlegierungen mit HSS-Bohrern. Die Anwendung von Emulsionen erlaubt höhere Schnittgeschwindigkeiten und größere Vorschübe bei deutlich gesteigerten Standzeiten [216].

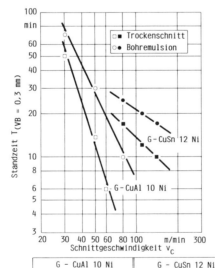

	G - CuAl 10 Ni		G - CuSn 12 Ni	
	Trocken	Bohremulsion	Trocken	Bohremulsion
Vorschub f	0,1 mm	0,2 mm	0,2 mm	0,4 mm
Bohrtiefe l_B	30 mm	30 mm	45 mm	45 mm

Werkzeug : Spiralbohrer d = 11 mm
Schneidstoff : S 6-5-2-5

Bild 5-3. Einfluß der Kühlung auf die Verschleiß-Standzeit beim Bohren von Kupferlegierungen

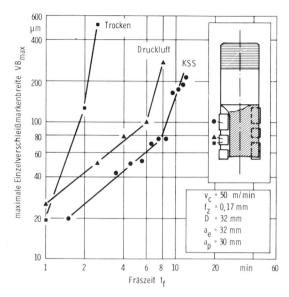

Bild 5-4. Zeitlicher Verschleißverlauf beim Nutfräsen von Titan im Trockenschnitt, Naßschnitt und mit äußerer Druckluftzufuhr

Ein weiterer zu berücksichtigender Aspekt ist der Abtransport der Späne. So kann es z. B. beim Nutenfräsen mit hartmetallbestückten Schaftfräsern von Vorteil sein, die Späne mit Druckluft oder Kühlschmiermittel von der Schneidkante wegzutransportieren, so daß klebende Späne nicht erneut mit in den Schnitt gezogen werden und erhöhten Verschleiß verursachen. Der Nachteil, daß sich die Temperaturwechselbelastung der Wendeschneidplatten infolge Kühlung vergrößert, wird dadurch mehr als kompensiert, Bild 5–4 [217].

Auch beim Bohren erfüllt das Kühlschmiermittel den Hauptzweck, die Späne aus der Bohrung abzuführen und so ein Verstopfen der Spannuten zu vermeiden.

Einige Maschinenkonstruktionen sind so ausgelegt, daß speziell angeordnete Düsen den Arbeitsraum mit Kühlschmiermittel säubern, so daß die Späne nachfolgende Bearbeitungsoperationen nicht behindern oder das Spannen neuer Werkstücke erschweren.

5.5 Auswahl von Kühlschmierstoffen

Zusammenfassend seien die Gesichtspunkte genannt, die in technologischer Hinsicht bei der Kühlschmiermittelauswahl von Bedeutung sind.

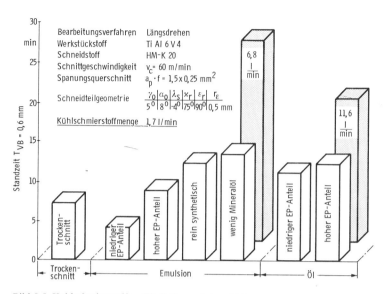

Bild 5-5. Kühlschmierstoffe – Einfluß von Art und Menge

Je nach Bearbeitungsverfahren und Werkstoff treten im Schnittgebiet Temperaturen von rd. 200 °C bis über 1000 °C auf. Während im nicht unterbrochenen Schnitt mit konstanter Spanungsdicke die Prozeßtemperatur annähernd konstant bleibt und somit die Entscheidung für mehr Kühlung oder mehr Schmierung klar begründet werden kann, besteht oft – z. B. bei der Zahnradbearbeitung durch Wälzfräser – der Zwang zu Kompromissen bzw. sogar zur Vernachlässigung von prozeßbeeinflussenden Größen.

So liegen im Kopfbereich eines Zahnrades zwar die größten Spanungsdicken mit entsprechend hohen Bearbeitungstemperaturen vor, jedoch sind für die Qualität die profilierten Flanken mit Spanungsdicken gegen null dominierend. Es muß daher in diesem Fall dem Öl der Vorzug gegeben werden, auch wenn es die zum Teil hohen auftretenden Temperaturen im Zahnkopf kaum beeinflussen kann.

Außer der Zerspanungstemperatur sind auch die Belastungen des Schneidteils und die Reaktionszeiten der Additive von elementarer Bedeutung für die Wirksamkeit eines Kühlschmierstoffs.

Im unteren Schnittgeschwindigkeitsbereich zeigt Öl gute Wirkungen, da durch die Fluktuation der Aufbauschneidenteilchen die Möglichkeit zum Eindringen in die Kontaktzone der Reibpartner gegeben ist. Dagegen können bei höheren Schnittgeschwindigkeiten Temperaturen um 1000 °C auftreten, die einen quasiviskosen Fließvorgang an der Spanunterseite hervorrufen. In diesem Fall gilt es nur noch, mit möglichst viel Wasser den Schnittprozeß herunterzukühlen, da Öl oder Additive hier kaum noch eine Wirkung zeigen.

Dies führt auf den Hinweis, daß erfahrungsgemäß in vielen Fällen nicht mit einer ausreichenden Menge an Kühlschmierstoff gearbeitet wird, Bild 5–5. Um Belästigungen durch verspritzten Kühlschmierstoff zu vermeiden, wird die meist ohnehin zu geringe Menge vom Bedienungspersonal oft noch weiter reduziert, wenn auf ungekapselten Maschinen gearbeitet wird. Allein durch die Steigerung des Durchsatzes lassen sich erhebliche Standzeitgewinne erzielen, für die zudem kaum zusätzliche Kosten entstehen, sofern diese Steigerungen ohne Veränderungen des Zufuhrsystems der Maschine vorgenommen werden können.

Diesen rein technologischen Gesichtspunkten stehen jedoch einige spezifische Eigenschaften der jeweiligen Kühlschmiermittel wie Emulsions- bzw. Ölreinhaltung, Aufwand zur Reinhaltung der Luft und Entsorgung der gebrauchten Kühlschmierstoffe gegenüber, die bei einer Entscheidung über den Einsatz einer bestimmten Kühlmittelart beachtet werden müssen.

Eine allgemeingültige Aussage über den wirtschaftlichen Einsatz dieser oder jener Kühlschmiermittel ist somit von Fall zu Fall zu treffen.

6 Zerspanbarkeit

6.1 Der Begriff „Zerspanbarkeit"

Unter Zerspanbarkeit versteht man die Gesamtheit aller Eigenschaften eines Werkstückstoffs, die auf den Zerspanungsprozeß einen Einfluß haben. Mit ihm werden ganz allgemein die Schwierigkeiten beschrieben, die ein Werkstückstoff bei der spanenden Bearbeitung bereitet [219].

Die Zerspanbarkeit eines Werkstückstoffs ist stets im Zusammenhang mit dem angewendeten Bearbeitungsverfahren, dem Schneidstoff und den Schnittbedingungen zu beurteilen.

Zur Beschreibung der Zerspanbarkeit werden häufig die Begriffe Z_v und Z_s verwendet, wobei der Index v für Verschleiß und s für Span bzw. Spanbildung steht.

Die Beurteilung der Zerspanbarkeit eines Werkstückstoffs hinsichtlich des zu erwartenden Werkzeugverschleisses (Z_V) beruht auf dem Verlauf und der Lage der Verschleiß-Schnittgeschwindigkeits-Kurven bei Schnittgeschwindigkeiten oberhalb des Aufbauschneiden-Gebietes. Für eine gestellte Bearbeitungsaufgabe ist die Zerspanbarkeit Z_V dann als gut anzusehen, wenn der Werkstückstoff mit hoher Schnittgeschwindigkeit und möglichst großem Spanungsquerschnitt bei möglichst geringem Werkzeugverschleiß zerspant werden kann. Mit der Zerspanbarkeit Z_V wird also im wesentlichen das Verschleißverhalten beschrieben [35].

Die Beurteilung der Zerspanbarkeit Z_s basiert auf Beobachtungen bei der Spanbildung. Z_s ist für eine gestellte Bearbeitungsaufgabe dann als gut zu bezeichnen, wenn die Klebneigung des Werkstoffs gering ist, wenn sich keine Band- und Wirrspäne bilden und wenn gratfreie und glatte Werkstückoberflächen erzeugt werden. Z_s ist auch schnittgeschwindigkeitsabhängig, wobei mit steigender Schnittgeschwindigkeit im allgemeinen die Oberflächengüte verbessert wird [35].

Zu Aussagen über die Zerspanbarkeit werden im allgemeinen die vier Hauptbewertungsgrößen

- Standzeit,
- Zerspankraft,

– Oberflächengüte des Werkstücks und
– Spanbildung mit Form und Größe der Späne

herangezogen.

6.2 Zerspanbarkeitsprüfung

Die Zerspanbarkeit ist eine komplexe Eigenschaft des zu bearbeitenden Werkstückstoffs und ist somit beim Zerspanen mit einem bestimmten Schneidstoff von dessen Schneidhaltigkeit unabhängig. Mit Schneidhaltigkeit bezeichnet man die Eigenschaft einer Werkzeugschneide, die Beanspruchungen beim Abtrennen von Spänen eines Werkstückstoffs unter gegebenen Bedingungen eine bestimmte Zeit zu ertragen [37]. Bei der Beurteilung und Prüfung der Zerspanbarkeit werden meist mehrere Bewertungsgrößen berücksichtigt, die nicht unbedingt voneinander abhängig sind und von denen jede für sich ermittelt werden muß.

6.2.1 Bewertungsgröße Standzeit

Zur Kennzeichnung der Zerspanbarkeit eines Werkstückstoffs hat die Standzeit T des Werkzeugs die größte Bedeutung. Die Standzeit T ist die Zeit in min, während der ein Werkzeug vom Anschnitt bis zum Unbrauchbarwerden aufgrund eines vorgegebenen Standzeitkriteriums unter gegebenen Zerspanungsbedingungen Zerspanarbeit leistet.

Als Grundlage für die Ermittlung von Standzeitwerten für in der Praxis übliche Schnittbedingungen an Werkzeugmaschinen dienen Langzeitzerspanversuche, die einen hohen Zeit- und Materialaufwand bedingen.

Kurzprüfverfahren werden eingesetzt, um mit möglichst geringem Zeit- und Materialaufwand relative Vergleichswerte für die Zerspanbarkeit verschiedener Werkstoffe zu erhalten; Kennwerte aus Kurzprüfverfahren lassen nur bedingt Schlüsse auf die Standzeit eines Werkzeugs zu. Einsatzgebiete sind die Eingangskontrolle der Werkstück- und Schneidstoffe sowie die Überwachung der Zerspanbarkeit [220].

Der Temperaturstandzeit-Drehversuch wird als Langzeitversuch immer dann durchgeführt, wenn nicht der Verschleiß am Werkzeug, sondern vorwiegend der Einfluß der Schnittemperatur maßgebend für das Ende der Standzeit ist [221]. Als Standzeit wird die Schnittzeit vom Beginn des Versuchs mit konstanter Schnittgeschwindigkeit und konstantem Vorschub (v_c = konst. und f = konst.) bis zum Eintreten des totalen Erliegens (Blankbremsung) der Schneide gerechnet.

Die Blankbremsung beginnt, wenn entweder an der bearbeiteten Werkstückoberfläche oder an der Schnittfläche blanke oder in den Anlauffarben verfärbte Streifen oder veränderte Oberflächen auftreten. Zerfetzte Späne oder veränderte Geräusche weisen auf weiter fortgeschrittene Zerstörungen hin, denen das Standzeitende durch Erliegen der Schneide folgt. Im Versuchsbericht ist die Zeit bis zum Auftreten der ersten Veränderungen sowie die Zeit bis zum Erliegen der Schneide anzugeben.

Beim Längsdrehen werden für vier Schnittgeschwindigkeiten mit angegebener Stufung die zugehörigen Standzeiten (5 min $<$ T $<$ 60 min) ermittelt.

Als Schneidstoff wird der Schnellarbeitsstahl S 10-4-3-10 mit besonderen Güteeigenschaften verwendet. Hartmetall und Schneidkeramik sind für diesen Standzeitversuch als Schneidstoffe aufgrund ihrer hohen Warmhärte nicht geeignet.

In einem doppeltlogarithmischen Koordinatennetz gleicher Teilung werden auf der Abszisse die Schnittgeschwindigkeit v_c in m/min und auf der Ordinate die Standzeit T in min aufgetragen, Bild 6-1. Der Kurvenverlauf läßt sich über einen großen Bereich durch eine Gerade annähern. Ausgehend von der Gleichungsform der Geraden

$$y = mx + n \qquad (13)$$

ergibt sich unter Berücksichtigung der doppeltlogarithmischen Darstellung:

$$\log T = k \cdot \log v_c + \log C_v \qquad (14)$$

Es gilt dann nach dem Entlogarithmieren:

$$T = v_c^k \cdot C_v \qquad (15)$$

Dies ist die sog. Taylor-Gleichung. Die Umstellung dieser Gleichung nach der Variablen v_c liefert die in der Praxis ebenfalls benutzten Darstellungen:

$$v_c = T^{\frac{1}{k}} \cdot C_T \text{ bzw. } v_c \cdot T^{-\frac{1}{k}} = C_T \qquad (16)$$

wobei

$$C_T = C_v^{-\frac{1}{k}}$$

ist. $\qquad (17)$

In diesen Gleichungen bedeuten C_v (Standzeit T für $v_c = 1$ m/min) und C_T (Schnittgeschwindigkeit v_c für T = 1 min) die entsprechenden Achsenabschnitte, während der Faktor k die Steigung der Geraden (k = tan α_v) angibt.

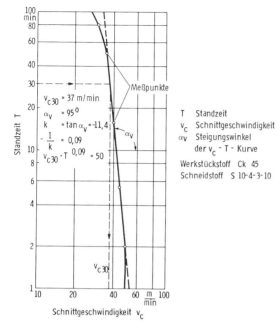

Bild 6-1. Standzeit-Kurve beim Standzeit-Drehversuch

Ein steiler Verlauf, bei dem geringe Änderungen der Schnittgeschwindigkeit große Änderungen der Standzeit bewirken, weist auf überwiegenden Temperatureinfluß hin, während ein flacher Verlauf auf größeren Einfluß von Verschleiß hindeutet. Übliche Werte für k liegen zwischen -1 und -12. Werkstückstoffe und Schneidstoffe verhalten sich bei großen oder kleinen Spanungsquerschnitten sowie bei besonders kurzen oder langen Standzeiten häufig unterschiedlich und verändern bei diesen Bedingungen auch die Steigung der v_c-T-Kurven.

Der Verschleißstandzeit-Drehversuch wird immer dann durchgeführt, wenn nicht die Schnittemperatur zum Erliegen des Werkzeugs führt, sondern vorwiegend der Verschleiß am Werkzeug bestimmend für die Standzeit ist. Hartmetall- und Schnellarbeitsstahlwerkzeuge zeigen bei Zerspanungsversuchen mit den heute üblichen höheren Schnittgeschwindigkeiten meist gleichzeitig Freiflächen- und Kolkverschleiß, die die Standzeit des Werkzeugs begrenzen [222].

Im Verschleißstandzeit-Drehversuch wird beim Längsdrehen mit gleichbleibender Schnittgeschwindigkeit nach verschiedenen Schnittzeiten der Verschleiß auf der Frei- und Spanfläche des Werkzeugs gemessen. Im allgemeinen

ist es ausreichend, die Verschleißmarkenbreite VB, die Kolktiefe KT und den Kolkmittenabstand KM zu ermitteln. Zur Prüfung der Zerspanbarkeit können folgende Schneidstoffe eingesetzt werden:
- Schnellarbeitsstahl,
- Hartmetalle aller Zerspanungs-Anwendungsgruppen,
- Schneidkeramik (mit Einschränkung),
- polykristalliner Diamant (PKD) und das
- kubische Bornitrid (CBN) (jeweils mit Einschränkungen).

Für die Darstellung der Meßergebnisse ist ein doppeltlogarithmisches Koordinatennetz mit gleicher Teilung in beiden Richtungen zu benutzen, auf dessen Abszisse die Schnittzeit t_c in min und auf dessen Ordinate die Verschleißmarkenbreite VB bzw. das Kolkverhältnis K aufgetragen werden. Für eine konstante Schnittgeschwindigkeit liegen die Meßwerte angenähert auf einer Geraden, Bild 6-2. Aus diesen Kurven werden für eine konstante Verschleißmarkenbreite VB bzw. ein konstantes Kolkverhältnis K für alle Schnittgeschwindigkeiten die zugehörigen Standzeiten T ermittelt und die entsprechenden Werte in die Diagramme $T_{VB} = f(v_c)$ bzw. $T_K = f(v_c)$ eingetragen.

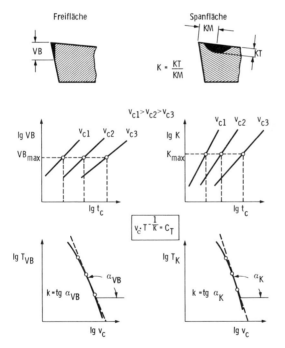

Bild 6-2. Schema für die Auswertung des Verschleißstandzeit-Drehversuchs (nach Stahl-Eisen Prüfblatt 1162)

Aus diesen Kurven können entnommen werden:

- die Schnittgeschwindigkeit für eine bestimmte Standzeit (z. B. T = 20; 30; 60 min) und ein bestimmtes Verschleißmaß (z. B. VB = 0,2 mm; K = 0,1 oder KT = 0,1 mm), d.h. die Schnittgeschwindigkeit, bei der nach einer Standzeit von z. B. 30 min eine Verschleißmarke mit der Breite von z. B. VB = 0,2 mm erreicht wird (Kurzschreibweise $v_{c30, \, VB \, = \, 0,2}$). Zweckmäßigerweise wird hierzu außerdem die Steigung $-1/k$ der jeweiligen Kurve in dem betreffenden Kurvenpunkt angegeben;
- die zwei Gleichungen für die Verschleißarten, Verschleißmarkenbreite oder Kolktiefe des geradlinigen Teils der v_c-T-Kurve $v_c \cdot T^{-1/k} = C_T$, wobei die Zahlenwerte für $-1/k$ und C_T einzusetzen sind.

Die Kurven geben Aufschluß über den Einfluß der Schnittzeit und der Schnittgeschwindigkeit auf die Verschleißwirkung des Werkstückstoffs und der Schneidhaltigkeit des Schneidstoffs. Im allgemeinen verlaufen die Kurven für den Kolkverschleiß steiler als die für den Freiflächenverschleiß. Übliche Werte für k liegen für Schnellarbeitsstahl zwischen -7 und -12, für Hartmetalle zwischen -2 und -6 und für Schneidkeramik zwischen $-1,5$ und -3.

Beim Temperaturstandzeit-Drehversuch mit ansteigender Schnittgeschwindigkeit (v_{cE}-Versuch) als Kurzprüfverfahren wird beim Längsdrehen im trockenen, nicht unterbrochenen Schnitt unter vorgegebenen Schnittbedingungen die Schnittgeschwindigkeit von einer bestimmten Anfangsgeschwindigkeit v_{cA} stufenlos gesteigert, bis das Erliegen der Werkzeugschneide (Blankbremsung) bei v_{cE} eintritt, Bild 6-3 [223]. Die Schnittgeschwindigkeitssteigerung soll etwa 5 m/min pro 25 m abgewickeltem Drehweg betragen. Die Anfangsschnittge-

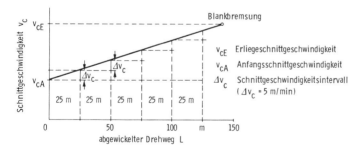

Bild 6-3. v_{cE}-Versuch mit kontinuierlich ansteigender Schnittgeschwindigkeit

schwindigkeit ist aufgrund von Vorversuchen so zu wählen, daß die Schneide des Werkzeugs nach einem abgewickelten Drehweg von 120 bis 170 m erliegt. Der Versuch ist fünfmal durchzuführen, um einen gesicherten Mittelwert der Erliegeschnittgeschwindigkeit v_{cE} zu erhalten.

Als Kennzahl wird die beim Eintreten der Blankbremsung vorliegende mittlere Erliegeschnittgeschwindigkeit v_{cE} angegeben.

Das Verfahren ist geeignet für die Güteüberwachung von Lieferungen eines Werkstoffs und zur Beurteilung der Zerspanbarkeit verschiedener oder verschieden behandelter Eisenwerkstoffe. Es ist nicht geeignet, um Rückschlüsse auf die Zerspanbarkeit von Werkstückstoffen bei Einsatz von Hartmetall oder Schneidkeramik als Schneidstoff zu ziehen [224].

Der Standwegversuch ist ein Temperaturstandzeit-Drehversuch mit stark erhöhter Schnittgeschwindigkeit und somit ein Kurzprüfverfahren. Da dabei die Messung der Standzeit zu ungenau würde, mißt man den Standweg, also den von der Schneidenecke auf dem Werkstück zurückgelegten Drehweg l_d vom Schnittbeginn bis zum Erliegen.

Die Werkzeuge, Werkstückstoffe, Geräte und Arbeitsbedingungen sind die gleichen wie beim Temperaturstandzeit-Drehversuch. Das gleiche gilt auch für die Versuchsdurchführung und -auswertung. Als Kennzahl ist der Standwegkurve die dem Standweg 100 m zugehörende Schnittgeschwindigkeit v_{c100} zu entnehmen.

Wegen der hohen Schnittgeschwindigkeit kann aus diesen Ergebnissen nur durch Vergleich mit einer großen Anzahl von Erfahrungswerten auf betrieblich anwendbare Schnittbedingungen geschlossen werden.

Zur Ermittlung der Verschleißgrößen setzt man verschiedene Geräte ein. Die Verschleißmarkenbreite VB läßt sich mit der Lupe oder einem Werkstattmikroskop ermitteln.

Lupe

Vergrößerung: meist 8 bis 10fach.

Vorteil:
billiges, ortsunabhängiges Meßgerät, das auch einen Einsatz in unüblichen Meßpositionen erlaubt;

Nachteil:
geringe Reproduzierbarkeit der Meßwerte, da keine Anschläge für das Meßobjekt vorhanden sind; starker Einfluß der Bedienungsperson bei der Ablesung der Meßwerte (großer subjektiver Meßfehler).

Werkstattmikroskop

Vorteil:
gute Reproduzierbarkeit der Meßwerte durch anschlagfreie, relative Messung; schnelle Ablesemöglichkeit durch Mikrometerschrauben am Meßtisch;

Nachteil:
ortsabhängiges Gerät, das möglichst in klimatisierten Räumen installiert werden sollte; Ausbau des Werkzeugs für Meßvorgang erforderlich (Nebenzeiterhöhung).

Der Kolkverschleiß wird meist mit Tastschnittgeräten (z. B. Perthometer) bestimmt. Dazu wird der Kolk in Spanablaufrichtung mittels einer definierten Tastnadelspitze kontinuierlich abgetastet (vgl. Abschn. 2.3.5). Das auf einem Meßprotokoll dargestellte Meßergebnis wird manuell ausgewertet.

Je nach Zielsetzung der Untersuchungen setzt man verschiedene Geräte zur Gefügeuntersuchung der Werkstückstoffe und Schneidstoffe ein, die die erforderliche Vergrößerung, Grenzauflösung und Schärfentiefe gewähren.

Das lichtoptische Metallmikroskop unterscheidet sich vom biologischen oder petrographischen durch die Beleuchtungsart. Da die Metalle lichtundurchlässig sind, ist es nicht möglich, sie im Durchlicht zu beobachten; die Betrachtung erfolgt durch Reflexion nach dem Auflichtprinzip. Wegen der nur geringen Schärfentiefe eignet es sich vorwiegend zur Untersuchung von Gefügen, Einschlüssen, Bild 6-4, Verschleißerscheinungen und Ablagerungen an Werkzeugen.

Das Transmissions-Elektronenmikroskop arbeitet nach dem Durchstrahlungsverfahren. Die aus der Elektronenquelle (Kathode) emittierten Elektronen werden infolge der angelegten Hochspannung im Vakuum gegen die Anode beschleunigt, von mehreren Blenden und Elektronenlinsen gefiltert, gebündelt

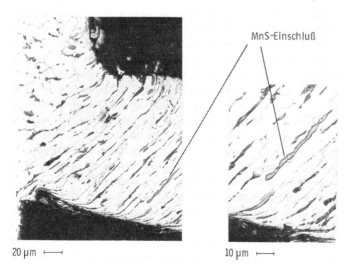

Bild 6-4. Geometrische Anisotropie durch MnS-Einschlüsse in einer Spanwurzel

und danach von der Projektionslinse auf den Bildschirm gelenkt. Die Probe wird vom Elektronenstrahl durchstrahlt. Je nach Elektronenstrahl-Durchlässigkeit der Probe wird ein Hell-Dunkel-(farblos)-Bild des Präparats auf dem Bildschirm sichtbar. Die zu untersuchende Probe kann nicht direkt durchstrahlt, sondern nur indirekt mit Hilfe eines 150 bis 200 Å dicken Abdrucks analysiert werden. Dazu ist es erforderlich, eine möglichst glatte Oberfläche der zu untersuchenden Proben herzustellen, indem man sie schleift, poliert und ätzt.

Von diesen sorgfältig präparierten Proben wird in mehreren Arbeitsgängen ein Abdruck erstellt, der dann auf eine Objektblende gelegt und anschließend im Elektronenmikroskop durchstrahlt wird.

Der Einsatzbereich des Elektronenmikroskops deckt sich mit dem des Lichtmikroskops, jedoch bei mehrfach höherem Vergrößerungsmaßstab und Auflösungsvermögen, Bild 6-5. Die Auswertung der Aufnahmen ist jedoch nur durch

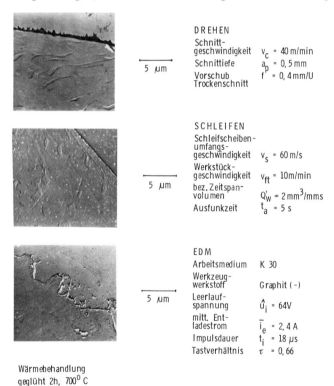

Bild 6-5. Elektronenmikroskopische Randzonenaufnahmen unterschiedlich bearbeiteter Rundproben aus TiAl 6 V 4

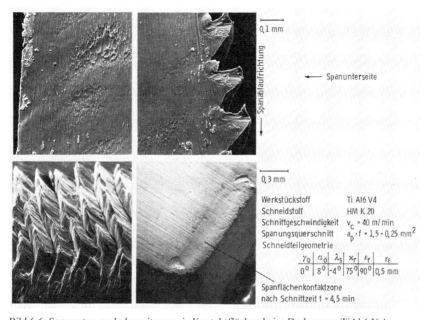

Bild 6-6. Spanunter- und oberseiten sowie Kontaktflächen beim Drehen von TiAl 6 V 4

Fachkräfte möglich, da die Deutung der Elektronenmikroskop-Bilder spezielle Erfahrungen und Fachkenntnisse voraussetzt.

Das Rasterelektronenmikroskop hat eine hohe Schärfentiefe und eignet sich für dreidimensionale Abbildungen, Bild 6-6. Das Gerät arbeitet nach dem Auflichtprinzip; es sind Vergrößerungen von 20- bis rd. $2 \cdot 10^5$-fach üblich. Die Proben müssen elektrisch leitend sein. Nichtleitende Proben werden mit elektrisch leitendem Material bedampft.

Hauptanwendungsgebiet des Rasterelektronenmikroskops ist die Untersuchung dreidimensional ausgebildeter Flächen wie z. B. Bruchflächen an Werkstücken und Werkzeugen, Späne und Spanwurzeln usw.

Moderne Rasterelektronenmikroskope sind mit Röntgenmikroanalysegeräten ausgerüstet. Das Grundprinzip dieser Analysetechnik ist die Anregung der Probenmaterie durch den Primärelektronenstrahl zur Aussendung charakteristischer Röntgenstrahlen.

Bei der energiedispersiven Röntgenmikroanalyse (EDRMA) benutzt man im allgemeinen einen Halbleiterdetektor, in dem die von der Probe emittierten Röntgenquanten Ionisierungen hervorrufen, deren Anzahl proportional zur Energie des einfallenden Röntgenquantes ist. Die untere Nachweisgrenze dieses Verfahrens liegt bei der Ordnungszahl $Z = 11$.

Bei der wellenlängendispersiven Röntgenmikroanalyse (WDRMA) erfolgt die Analyse durch Beugung der Röntgenstrahlen am Kristallgitter eines Analysator-Kristalls (Monochromator). Die Nachweisgrenze dieses Verfahrens liegt bei $Z = 3$.

Mit Hilfe eines Elektronenstrahl-Mikroanalysators (Mikrosonde) werden qualitative und quantitative Untersuchungen an Festkörpern durchgeführt, wobei Art, Konzentration, Lage und Verteilung von chemischen Elementen bestimmt werden können. Bei den meist angewendeten energiedispersiven Meßverfahren werden die durch die Wechselwirkung zwischen einem fokussierten Primärelektronenstrahl und der Probe ausgelösten Röntgenstrahlen mit einem Zählrohr aufgenommen und in Spannungsimpulse umgewandelt. Durch Vergleich mit den charakteristischen Röntgenspektren von elektrolytisch erzeugten, höchstreinen Standardelementen sind quantitative Analysen möglich.

Mit diesem Gerät werden in der Verschleißforschung Änderungen der chemischen Zusammensetzung und des Gefüges in randnahen Bereichen bei Grenzschichtreaktionen qualitativ und quantitativ untersucht, Bild 6-7.

Mehrere Verfahren und Geräte zur Temperaturmessung während des Zerspanungsvorgangs stehen zur Verfügung, wie in Bild 6-8 [225] am Beispiel der Messung der am Schneidteil durch den Zerspanungsprozeß auftretenden Tempera-

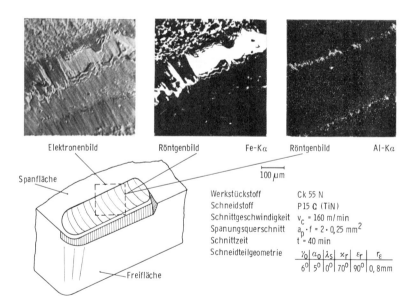

Bild 6-7. Ablagerungen von Eisen und des Begleitelements Aluminium auf der Spanfläche von beschichteten Hartmetallen

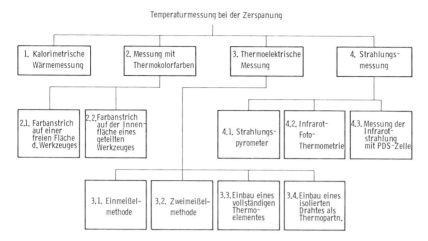

Bild 6-8. Verfahren zur Temperaturmessung beim Zerspanungsvorgang

turen gezeigt wird. Von den gezeigten Verfahren sind heute nur noch die Einmeißelmethode und der Einbau eines vollständigen Thermoelements technisch interessant. Alle anderen Verfahren haben entweder nur labormäßigen Charakter oder werden aufgrund erheblicher Nachteile nicht mehr eingesetzt.

Die Einmeißelmethode zur Temperaturmessung beim Drehen beruht auf dem Prinzip eines Thermoelements. Werkzeug und Werkstück bilden die Warmlötstelle, die Werkstückeinspannung ist die Kaltlötstelle eines Thermoelements. Werkstück und Werkzeug sind isoliert einzuspannen, da die zu messende Thermospannung sonst über die Maschine im Kurzschluß abgebaut würde. Daher muß auch eine Berührung des ablaufenden Spans mit dem Werkstück außerhalb der Kontaktzone vermieden werden. Die Übertragung der Thermospannung am Werkstück erfolgt meist über einen Quecksilberdrehübertrager, und zur Messung der Thermospannung sind Meßgeräte mit hohem Innenwiderstand (> 1 MΩ) zu verwenden. Als nachteilig erweist sich bei diesem Temperaturmeßverfahren besonders der langwierige und aufwendige Eichprozeß des Thermoelements, der für jede Schneidstoff-Werkstückstoff-Kombination erneut durchzuführen ist.

Mit diesem Verfahren sind Temperaturen bis 1200 °C bestimmbar. Mit Hilfe eines in den Schneidteil eingebauten Thermoelements läßt sich das Temperaturfeld punktweise bestimmen, Bild 6-9. Ein wiederholtes Abschleifen der Span- und Freifläche macht eine relative Verschiebung des Thermoelements möglich, so daß der im Schneidteil vorliegende Temperaturgradient annähernd ermittelt werden kann.

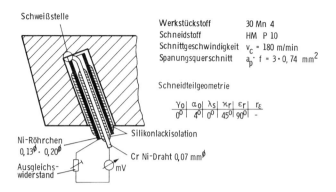

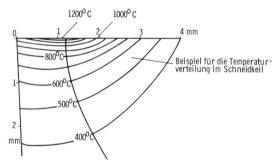

Bild 6-9. Temperaturmessung mit eingebautem Thermoelement an Hartmetall

6.2.2 Bewertungsgröße Zerspankraft

Die Kenntnis der Größe und Richtung der Zerspankraft F bzw. ihrer Komponenten, der Schnittkraft F_c, der Vorschubkraft F_f und der Passivkraft F_p, bildet eine Grundlage:

- zum Konstruieren von Werkzeugmaschinen, d. h. zur anforderungsgerechten Auslegung von Gestellen, Antrieben, Werkzeugsystemen, Führungen u. ä.;
- zum Festlegen von Schnittbedingungen in der Arbeitsvorbereitung;
- zum Abschätzen der unter bestimmten Bedingungen erreichbaren Werkstückgenauigkeit (Verformung von Werkstück und Maschine);
- zum Ermitteln der an der Spanentstehungsstelle ablaufenden Vorgänge und
- zur Erklärung von Verschleißmechanismen.

Ferner bildet die Größe der Zerspankraft einen Beurteilungsmaßstab für die Zerspanbarkeit eines Werkstückstoffs, da im allgemeinen bei Bearbeitung schwerer zerspanbarer Werkstückstoffe auch höhere Kräfte auftreten.

Neben dem Werkstückstoff selbst beeinflussen eine Reihe anderer Bearbeitungsparameter die Größe und Richtung der Zerspankraft.

Von den Einflußgrößen auf die Zerspankraft seien zunächst Schnittbedingungen und Schneidteilgeometrie genannt. In Bild 6-10 ist qualitativ die Abhängigkeit der statischen Zerspankraftkomponenten F_c, F_f und F_p vom Vorschub f, der Schnittgeschwindigkeit v_c, der Schnittiefe a_p und dem Einstellwinkel $\varkappa_r$ im linearen Koordinatensystem dargestellt.

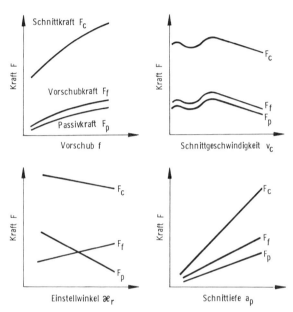

Bild 6-10. Abhängigkeit der Zerspankraftkomponenten von Vorschub, Schnittgeschwindigkeit, Einstellwinkel und Schnittiefe (qualitativ)

Die Extremwerte bei den Verläufen der Zerspankraftkomponenten über der Schnittgeschwindigkeit sind auf die Aufbauschneidenbildung zurückzuführen. Die Abnahme der Kräfte mit steigender Schnittgeschwindigkeit hat ihre Ursache in der Abnahme der Festigkeit des Werkstückstoffs bei höheren Temperaturen.

Die Zerspankraftkomponenten steigen über der Schnittiefe a_p proportional an. Dies gilt jedoch nur, wenn die Schnittiefe größer als der Eckenradius des Werkzeugs ist.

Der Verlauf der Vorschubkraft F_f und der Passivkraft F_p über dem Einstellwinkel $\varkappa_r$ ergibt sich aufgrund der geometrischen Lage der Schneidkante zur

Werkstückachse, da mit größerem Einstellwinkel die in Vorschubrichtung weisende Komponente der Zerspankraft zunimmt und bei $\varkappa_r = 90°$ ihr Maximum erreicht.

Wird der Einstellwinkel vergrößert, so erhöht sich die Spanungsdicke h im gleichen Maß wie die Spanungsbreite b abnimmt. Da die Schnittkraft F_c über der Schnittiefe a_p ($\hat{=}$ Spanungsbreite b) proportional, über dem Vorschub ($\hat{=}$ Spanungsdicke h) aber degressiv ansteigt, resultiert aus beiden Veränderungen eine leichte Abnahme von F_c bei steigendem $\varkappa_r$.

Bild 6-11 gibt einige Richtwerte an, wie sich die Zerspankraftkomponenten ändern, wenn der Spanwinkel oder der Neigungswinkel variiert werden. Diese Angaben können jedoch stark schwanken und sind nur als Anhaltswerte zu sehen.

	Einflußgrößen	Änderung der Zerspankraftkomponenten je Grad Winkeländerung		
		Schnittkraft F_c	Vorschubkraft F_f	Passivkraft F_p
abnehmend ↓	Spanwinkel	⇧ 1,5 %	⇧ 5,0 %	⇧ 4,0 %
	Neigungswinkel	⇧ 1,5 %	⇧ 1,5 %	⇧ 10,0 %
zunehmend ⇧	Spanwinkel	⬇ 1,5 %	⬇ 5,0 %	⬇ 4,0 %
	Neigungswinkel	⬇ 1,5 %	⬇ 1,5 %	⬇ 10,0 %

Bild 6-11. Einfluß des Span- und Neigungswinkels auf die Zerspankraftkomponenten

Eine Veränderung des Freiwinkels im Bereich von $3° \leqq \alpha_o \leqq 12°$ hat keine nennenswerten Auswirkungen auf die Zerspankraftkomponenten. Ebenso zeigt eine Änderung des Eckenradius keinen wesentlichen Einfluß auf die Kräfte, solange die Bedingung $2r \leqq a_p$ erfüllt ist.

Auch Werkstückstoff und Schneidstoff beeinflussen die Zerspankraft. Zwischen der Zunahme an Kohlenstoff und der Erhöhung der spezifischen Schnittkraft eines Stahls besteht sowohl für C-Stähle, Bild 6-12, als auch für

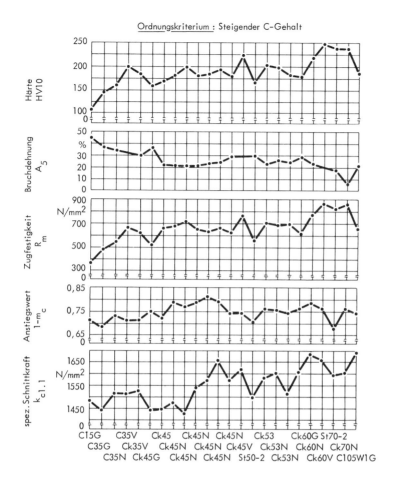

Bild 6-12. Spezifische Schnittkräfte und mechanische Eigenschaften von Kohlenstoffstählen

niedrig legierte Chromstähle, Bild 6-13, mit hinreichender Genauigkeit ein proportionaler Zusammenhang in Form folgender Beziehung:

$$k_{cl.1}(N/mm^2) = 1450 \ (N/mm^2) + 300 \ (N/mm^2) \cdot \Delta C \qquad (18)$$

$C_0 = 0{,}15 \ \%$

mit $\Delta C = C - C_o$

Deutliche Abweichungen hiervon können durch unterschiedliche Gehalte an speziell schnittkraftsenkenden Legierungselementen (z. B. Schwefel) verur-

Ordnungskriterium : Steigender C-Gehalt; steigender Cr-Gehalt; steigender Gehalt weiterer LE

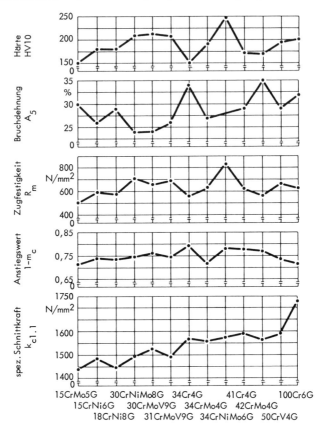

Bild 6-13. Spezifische Schnittkräfte und mechanische Eigenschaften niedriglegierter Chromstähle

sacht werden, Bild 6-14 [226]. Die Art des Schneidstoffs wirkt sich im wesentlichen auf die Reibung zwischen Span und Werkzeug und damit besonders auf die Vorschubkraft F_f und die Passivkraft F_p aus.

Bild 6-15 zeigt die Abhängigkeit der Vorschub- und Passivkraft von der Schnittgeschwindigkeit für verschiedene Hartmetallsorten [218]. Die Ursachen für die Extremwerte der Kurven liegen wiederum in den Aufbauschneiden.

Mit einer Zunahme der Wärmeleitfähigkeit des Schneidstoffs ist in der Regel auch eine Erhöhung der Schnittkraft verbunden.

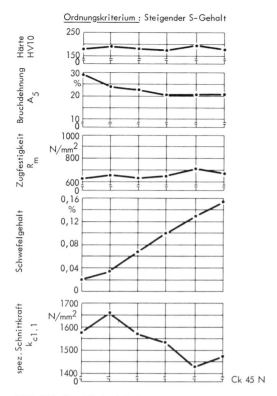

Bild 6-14. Spezifische Schnittkräfte und mechanische Eigenschaften in Abhängigkeit des Schwefelgehalts des Werkstoffs Ck 45 N

Je nach Art des Werkzeugverschleisses läßt sich ein unterschiedlicher Einfluß auf die Zerspankraftkomponenten feststellen.

Kolkverschleiß, der einen größeren positiven Spanwinkel zur Folge hat, führt in der Regel zu einem Absinken der Zerspankräfte. Bei vorherrschendem Freiflächenverschleiß dagegen steigen die Kräfte an, da die Reibfläche zwischen Werkstück und Freifläche größer wird. Eine quantitative Aussage über den Kraftanstieg mit zunehmendem Werkzeugverschleiß ist wegen der Vielzahl der Einflußgrößen nur näherungsweise möglich. Als Anhaltswert für den Kraftanstieg bis zu einer Verschleißmarkenbreite von 0,5 mm können überschlägig angenommen werden: für die Vorschubkraft F_f rd. 90 %, für die Passivkraft F_p rd. 100 % und für die Schnittkraft F_c rd. 20 %.

Es lassen sich mehrere spezifische Kennwerte zur Berechnung der Zerspankraftkomponenten unterscheiden.

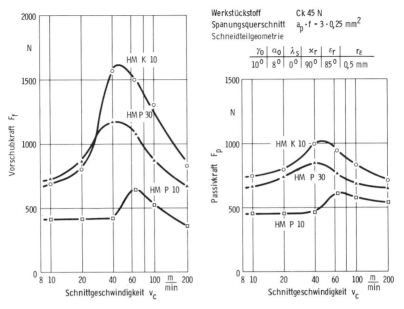

Bild 6-15. Vorschub- und Passivkräfte als Funktion der Schnittgeschwindigkeit beim Drehen mit verschiedenen Hartmetallsorten

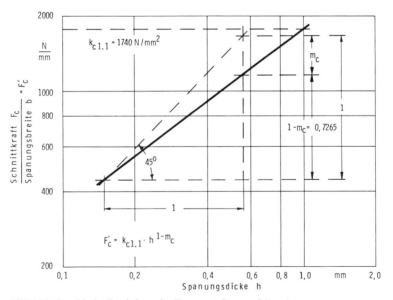

Bild 6-16. Graphische Ermittlung der Kennwerte $k_{c\,1.1}$ und $(1-m_c)$

Die Zerspankraftkomponenten sind direkt proportional der Spanungsbreite b. Um empirische Gesetze erkennen zu können, empfiehlt es sich meistens, den Meßwert auf bereits bekannte, linear abhängige Größen zu beziehen, um somit die Anzahl der in die Gesetzmäßigkeit eingehenden Variablen zu verringern. In diesem Falle bildet man den Quotienten F_c' aus der Schnittkraft F_c und der Spanungsbreite b. Trägt man nun die so gefundenen Werte im doppeltlogarithmischen System über der Spanungsdicke h auf, so ordnen sich die Meßpunkte auf einer Geraden an, Bild 6-16.

Die entsprechende Geradengleichung
$$\log (F_c/b) = \log (k_{c\,1.1}) + (1-m_c) \cdot \log h \tag{19}$$
läßt sich in die Kienzle-Gleichung überführen:
$$F_c' = k_{c1.1} \cdot h^{(1-m_c)} \tag{20}$$

Die spezifische Schnittkraft $k_{c1.1}$ gibt die Schnittkraft an, die zum Abspanen eines Spans der Spanungsbreite b = 1 mm und der Spanungsdicke h = 1 mm erforderlich ist. Der Exponent $(1-m_c)$ bezeichnet die Steigung der Geraden $F_c' = f(h)$ im doppeltlogarithmischen System.

Zur Ermittlung von $k_{c1.1}$ und $(1-m_c)$ werden für die zu untersuchenden Werkstückstoff-Schneidstoff-Paarungen Zerspanungsversuche durchgeführt, bei denen für mehrere Vorschübe die zugehörigen Schnittkräfte bei konstanter Schnittgeschwindigkeit, Schnittiefe und Schneidteilgeometrie gemessen und entsprechend Bild 6-16 aufgetragen werden. Durch Extrapolation der Spanungsdicke auf h = 1 mm wird der gesuchte spezifische Schnittkraftkennwert $k_{c1.1}$ ermittelt. Der Tangens des Winkels zwischen der Geraden und der x-Achse ist der gesuchte Anstiegswert $(1-m_c)$.

Für die Zerspankraftkomponenten F_f und F_p lassen sich entsprechende Gleichungen und Kennwerte definieren:
$$F_f' = k_{f1.1} \cdot h^{(1-m_f)} \tag{21}$$
$$F_p' = k_{p1.1} \cdot h^{(1-m_p)} \tag{22}$$

Die so ermittelten Werte sind allerdings nur für Spanungsdicken h > 0,1 mm gültig. Werte für k_c und $(1-m)$ sind in [227] zu finden.

An Meßgeräte zur Ermittlung der Zerspankraftkomponenten werden folgende Anforderungen gestellt:

– hohe Steifigkeit, um eine Beeinflussung des Zerspanprozesses durch das Meßsystem weitgehend auszuschließen;
– hohe Empfindlichkeit, wodurch eine genaue Kraftmessung möglich wird;
– hohe Eigenfrequenz, damit auch dynamische Schnittkraftanteile ermittelt werden können.

Diese Voraussetzungen werden am ehesten von Systemen erfüllt, die auf piezoelektrischer Basis oder mit Dehnungsmeßstreifen (DMS) arbeiten. Bild 6-17 zeigt ein piezoelektrisches Kraftmeßsystem, mit dem sich vier Komponenten, drei Kraftkomponenten und ein Moment, bestimmen lassen. Eingesetzt wird ein solches Meßsystem beispielsweise bei der Bestimmung der beim Bohren auftretenden Kräfte.

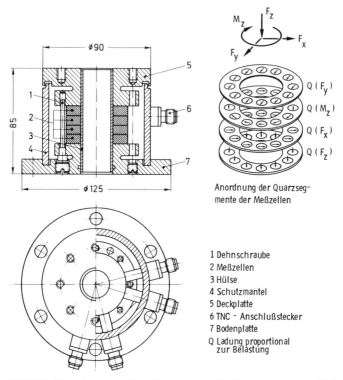

Anordnung der Quarzsegmente der Meßzellen

1 Dehnschraube
2 Meßzellen
3 Hülse
4 Schutzmantel
5 Deckplatte
6 TNC - Anschlußstecker
7 Bodenplatte
Q Ladung proportional zur Belastung

Bild 6-17. Piezoelektrisches Vier-Komponenten-Kraft- und Momenten-Meßsystem (nach Kistler)

Vorteile dieses Meßsystems sind die leichte Trennung der Komponenten, die Steifigkeit, die in der Größenordnung von 1000 bis 5000 N/μm liegt, und die hohe Eigenfrequenz von 2,5 bis 4 kHz. Weitere charakteristische Eigenschaften sind die geringe Ansprechschwelle von rd. 0,01 N und der große Meßbereich (rd. 1:10^6) [228, 229].

Die Anwendung von Dehnungsmeßstreifen ist relativ einfach, bleibt aber aufgrund der schwierigen Trennung der einzelnen Komponenten fast ausschließlich auf die Messung von nur einer Komponente beschränkt.

Im Vergleich zu piezoelektrischen Meßsystemen werden bei etwa gleicher Steifigkeit nur um den Faktor 1,5 bis 3 niedrigere Eigenfrequenzen erfaßt. Soll eine hohe Genauigkeit erreicht werden, muß die Meßeinrichtung relativ nachgiebig ausgelegt werden, so daß um den Faktor 2 bis 10 kleinere Steifigkeiten in Kauf genommen werden müssen [230].

6.2.3 Bewertungsgröße Oberflächengüte

Die Güte der durch Spanen erzeugten Werkstückoberfläche kann dann ein Kriterium für die Auslegung des Zerspanungsprozesses sein, wenn sich kein weiterer Bearbeitungsgang anschließt.

Als Einflußgrößen auf die Oberflächengüte seien zunächst Schnittbedingungen und Schneidteilgeometrie genannt. Die Faktoren, die die Oberfläche im wesentlichen beeinflussen, sind in Bild 6-18 zusammengefaßt.

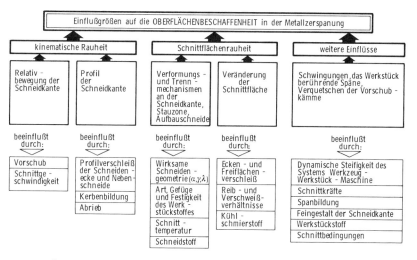

Bild 6-18. Übersicht über die Einflußgrößen auf die entstehende Werkstückoberfläche bei der Metallzerspanung (nach F. Betz)

Die kinematische Rauheit ergibt sich durch die Form der Schneidkante und durch die Relativbewegung zwischen Werkstück und Werkzeug. Beim Drehen wird sie vorwiegend durch die Form der Schneide und den Vorschub beeinflußt. Bild 6-19 zeigt hierzu die geometrischen Eingriffsverhältnisse, Bild 6-20 eine Gegenüberstellung von berechneten und gemessenen Rauhtiefenwerten bei konstanter Schnittgeschwindigkeit ohne Prozeßstörungen durch Aufbauschneiden. Die Abweichung zwischen tatsächlichen und theoretischen Werten

179

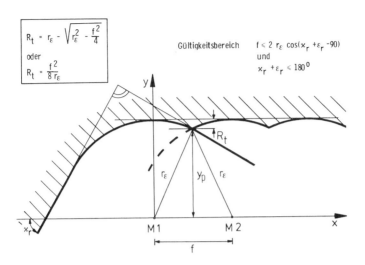

Bild 6-19. Geometrische Eingriffverhältnisse beim Drehen

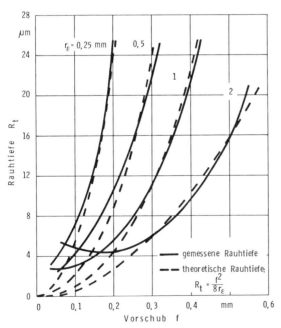

Bild 6-20. Errechnete und gemessene Rauhtiefen bei verschiedenen Vorschüben und Eckenradien (nach Moll und Brammertz)

ist auf die Mindestspandicke zurückzuführen, die mit größerer Schneidenrundung zunimmt [231, 232].

Der Einfluß der Schnittgeschwindigkeit auf die Rauhtiefe ist in Bild 6-21 dargestellt. Das Rauhtiefenmaximum bei niedrigen Schnittgeschwindigkeiten wird durch Aufbauschneidenpartikel verursacht, die zwischen Werkzeug und Werkstück abwandern. Der starke Abfall der Rauheitswerte bei höheren Schnittgeschwindigkeiten wird durch den Rückgang der Aufbauschneidenbildung und den Übergang in den Fließspanbereich hervorgerufen.

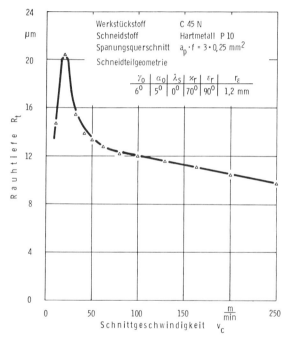

Bild 6-21. Einfluß der Schnittgeschwindigkeit auf die Rauhtiefe

Die Schnittiefe besitzt keinen Einfluß auf die Oberflächengüte, wenn $a_p > a_{pmin}$ gilt. Dieser minimale Schnittiefenwert liegt im Bereich von 4 bis 10 μm.

Von den Schneidteilwinkeln wirken sich der Spanwinkel und der Einstellwinkel am stärksten auf die Oberflächengüte aus. Mit wachsendem positiven Spanwinkel nimmt die Rauhtiefe ab. Kleinere Einstellwinkel erhöhen die Gefahr von Ratterschwingungen, die die Oberflächengüte beeinträchtigen.

Auch der Werkzeugverschleiß hat Einfluß auf die Oberflächengüte der Werkstücke. Wesentlich für die Ausbildung der Oberfläche beim Drehen ist der Verschleißzustand der Nebenfreifläche und des Eckenradius. Der Verschleiß der Hauptschneide hat aufgrund der geometrischen Eingriffsverhältnisse keinen Einfluß auf die Oberflächengüte (vgl. Bild 6-19).

Bild 6-22 zeigt den Zusammenhang zwischen arithmetischem Mittenrauhwert R_a und der Schnittzeit t_c für unterschiedliche Vorschübe f. Die zunehmende Rauheit mit wachsender Schnittzeit ist auf die Bildung von Kerben im Bereich der Nebenschneide zurückzuführen. Der Abfall der Rauheit für kleine Schnittzeiten kann mit Stabilisierungsvorgängen an der Schneide erklärt werden [233].

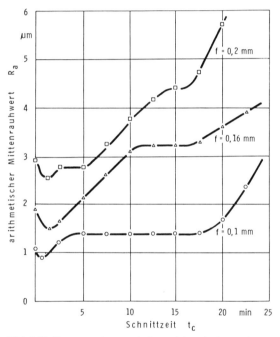

Bild 6-22. Zusammenhang zwischen arithmetischem Mittenrauhwert und Schnittzeit (nach D. Spurgeon und R.A.C. Slater)

Ist der kinematischen Rauheit eine Schnittflächenrauheit überlagert, so ist sie z. B. beim Drehen im Längsprofil bestimmbar; die Oberfläche bekommt ein mattes Aussehen. Sie wird im wesentlichen bestimmt durch die Vorgänge an der Schneidkante, die ihrerseits wieder u. a. vom Werkstückstoffverhalten diktiert werden. Die grundsätzlichen Zusammenhänge hierzu zeigt Bild 6-23. Einzelheiten über den Einfluß der verschiedenen Werkstückstoffe und deren Gefüge auf die Rauheit werden in Abschn. 6.3 bis Abschn. 6.7 erläutert.

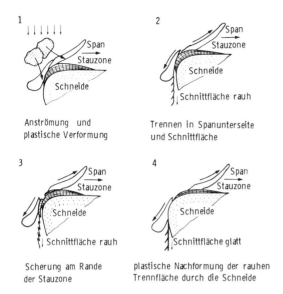

Bild 6-23. Die verschiedenen Stufen der Schnittflächenentstehung (schematisch) (nach F. Betz)

6.2.4 Bewertungsgröße Spanbildung

Form und Größe der Späne sowie deren Abfuhr sind besonders bei Bearbeitungsverfahren mit begrenztem Spanraum (z. B. Bohren, Räumen, Fräsen) und bei Automaten aufgrund des engen Arbeitsraums und der großen Spanmenge von Bedeutung. Außerdem besteht die Möglichkeit, aus der Spanstauchung Rückschlüsse auf die Spanentstehungsvorgänge zu ziehen.

Wichtigste Einflußgrößen auf die Spanbildung sind Schnittbedingungen und Schneidteilgeometrie. Ein günstiger Spanbruch kann entweder durch eine Verringerung des Umformvermögens des Werkstückstoffs oder auch durch eine Erhöhung des Umformgrades des Spans erzielt werden. Da das Umformvermögen von der Temperatur in der Scherzone abhängt, führen eine Senkung der Schnittgeschwindigkeit oder eine Kühlung der Schnittstelle zu kürzer brechenden Spänen.

Von größerer Bedeutung ist jedoch eine Erhöhung des Umformgrades durch eine stärkere Krümmung der Späne. Zu diesem Zweck wird entweder der Spanwinkel verringert oder eine Spanleitstufe angebracht. Ebenso bewirkt eine Erhöhung der Spanungsdicke bei gleichem Krümmungsradius eine höhere Spannung bzw. einen höheren Umformgrad in der äußeren Faser des Spans, wodurch der Spanbruch begünstigt wird.

Die Spanbildung wird wesentlich durch Verformbarkeit, Zähigkeit, Festigkeit bzw. Gefügezustand des Werkstückstoffs beeinflußt. Zunehmende Festigkeit bzw. abnehmende Zähigkeit fördern im allgemeinen den Spanbruch. So bewirken z. B. Grobkorngefüge oder Gefüge mit eingebetteten harten Bestandteilen einen ungleichmäßig geformten, leichter brechenden Span.

Großen Einfluß auf die Spanbildung haben chemische Elemente wie Phosphor, Schwefel und Blei im Werkstückstoff. Diese führen zu kurzbrechenden Spänen und werden daher Stählen, die eine besonders gute Zerspanbarkeit aufweisen sollen, beigefügt (siehe Abschn. 6.4.1).

Da der Werkzeugverschleiß, speziell die Ausbildung eines Kolks während der Zerspanung, eine direkte Auswirkung auf die wirksame Schneidteilgeometrie hat, übt er einen Einfluß auf die Spanbildung aus. Bei Hartmetallschneiden ohne eingesinterte Spanleitstufe wird mit wachsender Kolktiefe der Krümmungsradius des Spans verkleinert, d. h. der Umformgrad des Spans wird erhöht. Hieraus folgt im allgemeinen ein günstigerer Spanbruch.

Bei Werkzeugen mit eingesinterter Spanleitstufe wird mit zunehmender Schnittzeit die Spanleitstufe verschlissen. Hierdurch kann sich der Krümmungsradius erhöhen und somit der Spanbruch ungünstiger werden.

Die Beurteilung der Spanbildung erfolgt üblicherweise im Rahmen von Verschleiß-Standzeitversuchen durch Bewertung der anfallenden Späne.

In Bild 6–24 sind unterschiedliche Spanformen und deren Bezeichnungen dargestellt. Die oberen vier Spanformen erschweren den Abtransport der anfallen-

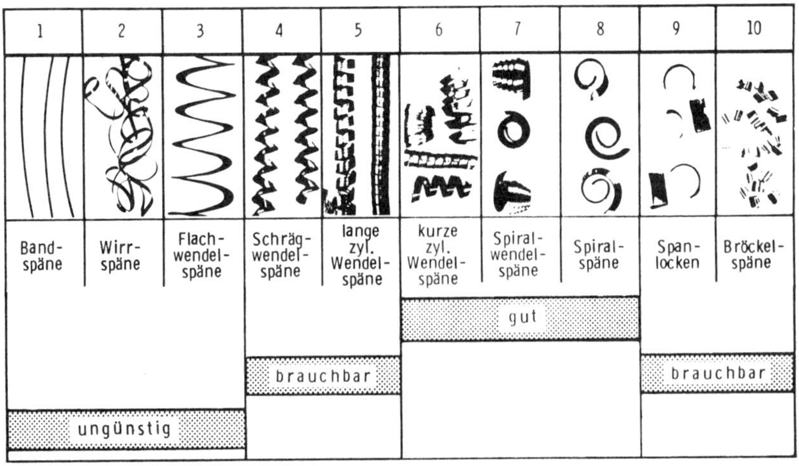

Bild 6-24. Spanformen beim Drehen (nach Stahl-Eisen-Prüfblatt)

den Späne. Flachwendelspäne wandern bevorzugt außerhalb der Eingriffslänge über die Freifläche ab und verursachen dadurch Beschädigungen am Werkzeughalter und an der Schneidkante. Band-, Wirr- und Bröckelspäne stellen eine erhöhte Gefährdung des Maschinenbedienungspersonals dar [234].

6.3 Beeinflussung der Zerspanbarkeit

Werkstoffseitig wird die Zerspanbarkeit der Stähle durch das Gefüge und die mechanischen Eigenschaften (Härte, Festigkeit) bestimmt. Für die Ausbildung des Gefüges und damit ebenfalls für die mechanischen Eigenschaften sind in erster Linie

- der Kohlenstoffgehalt,
- die Legierungselemente und
- die durchgeführte Wärmebehandlung

von Bedeutung.

6.3.1 Zerspanbarkeit in Abhängigkeit vom Kohlenstoffgehalt

Am Beispiel der unlegierten Qualitätsstähle (Kohlenstoffstähle) und niedrig legierten Stähle (Summe der Legierungselemente $< 5\%$), wird im folgenden der Einfluß des Kohlenstoffgehaltes auf die Zerspanbarkeit erläutert, der für die Gefügeausbildung und damit auch für die Härte und Zugfestigkeit dieser Stähle verantwortlich ist.

Die Grundbestandteile des Gefüges dieser Stähle sind

- Ferrit (α-Eisen)
- Zementit (Fe_3C)
- Perlit.

Je nach C-Gehalt überwiegt einer dieser Gefügebestandteile, deren spezielle Eigenschaften, Tabelle 6.1, die Zerspanbarkeit des vorliegenden Stahlwerkstoffes prägen.

Der Ferrit zeichnet sich durch niedrige Festigkeit und Härte, jedoch hohe Verformungsfähigkeit aus.

Der Gefügebestandteil Zementit ist hart und spröde und läßt sich praktisch nicht zerspanen. In Abhängigkeit vom Kohlenstoffgehalt des Stahls kann der Zementit frei oder im Perlit gelöst auftreten.

Perlit ist eine (eutektoide) Mischung aus Ferrit und Zementit. Überwiegend tritt lamellarer zeilenförmiger Zementit im Perlit auf. Nach entsprechender

	HV 10	R_m	$R_{p0,2}$	Z
		N/mm²	N/mm²	%
Ferrit	80 bis 90	200 - 300	90 - 170	70 bis 80
Perlit	210	700 - 850	300 - 500	30 bis 50
Zementit	> 1100	-	-	-
Austenit	180	550 - 750	300 - 400	50
Martensit	750 bis 900	1380 - 3000	-	-

Tabelle 6-1. Mechanische Eigenschaften der Grundgefügebestandteile des Systems Eisen-Kohlenstoff (nach Vieregge)

Wärmebehandlung (Weichglühen) kann jedoch auch globularer (kugeliger) Zementit entstehen.

Kohlenstoffstähle mit einem Kohlenstoffgehalt C < 0,8 % (C steht in diesem Zusammenhang für C-Gehalt, bezogen auf das Gewicht) werden als untereutektoid bezeichnet. Die wesentlichen Gefügebestandteile von unlegierten untereutektoidischen Kohlenstoffstählen zeigt Bild 6–25.

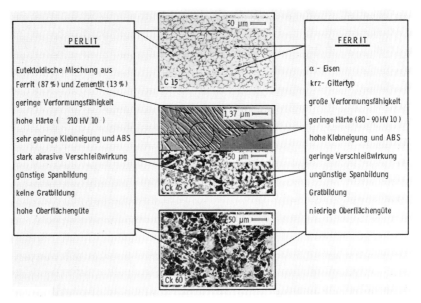

Bild 6-25. Gefügebestandteile unlegierter untereutektoidischer Kohlenstoffstähle (normalisiert)

Bei der Zerspanung bereitet der Ferrit Schwierigkeiten durch
- große Neigung zum Verkleben mit dem Werkzeug, Aufbauschneidenbildung,
- Bildung von unerwünschten Band- und Wirrspänen aufgrund seiner großen Verformungsfähigkeit,
- schlechte Oberflächengüte und Gratbildung an den Werkstücken.

Der Perlit führt dagegen zu Schwierigkeiten bei der Zerspanung durch
- den stärkeren abrasiven Verschleiß und
- die höheren Zerspankräfte,

aufgrund seiner geringeren Verformungfähigkeit und seiner höheren Härte.

Die Zerspanbarkeit von Stählen mit einem C-Gehalt $< 0,25\%$ ist im wesentlichen durch die Eigenschaften des freien Ferrits gekennzeichnet. Aufgrund der hohen Verformungsfähigkeit des Werkstoffs ist die sich einstellende Schnittflächenrauheit groß. Bei niedrigen Schnittgeschwindigkeiten bilden sich Aufbauschneiden (ABS).

Der Werkzeugverschleiß nimmt mit steigender Schnittgeschwindigkeit nur langsam zu, ebenso die Schnittemperatur. Es sollten Werkzeuge mit möglichst großem positiven Spanwinkel (z. B. Drehen $\gamma_0 > 6°$) Verwendung finden. Zum Vermindern der Klebneigung und zum Verbessern der Oberflächengüte werden meist Schneidöle verwendet, wobei deren Schmiereigenschaften von höherer Bedeutung sind als die Kühlwirkung [3].

Durch eine Steigerung der Schnittgeschwindigkeit auf Werte oberhalb von $v_c = 100$ m/min kann die ABS-Bildung verhindert werden. Im Schnittgeschwindigkeitsbereich von 100 bis 300 m/min werden meist Hartmetalle der Anwendungsgruppe P (P 05 bis P 20 zum Schlichten, P 10 bis P 30 zum Schruppen) eingesetzt [56].

Besondere Schwierigkeiten bereiten Stähle mit einem Kohlenstoffgehalt $< 0,25\%$ beim Ein- und Abstechen sowie beim Bohren, Reiben und Gewindeschneiden. Aufgrund der hohen Verformungsfähigkeit und der bei den zuletzt genannten Verfahren nur niedrigen Schnittgeschwindigkeiten entstehen schlechte Oberflächen. Ferner tritt verstärkt Gratbildung auf.

Der Anteil des Perlits nimmt bei höheren Kohlenstoffgehalten ($0,25\% < C < 0,4\%$) zu. Dadurch gewinnen auch die besonderen Zerspanbarkeitseigenschaften des Perlits stärkeren Einfluß auf die Zerspanbarkeit des Werkstoffes. Die Verformungsfähigkeit nimmt ab.

Daraus folgt:

- eine Verringerung der Klebneigung und Verschiebung der ABS (Aufbauschneiden)-Bildung zu niedrigeren Schnittgeschwindigkeitsbereichen, Bild 6-26,

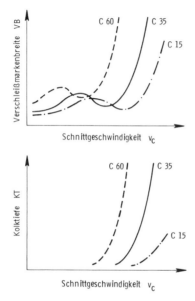

Bild 6-26. Schematischer Verlauf von Schnittgeschwindigkeits-Verschleiß-Kurven für das Drehen von Stählen mit unterschiedlichen C-Gehalten (nach Vieregge)

- infolge der größeren Belastung der Kontaktzone steigt die Schneidentemperatur und der Werkzeugverschleiß,
- die Oberflächengüte, die Spanbildung und die Spanform werden besser.

Als Schneidstoffe können Schnellarbeitsstähle, Hartmetalle und Schneidkeramik (bei hohen Schnittgeschwindigkeiten) eingesetzt werden. Von den Hartmetallen werden die reaktionsträgen P-Sorten mit hohen TiC- und TaC-Gehalten bevorzugt angewendet; insbesondere kommen auch beschichtete Hartmetalle zum Einsatz [56]. Es sollten Werkzeuge mit positivem Spanwinkel verwendet werden.

Die Zerspanbarkeit kann durch Grobkornglühen bei niedrigen C-Gehalten, durch Normalglühen bei C-Gehalten oberhalb 0,35 % verbessert werden. Eine Kaltverformung wirkt sich günstig auf die Zerspanbarkeit, insbesondere auf Z_s, aus.

Eine weitere Steigerung des Kohlenstoffgehaltes (0,4 % < C < 0,8 %) bewirkt ein weiteres Abnehmen des Ferrit-Anteiles zugunsten des Perlits, bis bei

0,8 % C ausschließlich Perlit vorliegt. Die Auswirkungen auf die Zerspanbarkeit folgen den bereits bei den Stählen mit geringen C-Gehalten erkennbaren Tendenzen.

Bereits bei niedrigen Schnittgeschwindigkeiten entstehen hohe Schneidentemperaturen. Gleichzeitig bedingt der zunehmende Druck auf die Kontaktzone erhöhten Verschleiß, insbesondere Kolkverschleiß. Schwierigkeiten bezüglich der Spanform treten seltener auf. Das Bild 6-27 zeigt den schematischen Zusammenhang zwischen der Zerspanbarkeit hinsichtlich Verschleiß sowie Spanbildung und steigendem Kohlenstoffgehalt. Mit steigendem Kohlenstoffgehalt wird die Spanbildung besser, gleichzeitig nimmt der Verschleiß zu. Eine gute Zerspanbarkeit weisen Kohlenstoffstähle bei etwa 0,25 % C auf.

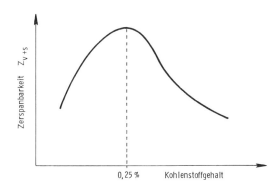

Bild 6-27. Schematischer Zusammenhang zwischen Zerspanbarkeit Z_{v+s} und Kohlenstoffgehalt bei unlegiertem Stahl (nach Vieregge)

Stähle mit C-Gehalten zwischen 0,4 und 0,8 % gelten i. a. nur hinsichtlich der Spanbildung und Oberflächengüte als gut zerspanbar. Um den raschen Verschleißfortschritt aufgrund der höheren thermischen und mechanischen Schneidenbelastung zu begegnen, sollte man die Schnittgeschwindigkeit reduzieren oder Kühlschmiermittel verwenden. Eine weitere Maßnahme ist das Weichglühen [56].

Als Schneidstoff sind wie bei den Stählen mit 0,25 % < C < 0,4 % alle Schnellarbeitsstähle, die HM-Sorten P mit hohen TiC- und TaC-Gehalten, beschichtete Hartmetalle und Schneidkeramik verwendbar. Weiterhin sollten bei der spanenden Bearbeitung Werkzeuge mit stabilen Schneidteilen (z. B. beim Drehen $\gamma_o = 6°$) eingesetzt werden.

In Tabelle 6-2 sind als Beispiel die chemische Zusammensetzung, mechanischen Kennwerte und spezifischen Schnittkräfte für einige niedrig legierte, untereutektoidische Stähle und einen übereutektoidischen Stahl angegeben.

Bezeichnung	chem. Zusammensetzung				mechanische Eigenschaften					$k_{c\,1.1}^{\times}$
	C	Mn	Cr	V	R_m	$R_{p0,2}$	A	Z	HV 10	
	%	%	%	%	N/mm²	N/mm²	%	%		N/mm²
C 15	0,13	0,41	-	-	373	206	45	72	108	1352
16 Mn Cr 5	0,15	1,00	1,00	-	510	294	37	75	163	1287
C 35	0,32	0,58	-	-	490	285	37	66	145	1391
34 Cr 4	0,36	0,60	0,91	-	559	294	34	62	150	1494
Ck 60	0,61	0,74	-	-	608	304	29	51	180	1602
50 Cr V4	0,52	1,00	1,06	0,10	667	374	29	53	197	1616
100 Cr 6	1,01	0,36	1,43	-	624	385	32	61	202	1635

Begleitelemente: Si -Gehalt ≤ 0,40 %
P -Gehalt ≤ 0,045 %
S -Gehalt ≤ 0,045 %

Wärmebehandlungszustand G (weichgeglüht)
Schneidstoff HM P 10
× bei v_c = 200 m/min

Schneidteilgeometrie $\frac{\gamma_0 \mid \alpha_0 \mid \lambda_s \mid \varkappa_r \mid \varepsilon_r \mid r_\varepsilon}{6° \mid 5° \mid 0° \mid 70° \mid 90° \mid 0,8\,mm}$

Tabelle 6-2. Chemische Zusammensetzung, mechanische Eigenschaften und spezifische Zerspankräfte für niedriglegierte Stähle

Bei übereutektoidischen Kohlenstoffstählen (C > 0,8 %) bilden sich bei langsamer Abkühlung an Luft ebenfalls Ferrit und Zementit. Im Gegensatz zu den untereutektoidischen C-Stählen tritt jedoch kein freier Ferritanteil in Form eines Ferrit-Netzes auf, sondern der Ferrit liegt nur gelöst im Perlit vor. Die Perlitbildung setzt direkt von den Austenitkorngrenzen aus ein. Bei C-Gehalten deutlich über 0,8 % scheidet sich Zementit an den Korngrenzen aus. Der nun auch frei vorliegende Zementit bildet Schalen um die Austenit- bzw. Perlitkörner [235]. Derartige Stähle rufen bei Zerspanprozessen sehr starken Verschleiß hervor. Neben der stark abrasiven Wirkung der harten und spröden Gefügebestandteile bewirken die auftretenden hohen Drücke und Temperaturen eine zusätzliche Belastung der Schneide. Bereits bei vergleichsweise niedrigen Schnittgeschwindigkeiten tritt starker Kolk- und Freiflächenverschleiß auf, der schnell zum Erliegen der Werkzeuge führen kann. Die Schneidstoffe zur Bearbeitung übereutektoidischer Kohlenstoffstähle müssen eine große Bindefestigkeit und Kantenfestigkeit aufweisen und verschleißfest sein. Bevorzugt werden Hartmetalle der Anwendungsgruppe P (P 05 bis P 10 zum Schlichten, P 20 bis P 40 zum Schruppen) und beschichtete Hartmetalle mit hoher Festigkeit des Grundkörpers eingesetzt [220].

Aufgrund des mit der Schnittgeschwindigkeit stark ansteigenden Verschleißes sollte mit kleinen Schnittgeschwindigkeiten und großen Spanungsquerschnitten gearbeitet werden. Die Schneidteile müssen stabil ausgebildet sein. Zum Drehen sollten Werkzeuge mit positiven Spanwinkeln $\gamma_o \leq 6°$ und leicht negativen Neigungswinkeln λ_s bis $-4°$ benutzt werden. Bei Verwendung von HSS-Werkzeugen kommen noch Hochleistungsschnellarbeitsstähle mit höheren Mo-Gehalten, aber auch Co-haltige Sorten für einfache Werkzeuge und höhere Beanspruchungen zum Einsatz.

6.3.2 Einfluß von Legierungselementen auf die Zerspanbarkeit

Legierungs- und Spurenelemente können die Zerspanbarkeit der Stähle durch eine Veränderung des Gefüges oder durch die Bildung von schmierenden sowie von abrasiven Einschlüssen beeinflussen. Im folgenden wird der Einfluß einiger wichtiger Elemente auf die Zerspanbarkeit der Stahlwerkstoffe beschrieben.

- Mangan verbessert die Härtbarkeit und steigert die Festigkeit der Stähle (ca. 100 N/mm² je 1 % Legierungselemente). Aufgrund der hohen Affinität zu Schwefel bildet Mangan mit dem Schwefel Sulfide. Mangangehalte bis zu 1,5 % begünstigen bei Stählen mit niedrigen Kohlenstoffgehalten infolge der guten Spanbildung die Zerspanbarkeit. Bei Stählen mit höheren Kohlenstoffgehalten wird die Zerspanbarkeit durch den höheren Werkzeugverschleiß jedoch negativ beeinflußt.

- Chrom, Molybdän verbessern die Härtbarkeit und beeinflussen somit bei Einsatz- und Vergütungsstählen die Zerspanbarkeit über Gefüge und Festigkeit. Bei Stählen mit höheren Kohlenstoff- bzw. Legierungsgehalten bilden diese Elemente, wie z. B. auch Wolfram, harte Sonder- und Mischkarbide, die die Zerspanbarkeit verschlechtern können.

- Durch die Zugabe von Nickel nimmt die Festigkeit des Stahlwerkstoffs zu. Nickel bewirkt eine Zähigkeitserhöhung insbesondere bei tiefen Temperaturen. Dies führt generell zu einer ungünstigen Zerspanbarkeit, insbesondere aber bei den austenitischen Ni-Stählen (bei höheren Nickelgehalten).

- Silizium erhöht die Ferritfestigkeit der Stähle. Mit Sauerstoff bildet es bei Abwesenheit stärkerer Desoxidationsmittel, wie z. B. Aluminium, harte Si-Oxid (Silikat)-Einschlüsse. Hieraus kann ein erhöhter Werkzeugverschleiß resultieren.

- Das Zulegieren von Phospor, das nur bei einigen Automatenstahlsorten durchgeführt wird, führt zu Seigerungen im Stahl, die auch bei anschließenden Wärmebehandlungen und Warmverformungen nur begrenzt beseitigt werden können und zu einer Versprödung der α-Mischkristalle (Ferritversprödung) führen. Hierdurch wird ein kurzbrüchiger Span erzielt. Bei Gehalten bis zu 0,1 % wirkt sich Phosphor günstig auf die Zerspanbarkeit aus. Höhere P-Gehalte ergeben darüber hinaus zwar eine Verbesserung der Oberflächenqualität, führen jedoch zu verstärktem Werkzeugverschleiß.

– Titan und Vanadin können bereits in kleinen Mengen eine erhebliche Festigkeitssteigerung aufgrund von feinstverteilten Karbid- und Karbonitridausscheidungen verursachen. Weiterhin führen sie zu einer starken Kornverfeinerung, die hinsichtlich der Zerspankräfte und der Spanbildung schlechte Zerspanbarkeitseigenschaften erwarten läßt.

– Schwefel besitzt nur eine geringe Löslichkeit im Eisen, bildet aber je nach den Legierungsbestandteilen des Stahls verschiedene stabile Sulfide. Eisensulfide FeS sind unerwünscht, da sie einen niedrigen Schmelzpunkt aufweisen und sich vorwiegend an den Korngrenzen ablagern. Dies führt zur gefürchteten „Rotbrüchigkeit" des Stahls. Erwünscht sind dagegen Mangansulfide MnS, die einen wesentlich höheren Schmelzpunkt haben. Die positive Wirkung des MnS auf die Zerspanbarkeit liegt in kurzbrüchigen Spänen, besseren Werkstückoberflächen und der geringeren Neigung zur Aufbauschneidenbildung. Mit zunehmender Länge der Einschlüsse übt MnS einen negativen Einfluß auf die mechanischen Eigenschaften wie Festigkeit, Dehnung, Einschnürung und Kerbschlagzähigkeit aus, insbesondere dann, wenn es quer zur Beanspruchungsrichtung eingelagert ist. Durch besondere Legierungszusätze (z. B. Tellur, Selen) kann in der Praxis der verformungsbedingten Streckung der MnS jedoch wirkungsvoll begegnet werden.

– Blei ist in der Matrix des Eisens nicht löslich, es liegt in Form submikroskopischer Einschlüsse vor. Aufgrund des niedrigen Schmelzpunktes bildet sich ein schützender Bleifilm zwischen Werkzeug und Werkstoff und verringert so den Werkzeugverschleiß, die spezifischen Schnittkräfte können bis zu 50 % sinken. Die Späne werden kurzbrüchig.

Die bei der Desoxidation der Stähle zugegebenen Elemente Aluminium, Silizium, Mangan oder Kalzium binden den bei der Stahlerstarrung freiwerdenden Sauerstoff. Die dann im Stahl z. B. als Aluminiumoxide und Siliziumoxide vorliegenden harten, nicht verformbaren Einschlüsse verschlechtern die Zerspanbarkeit insbesondere, wenn die Oxide in größeren Mengen oder in Zeilenform im Stahl vorliegen [236]. Allerdings kann durch die Wahl eines geeigneten Desoxidationsmittels die Zerspanbarkeit der Stähle auch positiv beeinflußt werden. So können sich z. B. nach der Desoxidation mit Kalzium-Silizium oder Ferro-Silizium unter bestimmten Bearbeitungsbedingungen bei der Zerspanung verschleißhemmende oxidische und sulfidische Schutzschichten auf den Werkzeugschneiden bilden. Durch die Verwendung dieser belagbildenden Stähle können die Fertigungskosten um 20 bis 40 % gesenkt werden. [43].

6.3.3 Zerspanbarkeit in Abhängigkeit von der Wärmebehandlung

Durch gezielt durchgeführte Wärmebehandlungen kann das Gefüge hinsichtlich der Menge, Form und Anordnung seiner Bestandteile beeinflußt und damit auch die mechanischen Eigenschaften und die Zerspanbarkeit den Anforderungen angepaßt werden.

Unter dem Begriff „Wärmebehandlung" versteht man einen Vorgang, in dessen Verlauf ein Werkstück oder ein Bereich eines Werkstückes absichtlich Temperatur-Zeit-Folgen und gegebenenfalls zusätzlich anderen physikalischen und/oder chemischen Einwirkungen ausgesetzt wird, um gewünschte Gefüge und Eigenschaften zu erreichen [237].

Im wesentlichen kann man drei Gruppen der Wärmebehandlung unterscheiden [237]:

1. Einstellen eines gleichmäßigen Gefüges im ganzen Querschnitt, welches sich weitgehend im thermodynamischen Gleichgewicht (z. B. Weichglühgefüge) oder im thermodynamischen Ungleichgewicht (z. B. Perlit, Bainit, Martensit) befindet.

2. Einstellen eines auf kleinere Teile des Querschnitts beschränkten Härtungsgefüges bei unveränderter chemischer Zusammensetzung (insbesondere: Randschichthärtung).

3. Einstellen von Gefügen, die über den Querschnitt, speziell im Randbereich, stark unterschiedlich sind, infolge Änderung der chemischen Zusammensetzung (Aufkohlung, Einsatzhärtung).

Es stehen die folgenden Wärmebehandlungen zur Verfügung mit welchen, je nach chemischer Zusammensetzung des Stahlwerkstoffes, die Zerspanbarkeit, etwa in bezug auf die Spanbildung und den Werkzeugverschleiß, gezielt beeinflußt werden kann. Die Temperaturbereiche der einzelnen Wärmebehandlungen zeigt Bild 6-28.

Eine gleichmäßige Verteilung von Seigerungen, die bei Warmverformung entstehen können, und eine Verminderung von Korngrenzenausscheidungen wird durch Diffusionsglühen erzielt [65].

Durch Normalglühen (N) erreicht man ein annähernd gleichmäßiges und feinkörniges Gefüge, dessen Zerspanbarkeit je nach Kohlenstoffgehalt von dem überwiegenden Gefügeanteil, entweder vom Ferrit (geringer Verschleiß, schlechte Spanbildung) oder vom Perlit (höherer Verschleiß, bessere Spanbildung) bestimmt wird [235]. Es erfolgt eine Umkristallisation. Bei untereutek-

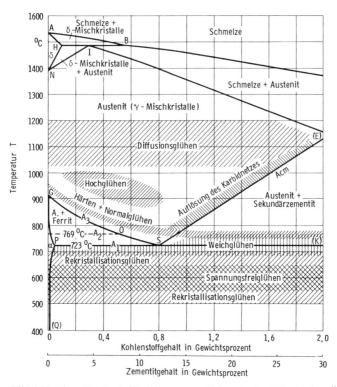

Bild 6-28. Eisen-Kohlenstoff-Teildiagramm mit Angabe der Wärmebehandlungsbereiche

toidischen Stählen wird auf Temperaturen oberhalb der GOS-Linie erwärmt (vgl. Bild 6-28).

Übereutektoidische Stähle werden auf Temperaturen oberhalb der Linie SK erwärmt oder, falls bei höheren C-Gehalten das Karbidnetz aufgelöst werden soll, auf Temperaturen oberhalb der Linie SE. Allerdings lassen sich stärkere Karbidzeilen kaum völlig auflösen, so daß normalgeglühte übereutektoidische Stähle einen noch relativ hohen Werkzeugverschleiß verursachen können. Sie weisen jedoch eine hohe Oberflächengüte auf [235].

Das Grobkornglühen oder Hochglühen mit anschließender isothermischer Umwandlung wird bei untereutektoidischen Stählen bei einem C-Gehalt von 0,3 bis 0,4 % (ferritisch-perlitischer Stahl) angewendet, um ein grobkörniges Gefüge mit einem möglichst geschlossenen Ferrit-Netz zu erzielen, in das Perlit oder Zwischenstufengefüge eingeschlossen ist [65, 235]. Der Werkzeugverschleiß beim Zerspanen eines solchen Gefüges ist relativ gering, die Spanbildung in der Regel gut. Weiterhin können hohe Oberflächengüten erreicht werden. Der Anwendung des Grobkornglühens zur Verbesserung der Zerspanbarkeit sind jedoch Grenzen gesetzt durch die Beeinträchtigung der Festigkeitseigenschaften, ferner aus wirtschaftlichen Gründen.

Das Weichglühen (G) wird angewendet, um feinlamellaren perlitischen Gefügen und lamellarem Perlit mit Zementit ihre hohe Härte und geringe Verformbarkeit zu nehmen. Durch Glühen bei Temperaturen im Bereich der PSK-Linie (vgl. Bild 6-28) – gegebenenfalls mit Pendeln um die PSK-Linie – und anschließendes langsames Abkühlen läßt sich ein weicher und spannungsarmer Zustand erzeugen, in dem die Zementitadern und der lamellare Perlit zum Zerfall gebracht werden. Angestrebt wird ein möglichst ferritreicher Perlit mit globularem Zementit. Ein solches Gefüge ist weich und gut verformbar. Die Zerspanbarkeit eines solchen Gefüges wird hinsichtlich der Verschleißwirkung auf das Werkzeug günstiger, die Spanbildung wird sich in dem Maße verschlechtern, wie der Ferritanteil im Gefüge überwiegt. Als eine weitere Art einer solchen Glühung kann man das Glühen auf kugelige Karbide (GKZ) bezeichnen, wobei die Temperaturen länger im Bereich der PSK-Linie gehalten werden und gezielt eine weitgehende vollständige kugelige Einformung des Zementits angestrebt wird. Zu lange Glühzeiten sind jedoch in beiden Fällen zu vermeiden, da sonst wieder eine Verschlechterung der Zerspanbarkeit eintreten kann, die sich der des reinen Ferrits annähert [57].

Bei Stählen mit C-Gehalten von 0,10 bis 0,35 % C kann durch hohe Austenitisierungstemperatur, lange Haltedauer und beschleunigte Abkühlung Gefüge mit Widmannstättenstruktur erzeugt werden. Es entsteht ein nadeliger Ferrit mit außerordentlich feinverteiltem lamellaren Zementit. Ein derartiges Gefüge zeichnet sich durch gute Spanbildung und Spanform aus, hat aber schlechte Gebrauchseigenschaften [235].

Einer sogenannten Wärmebehandlung auf Ferrit-Perlit-Gefüge (BG) werden Einsatzstähle unterzogen. In diesem Zustand kann ihnen eine ähnlich gute Zerspanbarkeit wie niedriggekohlten Automatenstählen zugeschrieben werden, sowohl was den niedrigen Werkzeugverschleiß als auch die gute Spanbildung betrifft [99].

Aus Gründen der Energieeinsparung werden heute gezielte Wärmebehandlungen direkt aus der Schmiedewärme durchgeführt, z. B. das gesteuerte Abkühlen aus der Schmiedewärme (BY) [239]. Zerspanbarkeitsuntersuchungen [236] haben ergeben, daß die aus der Schmiedewärme gesteuert abgekühlten Kohlenstoffstähle (z. B. Ck 45 BY) ein günstigeres Verschleißverhalten aufweisen können als die gleichen Werkstoffe im vergüteten oder normalisierten Zustand. Unterschiede in bezug auf die Spanbildung konnten hierbei nicht festgestellt werden. Die Ursache liegt in dem relativ grobkörnigen Gefüge der verwendeten

Stähle und darin, daß das Ferritnetz die Perlitkörner auch beim Schervorgang umschließt.

Eine weitere Art der Wärmebehandlung des Werkstückstoffes ist das Härten (H) und Zwischenstufenvergüten. Beim Härten von Stahl wird die bei normaler Abkühlgeschwindigkeit ablaufende Kohlenstoffausscheidung durch eine hohe Abkühlgeschwindigkeit unterdrückt. Bei überkritischer Abkühlgeschwindigkeit bildet sich nach dem Unterschreiten der Ms-Temperatur Martensit [235]. (Ms = Martensit starting = Beginn der Martensitbildung). Bei Abkühlgeschwindigkeiten unterhalb der kritischen Abkühlgeschwindigkeit laufen die Umwandlungsvorgänge in der Zwischenstufe und in der Perlitstufe ab [240]. Die Umwandlung in der Zwischenstufe ist im wesentlichen dadurch gekennzeichnet, daß nur noch der Kohlenstoff diffundieren kann. Die Vorgänge bei kontinuierlicher und isothermischer Umwandlung für den Stahl Ck 45 zeigen die Bilder 6-29 und 6-30.

Diese Gefüge lassen sich schlechter zerspanen, da die eingesetzten Werkzeuge einem erhöhten abrasiven Verschleiß unterliegen. Die Spanbildung ist hierbei jedoch als gut zu bezeichnen. Bei der Auswahl der Schneidstoffe sind außer der Härte und der Gefügeausbildung besondere Arbeitsbedingungen wie das ein-

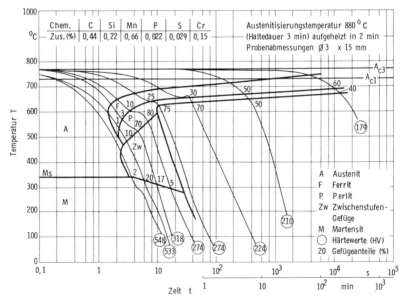

Bild 6-29. Zeit-Temperatur-Umwandlungsschaubild für den Stahl Ck 45 (kontinuierlich) (nach MPI)

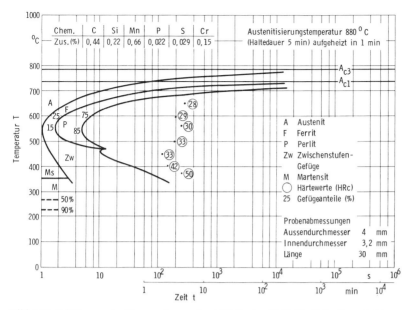

Bild 6-30. Zeit-Temperatur-Umwandlungsschaubild für den Stahl Ck 45 (isothermisch) (nach MPI)

gesetzte Arbeitsverfahren, die Schnittbedingungen und evtl. eine stoßartige Schneidenbelastung zu berücksichtigen. Härtungs- und Zwischenstufengefüge können mit Hartmetallen nur bei relativ kleinen Schnittgeschwindigkeiten und Vorschüben spanend bearbeitet werden. Bei der Bearbeitung von Werkstoffhärten > 45 HRC kommen CBN-Schneidstoffe und Schneidkeramik zum Einsatz. Für die Schlichtbearbeitung und im unterbrochenen Schnitt eignen sich ebenfalls Feinstkornmetalle. Die Schneidteile sollen möglichst stabil ausgebildet sein ($\gamma_o = 0°$, $\lambda_s = 0°$ bis $5°$).

Die Festigkeitswerte eines Stahles können ebenfalls durch Vergüten (V) (Härten und anschließendes Anlassen) erhöht werden. Beim Anlassen des Werkstückstoffes wird der beim Härten entstandene Martensit durch erneute Erwärmung gezielt wieder zum Zerfall gebracht. Bei niedrigen Anlaßtemperaturen scheidet sich der Kohlenstoff in fein verteilter Form aus, bei höheren Anlaßtemperaturen entstehen gröbere Zementitkörner [235]. Anlaßgefüge lassen sich mit zunehmendem Martensitzerfall besser zerspanen. Eine Übersicht über die prinzipielle Abhängigkeit der Zerspanbarkeit vom C-Gehalt und von der Gefügeausbildung gibt Bild 6-31.

Einige Möglichkeiten der gezielten Gefügebeeinflussung durch verschiedene Wärmebehandlungen sind am Beispiel des Vergütungsstahls Ck 45 in Bild 6-32

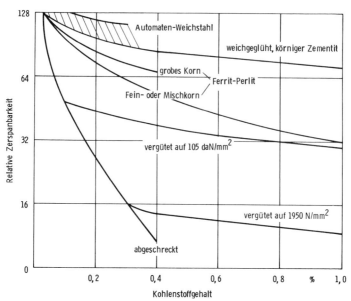

Bild 6-31. Relative Zerspanbarkeit für die Bearbeitung von niedriglegierten und unlegierten Stählen in Abhängigkeit vom C-Gehalt und der Gefügeausbildung; Schneidstoff: Hartmetall (schematisch) (nach Vieregge)

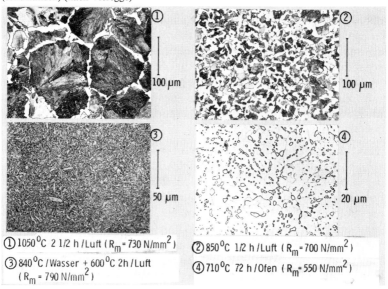

① 1050 °C 2 1/2 h / Luft (R_m = 730 N/mm^2)
③ 840 °C / Wasser + 600 °C 2h / Luft (R_m = 790 N/mm^2)
② 850 °C 1/2 h / Luft (R_m = 700 N/mm^2)
④ 710 °C 72 h / Ofen (R_m = 550 N/mm^2)

Bild 6-32. Gefügeausbildung des Vergütungsstahls Ck 45 nach unterschiedlichen Wärmebehandlungen

dargestellt. Die Zuordnung der Teilbilder zu den Wärmebehandlungen ist wie folgt:
1. Diffusionsglühen. Gefügebestandteile: Grobkörniger Perlit mit lamellarem Zementit, zwischen den Körnern ein Ferrit-Netz (weiß).
2. Normalglühen. Gefügebestandteile: Perlit mit lamellarem Zementit, Ferrit. Dies sind die gleichen Bestandteile wie nach dem Diffusionsglühen, jedoch ist das Gefüge viel feinkörniger und homogener.
3. Vergüten (= Härten und nachfolgendes Anlassen). Gefüge: Angelassener Martensit.
4. Weichglühen. Gefügebestandteile: Ferrit (weiß) mit globular eingeformtem Zementit.

6.4 Zerspanbarkeit unterschiedlicher Stahlwerkstoffe

Die Stahlwerkstoffe werden nach ihren Legierungselementen, ihren Gefügebestandteilen und ihren mechanischen Eigenschaften in Gruppen eingeteilt. Eine solche Klassifizierung der Stahlwerkstoffe gibt Hilfestellung bei der Wahl eines Werkstoffes mit den hinsichtlich seiner späteren Funktion erforderlichen Eigenschaften und bei der Festlegung von Bearbeitungsbedingungen.

Die Einteilung, abhängig vom Legierungsgehalt, führt zu den Gruppen der
- unlegierten Stähle,
- niedriglegierten Stähle (Legierungsgehalt $<$ 5 Gew.-%),
- hochlegierten Stähle (Legierungsgehalt $>$ 5 Gew.-%).

Bei den unlegierten Stählen ist weiterhin zu unterscheiden zwischen solchen Stahlwerkstoffen, die nicht für eine Wärmebehandlung (allgemeine Baustähle) und solchen, die für eine Wärmebehandlung (Qualitäts- und Edelstähle) bestimmt sind. Unter allgemeinen Baustählen (z. B. St 37, St. 52) versteht man die Werkstoffe, die durch Mindestwerte in den mechanischen Eigenschaften gekennzeichnet sind. Auf die Baustähle wird in der Praxis zurückgegriffen, wenn keine besonderen Anforderungen an die Gefügeausbildung gestellt werden.

Neben der Einteilung der Stahlwerkstoffe nach ihren Legierungselementen werden die Stähle praxisgerecht nach Einsatzbereichen und Verwendung klassifiziert. Es wird unterschieden in
- Automatenstähle,
- Einsatzstähle,
- Vergütungsstähle,

- Nitrierstähle,
- Werkzeugstähle und
- Nichtrostende, hitzebeständige und hochwarmfeste Stähle.

6.4.1 Zerspanbarkeit der Automatenstähle

Als Automatenstähle bezeichnet man Werkstückstoffe, die bei der spanenden Bearbeitung kurzbrüchige Späne geringer Stauchung und saubere Werkstückoberflächen ergeben sowie geringen Werkzeugverschleiß verursachen. Diese Eigenschaften verleiht man den Automatenstählen in erster Linie durch Zusätze von Blei, Schwefel und Phosphor. Weniger häufig werden Selen bzw. Antimon, Wismut oder Tellur als Zugaben eingesetzt. Je nach chemischer Zusammensetzung und Anwendungsgebiet werden die Automatenstähle unterschiedlich verwendet (ohne Wärmebehandlung, einsatzgehärtet oder vergütet). Darüber hinaus findet man auch in der Gruppe der Nitrierstähle (z. B. 30 CrAlS 5) bzw. der korrosionsbeständigen Stähle (z. B. X 12 CrMoS 17 und X 12 CrNiS 18 8) Werkstoffe mit erhöhtem S-Gehalt [241].

Abhängig vom Stahlherstellverfahren führt Phosphor aufgrund seines relativ kleinen Diffusionskoeffizienten zur Seigerungsbildung (Entmischung) im Stahl. Diese unerwünschte Eigenschaft ist nur teilweise durch eine nachfolgende Wärmebehandlung zu beseitigen. Durch Hochtemperatur-Diffusionsglühen können nur Mikroseigerungen (Kristallseigerungen, Konzentrationsunterschiede) ausgeglichen werden. Im Gegensatz dazu ist die weitgehende Beseitigung von Seigerungen im Makrobereich (Blockseigerungen) durch eine nachfolgende Wärmebehandlung wegen der großen räumlichen Entfernung von der Mitte bis zum Rand des Stahlblockes kaum möglich. Zur ausreichenden Beseitigung von Blockseigerungen wären im allgemeinen zu lange Glühzeiten erforderlich, die zu starker Kornvergrößerung führen würden. Geringere Blockseigerungen lassen sich durch Beruhigung des Stahles vor dem Vergießen erzielen.

Stickstoff- und Kohlenstoffausscheidungen werden durch Phosphor gefördert und rufen eine Versprödung des α-Mischkristalls hervor (Ferritversprödung). Die Ausscheidungen nehmen mit steigender Temperatur zu, so daß die Anlaßsprödigkeit verstärkt auftritt und die Kerbschlagzähigkeit schon ab 100 °C geringer wird. Diese phosphorbedingte Verschlechterung der Festigkeitseigenschaften bewirkt, daß die Automatenstähle im Bereich der mittleren Scherebenentemperatur von rd. 200° bis 400 °C spröder sind. Somit ergibt sich beim Zerspanen eine günstigere Spanbildung, und man erhält kurzbrüchigere Späne. Weiterhin wird die Klebneigung in der Kontaktzone vermindert und die Oberflächengüte günstig beeinflußt. Automatenstähle enthalten bis zu 0,1 % Phosphor.

Schwefel besitzt nur eine geringe Löslichkeit im Eisen, bildet aber je nach den Legierungsbestandteilen des Stahls verschiedene stabile Sulfide.

Das Eisensulfid FeS ist unerwünscht, da es einen relativ niedrigen Schmelzpunkt hat (1389 °C). Es lagert sich vorwiegend an den Korngrenzen ab und führt zur „Rotbrüchigkeit" des Stahls.

Wird dem Stahl außer Schwefel auch eine entsprechende Menge Mangan zugeführt (Faustformel: % Mn = 2,5 mal % S + 0,15), so bildet sich wegen der höheren Affinität des Schwefels zu Mangan als zu Eisen fast ausschließlich das Mangansulfid MnS, das in den Automatenstählen erwünscht ist. Der Schmelzpunkt des MnS liegt bei 1620 °C. Im allgemeinen hat Mangansulfid einen negativen Einfluß auf die Festigkeit der Stähle, insbesondere dann, wenn es quer zur Verformungsrichtung eingelagert ist, wie folgendes Beispiel verdeutlicht:

Ck 45 N mit 0,026 % S: R_m = 670 N/mm² (= 100 %)

Ck 45 N mit 0,034 % S: R_m = 660 N/mm² (= 98,5 %)

Ck 45 N mit 0,067 % S: R_m = 630 N/mm² (= 94 %)

Die positive Wirkung des MnS auf die Zerspanbarkeit wird damit erklärt, daß sowohl die innere Reibung des Werkstückstoffs in der Scherebene als auch die Kontaktzonenreibung herabgesetzt werden. Neuere Untersuchungen weisen den MnS-Einschluß als Ausgangspunkt für Gleitlinienbildung im Scherebenenbereich nach. Da Schwefel den Werkzeugverschleiß herabsetzt, die Anlaßsprödigkeit aber kaum beeinflußt, wird er gegenüber Phosphor als Legierungselement bevorzugt.

MnS bewirkt, daß die Späne kurzbrüchiger, die Oberflächengüte des Werkstücks besser und die Neigung zur Aufbauschneidenbildung geringer wird, Bild 6-33.

Die Form sulfidischer Einschlüsse im Automatenstahl wird im wesentlichen von der bei seiner Erstarrung noch gelösten Menge an Sauerstoff bestimmt. Man unterscheidet drei verschiedene Sulfidtypen im Stahl:

Typ 1: Dieser Sulfidtyp bildet sich als flüssige Phase bei Sauerstoffgehalten > 0,02 % entsprechend dem quasiternären System Fe-MnO-MnS in eisenreicher Schmelze. Nach der Erstarrung tritt dieses Sulfid in Form von gleichmäßig verteilten, globularen oder unregelmäßig abgerundeten Partikeln auf. Diese spröden Sulfide des Typs 1 liegen deutlich voneinander getrennt, in abgeschlossenen Zellen im Stahl vor.

Typ 2: Diese Sulfidform scheidet bei Eisenschmelzen mit Sauerstoffgehalten < 0,01 % an den Primärkorngrenzen aus mangansulfidreicher Schmelze als eine eutektikumsähnliche MnS-Phase aus. Die Sulfide vom Typ 2 liegen nicht in abgeschlossenen Zellen vor, sondern sind von Zentren

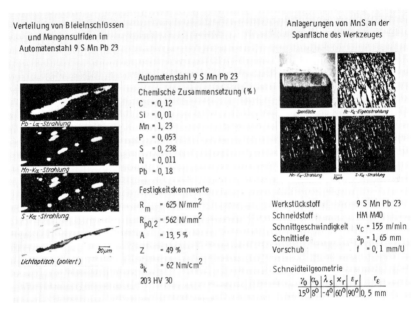

Bild 6-33. Mangansulfide und Blei im Automatenstahl 9 S MnPb 23 und ihr Einfluß beim Drehen mit Hartmetall (nach Dreßler)

aus strahlenartig gewachsen. Dabei kommt es zur Ausbildung von Gabelungen oder stellenweise zur Verschmelzung der aus den trichterförmigen Zellen herauswachsenden Sulfide.

Typ 3: Dieser Sulfidtyp kristallisiert aus Fe-Schmelzen mit erniedrigtem Schmelzpunkt als primäre eckige Kristalle. Wesentliche Voraussetzung für ihre Bildung sind Kohlenstoff- und Siliziumgehalte zwischen 0,1 und 0,4 % sowie ein Aluminiumgehalt zwischen 0,05 und 0,3 %. Die Sulfide des Typs 2 scheiden sich in den interdendritischen Bereichen aus, sind jedoch, wie die des Typs 1, gleichmäßig verteilt. Sie entsprechen gemäß ihrer Zusammensetzung und Gestalt dem eckigen, kubisch-flächenzentrierten α-MnS.

Hinsichtlich der Zerspanbarkeit sind die Sulfide des Typs 1 am günstigsten; daher ist man auch bestrebt, durch metallurgische Maßnahmen beim Automatenstahl bevorzugt diesen Sulfidtyp zu erzeugen [240]. Die Ausbildung rundlicher Mangansulfide wird durch die Zulegierung von z. B. Tellur begünstigt.

Zur Erzielung einer möglichst guten Zerspanbarkeit sollen die Mangansulfide sowohl eine gewisse Mindestgröße als auch Besetzungsdichte (Anzahl MnS/Flächeneinheit) im Gefüge aufweisen [242].

Mit wachsender Anzahl größerer Mangansulfide wird die Zerspanbarkeit von Automatenstahl wesentlich verbessert. Solche Sulfide verhindern durch Bildung schuppenartiger Schichten im Span eine Preßschweißung der Ferritkörner und stellen eine schützende Zone zwischen Span und Werkzeug her [56].

Blei geht mit α-Fe nicht in Lösung und durchsetzt das Gefüge der Stähle in Form von submikroskopischen Einschlüssen. Die Festigkeitseigenschaften und die Zähigkeit der Stähle werden negativ beeinflußt, insbesondere im Bereich von 250 bis 400°C. Bei relativ niedrigen Temperaturen verflüssigt sich Blei (T_s = 326°C). Ein dünner Bleifilm kann beim Zerspanen von bleihaltigen Stählen die Kontaktflächen zwischen Werkzeug und Werkstück benetzen. Dadurch wird die Neigung zu Preßschweißungen verringert und der Abschervorgang erleichtert. Die spezifischen Schnittkräfte sinken um bis zu 50 %, und die Späne werden kurzbrüchiger.

Durch die Zugabe von Blei (rd. 0,25 %) zu Automatenstählen können Standzeitgewinne von rd. 50 bis 70 % erreicht werden. Die Wirkung von Blei auf den Werkzeugverschleiß ist schnittgeschwindigkeitsabhängig. In Bild 6-34 wird das Verschleißverhalten eines bleihaltigen mit dem eines bleifreien Automatenstahls verglichen. Man sieht, daß eine Zunahme des Bleigehalts von 0 bis 0,29 % im Schnittgeschwindigkeitsbereich bis 100 m/min eine Verringerung des Freiflächenverschleißes zur Folge hat. Im Schnittgeschwindigkeitsbereich

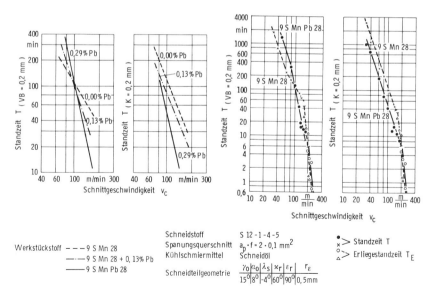

Bild 6-34. Einfluß von Blei auf die Standzeit beim Drehen von Automatenstahl (nach Bersch)

über 100 m/min ist für den Freiflächenverschleiß das umgekehrte Verhalten feststellbar. Hinsichtlich des Kolkverschleißes ist die Wirkung von Blei nahezu geschwindigkeitsunabhängig. Im Schnittgeschwindigkeitsbereich bis 100 m/min bei Anwendung von HSS-Werkzeugen vermindert Blei den Freiflächenverschleiß. Bei Schnittgeschwindigkeiten über 100 m/min oder bei großen Vorschüben wird der Bleifilm unwirksam und der Verschleißfortschritt intensiver, d. h. die Erliegestandzeitkurven werden steiler und unabhängig vom Bleigehalt fast deckungsgleich.

Im Gegensatz zu Schwefel kann Blei fast allen Stählen zulegiert werden, die aber nur in einem Temperaturbereich unter 200 °C beansprucht werden dürfen. Den Automatenstählen wird üblicherweise rd. 0,15 bis 0,30 % Pb zugesetzt. Aufgrund der gesundheitsschädlichen Wirkung von Blei sollte die Zerspanung von bleilegierten Stählen in Drehautomaten erfolgen [236].

Tellur, Wismut und Antimon erzielen ähnlich wie Blei eine bessere Spanbrüchigkeit und eine Schmierwirkung in der Kontaktzone, die den Werkzeugverschleiß reduziert.

Gebräuchliche Automatenstähle sind z. B. 9 S Mn 28; 9 S Mn Pb 28; 35 S 20; 45 S 20.

6.4.2 Zerspanbarkeit der Einsatzstähle

Zu den Einsatzstählen zählen unlegierte Baustähle, Qualitäts- und Edelstähle sowie legierte Edelstähle. Allen gemeinsam ist der relativ niedrige Kohlenstoffgehalt, der die 0,2 %-Grenze nicht wesentlich überschreitet.

Die Einsatzstähle werden fast ausschließlich vor der Einsatzbehandlung spanabhebend bearbeitet. Da das Gefüge dieser Stähle vorwiegend Ferrit und nur wenig Perlit enthält, ist der Verschleißangriff auf das Werkzeug gering.

Hohe Schnittgeschwindigkeiten müssen angestrebt werden, um aus dem Gebiet mit Aufbauschneidenbildung, das infolge der niedrigen Festigkeit zu höheren Schnittgeschwindigkeiten verschoben ist, herauszukommen. Möglichst gute Oberflächenqualität erreicht man weiterhin durch Anwendung geeigneter Kühlschmierstoffe, durch Änderung der Werkzeuggeometrie (positive Spanwinkel) sowie durch Herabsetzen des Vorschubes [57, 60].

Zur Verbesserung der Zerspanbarkeit werden die Stähle je nach ihren Legierungselementen auf ein bestimmtes Ferrit-Perlit-Gefüge (BG) oder auf bestimmte Festigkeit (BF) wärmebehandelt. Das Grobkornglühen wird häufig bei legierten Einsatzstählen angewandt, um die von der Klebneigung herrührenden Bearbeitungsschwierigkeiten zu mindern. Hierbei wird gleichzeitig die stark ausgeprägte Neigung zur Zeiligkeit des Gefüges verringert, die für die spanende Bearbeitung, insbesondere beim Reiben und Räumen, sehr nachteilig ist, da einzelne Zeilen ausgeschnitten werden können. Durch eine schnelle Abkühlung bei der Wärmebehandlung ist die Zeiligkeit zum Teil unterdrückbar, jedoch tritt sie bei erneuter Erwärmung über den Umwandlungspunkt wieder auf. Eine vollständige Beseitigung ist nur durch Diffusionsglühen erreichbar.

Die anwendbaren Schnittbedingungen werden durch die Wärmebehandlung wenig beeinflußt – vorausgesetzt, die Zerspanung erfolgt mit Hartmetall-Werkzeugen (üblicherweise P 10 oder beschichtete Hartmetalle) und die Zugfestigkeit des Werkstückstoffs bleibt unter 650 N/mm² [243].

Werkzeuge aus HSS reagieren dagegen empfindlicher auf Festigkeitsunterschiede, so daß je nach Wärmebehandlungszustand des Werkstückstoffs unterschiedliche Schnittgeschwindigkeiten erforderlich sind.

Nach der spanenden Bearbeitung folgt der Einsatzhärtevorgang: Die Randzonen der Werkstücke werden auf 0,6–0,9 % Kohlenstoff aufgekohlt, die Härtewerte steigen bis auf 60 HRC. Vorwiegend finden diese Werkstoffe bei der Herstellung verschleiß- und wechselbeanspruchter Teile wie Zahnräder, Getriebewellen, Gelenke, Buchsen usw. Verwendung. Infolge des durch die Einsatzhärtung auftretenden Verzugs der Bauteile muß in manchen Fällen noch eine spanende Nachbearbeitung erfolgen. Für diese Fertigbearbeitung der hoch vergüteten bzw. gehärteten Stähle ($>$ 45 HRC) eignen sich besonders Feinstkornhartmetalle, Mischkeramik und CBN-Schneidstoffe. Dabei treten sehr hohe Zerspankräfte auf. Der Spanbruch stellt aufgrund des durch die deutlich höheren Temperaturen ausgeglühten Spanes kein Problem dar. In der Regel werden sehr gute Oberflächenqualitäten erreicht.

Häufige Vertreter der Einsatzstähle sind z. B. Ck 15, 16 MnCr 5, 20 MoCr 4, 18 CrNi 8.

6.4.3 Zerspanbarkeit der Vergütungsstähle

Die Vergütungsstähle weisen Kohlenstoffgehalte zwischen 0,2 % und 0,6 % C auf und besitzen daher höhere Festigkeiten als die Einsatzstähle. Die Hauptlegierungsbestandteile sind Silizium, Mangan, Chrom, Molybdän, Nickel und Vanadin.

Die Zerspanbarkeit der Vergütungsstähle hängt vorwiegend von deren Gefügeausbildung ab und schwankt daher in weiten Grenzen. Das Werkstoffgefüge als Resultat der jeweiligen Wärmebehandlung überwiegt den Einfluß der Legierungsbestandteile auf die Zerspanbarkeit.

Die unlegierten Vergütungsstähle zeigen eine Verschlechterung der Zerspanbarkeit mit steigendem Perlitanteil im Gefüge; daraus ergibt sich eine Abnahme der anwendbaren Schnittgeschwindigkeiten. Bei höheren Schnittgeschwindigkeiten wird das Ende der Standzeit durch Kolklippenbruch hervorgerufen, insbesondere dann, wenn der Stahl größere Anteile an Chrom, Mangan und Vanadin enthält (legierte Vergütungsstähle). Im Glühzustand können die Vergütungsstähle mit um so höherer Schnittgeschwindigkeit bearbeitet werden, je stärker der Zementit im Gefüge eingeformt ist. Gleichzeitig nimmt jedoch die Klebneigung zu, so daß die Oberflächengüte des Werkstücks abnimmt. Ein Gefüge mit einer Mischung aus lamellarem und körnigem Zementit (z. B. bei nicht vollendetem Weichglühen) besitzt eine sehr gute Zerspanbarkeit [244].

Beim Drehen, Fräsen und Bohren bewirken Schwefelzugaben von rd. 0,06 % bis 0,1 % im Vergütungsstahl eine deutliche Verbesserung der Zerspanbarkeit. Bei höheren Werten scheint jedoch die verbessernde Wirkung nur gering zu sein.

Die Wärmebehandlung der Vergütungsstähle kann nur in wenigen Fällen auf eine gute Zerspanbarkeit abgestimmt werden und muß in erster Linie Rücksicht auf den Verwendungszweck nehmen. Darüber hinaus sind die Wärmebehandlungswege zur Erzielung einer guten Zerspanbarkeit unterschiedlich. So z.B. wird der Stahl Ck 60 durch Weichglühen, dagegen der Stahl Ck 22 durch Grobkornglühen oder durch Kaltverfestigung hinsichtlich der Zerspanbarkeit verbessert.

In vielen Fällen erfolgt das Vergüten zwischen der Schrupp- und der Schlichtbzw. Feinbearbeitung [244]. Die Schruppbearbeitung, bei der es vor allem auf hohe Zerspanraten ankommt, erfolgt meist an Werkstoffen im normalisierten Zustand, deren Zerspanbarkeit sich aufgrund des ferritisch-perlitischen Gefüges durch den relativ geringen Verschleiß auszeichnet. Der größte Teil der spanabhebenden Bearbeitung der Vergütungsstähle erfolgt jedoch nach der Vergütung des Werkstückstoffes, d.h. bei einer Festigkeit, die über der des Glühzustandes liegt. Daher rufen hohe Schnittgeschwindigkeiten einen stark erhöhten Werkzeugverschleiß hervor.

Als Schneidstoff bei der spanenden Bearbeitung von Vergütungsstählen kommen in erster Linie die Hartmetalle der Gruppe P in Frage. Sie sind für fast alle Zerspanvorgänge geeignet [244]. Beim Bohren und Gewindeschneiden werden jedoch vorwiegend Werkzeuge aus HSS eingesetzt.

Mit gutem Ergebnis können auch beschichtete Hartmetalle sowie bei Werkstoffhärten > 45 HRC Feinstkornhartmetalle, Schneidkeramik und CBN-Schneidstoffe eingesetzt werden.

Zu den häufig in der Praxis spanabhebend zu bearbeitenden Vergütungsstählen zählen u.a. Ck 45, 42 CrMo 4, 30 CrMoV 9 oder 36 CrNiMo 4. Diese Werkstoffe werden für Bauteile mittlerer und höherer Beanspruchung, insbesondere im Automobil- und Flugzeugbau (Pleuelstangen, Achsen, Achsschenkel, Läufer- und Kurbelwellen) verwendet.

6.4.4 Zerspanbarkeit der Nitrierstähle

Der Kohlenstoffgehalt der Nitrierstähle liegt bei 0,2 % bis 0,45 %. Sie sind vergütbar und werden mit Cr und Mo (zur besseren Durchvergütbarkeit) sowie mit Aluminium oder Vanadin (Nitridbilder) legiert. Das Nitrieren wird bei Temperaturen zwischen 500 und 600 °C durchgeführt, d. h. unterhalb der α-γ-Umwandlungstemperatur des Werkstückstoffs [245].

Im Gegensatz zu einem einsatzgehärteten Stahl, bei dem die hohe Härte mittels einer γ-α-Phasenumwandlung und durch die Erzeugung des metastabilen Zustandes Martensit erreicht wird, hat ein nitrierter Stahl eine Oberfläche, die ihre hohe Härte den spröden Metallnitriden verdankt. Der beim Nitrieren in die Oberfläche eindiffundierende Stickstoff bildet mit den Legierungselementen Cr, Mo und Al Sondernitride, die sich meist in submikroskopischer Form ausscheiden und hohe Gitterverspannungen, d.h. hohe Oberflächenhärte bewirken.

Die spanende Bearbeitung dieser Werkstoffe erfolgt jedoch vor dem Nitrieren, meist im vergüteten Zustand. Dieser für die nachfolgende Nitrierung günstige Gefügezustand (d. h. feine, gleichmäßig verteilte Karbide, angelassener Martensit) weist ungünstige Zerspaneigenschaften auf. Insbesondere bei hohen Schnittbedingungen führen die zu erwartenden hohen Zerspankräfte zu starkem Werkzeugverschleiß und folglich zu kürzeren Standzeiten. Im unvergüteten Zustand treten Schwierigkeiten während der Bearbeitung hinsichtlich Spanabfuhr und Gratbildung auf.

Größere Ferritausscheidungen im Nitrierstahl führen zur Versprödung der Randzone und zu einem ungleichmäßigen Übergang zur Kernzone. Ein Grobkornglühen zur Erzielung einer guten Zerspanbarkeit ist mit Rücksicht auf die spätere Verwendung nicht zu empfehlen, da der Ferrit noch grobkörniger und die Festigkeit noch weiter fallen würde.

Nitrierstähle mit erhöhtem Nickelgehalt, z. B. 34 CrAlNi 7 mit ca. 1 % Ni, sind im allgemeinen schlecht zerspanbar. Grundsätzlich sind aluminiumhaltige Nitrierstähle schwerer zu bearbeiten als aluminiumfreie, wie z. B. 31 CrMo 12, welcher eine geringere Klebneigung aufweist. Günstig auf die Zerspanbarkeit wirkt sich die Beimengung von Schwefel (34 CrAlS 5) aus.

Die Nitrierstähle haben ein ähnliches Anwendungsgebiet wie die Einsatzstähle (Zahnräder, Führungsleisten).

6.4.5 Zerspanbarkeit der Werkzeugstähle

Werkzeugstähle werden für unterschiedliche Beanspruchungen benötigt. Um diesen gerecht zu werden, wurden für die Werkzeugstähle, die allgemein in
- unlegierte Werkzeugstähle und
- legierte Werkzeugstähle

eingeteilt sind, weiterhin die Gruppen der Kaltarbeitsstähle, Warmarbeitsstähle und Schnellarbeitsstähle geschaffen.

In unlegierten Werkzeugstählen sind im geschmiedeten oder gewalzten Zustand bei einem Kohlenstoffgehalt bis zu 0,9 % lamellarer Perlit und Ferrit, bei höheren Kohlenstoffgehalten lamellarer Perlit und ein Zementitnetzwerk vorhanden. Richtig weichgeglühte Stähle sollen unabhängig vom Kohlenstoffgehalt mehr oder weniger gleichmäßig verteilte Zementitkörner in einer ferritischen Grundmasse haben. Bei noch höheren Kohlenstoffgehalten kann man durch übliches Weichglühen das Zementitnetzwerk nicht beseitigen.

Im gehärteten Zustand besteht das Gefüge in den Randschichten überwiegend aus Martensit, der gegen das Werkstückinnere allmählich in Zwischenstufengefüge sowie in feinlamellaren, im Mikroskop nicht mehr auflösbaren Perlit übergeht. Bei übereutektoidischen Stählen sind im Grundgefüge zusätzlich Zementitkörner eingelagert, wenn der Stahl vor dem Härten weichgeglüht war. Fehlt diese Vorbehandlung, dann treten an Stelle der Zementitkörner Reste des spröden Zementitnetzwerkes auf.

Die spanende Bearbeitung der unlegierten Werkzeugstähle erfolgt im weichgeglühten Zustand. Die untereutektoidischen, unlegierten Werkzeugstähle können auch im normalgeglühten Zustand oder im Lieferzustand nach der Warmumformung spanend bearbeitet werden. In beiden Fällen ist mit einer relativ schlechten Zerspanbarkeit, mit erhöhter Klebneigung und mit Aufbauschneidenbildung zu rechnen.

Die Auswahl der Legierungszusätze in legierten Werkzeugstählen erfolgt in erster Linie nach ihrem Einfluß auf Oberflächenhärte, Einhärtungstiefe, Anlaßbeständigkeit, Zähigkeit und Verschleißwiderstand, wobei vor allem bei höher legierten Stählen eine geeigete Abstimmung mit dem Kohlenstoffgehalt erforderlich ist. Der Kohlenstoffgehalt im Stahl bestimmt den Mengenanteil an verschleißfesten Karbiden im Gefüge und ist somit ein wesentlicher Träger des Verschleißwiderstandes. Der Kohlenstoff beeinflußt zusätzlich die Durchhärtbarkeit und trägt über die Karbidreaktionen beim Härten und Anlassen zur Anlaßbeständigkeit und Zähigkeit entscheidend bei.

Für die Zerspanbarkeit dieser Stähle ist der Gehalt an Karbidbildern wider Erwarten von geringerer Bedeutung. Sie erhöhen die Verschleißwirkung des

Stahls erst dann in verstärktem Maße, wenn sie beim Austenitisieren in Lösung gegangen sind und bei dem nachfolgenden Glühen nicht genügend Zeit hatten, Karbide zu bilden.

Die legierten Werkzeugstähle, insbesondere die hochlegierten Schnellarbeitsstähle, gelten als schlecht zerspanbar, weil sie beim Zerspanen im Glühzustand stark zu Verklebungen und zur Aufbauschneidenbildung neigen. Es entstehen schlechte und rauhe Oberflächen, an den Austrittstellen des Werkzeugs können leicht Ausbrüche auftreten oder Spanreste hängen bleiben. Abhilfe läßt sich bis zu einem gewissen Grade durch eine Vergütung auf höhere Festigkeit (1200 bis 1400 N/mm^2) schaffen. Die Vergütungstemperatur der ersten Erwärmung soll im unteren Austenitisierungsbereich liegen, so daß sich beim Abschrecken Martensit bildet, der durch Anlassen im Bereich von 600 bis 700 °C wieder zum Zerfall gebracht wird.

Eine wirtschaftliche Zerspanung ist meist nur im geglühten Zustand möglich. Die anwendbaren Schnittgeschwindigkeiten nehmen mit dem Einformungsgrad der Karbide zu. Im gleichen Maß steigt jedoch auch die Klebneigung, so daß Werkzeugstähle mit fein verteilten körnigen Karbiden meist eine schlechte Zerspanbarkeit aufweisen.

Als Schneidstoffe für die spanende Bearbeitung von Werkzeugstählen werden titan- und tantalkarbidhaltige Hartmetalle mittlerer Zähigkeit, wie z. B. P 20, eingesetzt. Mit gutem Ergebnis können auch einige verschleißfeste, hochlegierte Schnellarbeitsstähle, wie S 18-1-2-10, S 18-1-2-5 und S 10-4-3-10 verwendet werden. Die anwendbaren Schnittgeschwindigkeiten sind relativ niedrig.

6.4.6 Zerspanbarkeit nichtrostender, hitzebeständiger und hochwarmfester Stähle

Nichtrostende Stähle zeichnen sich durch eine gute Beständigkeit gegenüber chemisch aggressiven Stoffen aus. Im allgemeinen weisen sie einen Chromgehalt von wenigstens 12 Gew.-% auf. Die nichtrostenden Stähle lassen sich hinsichtlich ihrer Gefügebestandteile in ferritische und martensitische sowie in austenitische Stähle gliedern.

Hitzebeständige Stahlwerkstoffe müssen hauptsächlich einen ausreichenden Widerstand gegen Heißgaskorrosion im Temperaturbereich über 550 °C bieten. Neben ferritischen Stählen (Cr-Gehalt $>$ 12%, Al, Si) werden austenitische Stähle mit Chrom und Nickel (zur weiteren Steigerung der Warmfestigkeit) eingesetzt.

Hochwarmfeste Stähle besitzen unter langzeitiger Belastung bei hohen Temperaturen (bis 800°) gute mechanische Eigenschaften sowie hohe Zeitstandfestigkeiten. Zu diesen Stählen zählt auch hier die Gruppe der 12%-Cr-Stähle. Eine höhere Warmfestigkeit besitzen die Stähle mit 16–18 % Cr und 10–13 % Ni, deren austenitisches Gefüge einen höheren Formänderungswiderstand bei hohen Temperaturen aufweist.

Die angesprochenen Stähle mit ferritischem Gefüge sind verhältnismäßig gut zerspanbar. Die austenitischen Stähle bereiten dagegen große Schwierigkeiten bei der Zerspanung. Sie werden deshalb häufig im abgeschreckten oder auch lösungsgeglühten Zustand bearbeitet. Charakteristisch hierbei ist die große Klebneigung der Späne, die Aufbauschneidenbildung sowie die Neigung zur Kaltverfestigung [246, 247].

Der austenitische Manganstahl z. B. besteht bei Raumtemperatur aus metastabilem Austenit (weich und duktil). Bei der Zerspanung wandelt sich der Austenit in das stabile Martensit um. Diese Umwandlung verursacht eine Aufhärtung im Bereich der Schnittzone, die zur Anwendung niedriger Schnittgeschwindigkeiten aber relativ hoher Vorschubwerte führt. Infolge möglichst großer Vorschübe verringert sich die Anzahl der Schnitte. Die Schneide muß also weniger oft das verfestigte Material trennen. Hierbei ist zu beachten, daß eine Überlastung durch einen zu hohen Vorschub ebenfalls vermieden werden muß [99].

6.5 Zerspanbarkeit der Eisenguß-Werkstoffe

Unter Eisenguß-Werkstoffen versteht man Eisen-Kohlenstoff-Legierungen mit einem C-Gehalt von mehr als 1,7 % (meist 2 bis 4 %). Ihre Formgebung erfolgt vornehmlich durch Gießen und spanende Fertigbearbeitung, weniger durch plastische Verformung.

Zu dieser Werkstoffgruppe werden in erster Linie der Temperguß, das Gußeisen mit Lamellen- und Kugelgraphit und der Hartguß gezählt.

Die Zerspanbarkeitseigenschaften der Eisenguß-Werkstoffe werden sehr stark von der Menge und der Ausbildung des eingelagerten Graphits beeinflußt. Die Graphiteinlagerungen reduzieren zum einen die Reibung zwischen Werkzeug und Werkstück und unterbrechen zum anderen das metallische Grundgefüge. Dies führt zu einer im Vergleich zu graphitfreien Eisenguß- oder Stahl-Werkstoffen günstigeren Zerspanbarkeit, die sich durch kurzbrüchige Späne, niedrige Zerspankräfte und höhere Werkzeugstandzeiten auszeichnet.

Neben den Graphiteinlagerungen übt auch das metallische Grundgefüge der Eisenguß-Werkstoffe einen großen Einfluß auf die Zerspanbarkeit aus. Es besteht bei Werkstoffen niedriger Festigkeit zum überwiegenden Teil aus Ferrit. Mit steigendem Perlitanteil kommt es zu einer höheren Werkstoffestigkeit und somit insbesondere zu einem größeren Werkzeugverschleiß. Eisenguß-

Werkstoffe hoher Festigkeit und Härte verfügen häufig über ein bainitisches, ledeburitisches oder martensitisches Gefüge und sind deswegen sehr schlecht zerspanbar.

Beim Temperguß ist je nach Wärmebehandlung zwischen weißem Temperguß (GTW) und schwarzem Temperguß (GTS) zu unterscheiden. Aufgrund der guten plastischen Verformbarkeit der Tempergußsorten kommt es bei der Zerspanung zur Bildung von Fließspänen. Die Temperkohle und die im Grundgefüge eingelagerten Mangansulfide bewirken jedoch einen guten Spanbruch [248].

Während beim schwarzen Temperguß ein über den Werkstückquerschnitt gleichmäßiges Gefüge vorliegt, ist die entkohlte Randzone des weißen Tempergusses rein ferritisch. Sie ist gut zerspanbar und läßt sich in dieser Hinsicht mit den Automatenstählen vergleichen (rd. 0,18 % S). Bei gleicher Werkstückhärte ist schwarzer Temperguß deutlich besser zerspanbar als weißer Temperguß [250].

Als Schneidstoffe werden häufig Hartmetalle der Gruppen P und K, beschichtete Hartmetalle und Oxidkeramik eingesetzt. Richtwerte für das Drehen unterschiedlicher Tempergußsorten zeigt Tabelle 6–3.

Beim Gußeisen mit Lamellengraphit (Grauguß, GGL) ist das stahlähnliche Grundgefüge von Graphitlamellen unterbrochen, die während des Zerspanvorgangs zu einer Scher- oder Reißspanbildung führen [249]. Dadurch entstehen stets kurzbrüchige Späne, meist Spanlocken oder Bröckelspäne. Darüberhinaus ist eine Absenkung der Zerspankräfte feststellbar. Bei der Zerspanung bildet sich an den Werkstückkanten i. a. kein Grat, sondern es entstehen Ausbrüche.

Die Oberflächengüte der bearbeiteten Werkstücke ist vom Fertigungsverfahren, von den Schnittbedingungen und von der Feinheit und Gleichmäßigkeit des Grauguß-Gefüges abhängig [37].

Die Härte des Werkstückstoffs ist in erster Näherung eine Bezugsgröße für die anwendbare Schnittgeschwindigkeit. Gußeisen mit Lamellengraphit, das nach einer Glühbehandlung nur einen geringen Perlitanteil (etwa 10 %) im Gefüge aufweist, kann z. B. bei gleicher Standzeit mit einer etwa dreimal höheren Schnittgeschwindigkeit zerspant werden als ein Gußeisen mit hohem Perlitanteil (90 %). Andere harte Gefügebestandteile, wie z. B. das Phosphid-Eutektikum, fördern ebenso wie der Zementit im Perlit den Werkzeugverschleiß. Sie setzen die anwendbaren Schnittgeschwindigkeiten deutlich herab, Bild 6–35.

Die Randzone gegossener Werkstücke weist eine schlechtere Zerspanbarkeit auf als die Kernzone. Zurückzuführen ist dies einerseits auf nichtmetallische Einschlüsse, andererseits auf die veränderte Graphit- und Gefügeausbildung

Werkstoff		Schneidstoff	Vorschub mm	Schnittgeschw. m/min
Kurzname	Härte HB 5/750			
-GTS-35-10 -GTS-45-06	>200	S 10-4-3-10	0,25	45 - 90
		HM-M15/K20 HM-P20	0,1	130 - 300
			0,3	95 - 230
			0,6	75 - 185
		HM-K15-C	0,3	130 - 270
			0,6	105 - 215
		Schneidkeramik	0,2-0,4	400 - 500
-GTS-55-04 -GTS-65-02 -GTS-70-02	200-290	S 10-4-3-10	0,25	15 - 45
		HM-M15/K20 HM-P20	0,1	85 - 195
			0,3	65 - 150
			0,6	50 - 120
		HM-K15-C	0,3	95 - 170
			0,6	75 - 140
		Schneidkeramik	0,2-0,4	200 - 500
GTW-40-05	<220	S 12-1-4-5	0,3	30 - 45
		HM-M15/K20 HM-P20	0,1	45 - 85
			0,3	30 - 60
			0,6	30 - 45
GTW-45-07 GTW-S38-12	<220	S 12-1-4-5	0,3	35 - 50
		HM-M15(K20 HM-P20	0,1	90 - 150
			0,3	60 - 100
			0,6	45 - 70
		HM-K15-C	0,1	170 - 240
			0,3	110 - 160
			0,6	80 - 115

Tabelle 6-3. Richtwerte für das Drehen von Temperguß

unmittelbar unter der Gußhaut sowie auf Verzunderungen [249]. Infolgedessen kommt es zu einem stärkeren abrasiven Verschleiß und zur Ausbildung einer Verschleißkerbe an der Werkzeugschneide. In der Praxis wird dem häufig durch eine Reduzierung der Schnittwerte Rechnung getragen.

Zur Bearbeitung von Grauguß bietet sich eine umfangreiche Schneidstoffpalette an. Der Einsatz von Schnellarbeitsstählen ist i. a. auf Werkzeuge mit sehr feinen Schneiden begrenzt. Typische Verfahren sind das Bohren, Aufbohren, Reiben und Gewindeschneiden. Die Werkzeuge sind hierbei zumeist oberflächenbehandelt (bornitriert, hartverchromt, dampfangelassen).

Die klassischen Hartmetallsorten für die Zerspanung von Gußeisen mit Lamellengraphit sind die K-Qualitäten. Für die Fein- und Feinstbearbeitung sind hiervon die Sorten K 01 und K 05 sowie die Cermets geeignet.

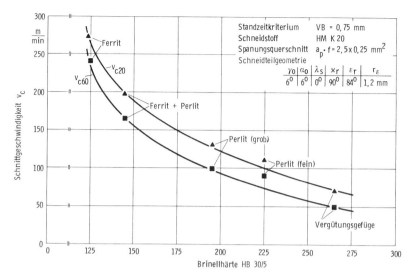

Bild 6-35. Abhängigkeit der Schnittgeschwindigkeiten v_{c60} und v_{c20} von der Gefügeausbildung und der Härte beim Drehen von Gußeisen mit Lamellengraphit (nach Metals Handbook)

Eine deutliche Erhöhung der Zerspanleistung ermöglichen beschichtete Hartmetalle und Schneidkeramiken, Bild 6–36.

Beschichtete Hartmetall-Wendeschneidplatten werden zum Drehen, Bohren und Fräsen von Grauguß eingesetzt. Höchste Standzeiten und Schnittgeschwindigkeiten erreichen dabei die Hartmetalle mit keramischer Viellagen-Beschichtung. Aufgrund der verfahrensbedingten großen Schneidkantenverrundung sind die beschichteten Hartmetalle weniger für das Feinschlichten geeignet.

Oxidkeramische Schneidstoffe finden beim leichten Schruppdrehen und beim Schlichtdrehen und -fräsen von Grauguß ihre Anwendung. Für das Schruppfräsen, das Schruppdrehen bei starken Schnittunterbrechungen oder extremen Unregelmäßigkeiten der Werkstückkontur und auch für die Zerspanung mit Kühlschmierstoff sind die Siliziumnitrid-Keramiken vorzuziehen [170].

Schnittbedingungen für die spanende Bearbeitung von Gußeisen mit Lamellengraphit sind in den Tabellen 6–4 bis 6–6 für das Drehen, Fräsen und Bohren angegeben.

Im Gußeisen mit Kugelgraphit liegt der Graphit in Form von globularen Einschlüssen vor. Das Grundgefüge der Sorten mit niedriger Festigkeit und guten Zähigkeitseigenschaften (z. B. GGG 40) besteht zum überwiegenden Teil aus

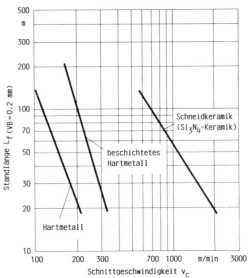

Bild 6-36. Standlängen beim Stirnplanfräsen von Gußeisen mit Lamellengraphit

Ferrit. Bei der Zerspanung dieser Werkstoffe können Wendelspäne auftreten, die aufgrund der durch die Graphiteinlagerungen reduzierten Spanfestigkeit jedoch leicht brüchig sind. Bei hohen Schnittgeschwindigkeiten im Trockenschnitt kann es darüberhinaus zur Scheinspanbildung kommen [249].

Mit zunehmendem Perlitanteil im Grundgefüge steigt die Festigkeit der Gußwerkstoffe. Bei der Zerspanung führt dies zu einem höheren Werkzeugverschleiß [251].

Zur spanenden Bearbeitung des Gußeisens mit Kugelgraphit eignen sich je nach Fertigungsverfahren und Bearbeitungsbedingungen Schnellarbeitsstähle, Hartmetalle, beschichtete Hartmetalle und Oxidkeramik.

Bei der Zerspanung von Hartguß (weißes Gußeisen) wird die Werkzeugschneide infolge des hohen Zementitgehalts im Werkstoffgefüge hoch beansprucht. Der Schneidstoff sollte hierbei über eine hohe Verschleiß- und Druckfestigkeit verfügen. Zur Hartgußbearbeitung werden fast ausschließlich Hartmetalle der Gruppe K und, insbesondere bei hohen Härten, Schneidkeramik (oxidische

Werk-stück-stoff	Härte HB	Schneid-stoff	Schnitt-tiefe a_p (mm)	Vor-schub f (mm)	Schneidteilgeometrie				Schnittgeschwindigk. v_c (m/min)
					α_o	γ_o	λ_s	χ_r	
GG 10 GG 15 GG 20	<180	HM-K01/05	1	0,1	5°	0°	0°	70°	180 - 300
		HM-K10/30	4	0,4	-	-	-	-	140 - 220
		HM-besch.	4	0,4	6°	6°	-4°	90°	180 - 350
		Schneidkeramik	1	0,1	6°	-6°	-6°	45° - 90°	600 - 1200
			4	0,4					450 - 900
GG 25 GG 30	180 - 220	HM-K01/05	1	0,1	5°	0°	0°	70°	120 - 200
		HM-K10/30	4	0,4	-	-	-	-	90 - 160
		HM-besch.	4	0,4	6°	6°	-4°	90°	110 - 200
		Schneidkeramik	1	0,1	6°	-6°	-6°	45° - 90°	450 - 900
			4	0,4					300 - 700
GG 35 GG 40	>220	HM-K01/05	1	0,1	5°	-6°	0°	70°	80 - 140
		HM-K10/30	4	0,4	-	-	-	-	50 - 100
		HM-besch.	4	0,4	6°	0°	-4°	90°	80 - 140
		Schneidkeramik	1	0,1	6°	-6°	-6°	45° - 90°	300 - 600
			4	0,4					150 - 500

Tabelle 6-4. Richtwerte für das Drehen von Gußeisen mit Lamellengraphit

Werkstückstoff	Brinellhärte HB	Schneidstoff	Zahnvorschub f_z (mm)	Schnitttiefe a_p (mm)	Schnittgeschwindigkeit v_c (m/min)
GG 10 GG 15 GG 20	<180	HM-K20/ HM-K30	0,1-0,2	2	160 - 200
			0,2-0,4	4	130 - 200
			0,4-0,6	6	120 - 180
		HM-besch.	0,1-0,2	2	240 - 350
			0,2-0,4	4	210 - 310
GG 25 GG 30	180 bis 220	HM-K20/ HM-K30	0,1-0,2	2	110 - 140
			0,2-0,4	4	90 - 130
			0,4-0,6	6	80 - 110
		HM-besch.	0,1-0,2	2	170 - 220
			0,2-0,4	4	140 - 190
GG 35 GG 40	>220	HM-K20/ HM-K30	0,1-0,2	2	80 - 100
			0,2-0,4	4	70 - 90
			0,4-0,6	6	60 - 80
		HM-besch.	0,1-0,2	2	100 - 160
			0,2 0,4	4	90 - 130
Legiertes Gußeisen	>250	-K10 HM-M10 -M15	0,1-0,2	2	30 - 65
			0,2-0,4	4	25 - 50

Tabelle 6-5. Richtwerte für das Fräsen von Gußeisen mit Lamellengraphit

Schneid-stoff	Werk-stück-stoff	Brinell-härte HB	Bohrtiefe l mm	Bohrerdurchmesser d mm								Schnittge-schwindigkeit v_c m/min
				2,5	4	6,3	10	16	25	40	63	
				Vorschub f mm								
HSS	GG 10 - GG 25	< 220	< 5 x d	0,08	0,12	0,20	0,28	0,38	0,50	0,63	0,85	16 bis 25
			5 - 10 x d	0,06	0,10	0,16	0,22	0,30	0,40	0,50	0,70	12 bis 20
			> 10 x d	0,05	0,08	0,12	0,18	0,25	0,32	0,40	0,56	12 bis 20
	GG 30 - GG 40	> 220	< 5 x d	0,06	0,10	0,16	0,22	0,30	0,40	0,50	0,70	12 bis 20
			5 - 10 x d	0,05	0,08	0,12	0,18	0,25	0,32	0,40	0,56	10 bis 16
HM	GG 10 - GG 25	< 220	< 5 x d	0,04	0,06	0,10	0,14	0,19	0,25	0,32	0,45	25 bis 40
			> 5 x d	0,05	0,07	0,10	0,12	0,14	0,16	0,22	0,31	63 bis 100
	GG 30 - GG 40 und leg. Gußeisen	> 220	< 5 x d	0,03	0,05	0,08	0,11	0,15	0,20	0,25	0,36	25 bis 40
			> 5 x d	0,05	0,07	0,10	0,12	0,14	0,16	0,22	0,31	31 bis 63

Tabelle 6-6. Richtwerte für das Bohren von Gußeisen mit Lamellengraphit

Mischkeramik) und CBN-Schneidstoffe eingesetzt. Zur Erreichung einer wirtschaftlichen Standzeit sollte die Schnittgeschwindigkeit mit steigender Werkstoffhärte reduziert werden, Bild 6–37.

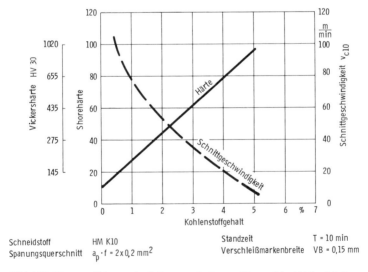

Schneidstoff HM K10   Standzeit T = 10 min
Spanungsquerschnitt $a_p \cdot f = 2 \times 0{,}2$ mm^2 Verschleißmarkenbreite VB = 0,15 mm

Bild 6-37. Härte und Zerspanbarkeit von unlegiertem Hartguß in Abhängigkeit vom Kohlenstoffgehalt (nach Vieregge)

Um die Belastung der Werkzeugschneide bei der Hartgußzerspanung möglichst gering zu halten, werden die Spanungsdicken reduziert. Bei der Bearbeitung von Hartgußwalzen sind Einstellwinkel von 10° bis 20° und Spanwinkel von −5 bis +25° üblich.

Der Einsatz von Schneidkeramik erlaubt im Vergleich zu Hartmetallen eine Erhöhung der Schnittgeschwindigkeit um den Faktor 3 bis 4 [247]. Der größeren Zerspanleistung steht jedoch eine erhöhte Bruchanfälligkeit gegenüber.

Einen zusammenfassenden Überblick über realisierbare Schnittgeschwindigkeiten in Abhängigkeit vom zu zerspanenden Werkstückstoff zeigen die Bilder 6-38 und 6-39 für Stähle und Eisenguß-Werkstoffe. Die zugehörige Einteilung der Werkstückstoffe in die betreffenden Zerspanbarkeitsklassen kann den Tabellen 6-7 bis 6-9 entnommen werden.

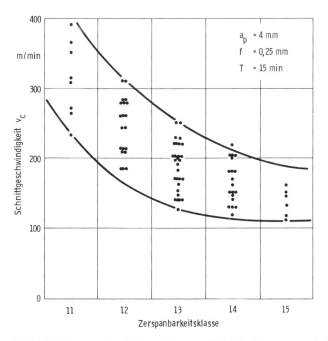

Bild 6-38. Einsatz unbeschichteter Hartmetalle bei der Zerspanung niedrig- und unlegierter Stähle (nach INFOS)

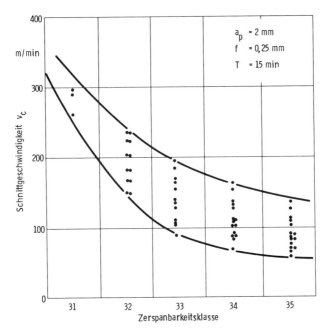

Bild 6-39. Einsatz unbeschichteter Hartmetalle bei der Zerspanung von Eisengußwerkstoffen (nach INFOS)

Zerspanbarkeitsklassen / Werkstoffgruppen	11	12	13	14
Automatenstähle nach DIN 1651, unbehandelt (warmgeformt)	nicht für Wärmebehandlung bestimmte Stähle oder Einsatzstähle z.B. 9 S Mn 28 ; 10 S 20	—	—	—
Automatenstähle nach DIN 1651, vergütet	—	bis 0,45 % Nennkohlenstoffgehalt z.B. 35 S 20 V ; 45 S 20 V	über 0,45 % Nennkohlenstoffgehalt z.B. 60 S 20 V	—
Einsatzstähle, unlegiert nach DIN 17210	behandelt auf Ferrit-Perlit-Gefüge (BG) z.B. Ck 10 BG; Ck 15 BG	—	—	—
Einsatzstähle, legiert nach DIN 17210	—	behandelt auf Ferrit-Perlit-Gefüge (BG) z.B. 16 MnCr 5 BG	behandelt auf bestimmte Festigk.(BF) z.B. 16 CrNiMo 6 BF	—
			unbehandelt [1] z.B. 16 MnCr 5 U	unbehandelt [1] z.B. 17 CrNiMo 6 U
Allgemeine Baustähle nach DIN 1700	—	bis 0,2 % Nennkohlenstoffgehalt z.B. St 52-3 [2]	über 0,2 % Nennkohlenstoffgehalt z.B. St 50-1 [2]	—

[1] unterschiedliche Zerspanbarkeit je nach Anteil an Bainit und Martensit
[2] infolge starker Streuungen unterschiedliche Zerspanbarkeit möglich

Tabelle 6-7. Einteilung genormter Stähle in Zerspanbarkeitsklassen I

Zerspanbarkeitsklassen / Werkstoffgruppen		12	13	14	15
Vergütungs- stähle unlegiert nach DIN 17200 DIN 17212 DIN 17240	weichgeglüht (G) oder behandelt auf bestimmte Festigkeit (BF)	bis 0,40 % Nenn- kohlenstoffgehalt z.B. Ck 35 BF; Cf 35 G	über 0,40 % Nenn- kohlenstoffgehalt z.B. Ck 45 BF; Cf 53 G Ck 60 G	über 0,60 % Nenn-[1] kohlenstoffgehalt z.B. Cf 70 G	—
	normal- geglüht (N)	bis 0,45 % Nenn- kohlenstoffgehalt z.B. Ck 45 N	über 0,45 bis 0,55 % Nennkohlenstoffgehalt z.B. Cf 53 N; Ck 55 N	über 0,55 % Nenn- kohlenstoffgehalt z.B. Ck 60 N	—
	vergütet (V)[2]	—	bis 0,45 % Nennkohlen- stoffgehalt oder bis 800 N/mm² Zugfestigk. z.B. Ck 35 V; Cf 45 V	über 0,45 bis 0,60 % Nennkohlenstoffgehalt oder über 800 N/mm² Zugfestigk. z.B. Ck 55 V	—
Vergütungs- stähle legiert nach DIN 17200 DIN 17211 DIN 17212 DIN 17240	weichgeglüht (G) oder behandelt auf verbesserte Bearbeitbark. (B)	bis 0,30 % Nenn- kohlenstoffgehalt oder bis 200 HB z.B. 25 CrMo 4 B	über 0,40 % Nennkohlen- stoffgehalt oder über 200 bis 230 HB z.B. 24 CrMo 5 B; 34 Cr 4 B	über 0,40 % Nennkohlen- stoffgehalt oder über 230 HB z.B. 24 CrNiMo 6 B; 50 CrMo 4 G	—
	vergütet (V)[2]	—	bis 0,40 % Nennkohlen- stoffgehalt oder über 700 bis 800 N/mm² Zugfestigk. z.B. 34 Cr 4 V	bis 0,50 % Nennkohlen- stoffgehalt oder über 1000 N/mm² Zugfestigk. z.B. 34 CrAlNi 7 V 42 CrMo 4 V	über 1000 N/mm² Zugfestigkeit z.B. 50 Cr V 4 V; 30 CrNiMo 8 V

1) unlegierte Werkzeugstähle nach DIN 17350 (z.Z. Entwurf) besitzen im Zustand weichgeglüht (G) gleiche Zerspanbarkeit

2) Gefüge angelassener Martensit oder Bainit

Tabelle 6-8. Einteilung genormter Stähle in Zerspanbarkeitsklassen II

Zerspanbarkeitsklassen / Werkstoffgruppen	31	32	33	34	35
Gußeisen mit Lamellengraphit (Grauguß) (GG)[1] nach DIN 1691	—	bis 150 HB	150 bis 180 HB	180 bis 230 HB	über 230 HB
Gußeisen mit Kugelgraphit (GGG)[2] nach DIN 1693	—	bis 180 HB z.B. GGG-40	180 bis 220 HB z.B. GGG-50	220 bis 260 HB z.B. GGG-60	über 260 HB z.B. GGG-70
Schwarzer Temperguß (GTS) nach DIN 1692	bis 140 HB z.B. GTS-35	140 bis 180 HB z.B. GTS-45	180 bis 220 HB z.B. GTS-55	220 bis 260 HB z.B. GTS-65	über 260 HB z.B. GTS-70
Weißer Temperguß (GTW) nach DIN 1692	—	—	bis 150 HB z.B. GTW-40 GTW-S-38	150 bis 210 HB z.B. GTW-45	über 210 HB z.B. GTW-55

1) Wegen der Wanddickenabhängigkeit besteht bei Gußeisen mit Lamellengraphit kein fester Zusammenhang zwischen der Gußstückhärte und der Gußeisensorte. Maßgeblich ist die Härte der zu zerspanenden Zone.

2) Bei Gußeisen mit Kugelgraphit im Gußzustand wie 1)

Tabelle 6-9. Einteilung von Eisengußwerkstoffen in Zerspanbarkeitsklassen

6.6 Zerspanbarkeit der Aluminiumlegierungen

Der Aufbau von Aluminiumlegierungen richtet sich nach den geforderten Eigenschaften; sie enthalten eines oder mehrere der fünf Hauptlegierungselemente Silizium, Kupfer, Magnesium, Zink und Mangan. Eisen, Chrom und Titan werden in geringeren Mengen zugegeben. In Sonderlegierungen sind zusätzlich Nickel, Kobalt, Zinn, Blei oder Vanadin enthalten. Beryllium, Bor und Natrium werden als Spurenzusätze zur Beeinflussung der Kristallisationsvorgänge zugegeben [252].

Aluminiumlegierungen können als binäre, ternäre oder höherwertige Systeme aufgebaut sein. Bei höheren Gehalten an Legierungselementen können die Elemente selbst als nicht gelöste Gefügebestandteile in der Legierung auftreten. Solche Elemente sind z. B. Si, Zn, Sn, Pb [253].

Das technisch wichtige Zweistoffsystem Aluminium-Silizium weist einen rein eutektischen Aufbau mit teilweiser Löslichkeit des Siliziums im festen Zustand (α-Mischkristall) auf, Bild 6-40. Bei eutektischer Zusammensetzung (ca. 12,5 % Silizium) erstarrt die Schmelze vollständig bei der genau definierten eutektischen Temperatur. Legierungen mit weniger Silizium (untereutektische Legierungen) und Legierungen mit mehr Silizium (übereutektische Legierun-

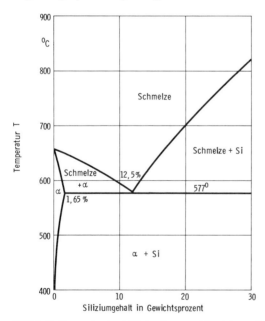

Bild 6-40. Zustandsschaubild des Systems Aluminium-Silizium
(nach Aluminium-Taschenbuch)

gen) erstarren dagegen in einem Temperaturbereich. Die Lage des eutektischen Punktes kann durch die Abkühlgeschwindigkeit und durch Zugabe geringer Mengen von Natrium beeinflußt werden [254].

Mit Elementen wie z. B. Kupfer, Eisen und Magnesium können sich intermetallische Phasen bilden wie z. B. Al_2Cu, Al_3Fe, Al_3Mg_2. Bei Zulegierung von zwei oder mehr Elementen können diese sowohl miteinander als auch zusammen mit dem Aluminium intermetallische Phasen bilden. Beispiele dafür sind: Mg_2Si, Zn_2Mg, Al_5Cu_2Mg, $Al_2Mg_3Zn_3$.

Nach Zusammensetzung und Art, wie die einzelnen Legierungen ihre Festigkeit erhalten, unterscheidet man nichtaushärtbare und aushärtbare Legierungen [253].

Nichtaushärtbare Legierungen erhalten ihre Festigkeitseigenschaften nur durch die Legierungselemente und den Grad der Kaltverfestigung. Bereits bei Temperaturen um 150 °C beginnt die Entfestigung. Zu den nichtaushärtbaren Legierungen gehören im wesentlichen die Legierungen der Gruppen AlMg, AlMn und einige Varianten dieser Gruppe [253].

Aushärtbare Legierungen erhalten ihre Festigkeitseigenschaften durch eine Wärmebehandlung. Eine zusätzliche Verbesserung der Festigkeitseigenschaften durch Kaltverformung ist möglich, wird jedoch selten genutzt. Zu den aushärtbaren Legierungen gehören im wesentlichen die Legierungen AlMgSi, AlZnMg, AlCuMg und AlZnMgCu [253].

Legierungen mit den Legierungsbestandteilen Al, Si, Cu, Ni mit Siliziumgehalten von 12 bis 25 % werden als Kolbenlegierungen bezeichnet. Die Beimengung von Nickel verursacht in der Aluminium-Matrix eine Gitterverspannung und eine Erhöhung der Rekristallisationstemperatur. Sie zeichnen sich deshalb durch erhöhte Verschleißfestigkeit und geringe Wärmedehnung aus [253].

Die Zerspanbarkeit der Aluminiumlegierungen ist abhängig von der Zusammensetzung und vom Gefügezustand.

Nichtaushärtbare und aushärtbare Legierungen im weichen Zustand ohne Silizium neigen sehr stark zum Schmieren und selbst bei Schnittgeschwindigkeiten bis zu etwa 300 m/min zur Bildung von Aufbauschneiden. Die Oberflächengüte ist schlecht. Es bilden sich bei Verwendung von Werkzeugen mit der geeigneten Schneidteilgeometrie nach Tabelle 6-10, Spanwinkeln bis zu 45 ° und großen Spanleitstufen lange und zähe Bandspäne, die den Bearbeitungsvorgang sehr erschweren. Derartige Legierungen sollten für Bauteile, an denen spanende Bearbeitungen vorgenommen werden müssen, möglichst nicht verwendet werden [256].

Verfahren	Drehen			Fräsen			Bohren		Sägen	
Schneidstoff	HSS	HM	PKD	HSS	HM	PKD	HSS	HM	HSS	HM
Schnittgeschwindigkeit v_c [m/min]	≤800	≤4000	*)	≤1200	≤2500	≤2500	≤200	≤500	400 – 2000	≤3000
Spanwinkel γ_0 [Grad]	25 – 35	≤30	*)	15 – 30	10 – 20	2	30	30	25	10
Freiwinkel α_0 [Grad]	7 – 10	7 – 10	*)	19 – 20	9 – 20	6	15-17	5-10	8	7-9
Vorschub f [mm]	≤0,8	≤0,8	*)	–	–	–	0,1 – 0,5	≤0,15	–	–
f_z [mm]	–	–	–	~0,3	~0,3	~0,3	–	–	≤0,06	≤0,06
Schnittiefe a_p [mm]	≤6	≤6	*)	≤6	≤8	≤2,5	–	–	–	–

*) nicht geeignet bzw. nicht üblich

Tabelle 6-10. Richtwerte für die Bearbeitung von siliziumfreien, nicht aushärtbaren und weichen Aluminiumlegierungen

Ausgehärtete Legierungen und Gußlegierungen mit einem Siliziumgehalt bis zu 12 % weisen mit steigendem Siliziumgehalt schlechtere Zerspanungseigenschaften auf. Harte und spröde Einschlüsse wie Al_2O_3 und das Silizium selbst verbessern zwar die Spanbrüchigkeit, erhöhen jedoch gleichzeitig den Werkzeugverschleiß. Aus diesem Grunde sollten Hartmetalle als Schneidstoffe verwendet werden. In Frage kommen praktisch alle K-Sorten. Die Auswahl richtet sich nach Kriterien wie Schnittgeschwindigkeit, Spanungsquerschnitt, glatter oder unterbrochener Schnitt u. ä. [255, 257 bis 260].

Bei unterbrochenem Schnitt und niedrigen Schnittgeschwindigkeiten bei gleichzeitiger hoher Zerspanungsleistung können bei Legierungen mit niedrigem Siliziumgehalt HSS-Werkzeuge vorteilhaft sein. Richtwerte für die Bearbeitung sind in Tabelle 6–11 zusammengestellt. Zur Erzeugung dekorativer Oberflächen werden häufig Diamantwerkzeuge eingesetzt. Es wird mit hohen Schnittgeschwindigkeiten und kleinen Spanungsquerschnitten zerspant.

Der Werkzeugverschleiß bei der Aluminiumbearbeitung erfolgt im allgemeinen durch eine Abrundung der Schneidkante bei gleichzeitigem Schneidkantenversatz. Kolkverschleiß tritt nicht auf. Die fortschreitende Abstumpfung der Schneidkante führt zu höheren Schnittkräften und erhöhter Temperatur an der Spanentstehungsstelle. Die Temperatur kann so weit ansteigen, daß es zur Scheinspanbildung kommt, d. h. daß plastifizierter Werkstückstoff zwischen Freifläche und Werkstück austritt. Damit ist in der Regel eine Verschlechterung der Oberflächengüte verbunden.

Gußlegierungen mit einem Siliziumgehalt von über 12% und Kolbenlegierungen lassen sich hinsichtlich Spanform und erzielbarer Oberflächengüte mit Hartmetall- und polykristallinen Diamant-Werkzeugen gut bearbeiten. Durch den hohen Siliziumgehalt ist die Werkzeugschneide einem sehr großen abrasiven Verschleißangriff ausgesetzt. Die Schnittgeschwindigkeit muß daher mit steigendem Siliziumgehalt deutlich reduziert werden, Tabelle 6-12.

Unabhängig von den Zerspanbarkeitseigenschaften der verschiedenen Al-Legierungen ist der Einsatz von PKD-Werkzeugen für das Bohren ins volle aufgrund von Quetschvorgängen im Querschneidenbereich nicht zu empfehlen.

Verfahren	Drehen			Fräsen			Bohren		Sägen	
Schneidstoff	HSS	HM	PKD	HSS	HM	PKD	HSS	HM	HSS	HM
Schnittgeschwindigkeit v_c [m/min]	≤400	≤1200	≤1500	≤300	≤700	≤1500	80-100	≤500	200-1000	≤3000
Spanwinkel γ_0 [Grad]	10-20	6-12	6	15-25	10-20	2	30	30	25	8
Freiwinkel α_0 [Grad]	7-10	5-8	12	9-20	9-20	6	12	5-10	8	7-9
Vorschub f [mm]	≤0,5	≤0,6	≤0,3	--	--	--	0,1-0,4	0,15	--	--
Vorschub f_z [mm]	--	--	--	~0,3	~0,3	~0,2	--	--	≤0,06	≤0,06
Schnittiefe a_p [mm]	≤6	≤6	≤1	≤6	≤8	≤2,5	--	--	--	--

Tabelle 6-11. Richtwerte für die Bearbeitung untereutekischer Aluminiumlegierungen im ausgehärteten oder im Gußzustand

Verfahren	Drehen			Fräsen			Bohren		Sägen	
Schneidstoff	HSS	HM	PKD	HSS	HM	PKD	HSS	HM	HSS	HM
Schnittgeschwindigkeit v_c [m/min]	*)	≤400	≤900	*)	≤300	≤1000	50	60-100	80-200	≤1000
Spanwinkel γ_0 [Grad]	*)	6	6	*)	10-20	2	30	30	15	6
Freiwinkel α_0 [Grad]	*)	5-8	12	*)	9-20	6	12	5-10	8	7-9
Vorschub f [mm]	*)	≤0,6	≤0,2	--	--	--	0,1-0,4	0,15	--	--
Vorschub f_z [mm]	--	--	--	*)	~0,3	~0,15	--	--	≤0,06	≤0,06
Schnittiefe a_p [mm]	*)	≤4	≤0,8	*)	≤8	≤2,5	--	--	--	--

Tabelle 6-12. Richtwerte für die Bearbeitung von Aluminiumlegierungen mit mehr als 10–12% Silizium und Kohlenlegierungen

Beim Aufbohren insbesondere von höher siliziumhaltigen Aluminiumlegierungen sind PKD-Werkzeuge jedoch den Hartmetallbohrern im Hinblick auf Standzeit und Zerspanleistung deutlich überlegen.

Kern- und Randzonen gegossener Werkstücke können sehr unterschiedliche Zerspanungseigenschaften haben, Bild 6-41. Bei der untereutektischen Legierung GD-AlSi 8 Cu 3 weist die Randzone verfahrensunabhängig jeweils die schlechtere, die Kernzone die bessere Zerspanbarkeit auf. Ursache hierfür ist das Fehlen von Al-Mischkristallen in der Randzone infolge hoher Abkühlgeschwindigkeit und eine dadurch bedingte Erhöhung des verschleißfördernden Siliziumgehaltes.

Bei der eutektischen Gußlegierung GD-AlSi 12 sind die betreffenden Standzeitunterschiede nicht gegeben. Durch die eutektische Zusammensetzung zeichnet sich diese Legierung trotz der für Druckguß typischen hohen Abkühlgeschwindigkeit durch eine gleichmäßige Verteilung des verschleißbestimmenden Siliziums aus, so daß hierdurch keine wesentlichen Standzeitunterschiede ermittelt werden können. Die erreichbaren Stundenschnittgeschwindigkeiten für das Drehen einiger Aluminiumlegierungen zeigt Bild 6-42. Bei Sandguß muß vor allem bei siliziumarmen Legierungen eine erhebliche Schnittgeschwindigkeitseinbuße im Vergleich zum Kokillenguß hingenommen werden.

Die spezifischen Schnittkräfte $k_{c1.1}$ der angegebenen Legierungen liegen bei rd. 25 % der Werte für den Stahl C 35.

Bei Ausnutzung der heute möglichen Stundenschnittgeschwindigkeiten von über 1500 m/min werden hohe Schnittleistungen benötigt. Sie können das Dreifache der Leistungen betragen, die für die Ausnutzung der möglichen Stundenschnittgeschwindigkeiten bei der Stahlzerspanung benötigt werden [263].

6.7 Zerspanbarkeit der Kupferbasislegierungen

Unter Kupferbasislegierungen werden die Legierungen verstanden, deren Cu-Anteil mindestens 50 % beträgt. Hinsichtlich der Zerspanbarkeitseigenschaften kann folgende prinzipielle Einteilung vorgenommen werden:

- Legierungen, deren Zusatzelemente so aufeinander abgestimmt sind, daß sie nur einen Mischkristall bilden. Derartige Legierungen sind gut kalt verformbar und ertragen eine große Dehnung.
- Legierungen mit den Elementen Zn, Sn, Al und Si, jedoch ohne Blei, die einen zweiten Mischkristall bilden. Diese Legierungen sind härter als die der vorhergehenden Gruppe, sie sind schlechter verformbar.

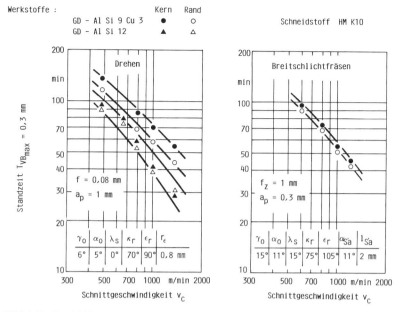

Bild 6-41. Verschleiß-Schnittgeschwindigkeitskurven für das Stirnfräsen und Drehen zweier Aluminium-Legierungen

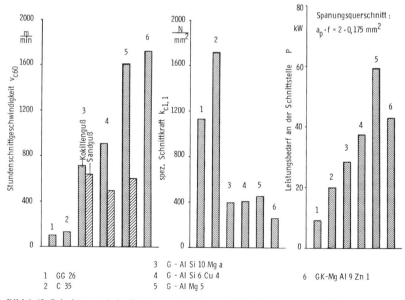

1 GG 26
2 C 35
3 G - Al Si 10 Mg a
4 G - Al Si 6 Cu 4
5 G - Al Mg 5
6 GK-Mg Al 9 Zn 1

Bild 6-42. Schnittwerte beim Drehen von Leichtmetall-Gußlegierungen und Eisenwerkstoffen

- Legierungen mit den Elementen Pb, Se und Te, die im Kupfer unlösliche Bestandteile bilden. Dadurch wird die Festigkeit kaum beeinflußt, die Kerbschlagzähigkeit und die Verformbarkeit nehmen zu [264].

Zu der ersten Gruppe gehören die Messinge (Kupfer und Zink) mit einem Zinkgehalt bis zu 39 %, Tabelle 6-13. Bis zu diesem Prozentsatz wird ein α-Mischkristall gebildet. Übersteigt der Zinkgehalt 39 %, so entsteht zusätzlich ein β-Mischkristall und es liegt eine Legierung der zweiten Gruppe vor.

Bezeichnung	Chem. Zusammensetzung (%)				
	Cu	Zn	Sn	Pb	Ni
Rein-Kupfer SF - Cu	99,90	-	-	-	-
G - Ms 64	63,0 bis 67,0	33,0 bis 37,0	1,0	1,0 bis 3,0	-
G - Sn Bz 10 G - Sn Bz 14	89 bis 91 85 bis 87	- -	9 bis 11 13 bis 15	- -	- -
G - Cu Sn 10 Zn G - Cu Sn 5 Zn	86,5 bis 89,0 84,0 bis 86,0	1,0 bis 3,0 4,0 bis 6,0	8,5 bis 11,0 4,0 bis 6,0	1,5 4,0 bis 6,0	1,0 2,0

Tabelle 6-13. Zusammensetzungen von Kupferlegierungen (nach Werkstofftabellen der Metalle)

Legierungen der ersten Gruppe und reines Kupfer sind aufgrund ihrer großen Zähigkeit und hohen Verformbarkeit schlecht zerspanbar. Sie weisen eine große Spanstauchung auf, die zu einer hohen Belastung der Werkzeugschneide führt. Aufbauschneidenbildung, Bild 6-43, und Riefenbildung, Bild 6-44, am Werkzeug führen zu starkem Verschleiß und schlechten Oberflächengüten [266, 267].

Legierungen der zweiten Gruppe weisen je nach Anteilen an Zn, Sn, Al und Si eine sehr unterschiedliche Zerspanbarkeit auf, wobei die Spanformen meist günstig sind, die Standzeiten jedoch aufgrund der größeren Härte und geringeren Verformbarkeit niedriger liegen als bei der ersten Gruppe [268].

Der Einfluß der Elemente Pb, Se, Te in Form unlöslicher Bestandteile in Kupferbasislegierungen ist vergleichbar mit den Auswirkungen dieser Elemente im Automatenstahl [272, 273].

Der Einfluß der Kalt- und Warmformgebung auf die Zerspanbarkeit von Automatenmessing ist in Bild 6-45 dargestellt. Der Bereich guter Zerspanbarkeit läßt sich in den gewählten Dimensionen kennzeichnen durch die Wertzahl $50 < R_m/A_{10} < 85$, die diesen Einfluß ausdrückt [264].

Tabelle 6-14 gibt eine Übersicht über die anwendbaren Schnittbedingungen und Werkzeugwinkel bei der Bearbeitung von Kupferbasislegierungen [269, 270].

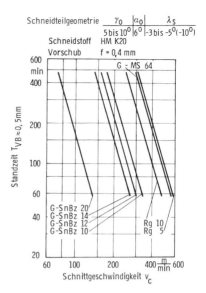

Bild 6-43. Schnittbedingungen für das Drehen von Kupferwerkstoffen (betriebliche Erfahrungswerte) (nach DKI)

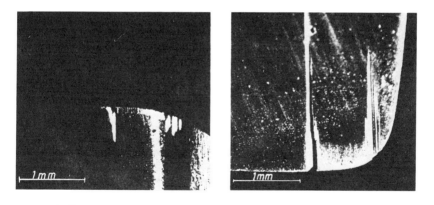

Freifläche und Schneidenecke   Spanfläche

Schnittgeschwindigkeit v_c = 240 m/min   Vorschub f = 0,1 mm

Bild 6-44. Riefenbildung beim Drehen von SF-Kupfer mit Hartmetallwerkzeugen HM K10 (nach DKI)

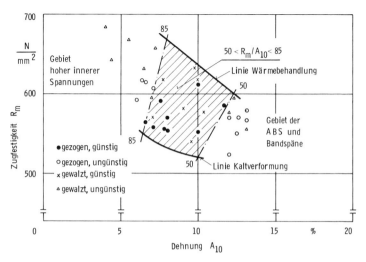

Bild 6-45. Gebiet guter Zerspanbarkeit für Automatenmessing (nach Seidel)

Verfahren		Drehen		Fräsen		Bohren		Sägen	
Schneidstoff		HSS	HM	HSS	HM	HSS	HM	HSS	HM
Schnittgeschwindigkeit v_c [m/min]		30-80	200-1000	40-80	120-1200	50-140	80-300	110-750	500-1000
Spanwinkel γ_0 [Grad]		20-30	6-8	16-20	6-8	30-40	30-40	10-15	--
Freiwinkel α_0 [Grad]		8-10	6-8	5-7	5-7	9	9	10-15	--
Vorschub	f [mm]	0,2-0,45	0,2-0,45	--	--	0,1-0,4	0,1-0,4	--	--
	f_z [mm]	--	--	0,05-0,2	0,05-0,2	--	--	0,03-0,1	0,05-0,1
Schnittiefe a_p [mm]		0,6-4	0,6-4	0,6-4	0,6-4	--	--	--	--

Tabelle 6-14. Richtwerte für die Bearbeitung von Kupferlegierungen

6.8 Zerspanbarkeit der Nickelbasislegierungen

Nickelbasislegierungen sind hochwarmfest, korrosionsbeständig und gleichzeitig sehr zäh. Sie sind deshalb heute die am häufigsten verwendeten Werkstoffe für Bauteile, die hohen wechselnden mechanischen Belastungen bei Arbeitstemperaturen bis zu 1100 °C ausgesetzt sind. Ihre bevorzugten Anwendungsgebiete liegen im Flugzeugmotoren- und Gasturbinenbau, sowie im Chemieapparatebau [394, 395].

Die spezifischen, den jeweiligen Einsatzgebieten angepaßten Eigenschaften dieser Werkstoffe sind im wesentlichen abhängig von der chemischen Zusammensetzung, einer eventuellen Kaltumformung und der Art der Wärmebehandlung. Entsprechend ihrer wichtigsten Legierungselemente lassen sich die Nickelbasislegierungen in folgende Hauptgruppen einteilen [396–399, 400].

I. Nickel-Kupfer-Legierungen
II. Nickel-Molybdän-Legierungen und
Nickel-Chrom-Molybdän-Legierungen
III. Nickel-Eisen-Chrom-Legierungen
IV. Nickel-Chrom-Eisen-Legierungen
V. Nickel-Chrom-Kobalt-Legierungen

Die einzelnen Legierungselemente tragen durch Bildung von Mischkristallen (Cr, Co, Mo, W, Ta), intermetallischen Phasen (Al, Ti, Nb) oder Karbiden (Cr, Al, Ti, Mo, W, Ta, C) zur Festigkeit des Werkstoffes bei [404]. Nickelbasislegierungen der Hauptgruppe II lassen sich wegen ihrer chemischen Zusammensetzung grundsätzlich nicht aushärten. Ihre Festigkeitseigenschaften erhalten sie durch die chemische Zusammensetzung (Mischkristall- und Karbidbildung) und den Grad der Kaltverfestigung. Legierungen aus den übrigen Hauptgruppen mit entsprechenden Aluminium und/ oder Titanzusätzen sind dagegen aushärtbar. In diesem Fall werden die Festigkeitseigenschaften durch eine entsprechende Wärmebehandlung (Lösungsglühen mit anschließendem Warmauslagern) erreicht, wobei harte Teilchen (intermetallische Phasen und Karbide) in der Grundmatrix ausgeschieden werden [401–404].

Allgemein zählen die Nickelbasislegierungen durch ihre mechanischen, thermischen und chemischen Eigenschaften zu den schwer zerspanbaren Werkstoffen [99, 244].

Aufgrund der unterschiedlichen chemischen Zusammensetzung und Gefügeausbildung weisen die Nickelbasislegierungen aber Schwankungen in der Zerspanbarkeit auf. Ein Vorschlag zur relativen Bewertug ihrer Zerspanbarkeit untereinander ist eine Einteilung in fünf Zerspanbarkeitsgruppen entsprechend Tabelle 6-15 [245, 405]. Dabei bedeutet Zerspanbarkeitsgruppe 1 leichtere, 3 mittlere und 5 schwierige Zerspanbarkeit. Für jede Zerspanbarkeitsgruppe sind

Zerspanbarkeitsgruppe				
1	2	3	4	5
Knetlegierungen / Gußlegierungen				Gußlegierungen
Legierungen der Hauptgruppe I.) Ni-Cu Leg.	Legierungen der Hauptgruppe II.) Ni-(Cr)-Mo Leg. nicht-aushärtbare Legierungen der Hauptgruppen III.) Ni-Fe-Cr Leg. IV.) Ni-Cr-Fe Leg.	aushärtbare Legierungen der Hauptgruppen III.) Ni-Fe-Cr Legierungen IV.) Ni-Cr-Fe Legierungen V.) Ni-Cr-Co Legierungen		hochwarmfeste Gußlegierungen (Sonderlegierungen)
Beispiele	Beispiele	Beispiele	Beispiele	Beispiele
Monel 400	Hastelloy B	Incoloy 901	Nimonic 90	IN - 100
Monel 401	Hastelloy X	Incoloy 903	Nimonic 95	Inconel 713 C
Monel 404	Incoloy 804	Inconel 718	Rene 41	Mar -M 200
Monel R 405	Incoloy 825	Inconel X-750	Udimet 500	Nimocast 739
	Inconel 600	Nimonic 80	Udimet 700	
	Inconel 601	Waspaloy	Astralloy	

Tabelle 6-15. Einteilung der Nickelbasislegierungen in Zerspanbarkeitsgruppen (nach Machining Data Handbook, Huntington)

repräsentative Werkstoffe aufgeführt, die wie üblich durch Angabe ihrer Handelsnamen gekennzeichnet sind. Bei den Legierungen der Zerspanbarkeitsgruppen 1 und 2 wirkt sich eine Kaltumformung (Kaltverfestigung) günstig auf Spanbildung und Oberflächenqualität aus. Die Zerspanbarkeit dieser Gruppen ist mit der korrosionsbeständiger austenitischer Stähle vergleichbar. Im Hinblick auf den Werkzeugverschleiß und die erreichbare Oberflächenqualität sollte für die Werkstoffe der Gruppen 3 und 4 die Schruppbearbeitung im lösungsgeglühten und die Schlichtbearbeitung im ausgehärteten Zustand erfolgen [405]. Ein Unterschied in der Bearbeitung zwischen den Knet- und Gußlegierungen der Gruppen 1 bis 4 besteht bei gleicher Zusammensetzung praktisch nicht. Die Gußlegierungen der Gruppe 5 sind aufgrund ihres grobkörnigen Gefüges und geringer Korngrenzenfestigkeit schwer zerspanbar; herausgerissene Materialpartikel und Korngrenzenrisse bereiten häufig Schwierigkeiten bei der Herstellung funktionsgerechter Oberflächen [406].

Insgesamt führt die hohe Warmfestigkeit und die geringe Wärmeleitfähigkeit der Nickelbasislegierungen sowie die abrasive Wirkung von Karbiden und intermetallischen Phasen bei der spanenden Bearbeitung zu hohen thermischen und mechanischen Belastungen der Werkzeugschneide [394, 407, 408]. Nickelbasislegierungen werden heute noch vorwiegend mit Werkzeugen aus Schnellarbeitsstahl und Hartmetall bearbeitet. Aufgrund der auftretenden Schnitttemperaturen muß dies mit relativ niedrigen Schnittgeschwindigkeiten erfolgen, die im wesentlichen im Aufbauschneidengebiet liegen.

Die Drehbearbeitung wird bei Härten größer als 250 HV im wesentlichen mit Hartmetall ausgeführt. Im unterbrochenen Schnitt können sowohl Schnellarbeitsstähle als auch Hartmetalle eingesetzt werden. Aufgrund ihrer guten Zähigkeitseigenschaften werden beim Schaftfräsen mit kleinem Werkzeugdurchmesser und beim Nutschnitt vielfach unbeschichtete und beschichtete Schnellarbeitsstähle bevorzugt. In besonderen Fällen wie z. B. beim Schaftfräsen von Schlitzen in Turbinenläufern aus Inconel 718 liefern Feinkornhartmetalle gute Ergebnisse [409]. Die Anwendung von Schneidkeramik erlaubt gegenüber Hartmetall eine Erhöhung der Schnittgeschwindigkeiten um das sieben bis zehnfache [395, 410, 413].

Keramische Schneidstoffe haben sich aufgrund höherer Bruchanfälligkeit bislang in der Praxis lediglich bei Drehoperationen im glatten Schnitt am Inconel 718 durchgesetzt [406]. Bei entsprechenden Schnittbedingungen und Schneidteilgeometrien können Sialone zum Schruppen und Mischkeramiken zum Schlichten eingesetzt werden. Alternativ dazu sind faserverstärkte Oxidkeramiken sowohl für leichte Schrupp- als auch für Schlichtarbeiten anwendbar [406, 395, 410]. CBN weist ein vergleichbares Verschleißverhalten wie die faserverstärkte Keramik auf, jedoch rechtfertigt der hohe Preis in den meisten Fällen nicht seinen Einsatz [395].

Da Nickelbasislegierungen beim Zerspanen oft stark zum Schmieren, zur Aufbauschneidenbildung und zur Kaltverfestigung neigen, sollten scharfkantige Werkzeuge mit möglichst großem positiven Spanwinkel (Drehen: $\gamma_o = 5°$–$15°$, Fräsen: $\gamma_p = 7°$–$12°$, $\gamma_f = 15$–$25°$) und ausreichenden Freiwinkel ($\alpha_o = 6°$–$10°$) eingesetzt werden [245, 411, 412]. Durch die Duktilität des Werkstoffes ergeben sich abhängig vom Bearbeitungsverfahren häufig ungünstige Spanformen, wie Band-, Wirr- und lange Wendelspäne. Zur Verbesserung ist eine an die Bearbeitungsbedingungen und an den Werkstoff angepaßte Spanleitstufe oder Spanformrille erforderlich [413].

Der Grad der Kaltverfestigung sowie die Tiefe der verfestigten Randzone hängt hauptsächlich vom Vorschub, der Schnittgeschwindigkeit, der Schneidteilgeometrie und vom Verschleißzustand des Werkzeugs ab. Sehr kleine Vorschübe und Schnittiefen sollen möglichst vermieden werden, da hierdurch eine hohe Kaltverfestigung in der Randzone des Werkstoffes verursacht wird [407]. Das ist insbesondere aufgrund der verfahrensbedingten Verrundung der Schneide bzw. der schneidstoffspezifischen Fase beim Einsatz von beschichteten Hartmetallen und Schneidkeramiken zu beachten. Aus dem gleichen Grund sollte eine Fräsbearbeitung im Gleichlauf durchgeführt und eine Reiboperation möglichst vermieden werden.

Die Zerspanbarkeit von Nickelbasislegierungen kann durch Einsatz eines geeigneten Kühlschmiermittels erheblich verbessert werden. So läßt sich beim

Drehen mit Kühlschmierstoff, im Vergleich zum Trockenschnitt, die Schnittgeschwindigkeit beim Einsatz von HSS- und HM-Werkzeuge bis zu 25 % erhöhen. Darüber hinaus wird der Werkzeugverschleiß geringer und die Oberflächenqualität verbessert. Eine Kühlschmierung ist vor allem dann unentbehrlich, wenn wie beim Bohren, Tiefbohren, Gewindebohren und Räumen gleichzeitig für eine rasche Wärmeabfuhr und eine sichere Spänebeseitigung gesorgt werden muß [411].

Für die beiden wichtigsten Verfahren der spanenden Bearbeitung von Nickelbasislegierungen – das Drehen und das Schaftfräsen – sind in den Tabellen 6-16 und 6-17 Richtwerte für die Schnittbedingungen zusammengestellt.

6.9 Zerspanbarkeit der Kobaltbasislegierungen

Kobaltbasislegierungen werden aufgrund ihrer guten Warmfestigkeit und Zunderbeständigkeit bis etwa 950 °C als Konstruktionswerkstoffe verwendet. Kobalt ist aufgrund seiner überwiegenden Herkunft aus politisch kritischen Regionen und seiner begrenzten Ressourcen ein schwer verfügbares Metall. Im Triebwerksbau wurden deshalb Kobaltbasislegierungen weitgehend durch kobaltfreie oder kobalthaltige Nickelbasiswerkstoffe (z. B. Nimonic) ersetzt [414]. Ein bevorzugtes Anwendungsgebiet der Kobaltbasislegierungen ist heute in vielen Bereichen der Industrie die Oberflächenbeschichtung von hochbeanspruchten Bauteilen (z. B. Stellite).

Als wichtigste Legierungselemente enthalten Kobaltsbasislegierungen neben Eisen und bis zu 1 % Kohlenstoff andere hochschmelzende Metalle. Solche Legierungselemente sind Chrom, Nickel, Wolfram, Tantal und Niob, die sich mit dem Kohlenstoff unter Bildung von Karbiden verbinden, aber auch zur Verbesserung der Festigkeit der Grundmatrix beitragen. Die endgültigen Festigkeits- und Gebrauchseigenschaften werden im Gegensatz zu den Nickelbasislegierungen nur durch die drei Mechanismen Karbidausscheidung, Mischkristallbildung und Kaltverfestigung erzielt. Die meisten Kobaltbasislegierungen erhalten ihre Festigkeit durch Aushärten. [415].

Vergleichende Angaben über die Zerspanung von Kobaltbasislegierungen liegen nur in begrenztem Umfang vor [412, 415–419]. Allgemein gilt aber auch hier, daß im nicht ausgehärteten Zustand Kobaltbasislegierungen bei der spanenden Bearbeitung zum Schmieren und zur Kaltaufhärtung neigen, die in etwa mit der von austenitischen, korrosionsbeständigen Stählen vergleichbar ist. Aufgrund dieser Eigenschaft empfiehlt es sich, Kobaltbasislegierungen möglichst im ausgehärteten Zustand und nicht aushärtbare Legierungen im kaltgezogenen und spannungsarmgeglühten Zustand zu zerspanen. Die Werkstücke

Zerspanbar-keitsgruppe	Legierung	Kondition[1]	Härte (HV)	Schnitt-tiefe (mm)	HSS[2] Vorschub (mm)	HSS[2] Schnittgeschw. (m/min)	HM Vorschub (mm)	HM Schnittgeschw. (m/min)
1	Monel 400	G ober KG	115-240	1	0,18	30	0,18	105
	Monel 401	oder GG		4 - 8	0,40-0,75	17-21	0,25-0,50	50-67
2	Hastelloy X	G oder LG	140-220	0,8-2,5	0,13-0,18	6 - 8	0,13-0,18	30-35
	Incoloy 825			5			0,40	24
	Inconel 600	KG oder A	240-310	0,8-2,5	0,13-0,18	5 - 6	0,13-0,18	21-27
				5			0,40	15
3	Incoloy 901	G oder LG	200-300	0,8-2,5	0,13-0,18	6 - 8	0,13-0,18	24-30
	Inconel 718			5			0,40	18
	Nimonic 80	LG und A	300-400	0,8-2,5	0,13-0,18	5 - 8	0,13-0,18	23-29
	Waspaloy			5			0,40	15
4	Nimonic 90	LG	225-300	0,8-2,5	0,13-0,18	3,6- 5	0,13-0,18	21-24
	Rene 41			5			0,25	17
	Udimet 700	LG und A	300-400	0,8-2,5	0,13-0,18	3,0-3,6	0,13-0,18	18-23
				5			0,40	15
5	IN-100	GG oder	250-425	0,8-2,5	0,13	3,5- 5	0,13-0,18	11-18
	Mar-M200	GG und A		5			0,25	9 -11

Erläuterung: 1) G : geglüht ; LG : lösungsgeglüht ; KG : kaltgeglüht ; GG : gegossen ; A : ausgehärtet
2) HSS : S 12-1-5-5 und S 2-9-1-8   HM : K 01 , K 10 und K 20

Tabelle 6-16. Richtwerte für das Drehen von Nickelbasislegierungen
(nach Machining Data Handbook, Sandvik)

Zerspan-barkeits-gruppe	Legierung	Kondition[1]	Härte (HV)	a_e [2] (mm)	HSS v_c (m/min)	HSS Vorschub f_z (mm) Fräserdurchmesser (mm) 10 -18	HSS Vorschub f_z (mm) Fräserdurchmesser (mm) 25-50	HM v_c (m/min)	HM Vorschub f_z (mm) Fräserdurchmesser (mm) 10 -18	HM Vorschub f_z (mm) Fräserdurchmesser (mm) 25-50
1	Monel 400	G oder KG	115 bis 240	0,5-1,5 d/2-d/4 d	26-20 15-17 8-9	0,03-0,10 0,03-0,07 0,03-0,07	0,10-0,13 0,07-0,10 0,07	76-58 46-50	0,03-0,10 0,03-0,07	0,10-0,13 0,07-0,10
	Monel 401	oder GG								
2	Hastelloy X	G oder LG	140 bis 220	0,5-1,5 d/2-d/4 d	9-8 5-6 5	0,03-0,07 0,03-0,06 0,02-0,05	0,05-0,10 0,06-0,10 0,07	30-23 18-20	0,03-0,07 0,03-0,04	0,05-0,10 0,03-0,05
	Incoloy 825									
	Inconel 600	KG oder A	240 bis 310	0,5-1,5 d/2-d/4 d	8-6 3,6-5,5 3,6	0,03-0,07 0,03-0,06 0,04	0,05-0,07 0,05-0,06 0,05	27-20 17-18	0,03-0,07 0,03-0,04	0,05-0,10 0,04-0,05
3 + 4	Inconel 718	G oder LG	200 bis 300	0,5-1,5 d/2-d/4 d	6-5 3,6-6 1,8	0,03-0,07 0,03-0,06 0,04	0,05-0,07 0,05-0,07 0,05	24-18 14-15	0,03-0,07 0,04-0,05	0,05-0,10 0,05-0,06
	Waspaloy									
	Rene 41	LG und A	300 bis 400	0,5-1,5 d/2-d/4 d	5-3,6 2,4-3 1,5	0,03-0,05 0,02-0,04 0,04	0,05-0,07 0,04-0,05 0,05	18-14 11-12	0,03-0,05 0,03-0,05	0,05-0,07 0,04-0,05
	Udimet 700									
5	IN - 100	GG oder	250 bis 425	0,5-1,5 d/2-d/4 d	6-3 2-3,6 1,8-1,5	0,03-0,05 0,01-0,05 0,04	0,05-0,10 0,05-0,07 0,05	23-11 8-15	0,03-0,05 0,03-0,04	0,05-0,07 0,03-0,05
	Mar - M200	GG und A								

Erläuterung: 1) G: geglüht; LG: lösungsgeglüht; KG: kaltgezogen; GG: gegossen; A: ausgehärtet
2) axiale Schnittiefe: a_p = 1,5 x d bei radialer Schnittiefe a_e = 0,5; 1,5; d/4; d/2
axiale Schnittiefe: a_p = d/4 bei radialer Schnittiefe a_e = d

Tabelle 6-17. Richtwerte für das Schaftfräsen von Nickelbasislegierungen
(nach Machining Data Handbook, Fraisa, Sandvik)

Verfahren	Drehen	Fräsen	Bohren	Gewindeschneiden
Schneidstoff	HM: K05 bis K30 HSS: S 12-1-4-5	HM: K10 bis K30 HSS: S 12-1-4-5	S 12-1-4-5	
Schneidteilgeometrie	$\gamma_o = 0$ bis $10°$ $\alpha_o = 5$ bis $6°$ $\lambda_s = 0$ bis $5°$	HM: $\gamma_p = 0$ bis $5°$ $\gamma_f = 0$ bis $-5°$ HSS: $\gamma_p = 5$ bis $10°$ $\gamma_f = 0$ bis $-5°$	$\sigma = 118$ bis $135°$	-
Schnittgeschw. v_c (m/min)	HM: 15 bis 8 HSS: 8 bis 3	HM: 12 bis 7 HSS: 7 bis 3	6 bis 3	2 bis 1
Schnittiefe a_p (mm)	0,2 bis 2,0	0,2 bis 2,0	-	0,1 bis 0,2
Vorschub f bzw. f_z (mm)	0,1 bis 0,3	0,1 bis 0,2	0,05 bis 0,12	-
Kühlschmierstoff	Emulsion oder schwefelhaltiges Schneidöl (mit Kerosin)	Emulsion oder schwefelhaltiges Schneidöl (mit Kerosin)	schwefelhaltiges Schneidöl (mit Kerosin)	schwefelhaltiges Schneidöl (mit Kerosin)

Tabelle 6-18. Richtwerte für die spanende Bearbeitung von Kobaltbasislegierungen (nach Mütze, Machining Data Handbook)

sollten dabei in einem Arbeitsgang fertigbearbeitet werden. Im allgemeinen verschlechtert sich die Zerspanbarkeit mit steigendem Kobaltgehalt. Richtwerte für die spanende Bearbeitung enthält Tabelle 6-18.

Aufgrund der hohen Warmfestigkeit der Kobaltbasislegierungen und der im Gefüge enthaltenen harten Karbide ist auch hier die Schneidkante des Werkzeuges einer hohen thermischen und mechanischen Belastung ausgesetzt. Durch die Wahl eines geeigneten Kühlschmierstoffes kann die Zerspanbarkeit verbessert werden. Als Schneidstoffe werden vor allem Hartmetalle der Zerspanungsanwendungsgruppe K (K 05 bis K 30) verwendet. Bei Legierungen mit geringem Kobaltgehalt, die sich besser zerspanen lassen, sowie beim Bohren und Gewindeschneiden wird häufig Schnellarbeitsstahl S 12-1-4-5 als Schneidstoff eingesetzt. Dabei ist die Schnittgeschwindigkeit um 30 bis 50% gegenüber der für Hartmetallwerkzeuge möglichen herabzusetzen. Beim Drehen bestimmter Kobaltbasislegierungen (Stellite) sind bei gleicher Standzeit mit CBN-Schneidstoffen dreimal so große Schnittgeschwindigkeiten im Vergleich zu Hartmetall und Oberflächen in Schleifqualität zu erreichen [418, 419]. Aufgrund der sehr hohen Schneidstoffkosten empfiehlt es sich jedoch, in jedem Einzelfall die Wirtschaftlichkeit eines Einsatzes von CBN-Schneidstoffen bei der Zerspanung von Kobaltbasislegierungen zu überprüfen.

Als wichtiger Faktor hat sich auch für die Kobaltbasislegierungen herausgestellt, daß aufgrund der Neigung des Werkstoffes zum Schmieren und zur Kaltverfestigung die Vorschübe beim Drehen und Fräsen nicht zu klein sein sollten. Ebenfalls liefert das Gleichlauffräsen bessere Ergebnisse als das Gegenlauffräsen. Um einen ruhigen Lauf zu gewährleisten, sollten so viele Zähne wie möglich im Eingriff sein; aus dem gleichen Grund sollen Walzen- und Schaftfräser schräg verzahnt sein. Es können hartmetallbestückte Fräser und Werkzeuge aus Schnellarbeitsstahl eingesetzt werden. Die Einsatzkriterien sind dabei vergleichbar mit denen bei der Zerspanung von Nickelbasislegierungen. Der Zahnvorschub hat einen großen Einfluß auf die Standzeit. Optimale Werte liegen bei f_z = 0,15 bis 0,2 mm.

Das Bohren der hochwarmfesten Legierungen (Kobaltbasis- und Nickelbasislegierungen) kann erhebliche Schwierigkeiten bereiten, da aufgrund von Kaltverfestigung besonders im Querschneidenbereich hohe Werkzeugbelastungen auftreten können. Die Bohrer sollten daher stets ausgespitzt oder mit einem Spezialanschliff (z. B. Kreuzanschliff) versehen werden. Die Seiten der Bohrung werden durch das Reiben der Bohrerfase ebenfalls aufgehärtet. Die Bohrerfase ist deshalb nur halb so breit wie bei üblichen Bohrern. Die Bohrer sollen so kurz und steif wie möglich sein. Im Hinblick auf den Werkzeugverschleiß und die Späneabfuhr ist eine Kühlung durch aktive Schneidöle sehr wichtig. Hartmetallbestückte Werkzeuge sind insbesondere beim Tiefbohren einsetzbar.

Reiben sollte auch bei den Kobaltbasislegierungen aufgrund der damit verbundenen Kaltverfestigung vermieden werden. Beim Gewindebohren ist besonders auf die sehr große Zähigkeit dieser Werkstoffe zu achten. Das Kernloch soll daher 1 bis 3 % größer als für zähe Stähle gebohrt werden; das Fließen des Werkstoffes gleicht die größere Bohrung wieder aus. Zwei- bis dreinutige Bohrer mit vergrößertem Spanwinkel und spiralförmig auslaufendem Querschnitt führen zu den besten Ergebnissen.

6.10 Zerspanbarkeit der Titanwerkstoffe

Titan und Titanlegierungen besitzen eine niedrige Dichte (ϱ = 4,5 g/cm³) bei gleichzeitig hoher Festigkeit (R_m = 900–1400 N/mm²). Sie weisen bis zu Temperaturen von ca. 500 °C eine gute Warmfestigkeit auf. Zudem sind sie beständig gegen viele korrosiv wirkende Medien.

Aus diesem Eigenschaftsprofil leiten sich die Hauptanwendungsgebiete von Titanwerkstoffen ab; die Luft- und Raumfahrt und die chemische Industrie. Einer allgemeinen Verwendung steht der um ein Vielfaches höhere Preis im Vergleich zu Stählen und Aluminiumlegierungen entgegen.

Titanwerkstoffe werden in vier Gruppen eingeteilt:

I: Reintitan,

II: α-Legierungen,

III: (α + β)-Legierungen und

IV: β-Legierungen, Tabelle 6-19.

Werkstoff-bezeichnung	HB	R_m N/mm²	$R_{p0,2}$ N/mm²	Werkstoff-bezeichnung	HB	R_m N/mm²	$R_{p0,2}$ N/mm²
Reintitan (geglüht)				α- und (α+β)-Legierungen (lösungsgeglüht und ausgehärtet)			
Ti 99,8 , Ti 99,5	110-170	280-420	≥180	Ti Al6 V4	320-380	1190	1080
Ti 99,2 , Ti 99,0 Ti Pd0,2	140-200	350-550	280-520	Ti Al6 Sn2 Zr4 Mo2		930	865
				Ti Al6 Sn2 Zr4 Mo6		1150	1035
Ti 99,0 , Ti 98,9	200-275	≥560	490-670	Ti Al5 Sn2 Zr2 Mo4 Cr4	375-440	1120	1050
				Ti Al6 V6 Sn2 Cu1 Fe1		1300	1230
α- und (α+β)-Legierungen (geglüht)				Ti Al7 Mo4		1280	1220
				Ti Al8 Mo1 V1		1470	1400
Ti Mn8	300-350	900	850	β-Legierungen (geglüht oder lösungsgeglüht)			
Ti Al2 Sn11 Zr5 Mo1		1010	910				
Ti Al5 Sn2,5		880	840	Ti Cr11 Mo7,5 Al3,5	275-350	850-950	800
Ti Al6 Sn2 Zr4 Mo2		930	840	Ti V8 Cr6 Mo4 Zr4 Al3		880	840
Ti Al6 Sn2 Zr4 Mo6		1155	910	Ti V8 Fe5 Al1		1250	1200
Ti Al6 V4		970	890	Ti V13 Cr11 Al3		950	910
Ti Al6 V6 Sn2 Cu1 Fe1	320-380	1090	1020	β-Legierungen (lösungsgeglüht und ausgehärtet)			
Ti Al7 Mo4		1080	1000				
Ti Al8 Mo1 V1		1030	950	Ti Cr11 Mo7,5 Al3,5	350-440	1300-1500	1250
				Ti Mo11,5 Zr6 Sn4,5		1410	1340
				Ti V8 Fe5 Al1		1470	1400
				Ti V13 Cr11 Al3		1300	1230

Einzelwerte der Zugfestigkeit und der Dehngrenze sind Mindestwerte

Tabelle 6-19. Titanwerkstoffe (Auswahl)

Reintitansorten, auch als unlegiertes Titan bezeichnet, enthalten geringe Mengen Sauerstoff, Kohlenstoff, Stickstoff und Eisen. Der Sauerstoff wird in Gehalten bis zu 0,45 % zugegeben, um die Festigkeit zu erhöhen. Die Korrosionsbeständigkeit läßt sich durch Zugabe von Palladium (max. 0,2 %) steigern.

Titan liegt bei Raumtemperatur in der hexagonalen α-Modifikation vor. Diese wandelt sich bei 882,5 °C in die kubisch-raumzentrierte β-Modifikation um. Durch Einbringen von Legierungselementen läßt sich die β-α Umwandlung zu tiefen Temperaturen verschieben, so daß die β-Phase bei Raumtemperatur und darunter erhalten bleibt.

α-Legierungen enthalten Aluminium, Zinn und Zirkon als Hauptlegierungselemente. Zusatzelemente sind Vanadium, Silizium, Kupfer und Molybdän (max. 1 %). Kupferhaltige Legierungen sind aushärtbar.

β-Legierungen enthalten Vanadium, Molybdän, Mangan, Chrom, Kupfer und Eisen. Vanadium und Molybdän bilden mit Titan eine durchgehende Reihe von Mischkristallen, die auch bei niedriger Temperatur stabil bleiben. Die Mischkristalle mit den übrigen Legierungselementen zerfallen bei niedrigen Temperaturen eutektoidisch. Neben der β-Phase tritt auch die α-Phase auf.

(α + β)-Legierungen enthalten Legierungselemente beider vorgenannter Legierungsgruppen. Diese bimodalen Legierungen weisen höhere Festigkeiten auf als die einphasigen α-Legierungen. Sie können stärker ausgehärtet werden, und sie eignen sich für den Einsatz bei erhöhten Temperaturen [420].

Das Zerspanen von Titanwerkstoffen gilt als schwierig. Um es dennoch wirtschaftlich durchführen zu können, müssen die physikalischen Eigenschaften dieser Werkstoffgruppe in besonderer Weise berücksichtigt werden. Die Festigkeit ist hoch, die Bruchdehnung mit A_5 = 5–15 % (für Legierungen) gering. Der Elastizitätsmodul liegt um die Hälfte niedriger als bei Stahl, die Wärmeleitfähigkeit um etwa 80 %.

In den Kontaktzonen der Werkzeuge treten hohe Drücke und hohe Temperaturen auf. Die entstehende Wärme kann nur in geringem Umfang mit den Spänen abgeführt werden. Bei der Stahlzerspanung fließen bis zu 75 % der Wärme über die Späne ab, Bild 3-13. Bei der Titanzerspanung sind es nur etwa 25 %, so daß der größte Teil über das Werkzeug abgeleitet werden muß. Daraus folgt, daß Titanwerkstoffe nur bei vergleichsweise niedrigen Schnittgeschwindigkeiten bearbeitet werden können, weil die Schnittgeschwindigkeit die Kontaktzonentemperatur weitaus stärker beeinflußt als die übrigen Maschineneinstellparameter. Dies gilt für glatte Schnitte (Drehen, Bohren, Reiben, Gewindebohren) ebenso wie für unterbrochene Schnitte (Fräsen, Räumen).

Beim Zerspanen von Titanwerkstoffen bilden sich Lamellenspäne, Bild 6-6. Aufgrund dieser diskontinuierlichen Spanbildung unterliegen die Werkzeuge periodisch an- und abschwellenden mechanischen und thermischen Wechselbeanspruchungen. Deren Frequenz ist direkt von den Schnittbedingungen abhängig. Daraus folgt, daß vor allem bei längeren Schnittzeiten auch Ermüdungsvorgänge am Gesamtverschleiß der Werkzeuge beteiligt sind [421].

Die Reaktionsfreudigkeit des Titans mit Sauerstoff, Stickstoff, Wasserstoff und Kohlenstoff begünstigt zusammen mit der hohen Kontaktzonentemperatur den Verschleißangriff. Die Reaktion von Titanstaub mit dem Luftsauerstoff kann zur Verpuffung bzw. zur Entzündung führen.

Als Schneidstoffe für die Titanzerspanung eignen sich WC-Co-reiche Hartmetalle (K- und M-Sorten) und Schnellarbeitsstähle mit höheren Kobaltgehalten.

Das Drehen von Titan und Titanlegierungen, Tabelle 6-20, bereitet kaum Probleme, wenn bei der Wahl der Schnittbedingungen neben der chemischen Zusammensetzung auch der Behandlungszustand beachtet wird. Ein wichtiger Indikator für die anwendbaren Schnittgeschwindigkeiten und Vorschübe ist die Härte. Die jeweils niedrigeren Schnittgeschwindigkeiten gelten für die Werkstoffe mit den höchsten Härten. Die Winkel an den Schneiden der Drehwerkzeuge sollten in folgenden Bereichen liegen: γ_o = $-5°$ bis $+5°$; λ_s = $-5°$ bis $+2°$. Der Einstellwinkel $\varkappa_s$ sollte kleiner sein als 90°, den Wert 45° aber nicht unterschreiten. Die Schnittiefen sind entsprechend den Abmessungen und der

Werkstoff-gruppe	Zustand	Brinell-härte HB	HSS v_c m/min	f mm	Hartmetall v_c m/min	f mm
Reintitan	G	110 – 275	75 – 30	0,13 – 0,4	170 – 50	0,13 – 0,5
α- und (α+β)-Legierungen	G	300 – 380	24 – 6	0,13 – 0,4	80 – 15	0,13 – 0,4
	LG + A	320 – 440	20 – 9	0,13 – 0,4	60 – 12	0,13 – 0,4
β-Legierungen	G, LG	275 – 350	12 – 8	0,13 – 0,4	50 – 15	0,13 – 0,4
	LG + A	350 – 440	10 – 8	0,13 – 0,4	35 – 12	0,13 – 0,4
G : geglüht LG: lösungsgeglüht A : ausgehärtet			Schneidstoff S 12-1-5-5, S 2-9-1-8 S 10-4-3-10		K01 – K20 M10 – M20	

Tabelle 6-20. Richtwerte für das Drehen von Titanwerkstoffen

Stabilität der Werkzeuge und der Werkstücke möglichst groß zu wählen. Die im Prozeß entstehende Wärme sollte mit großen Mengen Kühlschmierstoff abgeführt werden. Bei Verwendung von HSS-Werkzeugen und, bei niedriger Schnittgeschwindigkeit, auch von Hartmetallwerkzeugen, haben sich gefettete und konzentrierte Schneidöle bewährt. Der Einsatz von Hartmetall bei hohen Schnittgeschwindigkeiten erfordert Emulsion als Kühlschmierstoff [245, 421 - 423].

Für das Abstechdrehen gelten dieselben grundlegenden Zusammenhänge wie für das Längsdrehen. Die Schnittgeschwindigkeiten und vor allem die Vorschübe sind deutlich reduziert, Tabelle 6-21 [245].

Das Stirnfräsen von Titanwerkstoffen, Tabelle 6-22, sollte, wenn die Steifigkeit der Werkstücke und der Maschinen dies zulassen, als Gleichlauffräsen durchgeführt werden. U-Kontakt bei Eintritt der Schneide wirkt sich günstig auf die Standzeit aus. Eine Ausnahme stellt das Abarbeiten einer harten Oberflächenschicht dar. Hierbei kann Gegenlauffräsen vorteilhaft sein.

Für HSS-Fräser sollen die axialen und radialen Spanwinkel γ_f und γ_p positiv gewählt werden: $\gamma_f = \gamma_p = 5°$. Bei Hartmetallfräsern sind negative Spanwinkel vorteilhaft: $\gamma_f = \gamma_p = 0°$ bis $-5°$. Die Freiwinkel α_f und α_p haben für HSS- und für Hartmetallwerkzeuge Werte von $\alpha_f = \alpha_p = 10°$ bis $12°$. Die Ecken der Schneiden sind gefast; $\varkappa'_r = 45°$.

Werkstoff-gruppe	Zustand	Brinell-härte HB	HSS v_c m/min	HSS f mm	Hartmetall v_c m/min	Hartmetall f mm
Reintitan	G	110 - 275	50 - 25	0,02 - 0,05	105 - 40	0,02 - 0,05
α- und ($\alpha+\beta$)-Legierungen	G	300 - 380	18 - 8	0,02 - 0,05	35 - 20	0,02 - 0,05
	LG + A	320 - 440	12 - 9	0,02 - 0,05	25 - 15	0,02 - 0,05
β-Legierungen	G, LG	275 - 350	12	0,02 - 0,05	25	0,02 - 0,05
	LG + A	350 - 440	9	0,02 - 0,04	18	0,02 - 0,04

G : geglüht
LG: lösungsgeglüht
A : ausgehärtet

Schneidstoff: S 12-1-5-5, S 2-9-1-8, S 10-4-3-10 | K40, M40

Tabelle 6-21. Richtwerte für das Abstechdrehen von Titanwerkstoffen

Werkstoff-gruppe	Zustand	Brinell-härte HB	HSS v_c m/min	HSS f mm	Hartmetall v_c m/min	Hartmetall f mm
Reintitan	G	110 - 275	55 - 15	0,1 - 0,3	180 - 70	0,1 - 0,4
α- und ($\alpha+\beta$)-Legierungen	G	300 - 380	21 - 6	0,08 - 0,2	90 - 25	0,1 - 0,2
	LG + A	320 - 440	17 - 6	0,05 - 0,15	50 - 20	0,1 - 0,2
β-Legierungen	G, LG	275 - 350	12 - 6	0,08 - 0,18	40 - 20	0,1 - 0,2
	LG + A	350 - 440	9 - 6	0,05 - 0,15	30 - 15	0,1 - 0,2

G : geglüht
LG: lösungsgeglüht
A : ausgehärtet

Schneidstoff: S 12-1-5-5, S 2-9-1-8, S 10-4-3-10 | K10, K20, M20, M30

Tabelle 6-22. Richtwerte für das Stirnfräsen von Titanwerkstoffen

Bei niedrigen Schnittgeschwindigkeiten werden Schneidöle als Kühlschmierstoffe verwendet.

Dadurch läßt sich das Verkleben von Spänen mit den Schneiden verhindern bzw. reduzieren. Das Fräsen mit Hartmetall sollte bei den hohen Schnittgeschwindigkeiten trocken erfolgen, um den Thermoschock zu reduzieren. Kommt es zu Prozeßstörungen durch schlechte Spanabfuhr, so kann Emulsion zum Ausschwemmen der Späne verwendet werden.

Ein Hauptanwendungsgebiet für das Schaftfräsen von Titan ist die Herstellung von Integralbauteilen für Flugzeuge. Als Schneidstoffe eignen sich Schnellarbeitsstähle und Hartmetalle, Tabelle 6-23. Die anwendbaren Vorschübe sind klein. Daraus ergibt sich die Forderung nach hoher Qualität, insbesondere Schartenfreiheit, der Schneiden. Aus Stabilitätsgründen sind vierschneidige Werkzeuge zwei- und dreischneidigen vorzuziehen. Es muß ein einwandfreier Rundlauf der Fräser sichergestellt werden. Des weiteren sind alle Maßnahmen zu treffen, die die Steifigkeit im Prozeß erhöhen: kurze Auskraglänge der Fräser, steife Aufspannung der Werkstücke, steife und spielfreie Vorschubantriebe.

Die Schneidteile der Werkzeuge sollten wie folgt ausgebildet sein:

$\gamma_f = \gamma_p = 0°$ bis $2°$; $\alpha_f = 8°$ bis $12°$; $\alpha_p = 20°$ bis $30°$.

Hinsichtlich des Einsatzes von Kühlschmierstoffen gelten grundsätzlich dieselben Kriterien wie beim Stirnfräsen. Da beim Schaftfräsen häufig allseitig geschlossene Vertiefungen (Taschen) erzeugt werden, kommt hier der Transportwirkung des Kühlschmierstoffes größere Bedeutung zu als beim Stirnfräsen [217, 245, 308, 422-424].

Als Richtwerte für das Schaftfräsen im vollen Nutenschnitt sind die in Tabelle 6-23 angegebenen Schnittgeschwindigkeiten und Vorschübe um 30 bis 50% zu reduzieren.

Titanwerkstoffe können mit HSS- und mit Hartmetallwerkzeugen gebohrt werden, Tabelle 6-24. Die Standzeiten von Hartmetallbohrern sind etwa doppelt so hoch wie die von HSS-Bohrern. Die Bohrer sollten ausgespitzt sein. Dadurch verringern sich die Kräfte, die Standzeit und die Bohrungsqualität verbessern sich. Beim Bohren tiefer Löcher sind HSS-Bohrer öfter zu lüften, damit die Bohrerspitze ausreichend gekühlt wird. Dadurch wird der Verschleiß reduziert und das Verklemmen der Bohrer verhindert.

Um die Wärme aus der Bohrung abzuführen, sollte im Sattstrahl mit großen Mengen Emulsion gekühlt werden. Bei ausreichend großen Bohrungsdurchmessern sind innengekühlte Bohrer zu verwenden [245, 423].

Werkstoff-gruppe	Zustand	Brinell-härte HB	HSS v_c m/min	HSS f mm	Hartmetall v_c m/min	Hartmetall f mm
Reintitan	G	110 - 275	55 - 15	0,025 - 0,15	130 - 45	0,025 - 0,15
α- und $(\alpha+\beta)$-Legierungen	G LG + A	300 - 380 320 - 440	30 - 9 25 - 8	0,025 - 0,13 0,015 - 0,10	90 - 30 70 - 20	0,025 - 0,15 0,015 - 0,13
β-Legierungen	G, LG LG + A	275 - 350 350 - 440	15 - 6 12 - 5	0,015 - 0,10 0,015 - 0,08	50 - 15 40 - 15	0,015 - 0,50 0,015 - 0,10
G : geglüht LG: lösungsgeglüht A : ausgehärtet			Schneidstoff S 12-1-5-5 S 10-4-3-10		K20 M20	

Fräserdurchmesser d = 10 - 20 mm Schnittiefe (maximal) a_p = 1,5 x d
Eingriffsgröße a_e = 0,5 mm - 0,5 x d
Für größere Durchmesser gelten die höchsten Vorschubwerte

Tabelle 6-23. Richtwerte für das Schaftfräsen von Titanwerkstoffen.

Werkstoff-gruppe	Zustand	Brinell-härte HB	HSS v_c m/min	HSS f mm	Hartmetall v_c m/min	Hartmetall f mm
Reintitan	G	110 - 275	35 - 12	0,05 - 0,45		
α- und $(\alpha+\beta)$-Legierungen	G LG + A	300 - 380 320 - 440	14 - 6 9 - 6	0,05 - 0,40 0,025 - 0,25	75 - 20	0,1 - 0,3
β-Legierungen	G, LG LG + A	275 - 350 350 - 440	8 6	0,025 - 0,20 0,025 - 0,15		
G : geglüht LG: lösungsgeglüht A : ausgehärtet			Schneidstoff S 12-1-5-5, S 7-4-2-5 S 2-9-1-8, S 10-4-3-10		K10, K20	

Tabelle 6-24. Richtwerte für das Bohren von Titanwerkstoffen.

Beim Gewindebohren ist die Gefahr des Verklemmens der Werkzeuge noch stärker gegeben als beim Bohren. Die Gewindebohrer müssen gut angespitzt sein, um einen einwandfreien Anschnitt zu ermöglichen. Bei ausreichend großem Durchmesser sollten dreischneidige Werkzeuge mit gedrallten Nuten verwendet werden. Die Schnittgeschwindigkeiten liegen zwischen $v_c = 18$ m/min für Reintitan und $v_c = 2$ m/min für ausgehärtete Legierungen [245].

Das Räumen wird heute noch fast ausschließlich mit HSS-Räumwerkzeugen durchgeführt. Die Schnittgeschwindigkeit ist gering ($v_c = 2$ bis 6 m/min). Als Kühlschmierstoffe werden Öle eingesetzt [245, 423].

7 Bestimmung wirtschaftlicher Schnittbedingungen

7.1 Optimierung der Schnittwerte

Aufgrund der Weiterentwicklung in der Schneidstoff- und Werkstofftechnik sowie insbesondere der zunehmenden Automatisierung der Werkzeugmaschinen ist von Zeit zu Zeit eine Korrektur der Zerspanungsrichtwerte erforderlich. Während man im Jahre 1940 noch Standzeiten von 4 bis 8 Stunden anstrebte, galten 1960 infolge der wachsenden Maschinen- und Anlagenkosten Standzeiten von 60 Minuten als wirtschaftlich [272]. Heute liegen aufgrund der weiter gestiegenen Investitions- und Lohnkosten, der ständig sinkenden Kosten für die Werkzeugschneide und des verbesserten Standzeitverhaltens die kostenoptimalen Standzeiten im Bereich von 10 bis 20 min [273].

Die Notwendigkeit einer Verkürzung der Standzeiten bei kapitalintensiven Werkzeugmaschinen wird bei der Betrachtung der Kostenzusammenhänge verständlich. Niedrige Schnittbedingungen ergeben hohe Standzeiten, wenige Werkzeugwechsel und geringe Werkzeugkosten. Auf der anderen Seite entstehen lange Bearbeitungszeiten, wodurch sich hohe Lohn- und Maschinenkosten, bezogen auf das zerspante Volumen, ergeben.

Da die Lohn- und Maschinenkosten in letzter Zeit sehr stark, die Werkzeug- sowie die Werkzeugwechselkosten, z. B. durch den Einsatz automatisierter Werkzeugwechsler aber wesentlich langsamer angestiegen sind, führt eine Standzeitreduzierung durch eine Erhöhung der Schnittbedingungen zu geringeren Fertigungskosten.

Ebenso hat die Verbesserung der Schneidstoffe einerseits eine höhere Verschleißfestigkeit und damit höhere realisierbare Schnittgeschwindigkeiten sowie andererseits durch Verringerung der Verschleißabhängigkeit von den Schnittwerten eine weitere Senkung der kostenoptimalen Standzeiten zur Folge.

Je nach Bearbeitungsaufgabe steht man vor der Wahl der Zielgröße. Bei der Schruppbearbeitung stehen, ausgehend von betriebspolitischen Zielsetzungen, zwei Optimierziele im Vordergrund: minimale Fertigungskosten K_{Fmin} und minimale Fertigungszeit t_{emin}. Bei der Schlichtbearbeitung sind andere Optimierziele gefordert. Hier sind vielmehr die Einhaltung enger Werkstücktoleranzen, vorgegebener Oberflächenqualitäten oder sonstiger, für die Funktionssicherheit des Bauteils wichtiger Kenngrößen von Bedeutung.

Entsprechend dem geforderten Optimierziel leitet sich die Optimalwertfunktion aus der Fertigungskosten- oder der Fertigungszeitgleichung ab. Die Fertigungskosten je Werkstück K_F setzen sich zusammen aus

– den Kosten für die Rüst- und Nebenzeit als Fixkostenanteil,
– dem Maschinen- und Lohnkostensatz als Hauptzeitkostenanteil sowie aus
– dem Werkzeugkostenanteil:

$$K_F = K_{ML}(t_r/m + t_n) + K_{ML} \cdot t_h + t_h/T \cdot (K_{ML} \cdot t_w + K_{WT})$$
(DM/Stck) \hfill (23)

Beim Drehen ergibt sich die Hauptzeit aus

$t_h = d \cdot \pi \cdot l_f/(f \cdot v_c)$ und für die Standzeit gilt die Abhängigkeit
$T = f(f, v_c)$.

Der Verlauf der Fertigungskosten und der anteiligen Einzelkosten in Abhängigkeit von der Schnittgeschwindigkeit ist in Bild 7-1 dargestellt. Durch ständige Vergrößerung der Schnittgeschwindigkeit können die Fertigungskosten nicht

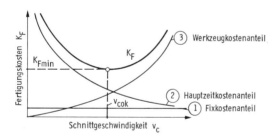

Bild 7-1. Verlauf der Fertigungskosten und der Einzelkostenanteile in Abhängigkeit von der Schnittgeschwindigkeit

weiter gesenkt werden. Wegen der Verkürzung der Standzeit bei zunehmender Schnittgeschwindigkeit wird der Werkzeugwechsel häufiger erforderlich, wodurch der Werkzeugkostenanteil steigt. Bei sehr großer Schnittgeschwindigkeit können daher die anteiligen Werkzeugkosten zum größten Summanden der Fertigungskosten werden.

Setzt man für
$$t_h = V_Z/\dot{V}_Z = V_Z/(a_p \cdot f \cdot v_c) \hfill (24)$$

so erhält man die Fertigungskosten zu:

$$K_F = K_{ML} \cdot (t_r/m + t_n) + K_{ML} \cdot V_Z/(a_p \cdot f \cdot v_c) +$$
$$+ V_Z/(a_p \cdot f \cdot v_c \cdot T) \cdot (K_{ML} \cdot t_w + K_{WT}) \quad \text{(DM/Stck)} \hfill (25)$$

wobei V_Z das zerspante Werkstückvolumen je Werkstück und $\dot{V}_Z$ das je Sekunde zerspante Werkstückvolumen darstellt.

Die Fertigungszeit je Werkstück t_e ergibt sich aus:
- der Rüst- und Nebenzeit,
- der Hauptzeit sowie
- der anteiligen Werkzeugwechselzeit:

$$t_e = t_r/m + t_n + t_h + t_h/T \cdot t_w \text{ (min/Stck)} \tag{26}$$

Analog zu Gl. (25) gilt ferner:

$$t_e = t_r/m + t_n + V_Z/(a_p \cdot f \cdot v_c) + V_Z/(a_p \cdot f \cdot v_c \cdot T) \cdot t_W$$
$$\text{(min/Stck)} \tag{27}$$

Die Fertigungszeit je Werkstück t_e weist in Abhängigkeit von der Schnittgeschwindigkeit einen ähnlichen Verlauf auf, wie für die Fertigungskosten je Werkstück K_F in Bild 7-1 aufgezeigt wurde.

Die Ermittlung der optimalen Schnittwerte ist zum Minimieren der Fertigungszeit nötig. Das geschieht außer durch Reduzieren der Rüst-, Neben- und Werkzeugwechselzeiten durch optimales Auslegen des Zerspanungsprozesses, d. h. durch Optimierung von:

- Schnittiefe a_p,
- Vorschub f und
- Schnittgeschwindigkeit v_c.

Diese Stellgrößen sind hinsichtlich ihres Optimiereffekts unterschiedlich zu beurteilen.

In Bild 7-2 ist die Abhängigkeit der Fertigungskosten von der Schnittgeschwindigkeit und der Schnittiefe dargestellt. Für verschiedene Schnittiefen a_p erge-

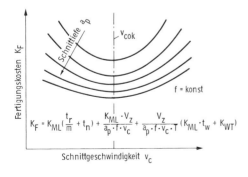

Bild 7-2. Einfluß der Schnittiefe und der Schnittgeschwindigkeit auf die Fertigungskosten

ben sich Becherkurven, die mit wachsender Schnittiefe zu kleineren Fertigungskosten bzw. Fertigungszeiten hin verschoben sind. Zur Erzielung geringer Fertigungskosten muß also zunächst eine maximale Schnittiefe a_p gewählt werden. (Die Ermittlung der maximalen Schnittiefe wird in Abschnitt 7.2 näher erläutert).

Obwohl die Fertigungskosten in Abhängigkeit vom Vorschub und der Schnittgeschwindigkeit ein absolutes Minimum aufweisen, kommt dem Vorschub als frei wählbarer Optimiergröße nur sekundäre Bedeutung zu, weil der optimale Vorschub für den größten Teil der praktischen Anwendungsfälle oberhalb des möglichen Vorschubes liegt. Unter Berücksichtigung der in Abschnitt 7.2 angeführten Grenzen ist im Sinne der Kostenminimierung der maximal mögliche Vorschub f zu wählen.

Im Gegensatz zu den bereits angeführten Stellgrößen a_p und f weist die Schnittgeschwindigkeit v_c einen großen frei wählbaren Bereich auf, der für die Optimierung genutzt werden kann. Die Schnittgeschwindigkeit hat einen erheblichen Einfluß auf die Standzeit T, von der wiederum die Werkzeug- und Werkzeugwechselkosten abhängen.

Die Standzeitgleichung beschreibt den Standzeitverlauf einer Schneidstoff-Werkstoff-Paarung in Abhängigkeit von den Schnittbedingungen. Die Vielzahl der auf den Zerspanprozeß wirkenden Einflußparameter verhindert bislang eine nach physikalischen Gesetzmäßigkeiten abgeleitete Funktion. Den bisher bekannten Standzeitfunktionen liegen Modellvorstellungen zugrunde, die anhand von empirisch ermittelten Standzeitkurven abgeleitet wurden. Die Genauigkeit dieser Gleichungen ist daher von der Übereinstimmung des Modells mit dem Standzeitverhalten der vorliegenden Schneidstoff-Werkstoff-Kombination sowie auch dem Bearbeitungsverfahren selbst abhängig [273 bis 283].

Die allgemeine Abhängigkeit der Standzeit T von der Schnittgeschwindigkeit v_c und dem Vorschub f über einen großen Darstellungsbereich im räumlichen logarithmischen Koordinatensystem zeigt Bild 7-3. Im Bereich kleinerer Schnittgeschwindigkeiten sind die durch die Aufbauschneidenbildung bedingten Maxima und Minima in den Standzeitkurvenverläufen wiedergegeben.

Unter dem Einfluß steigender Maschinen- und Lohnkosten sowie kürzerer Werkzeugwechselzeiten verschieben sich die wirtschaftlichen Schnittgeschwindigkeiten in den Bereich kurzer Standzeiten. Die Beschreibung des Standzeitverhaltens beschränkt sich daher im allgemeinen auf den in Bild 7-3 gezeigten Ausschnitt des Standzeitverlaufs, wobei das Standzeitverhalten für $T = f(v_c)$ durch eine Gerade und für $T = f(f, v_c)$ durch eine Ebene im doppeltlogarithmischen Koordinatensystem hinreichend genau beschrieben werden kann.

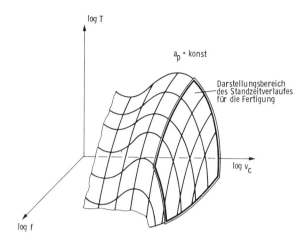

Bild 7-3. Allgemeiner Verlauf der Standzeit in Abhängigkeit von der Schnittgeschwindigkeit und dem Vorschub

Für einen konstanten Vorschub ergibt sich die in Bild 7-4 angeführte Größengleichung (Taylorgleichung) (v_c in m/min, T in min) [277]. Zur Bestimmung der Konstanten C_v und k sind zwei Versuchspunkte (T_1; v_{c1}) und (T_2; v_{c2}) bei konstantem Vorschub f notwendig, die im annähernd linearen Bereich der Standzeitkurve liegen müssen.

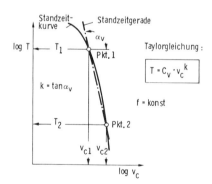

Bild 7-4.
Beschreibung des Standzeitverhaltens durch eine Gerade

Die in Bild 7-5 dargestellte Standzeitgleichung (erweiterte Taylorgleichung) beschreibt im räumlichen, logarithmischen Koordinatensystem eine Standzeitebene, deren Steigung k für den gesamten Schnittgeschwindigkeitsbereich (linker Bildteil) mit dem Vorschub f als Parameter konstant ist. Über den gesamten Vorschubbereich (rechter Bildteil) mit der Schnittgeschwindigkeit v_c als Parameter gilt das Analoge für die Steigung i. Der Faktor C gibt den Wert der Stand-

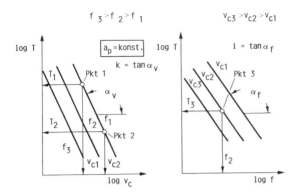

Bild 7-5. Beschreibung des Standzeitverhaltens durch eine Ebene

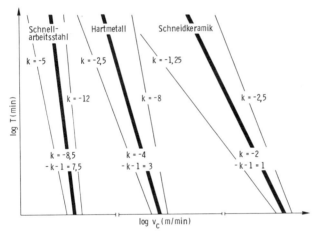

Bild 7-6. Neigungen von Standzeitgeraden beim Längsdrehen (nach Krupp Widia)

zeit für die Schnittgeschwindigkeit $v_c = 1$ m/min und den Vorschub $f = 1$ mm an. Für die Bestimmung der Konstanten ist die Ermittlung zweier Standzeitpunkte $(T_1; v_{c1})$ und $(T_2; v_{c2})$ bei konstantem Vorschub f_1 und eines weiteren Punktes z. B. $(T_3; v_{c2})$ bei f_2 erforderlich.

Der Gültigkeitsbereich dieser Gleichungen ist wegen des gekrümmten Verlaufs der Standzeitkurven u. a. von der Lage und Größe des Ermittlungsintervalls abhängig. Eine Extrapolation der ermittelten Standzeitwerte auf Werte außerhalb des Ermittlungsintervalls ist auf Kosten der Genauigkeit nur in beschränktem Umfang möglich.

Wie man an den Steigungen der Geraden im Bild 7-5 ablesen kann, ist die Abhängigkeit der Standzeit von der Schnittgeschwindigkeit wesentlich größer als vom Vorschub. Bild 7-6 zeigt Bereiche von k-Werten für die Zerspanung von Eisenwerkstoffen mit verschiedenen Schneidstoffen. Große k-Werte sind typisch für temperaturempfindliche Schneidstoffe (HSS), bei kleineren k-Werten ist der Schnittgeschwindigkeits- bzw. Temperatureinfluß wesentlich geringer (z. B. bei Schneidkeramik). Genauere Angaben, sowie Zahlenangaben über Maschinen- und Lohnkosten können der VDI-Richtlinie 3321 [284] und verschiedenen Richtwertempfehlungen, wie z. B. den INFOS-Richtwerttabellen [285] entnommen werden.

Da der Vorschub ohnehin maximiert werden sollte, ist es ausreichend, zur Ableitung der Optimalwertfunktion die vereinfachte Standzeitgleichung

$$T = C_V \cdot v_c^k \qquad (28)$$

in die Kostengleichung einzusetzen. Durch Differenzieren nach der Variablen v_c und Gleichsetzen zu null ergibt sich die Optimalwertfunktion zur Berechnung der kostenoptimalen Schnittgeschwindigkeit v_{cok}.

$$K_F = K_{ML} \cdot (t_r/m + t_n) + K_{ML} \cdot V_Z/(a_p \cdot f \cdot v_c) +$$

$$+ V_Z/(a_p \cdot f \cdot C_v \cdot v_c^{k+1}) \cdot (K_{ML} \cdot t_w + K_{WT}) \qquad (DM/Stck)$$

$$dK_F/dv_c = 0 = -K_{ML} \cdot V_Z/(a_p \cdot f \cdot v_{cok}^2) -$$

$$- (k+1) V_Z/(a_p \cdot f \cdot C_v \cdot v_{cok}^{(k+2)}) \cdot (K_{ML} \cdot t_w + K_{WT})$$

$$K_{ML} = -(k+1) \cdot (K_{ML} \cdot t_w + K_{WT}) / (C_v \cdot v_{cok}^k)$$

$$v_{cok} = \sqrt[k]{-(k+1) \cdot (t_W + (K_{WT}/K_{ML}))/C_v} \qquad (29)$$

Durch Einsetzen von Gl. (29) in Gl. (28) ergibt sich die kostenoptimale Standzeit zu:

$$T_{ok} = -(k+1) \cdot (t_w + K_{WT}/K_{ML}) \qquad (30)$$

Die Herleitung der zeitoptimalen Schnittgeschwindigkeit v_{coz} erfolgt analog:

$$v_{coz} = \sqrt[k]{-(k+1) \cdot t_w/C_v} \qquad (31)$$

Die zeitoptimale Standzeit ergibt sich zu:

$$T_{oz} = -(k+1) \cdot t_w \qquad (32)$$

7.2 Schnittwertgrenzen

Die Schnittwertermittlung für den Drehprozeß muß möglichst unter Beachtung der Streuungen der Zerspanbarkeit erfolgen und Angaben über Schnittiefe, Schnittgeschwindigkeit, Vorschub und die zu erwartende Standzeit des Werkzeugs bei vorgegebenem Standzeitkriterium liefern.

Die Streuungen der Zerspanbarkeit bei gegebenem Standzeitkriterium betragen im Mittel 3:1, in Extremfällen auch deutlich höher. Dieses Verhältnis wird umso ungünstiger, je höher der zulässige Verschleißwert und je höher die Schnittgeschwindigkeit ist [286].

Die Standzeit bzw. das Verschleißverhalten des Werkzeugs ist meist das wichtigste Beurteilungskriterium für die Zerspanbarkeit und Schneidhaltigkeit einer Werkstoff-Schneidstoff-Kombination im Hinblick auf eine Schnittwertermittlung [287].

Für den Freiflächenverschleiß werden i.a. Verschleißmarkenbreiten von VB = 0,2 bis 1,0 mm zugelassen, während für den Kolkverschleiß die zulässigen Kolktiefen bei KT = 0,1 bis 0,3 mm bzw. die Kolkverhältnisse bei K = KT/KM = 0,1 bis 0,2 liegen. Für beschichtete Hartmetalle sind i.a. geringere Verschleißwerte, z.B. VB = 0,3 mm bei der Schruppbearbeitung, zulässig.

Neben dem Werkzeugverschleiß gelten je nach Bearbeitungsfall ein zu großer Zerspankraftanstieg, eine Verschlechterung der Werkstückoberfläche oder das Auftreten von ungünstigen Spanformen als Standzeitendekriterien.

Der Werkzeugverschleiß kann bei gegebener Bearbeitungsaufgabe bzw. Werkzeug-Werkstoff-Kombination im wesentlichen nur über die an der Maschine einstellbaren Größen beeinflußt werden.

Um während einer vorgegebenen Standzeit eine möglichst hohe Ausbringung zu erreichen, sollte daher zunächst die Schnittiefe a_p so groß wie möglich gewählt werden, sofern sie nicht schon durch das in einem Schnitt abzutragende Aufmaß festgelegt ist. Durch die möglichst große Schnittiefe verringert sich die Anzahl der notwendigen Schnitte, wodurch außer Hauptzeit noch Nebenzeit für Abheben, Zurückfahren und erneutes Anstellen eingespart wird.

Nach Festlegung der Schnittiefe sollte der Vorschub so groß wie möglich gewählt werden, um die Hauptzeit zu minimieren. Für diese Reihenfolge in der Festlegung der Schnittwerte spricht die gegenüber der Schnittgeschwindigkeit geringere Verschleißwirkung des Vorschubs sowie der Vorteil, daß mit zunehmendem Vorschub die auf den Spanungsquerschnitt bezogene Schnittkraft sinkt und somit die Maschinenleistung besser genutzt wird. Bei der Festlegung der Schnittwerte sind jedoch die Grenzen des Systems Werkstück-Werkzeug-

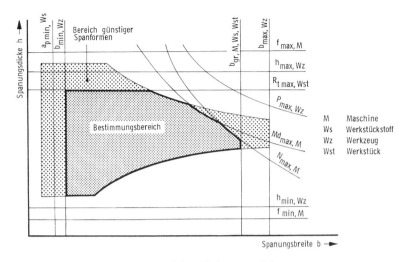

Bild 7-7. Technologische Grenzen bei der Schnittwertermittlung

Maschine zu berücksichtigen, die für Schnittiefe und Vorschub in Bild 7-7 dargestellt sind.

Die Schnittiefe a_p wird vom Werkzeug durch dessen maximal zulässige Spanungsbreite b_{max} begrenzt. Bei Hartmetall-Wendeschneidplatten können für b_{max} folgende Richtwerte angesetzt werden:

Dreieck-Platten TP und TN: b_{max} = 0,5 mal Schneidenkantenlänge;
Quadrat-Platten SP und SN: b_{max} = 0,75 mal Schneidenkantenlänge.

Bei größeren Spanungsbreiten kommt es zum Bruch der Schneidplatten. Eine minimale Spanungsbreite b_{min} von rd. 1 mm sollte beim Schruppen nicht unterschritten werden, um eine sichere Spanabnahme zu gewährleisten. Diese minimale Spanungsbreite kann sowohl durch den Werkstoff begrenzt werden, wie z. B. bei austenitischen Stählen, die zur Aufhärtung neigen, als auch durch die Schneidkantenausbildung des Werkzeugs. So haben z. B. beschichtete Wendeschneidplatten herstellungsbedingt immer eine Schneidkantenverrundung, deren Radius meist zwischen 20 und 60 μm liegt. Bei der Schruppbearbeitung und bei hohen Zähigkeitsbeanspruchungen stabilisieren diese Rundungen ebenso wie Spanflächenfasen die Schneidkanten, bei sehr kleinen Spanungsdicken bzw. Spanungsbreiten nimmt jedoch der elastische Anteil beim Trennvorgang stark zu und eine sichere Spanabnahme ist nicht mehr gewährleistet.

Bei der Wahl des Vorschubs müssen neben dem maximalen und minimalen Vorschub der Maschine wiederum Begrenzungen von seiten des Werkzeugs berücksichtigt werden.

Die maximal zulässige Spanungsdicke h_{max} darf nicht überschritten werden, um eine Spanabnahme an der Nebenschneide zu vermeiden. Als Richtwert kann angesetzt werden:

h_{max} = 0,8 mal Eckenradius.

Weiterhin darf die beim Zerspanungsvorgang auftretende Schnittkraft, die stark von der Schnittiefe und vom Vorschub abhängt, eine zulässige Belastung des Werkzeugs nicht überschreiten.

Als Richtwerte für die Belastbarkeit üblicher Hartmetall-Wendeschneidplatten können unter stabilen Einspannungsverhältnissen die in Bild 7-8 gezeigten Werte herangezogen werden. Daraus ist ersichtlich, daß quadratische Schneidplatten aufgrund des größeren Eckenwinkels höher belastbar sind als Dreiecksplatten.

Plattenform	Schneidkantenlänge (mm)	negative WSP zul. Belastung (N)	positive WSP zul. Belastung (N)
TN TP 	11	4500	4000
	16	10000	9000
	22	19000	17000
	27	27000	24000
DN DP 	11	4000	3500
	16	8500	7500
	22	16000	14000
	27	23000	20000
CN CP 	9	5000	4500
	12	9000	8000
	15	17500	14500
	19	23000	20000
	25	43000	37000
SN SP 	9	6500	6000
	12	12000	10000
	15	22000	19000
	19	28000	25000
	25	55000	48000

Bild 7-8. Zulässige Belastung von Hartmetall-Schneidplatten (nach Krupp Widia, Sandvik, Hertel)

Nach unten wird der Vorschub vom Werkzeug durch eine minimale zulässige Spanungsdicke h_{min} begrenzt, die eine sichere Spanabnahme insbesondere bei verrundeten oder gefasten Schneidkanten gewährleisten soll. Als Richtwert kann hier angesetzt werden:

h_{min} = 2 bis 3 mal Schneidkantenradius bzw. Fasenbreite.

Ferner bestimmt der Vorschub wesentlich die erreichbare Werkstückrauhtiefe, so daß zur Einhaltung bestimmter Oberflächengüten der Vorschub nicht zu groß gewählt werden darf (vgl. Abschn. 6.2.3).

Für einen störungsfreien Fertigungsablauf, insbesondere bei Automaten und NC-Drehmaschinen, und zum Schutz des Maschinenbedieners ist eine günstige Spanbildung von Bedeutung. In Bild 7–9 sind in Abhängigkeit von Schnittiefe und Vorschub für zwei Wendeschneidplatten gleicher Abmessungen mit unterschiedlich eingeformten Spanleitstufen die Bereiche günstiger Spanbildung näherungsweise durch Polygone beschrieben.

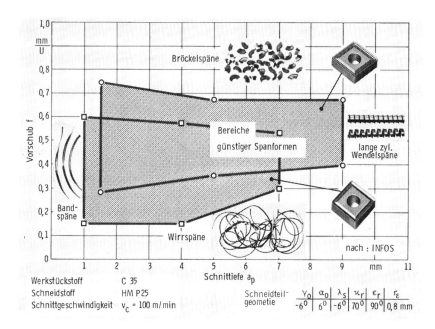

Bild 7-9. Spanformempfehlung für Werkzeuge mit eingeformten Spanleitstufen

Nach dem heutigen Entwicklungsstand sind mit zwei bis drei verschiedenen Spanformrillengeometrien ein Großteil der Bearbeitungsfälle abzudecken. Kritisch bleibt in jedem Fall die Bearbeitung langspanender Werkstoffe, z. B. Edelstähle mit höherem Chrom- und/oder Nickelgehalt sowie der gesamte Bereich der Schlichtbearbeitung.

Die Schnittgeschwindigkeit wird entsprechend der vorherbestimmten Standzeit und dem zulässigen Werkzeugverschleiß anhand einer Standzeitgleichung bzw. entsprechenden Richtwerttabellen bestimmt.

Die in den Richtwertempfehlungen angegebenen Schnittgeschwindigkeiten gelten üblicherweise für stabile Zerspanungsbedingungen an vorgedrehten Werkstücken. Bei der Bearbeitung von Werkstücken mit einem bestimmten Randzonengefüge, wie z. B. Schmiede-, Walz- oder Gußhaut, sind die angegebenen Schnittgeschwindigkeiten mit einem Faktor von 0,65 bis 0,8 zu multiplizieren. Ähnliches gilt für Bearbeitungsaufgaben mit Schnittunterbrechungen, Innendrehen, instabile und schwierig zerspanbare Werkstücke und bei schlechtem Maschinenzustand.

Nach der Ermittlung der Schnittgeschwindigkeit müssen die Schnittwerte a_p, f und v_c auf ihre Realisierbarkeit hinsichtlich der verfügbaren Spindelleistung untersucht werden, wobei die folgende Forderung erfüllt sein muß:

$P_{Spindel} > F_c \cdot v_c$

Hierin ist

$F_c = k_{c1.1} \cdot b \cdot h^{1-m_c} \cdot K_{vk}$

mit K_{vk} als Korrekturfaktor für den Werkzeugverschleiß.

Als Richtwert für den Korrekturfaktor K_{vk} kann man von 5 % je 0,1 mm VB ausgehen.

Reicht die Spindelleistung nicht aus, so ist die Schnittgeschwindigkeit entsprechend zu reduzieren. Ein Unterschreiten der minimalen Schnittgeschwindigkeit ist z. B. wegen der Begrenzung durch die Aufbauschneidenbildung nicht zulässig. Für einen solchen Fall wird die Schnittgeschwindigkeit an der unteren zulässigen Grenze festgelegt und der Vorschub entsprechend der verfügbaren Spindelleistung reduziert.

Zusammenfassend sind noch einmal alle Grenzen des Systems Werkzeug-Maschine-Werkstück, die bei der Schnittwertermittlung berücksichtigt werden müssen, in Bild 7–10 dargestellt.

7.3 Schnittwertermittlung und -optimierung

Man unterscheidet bei der Art der Datenermittlung zwischen manueller (externer) und rechnerunterstützter Schnittwertermittlung; die Grenzen hierbei sind je nach Rechnereinsatz fließend.

Bei der manuellen Schnittwertermittlung und -optimierung werden Arbeitsunterlagen aus verschiedenen Quellen herangezogen:
- Richtlinien verschiedener Normungsgremien,
- Kataloge. Schnittwertempfehlungen sowie Handbücher der Schneidstoffhersteller,

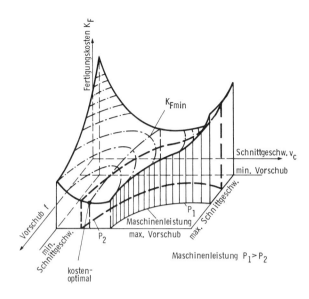

Bild 7-10. Einfluß der Schnittwertgrenzen auf den Optimierbereich

- Versuchsergebnisse aus Literatur und Forschungsberichten,
- Firmeninterne Schnittwertsammlungen,
- Zerspandaten aus Schnittwertdatenbanken.

Zerspanungsrichtwerte, wie sie z. B. vom Verein Deutscher Ingenieure (VDI) für die verschiedenen Bearbeitungsverfahren als sogenannte VDI-Richtlinien herausgegeben werden, geben dem Arbeitsplaner nur sehr grobe Anhaltswerte für die Schnittwertvorgabe [288].

Meist werden für grob zusammengefaßte Werkstoffgruppen unabhängig vom Spanungsquerschnitt und dem Standzeitverhalten sowie von der Art und dem Kostensatz der Maschinen Schnittgeschwindigkeiten empfohlen, die oft zu unwirtschaftlich hohen Standzeiten führen.

Firmenkataloge sowie -handbücher sind i. a. produktbezogen. Genauere Ergebnisse sind aus Versuchsberichten zu entnehmen, die aber in den meisten Fällen auf spezielle Bedingungen bezogen sind und auf andere Bearbeitungsfälle nur mit Schwierigkeiten übertragen werden können.

Auf diesen Quellen aufbauend werden daher in der Arbeitsvorbereitung der Firmen oft interne Schnittwertsammlungen erstellt, die sich auf die anfallenden Bearbeitungsfälle in der Fertigung beziehen und in die langjährige Erfahrung von Maschinenbediener und Arbeitsvorbereiter mit einfließen können.

Einen neuen Weg stellen die nationalen Schnittwertdatenbänke dar, die Zerspanwerte aus der Produktion und Laboruntersuchungen sammeln und diese den Firmen in einer für sie geeigneten Form aufbereitet wieder zur Verfügung stellen. Eine solche Form der Schnittwertvorgabe sind Richtwerttabellen, wie sie in Bild 7-11 gezeigt sind. Für eine Kombination vergleichbarer Werkstoffe mit einem Schneidstoff enthalten diese Richtwerttabellen für bestimmte Standzeiten und Verschleißmarkenbreiten die anwendbaren Schnittgeschwindigkeiten in Abhängigkeit von Schnittiefe und Vorschub. Eine derartige Datenbank bietet die Möglichkeit, mit Hilfe der elektronischen Datenverarbeitung große Bestände einmal erfaßter Zerspanungswerte unter Beachtung vieler Einflußparameter zu verarbeiten und genauere Vorgabewerte bereitzustellen als dies bisher möglich war [285].

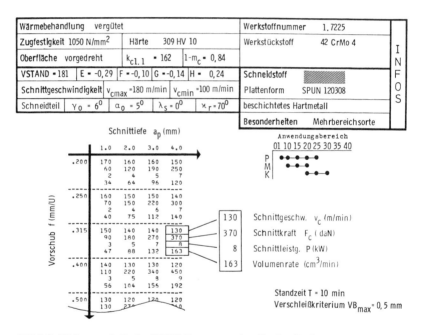

Bild 7-11. Richtwerttabelle des INFOS-Zerspanungshandbuches Drehen

Basis für die in Bild 7-11 gezeigte Richtwerttabelle waren systematische Zerspanungsuntersuchungen, deren Ergebnisse rechnerunterstützt ausgewertet wurden. Zur Beschreibung des Verschleißverhaltens wurde eine praxisorientierte, erweiterte Taylorgleichung der Form:

$$v_c = v_{Stand} \cdot T^G \cdot f^E \cdot a_p^F \cdot VB^H \tag{33}$$

herangezogen. Die Konstanten v_{Stand}, E, F, G und H werden in der Tabelle als Ausgangsgrößen für die Optimierung angegeben.

Bei der Ermittlung der Optimierung der Schnittdaten ist weiterhin folgende Vorgehensweise empfehlenswert:

– Ermittlung der optimalen Standzeiten T_{oz} oder T_{ok};
– Ermittlung eines Vorschubbereichs günstiger Spanformen f_{min} bis f_{max} in Anhängigkeit von der Schnittiefe a_p;
– Ermittlung der optimalen Schnittgeschwindigkeit v_{coz} oder v_{cok};
– Ermittlung der Schnittkraft F_c und der erforderlichen Zerspanungsleistung P;
– Überprüfung der Belastungsgrenzen der Maschine und der Wendeschneidplatte.

Bei der rechnerunterstützten Schnittwertermittlung und -optimierung werden je nach Aufgabenstellung, Detaillierungsgrad und Leistungsfähigkeit der eingesetzten Rechenanlage – angefangen bei programmierbaren Taschenrechnern und Tischrechnern bis hin zu Großrechenanlagen mit dezentralem Zugriff über Terminals und Ein- und Ausgabestationen – eine Vielzahl funktionsbedingter, technologischer und wirtschaftlicher Einflußgrößen berücksichtigt [289 bis 291, 220].

Der schematische Ablauf einer betriebsinternen Schnittwertermittlung und der Erstellung von Planungsunterlagen für das Drehen und Bohren ist in Bild 7-12 dargestellt. Die Schnittwertermittlungsprogramme benötigen zur Ermittlung der Zerspandaten Standardkennwerte, die in entsprechenden Dateien abgespeichert sind, sowie Angaben, die auf die jeweilige Bearbeitungsaufgabe bezogen sind. So müssen die zu zerspanenden Segmente des Werkstücks durch ihre Abmaße definiert, die vorgesehene Maschine und die einzusetzenden Werkzeuge mittels einer Identifikationsnummer angegeben, sowie das Ziel der Schnittwertermittlung, z.B. kostenoptimale oder zeitoptimale Schnittwerte bzw. eine vorgegebene Standzeit, gekennzeichnet werden. Die Kenndaten der Maschinen und Werkzeuge werden dem Programm in Form einer Maschinen- und Werkzeugdatei zur Verfügung gestellt, die einmal von dem jeweiligen Betrieb erstellt werden muß.

Bild 7-13 zeigt am Beispiel des Schnittwertermittlungsprogramms TURN [289] für das Längsdrehen die notwendigen Eingabedaten, die verwendeten Optimierungs-, Schnittaufteilungs- und Berechnungsstrategien, die zu berücksichtigenden Systemgrenzen sowie die Ausgabedaten. Während die aktuellen Bearbeitungsdaten, Maschinen- und Werkzeugdateien firmenspezifisch erfaßt werden können, sind die für jede Werkstoff-Schneidstoff-Kombinationen cha-

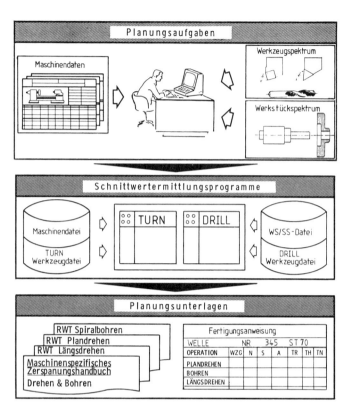

Bild 7-12. Erstellung von Planungsunterlagen mit den Programmsystemen Turn und Drill (nach Eversheim)

rakteristische Kennwerte, wie die Exponenten der erweiterten Taylorgleichung, spezifische Schnittkraftwerte und die Größen, die den Bereich günstiger Spanformbildung beschreiben, z. B. aus Schnittwertdatenbanken zu beziehen.

7.4 Prozeßüberwachungs- und Regelungssysteme

Streuungen oder unvorhersehbare Abweichungen vom normalen Zerspanverhalten können bei der manuellen und der rechnerunterstützten Schnittwertermittlung und -optimierung nur durch Sicherheitsabschläge berücksichtigt werden. Die üblichen Standzeitstreuungen liegen im Mittel bei einem Verhältnis von 3 : 1 (s. o.), so daß im Hinblick auf eine sichere Prozeßauslegung das Standvermögen häufig bei weitem nicht ausgeschöpft werden kann [286, 292].

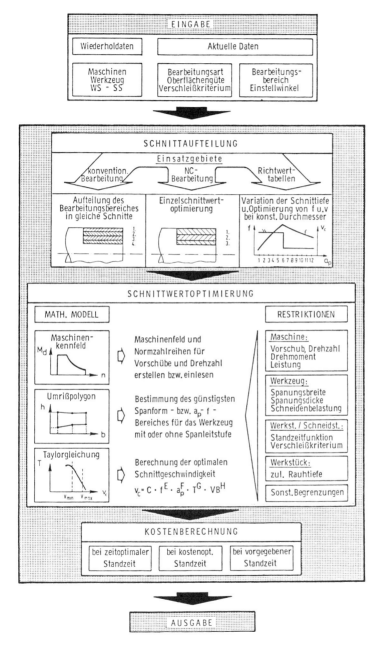

Bild 7-13. Schnittwertermittlungsprogramm Turn (nach Eversheim)

Eine weitere Störgröße, die den ablaufenden Zerspanprozeß beeinträchtigen kann, ist das unvermittelte Auftreten von Werkzeugbrüchen. Aus Werkzeugbrüchen können umfangreiche Schäden an Werkzeug, Werkstück und an der Werkzeugmaschine selbst resultieren, wenn nicht rechtzeitig manuell oder automatisch mit entsprechenden Überwachungssystemen geeignete Gegenmaßnahmen eingeleitet werden.

Man unterscheidet bei der Prozeßüberwachung und -regelung drei verschiedene Systeme Bild 7-14.

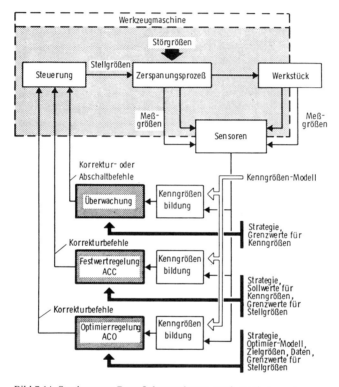

Bild 7-14. Struktur von Prozeßüberwachungs- und -regelungssystemen

Bei den Systemen ist die Bestimmung geeigneter Kenngrößen, z. B. Zerspankräfte, Werkzeugverschleiß oder Rauheits- und Geometriemaße, erforderlich. Sie können mit den über Sensoren ermittelten Meßgrößen identisch sein oder über mathematische Zusammenhänge aus mehreren Meßgrößen gebildet werden.

Überwachungssysteme geben bei erkannten Prozeßstörungen Korrektur- oder Abschaltbefehle an die Maschinensteuerung ab; eine Führung oder Optimierung des Prozesses im regelungstechnischen Sinne liegt aber nicht vor.

Festwert- bzw. Grenzregelungen (ACC = Adaptive Control Constraint) bieten ebenfalls keine Führung des Prozesses; sie sind vielmehr für die konstante Leistungsausnutzung sowie für die Sicherung gleichmäßiger Werkstückqualität konzipiert.

Mit Optimierregelungen (ACO = Adaptive Control Optimization) sollen minimale Fertigungskosten bzw. -zeiten erreicht werden.

Weiterhin lassen sich AC-Systeme in technologische und geometrische Systeme unterteilen.

Mit technologischen Systemen wird der Prozeß nach wirtschaftlichen Gesichtspunkten optimiert sowie die Folgen von Prozeßstörungen minimiert. Geometrische Systeme beeinflussen den Bearbeitungsvorgang mit dem Ziel, vorgegebene Werkstücktoleranzen einzuhalten [286, 392].

Eine größere Bedeutung haben bisher nur Prozeßüberwachungssysteme zur Werkzeugverschleiß- und -brucherkennung bei der Drehbearbeitung erlangt. Als Meß- bzw. Kenngrößen werden dabei meist die direkt oder indirekt gemessenen Zerspankräfte ausgewertet [286, 287].

Als Gründe für den fehlenden industriellen Einsatz von Adaptive-Control-Systemen ist die hohe Systemkomplexität sowie sehr hohe Investitionskosten zu nennen. Zudem existieren für einige Meßgrößen keine geeigneten Sensoren bzw. Meßsysteme. An erster Stelle trifft dies für den Werkzeugverschleiß zu. Für viele Bearbeitungsfälle ist zudem die externe Schnittwertoptimierung ausreichend.

8 Verfahren mit rotatorischer Hauptbewegung

Die spanabhebenden Verfahren mit geometrisch bestimmter Schneide, bei denen die Hauptbewegung rotatorisch erfolgt, unterteilen sich gemäß Bild 8-1 in die Bearbeitungsverfahren

- Drehen,
- Fräsen,
- Bohren,
- Sägen.

Zum Sägen ist anzumerken, daß rein rotatorische Hauptbewegungen nur beim Kreissägen ausgeführt werden. Bei den Verfahren Bügel- und Bandsägen hat der Werkzeugdurchmesser theoretisch einen Wert Unendlich angenommen (translatorische Schnittbewegung).

8.1 Drehen

8.1.1 Allgemeines

Eines der bedeutendsten Verfahren der spanenden Formgebung ist das Drehen. Allein in der Bundesrepublik Deutschland betrug der Produktionswert der Drehmaschinen im Jahre 1985 etwa 1,546 Mrd. DM. Damit nehmen die Dreh-

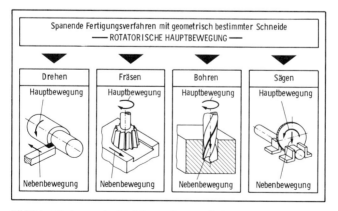

Bild 8-1. Gliederung der Verfahren mit rotatorischer Hauptbewegung

maschinen in der Gruppe der spanenden Werkzeugmaschinen umsatzmäßig den ersten Platz ein. Dieser Betrag überstieg im gleichen Jahr den Produktionswert der Fräsmaschinen um etwa 0,13 Mrd. DM, den der Bohrmaschinen sogar um 1,28 Mrd. DM.

Das Drehen ist einsetzbar für die Schrupp- und Schlichtbearbeitung. Das Schruppdrehen hat eine hohe Zerspanleistung zum Ziel, beim Schlichten wird eine hohe Maß- und Formgenauigkeit sowie Oberflächengüte angestrebt. Durch die Flexibilität des Bearbeitungsverfahrens kann in der Einzel-, Klein- und Großserie wirtschaftlich gefertigt werden. Bei der Automaten- und NC-Bearbeitung können während des Bearbeitungsvorgangs gleichzeitig mehrere Werkzeuge im Eingriff sein und so die Fertigungszeiten vermindern bzw. die Ausbringung steigern.

Drehen ist ein spanabhebendes Verfahren mit geschlossener, meist kreisförmiger Schnittbewegung. Beim Drehen führt in der Regel das Werkstück die rotatorische Hauptbewegung aus, das Werkzeug bewegt sich in Vorschubrichtung [293].

Eine Einteilung der Drehverfahren kann nach verschiedenen Gesichtspunkten erfolgen. So führen z. B. verschiedene Zielsetzungen der Bearbeitungsaufgabe zur Unterscheidung zwischen Schlichtdrehen und Schruppdrehen. Außerhalb dieses Rahmens liegt die Schwerzerspanung, bei der mit Spanungsquerschnitten $a_p \cdot f$ von bis zu $(80 \cdot 3)$ mm^2 gearbeitet wird.

Die Norm DIN 8589, Teil 1, unterteilt das Drehen nach den Ordnungsgesichtspunkten:

- erzeugte Oberfläche,
- Werkzeugform,
- Kinematik des Zerspanvorgangs,

in:

- Runddrehen,
- Plandrehen,
- Profildrehen,
- Schraubdrehen,
- Wälzdrehen
- Formdrehen,

wobei weiter zwischen Längsdrehen (Vorschubrichtung parallel zur Werkstückachse) und Querdrehen (Vorschubrichtung senkrecht zur Werkstückdrehachse) unterschieden wird.

Ein Teil der aufgeführten Drehverfahren ist nur von untergeordneter Bedeutung. In den folgenden Abschnitten soll daher nur auf die wichtigsten Verfahrensvarianten eingegangen werden. Die Einflüsse der Schneidteilgeometrie, der Schnittbedingungen, des Schneid- und Werkstückstoffs und anderer Randbedingungen auf die Prozeßkenngrößen wie Zerspankraft, Spanbildung, Verschleiß, Oberflächengüte usw. sind in Abschn. 3 bis 6 ausführlich dargestellt worden und sollen im folgenden nur dann weiter beschrieben werden, wenn Besonderheiten vorliegen.

8.1.2 Verfahrensvarianten, spezifische Merkmale und Werkzeuge

8.1.2.1 Runddrehen

Kennzeichen des Runddrehens ist die Erzeugung einer zur Drehachse des Werkstücks koaxialen, kreiszylindrischen Fläche. Die Anwendung dieses Verfahrens reicht von der Bearbeitung von Kleinstteilen z. B. in der Uhrenindustrie bis hin zur Schwerzerspanung von geschmiedeten Turbinenläufern mit Längen bis zu 20 m.

Die wichtigsten Runddrehvarianten sind das Längs-Runddrehen und das Schäldrehen.

Die Eingriffsverhältnisse beim Längs-Runddrehprozeß sind in Bild 8-2 dargestellt. Das Produkt aus Schnittiefe a_p und Vorschub f wird als Spanungsquerschnitt und der Quotient aus Spanungsbreite b und Spanungsdicke h als Schlankheitsgrad bezeichnet. Die Maschinenstellgrößen (a_p und f) und die technologischen Größen (b und h) sind über den Einstellwinkel $\varkappa_r$ miteinander verknüpft.

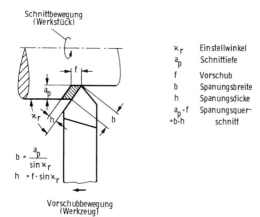

Bild 8-2. Eingriffsverhältnisse beim Längs-Runddrehen

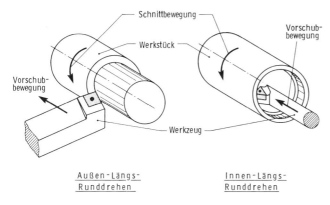

Bild 8-3. Außen- und Innen-Runddrehen, schematisch

Bild 8-3 zeigt die Unterteilung des Längs-Runddrehens in die Außen- und Innenbearbeitung. Die Bezeichnung und Form von Drehmeißeln sind genormt und gehen für das Außen-Runddrehen aus Bild 8-4 hervor. Dabei wird je nach der Lage von Haupt- und Nebenschneide in rechte und linke Meißel unterschieden.

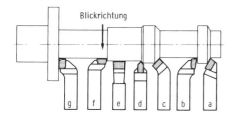

a) rechter gerader Drehmeißel   DIN 4971
b) linker abgesetzter Eckdrehmeißel DIN 4978
c) rechter gebogener Schruppdrehmeißel DIN 4972
d) spitzer Drehmeißel   DIN 4975
e) breiter Drehmeißel   DIN 4976
f) abgesetzter Stirndrehmeißel   DIN 4977
g) abgesetzter Seitendrehmeißel   DIN 4980

Bild 8-4.
Formen von Außendrehwerkzeugen

Bild 8-5 zeigt Werkzeuge für die Innenbearbeitung. Bei Innendrehoperationen an tiefen Bohrungen können aufgrund der ungünstigen Geometrie der Innendrehmeißel Stabilitätsprobleme auftreten. Deshalb sind bei der Wahl der Schnittwerte die Auskraglänge und der Schaftdurchmesser, der abhängig von der Größe der zu bearbeitenden Bohrung ist, zu berücksichtigen.

Bild 8-5. Innendrehwerkzeuge (nach Krupp Widia)

Schnittwerte / Schneidstoff	Schnittgeschwindigkeit v_c m/min	Schnittiefe a_p mm	Vorschub f mm
Schnellarbeitsstahl (HSS)	10 bis 60	1 bis 8	0,2 bis 1,5
Hartmetall	60 bis 400	1 bis 16	0,2 bis 1,6
beschichtetes Hartmetall	90 bis 500	1 bis 16	0,2 bis 1,6
Schneidkeramik	200 bis 800	1 bis 5	0,1 bis 0,5

Tabelle 8-1. Schnittwerte für das Schruppen von Stahlwerkstoffen

Schnittwerte / Schneidstoff	Schnittgeschwindigkeit v_c m/min	Schnittiefe a_p mm	Vorschub f mm
Schnellarbeitsstahl (HSS)	30 bis 80	0,1 bis 1	0,01 bis 0,1
Hartmetall	200 bis 500	0,1 bis 2	0,01 bis 0,2
Schneidkeramik	300 bis 800	0,1 bis 1	0,01 bis 0,2

Tabelle 8-2. Schnittwerte für das Schlichten von Stahlwerkstoffen

Im allgemeinen werden die anwendbaren Schnittbedingungen hauptsächlich von der Zerspanbarkeit des Werkstückstoffs, von den Eigenschaften des Schneidstoffs und durch die Stabilität des Systems Maschine-Werkzeug-Werkstück bestimmt [294]. Übliche Bereiche der Schnittwerte für das Schruppen von Stahlwerkstoffen sind für verschiedene Schneidstoffe in Tabelle 8-1 angegeben. Für das Schlichten beim Längs-Runddrehen von Stahlwerkstoffen zeigt Tabelle 8-2 übliche Schnittwertbereiche.

Die Oberflächengüte hängt im wesentlichen vom Vorschub und vom Eckenradius des Werkzeugs ab (vgl. Abschn. 6.2.3). Es können Rauhtiefen von $R_t = 2$ bis 10 μm, in Sonderfällen $R_t = 1$ μm erreicht werden. Mit voreingestellten Werkzeugen sind Maßgenauigkeiten von IT 7 zu erzielen.

Schäldrehen (Schälen) ist Längs-Runddrehen mit großem Vorschub, meist unter Verwendung eines umlaufenden Werkzeugs mit mehreren Schneiden.

Die Vorschubbewegung wird dabei vom Werkstück ausgeführt, Bild 8-6. Der größte Anwendungsbereich liegt in der Erzeugung von Blankstahl durch Schälen gewalzter Rundstangen.

Damit während der Bearbeitung neben der Hauptschneide auch die Nebenschneide im Eingriff ist, wird der Einstellwinkel der Nebenschneide $\varkappa_r'$ im Bereich von $0 < \varkappa_r' < 2°$ gewählt. Hierdurch lassen sich sowohl die Oberflächengüte verbessern als auch Formfehler beseitigen.

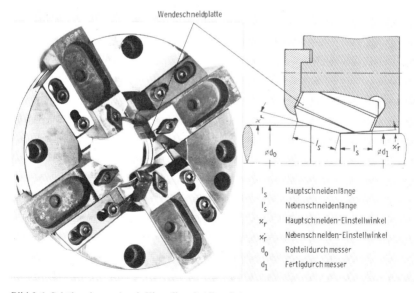

Bild 8-6. Schälwerkzeug (nach Kieserling & Albrecht)

Die Schnittiefe wird im allgemeinen sehr gering gehalten ($a_p <$ 1 mm). Der Vorschub je Schneide ist durch die Länge der Nebenschneide begrenzt und von der geforderten Oberflächenqualität abhängig. Heute werden Vorschübe bis 10 mm bei der Stahlzerspanung erreicht. Die Schnittgeschwindigkeit für Hartmetallwerkzeuge liegt dabei zwischen 60 und 160 m/min. Die erreichbare Oberflächengüte, gekennzeichnet durch die Rauhtiefe, beträgt $R_t =$ 2 bis 10 μm.

8.1.2.2 Plandrehen

Plandrehen ist Drehen zum Erzeugen einer zur Drehachse des Werkstücks senkrechten, ebenen Fläche. Varianten sind u. a. das Quer-Plandrehen und Quer-Abstechdrehen zum Abtrennen des Werkstücks oder von Werkstückteilen, Bild 8-7 [293]. Diese Zerspanungsaufgaben werden vorwiegend auf Drehautomaten durchgeführt, insbesondere bei Kleinteilen, die von der Stange bearbeitet werden. Plandrehoperationen werden mit HSS-Werkzeugen und gelöteten oder geklemmten Hartmetallwerkzeugen durchgeführt.

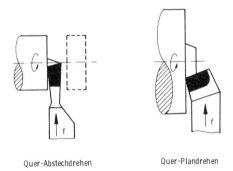

Quer-Abstechdrehen　　Quer-Plandrehen　　Bild 8-7. Plandrehverfahren

Da beim Quer-Abstechdrehen die Werkzeuge schmal ausgeführt werden, um den Werkstückstoffverlust gering zu halten und sie sich aufgrund des notwendigen Freischnitts an beiden Nebenschneiden zum Schaft hin verjüngen, neigen sie bei hoher Belastung zum Rattern. Infolgedessen sind die Schnittwerte für das Abstechdrehen auf die Werkzeuggeometrie und die jeweiligen Bearbeitungsaufgabe abzustimmen.

Die anwendbaren Schnittgeschwindigkeiten beim Quer-Plandrehen entsprechen denen beim Außenlängs-Runddrehen. Zu beachten ist allerdings, daß sich bei der Bearbeitung mit konstanter Drehzahl die Schnittgeschwindigkeit mit dem Werkzeugdurchmesser ändert. Hier versucht man, durch mehrfaches, stufenweises Anpassen der Drehzahl an den Bearbeitungsdurchmesser zumindest einen bestimmten Schnittgeschwindigkeitsbereich einzuhalten. Bei moderneren Drehmaschinen wird dies durch eine stufenlose Drehzahlregelung erreicht [220].

8.1.2.3 Profildrehen

Unter Profildrehen ist Drehen mit einem Profilwerkzeug zur Erzeugung rotationssymmetrischer Körper zu verstehen, bei denen das Profil des Werkzeugs auf dem Werkstück abgebildet wird [293]. Das bekannteste Profildrehverfahren ist das Quer-Profileinstechdrehen (Einstechen) mit Vorschub senkrecht zur Drehachse des Werkstücks, bei dem ein Profildrehmeißel einen ringförmigen Einstich, z. B. eine Nut, auf der Umfangsfläche des Werkstücks erzeugt, Bild 8-8.

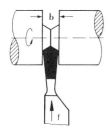

Bild 8-8. Querprofil-Einstechdrehen

Eingesetzt werden HSS-Werkzeuge und Werkzeuge mit Hartmetall-Wendeschneidplatten, wobei die Profilwerkzeuge aus Schnellarbeitsstahl weit verbreitet sind, da sie zum einen eine hohe Zähigkeit aufweisen, zum anderen auch problemlos und billig (gut schleifbar) hergestellt werden können.

Bei großen Spanungsquerschnitten und tiefen Profilen sind die Einstechwerkzeuge vorteilhaft mit Spanbrechern zu versehen, damit ein Klemmen des ablaufenden Spans im Profil vermieden wird. Ferner kann ein Über-Kopf-Einspannen des Werkzeugs den Spanablauf begünstigen.

Um bei Einstechoperationen ein Rattern aufgrund von Instabilitäten der Werkzeugeinspannung zu vermeiden, sind Einstiche nur bis zu einer Breite von b = 15 mm (in Sonderfällen bis zu 30 mm) und bis zu einer Tiefe von 2 · b (in Sonderfällen: 3 · b) möglich.

8.1.2.4 Schraubdrehen

Unter Schraubdrehen ist Drehen mit einem Profilwerkzeug zum Erzeugen von Schraubenflächen zu verstehen, wobei der Vorschub je Umdrehung gleich der Steigung der Schraube ist. Unter diesen Oberbegriff fallen u. a. die Verfahren Gewindedrehen, Gewindestrehlen und Gewindewirbeln.

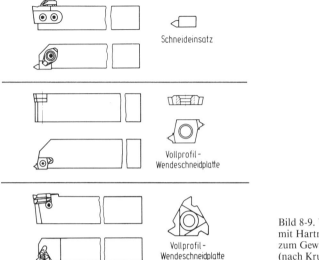

Bild 8-9. Werkzeugsysteme mit Hartmetalleinsätzen zum Gewindedrehen (nach Krupp und Plansee)

Beim Gewindedrehen wird das Gewinde durch nur eine profilierte Schneide in mehreren Überläufen gefertigt. Neben Gewindedrehmeißeln aus HSS werden die in Bild 8-9 dargestellten Werkzeuge mit Hartmetalleinsätzen verwendet.

Beim Gewindestrehlen sind gleichzeitig mehrere Schneiden eines Werkzeugs im Eingriff. Durch die Anordnung mehrerer Formschneiden nebeneinander in einem Werkzeug, von denen jede nachfolgende etwas tiefer schneidet, Bild 8-10, kann das Gewinde in einem einzigen Überlauf fertiggeschnitten werden.

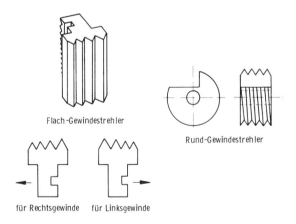

Bild 8-10. Gewindestrehlwerkzeuge (nach Langer, Lange)

Die Strehlwerkzeuge können als Flach- oder Rund-Gewindestrehler ausgeführt sein. Der Rundstrehler muß, damit er frei im geschnittenen Gewinde arbeitet, selbst als Gewinde ausgebildet sein. Zum Schneiden von Außen-Rechtsgewinde gehört ein Strehler mit Linksgewinde und umgekehrt. Zum Schneiden von Innengewinde werden in erster Linie Rundstrehler eingesetzt, da die Raumausnutzung bei gleichzeitig massiver Gestaltung des Werkzeugs günstiger ist.

Strehlwerkzeuge werden auch in Schneidköpfen eingesetzt, die ein radiales Zurückziehen der Strehler nach dem Gewindeschneiden erlauben. Hierdurch ist ein Zurückziehen des Schneidkopfes ohne Drehrichtungswechsel möglich. Bei den Gewindeschneidköpfen unterscheidet man nach Art und Anordnung der Messer drei Typen, Gewindeschneidköpfe mit:

- Radialstrehlern,
- Tangentialstrehlern und
- Rundstrehlern.

Als Schneidstoff wird Schnellarbeitsstahl verwendet.

Das Gewindewirbeln (Gewindeschälen) ist ein Drehverfahren mit unterbrochenem Schnitt, bei dem die volle Gewindetiefe durch ein oder mehrere, mit hoher Schnittgeschwindigkeit umlaufende Messer in einem Arbeitsgang hergestellt wird. Das Werkzeug ist exzentrisch gegenüber dem langsam entgegengesetzt rotierenden Werkstück gelagert.

Beim Gewindewirbeln von Außengewinden, Bild 8-11, ist das Werkzeug, ausgebildet als Messerkopf, mit nach innen gerichteten Messern ausgerüstet.

Der Einsatz des Gewindewirbelns erfolgt in erster Linie auf speziellen Gewindewirbelmaschinen zur Erzeugung langer Gewindegänge. Mögliche Zusatzein-

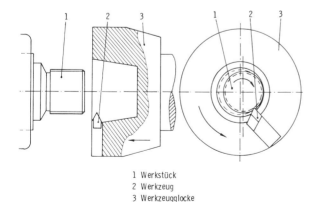

1 Werkstück
2 Werkzeug
3 Werkzeugglocke

Bild 8-11.
Gewindewirbeln
von Außengewinden
(nach Jäger)

richtungen für Drehmaschinen und -automaten erfordern einen größeren Aufwand als beim Strehlen [295]. Die Anwendung auf diesen Maschinen ist daher beschränkt.

Das Gewindewirbeln vereinigt eine hohe Zerspanleistung (Messerkopf mit mehreren Zähnen, hohe Schnittgeschwindigkeit) mit einer hohen Oberflächengüte (hohe Schnittgeschwindigkeit). Ein nachfolgendes Schleifen kann aus diesem Grund entfallen.

8.1.2.5 Formdrehen

Mit Formdrehen bezeichnet man eine Drehbearbeitung, bei der durch die Steuerung der Vorschubbewegung die Form des Werkstücks entsteht [293]. Bei der Verfahrensvariante Nachformdrehen (Kopierdrehen) wird die Vorschubbewegung über ein Bezugsformstück gesteuert, Bild 8-12.

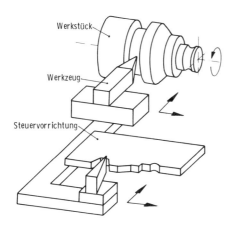

Bild 8-12.
Nachformdrehen (nach DIN 8589)

Das Nachformdrehen wird zur wirtschaftlichen Herstellung rotationssymmetrischer Werkstücke in der Kleinserienfertigung sowie zur spanenden Fertigung komplizierter Konturen eingesetzt.

Die beim Nachformdrehen eingesetzten Werkzeuge müssen auf die Geometrie des Werkstücks abgestimmt sein. Um die Kontur des Meisterstücks (Schablone) auf das Werkstück übertragen zu können, muß der Eckenwinkel ε_{re} einerseits möglichst klein, andererseits aber groß genug sein, um eine stabile Schneide zu bilden.

Nachformdrehwerkzeuge (Kopierwerkzeuge) haben daher Eckenwinkel zwischen 52° und 58°, um ein Nachformdrehen unter einem Kopierwinkel von 30° zu ermöglichen, Bild 8-13. Bei kleinen Drehlängen kann das Nachformdrehen

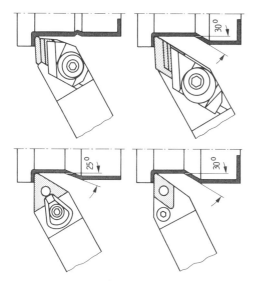

Bild 8-13. Werkzeuge zum Nachformdrehen (nach Krupp)

durch ein Profildrehen mit einem entsprechenden Profildrehmeißel ersetzt werden. Jedoch ist hierbei die Werkzeugherstellung teurer. Als weitere Alternative zum Nachformdrehen bietet sich das sog. NC-Formdrehen an, bei dem die Vorschubbewegung numerisch gesteuert wird.

Ein Sonderverfahren zur Erzeugung unrunder Werkstückoberflächen ist das Unrunddrehen, bei dem die Bahn der Schnittbewegung periodisch zur Werkstückbewegung senkrecht oder schräg zur Drehachse des Werkstücks gesteuert wird [293]. Man unterscheidet Längs- und Querunrunddrehen, Bild 8-14.

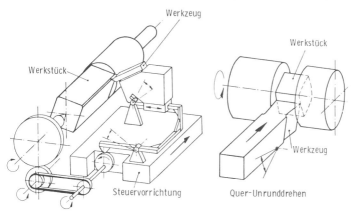

Bild 8-14. Unrunddrehen (nach DIN 8589)

Durch die Steuervorrichtung wird der Drehmeißel mit fortschreitender Drehbewegung des Werkstücks zugestellt bzw. außer Eingriff gebracht. Die Drehbewegung des Werkstücks und die Vorschubbewegung des Drehmeißels stehen dabei in einem festen Übersetzungsverhältnis.

8.2 Fräsen

8.2.1 Allgemeines

Fräsen ist ein spanabhebendes Fertigungsverfahren mit kreisförmiger Schnittbewegung eines meist mehrzahnigen Werkzeugs zur Erzeugung beliebiger Werkstückoberflächen. Die Schnittbewegung verläuft senkrecht oder auch schräg zur Drehachse des Werkzeugs.

Die Fräsverfahren werden in der Norm DIN 8589 nach erzeugter Oberfläche, Werkzeugform (Profil) und Kinematik u. a. in

- Planfräsen,
- Rundfräsen,
- Wälzfräsen,
- Formfräsen und
- Profilfräsen

unterteilt.

Wird die Werkstückoberfläche von der Stirnseite des Werkzeugs mit der Nebenschneide erzeugt, spricht man vom Stirnfräsen. Entsprechend wird ein Fräsverfahren, bei dem die Oberfläche durch die Schneiden am Fräserumfang erzeugt wird, als Umfangsfräsen bezeichnet, Bild 8-15.

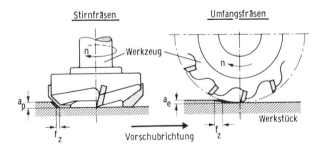

f_z Vorschub je Zahn
a_p Schnittiefe
a_e Eingriffsgröße

Bild 8-15.
Stirn- und Umfangsfräsen

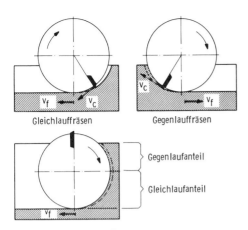

Bild 8-16. Gleich- und Gegenlauffräsen

Je nach Werkzeugdreh- und Vorschubrichtung unterscheidet man weiter zwischen Gegenlauf- und Gleichlauffräsen, Bild 8-16. Beim Gegenlauffräsen laufen Vorschub- und Schnittbewegung gegeneinander, während sie beim Gleichlauffräsen in die selbe Richtung weisen. Je nach Lage des Fräsers zum Werkstück kann ein Fräsprozeß Anteile von Gegenlauf- und Gleichlauffräsen enthalten, so daß eine eindeutige Zuordnung nicht immer möglich ist. Beim reinen Gleichlauffräsen tritt die Schneide mit einer Nullspanungsdicke (h = 0) aus, d. h. die Mindestspanungsdicke wird von einem bestimmten Eingriffswinkel an unterschritten. Es erfolgt dann keine eindeutige Spanabnahme mehr, und es kommt nur noch zu Quetsch- und Reibvorgängen. Entsprechend tritt die Schneide bei reinem Gegenlauffräsen mit einer Nullspanungsdicke ins Werkstück ein. Die im Anschnitt erfolgende Abdrängung des Werkzeugs kann zu Ratterschwingungen und unzulässigen Maß- und Formfehlern am Werkstück führen.

Bei allen Fräsverfahren befinden sich die Schneiden, im Gegensatz zu anderen Verfahren, wie z. B. Drehen, Bohren usw., nicht ständig im Eingriff, sondern es tritt bei jeder Umdrehung des Werkzeugs mindestens eine Schnittunterbrechung je Schneide auf, Bild 8-17. Die Spanungsdicke h verändert sich mit dem Eingriffswinkel und erreicht bei $\varphi = 90°$ (d. h. wenn die Schneide in Vorschubrichtung weist) ihren maximalen Wert. Zur vollständigen Beschreibung der Zerspanungsbedingungen sind neben den vom Drehen bekannten Größen die Angabe des Werkzeugdurchmessers, der Schneidenanzahl, des Ein- und Austrittswinkels φ_E und φ_A, des Werkzeugüberstands ü und der Eingriffsgröße a_e notwendig. Die Eingriffsgröße a_e ist die Größe des Eingriffs der Schneide je Umdrehung, gemessen auf der zerspanten Werkstückoberfläche senkrecht zur Vorschubrichtung [296, 297].

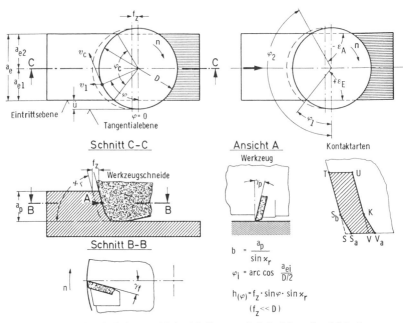

Bild 8-17. Eingriffsverhältnisse und Schneidteilgeometrie beim Messerkopf-Stirnfräsen

Bild 8-18. Wendelspanfräser im Einsatz (nach Walter)

Der Spanwinkel γ setzt sich aus einem radialen Anteil γ_f und einem axialen Anteil γ_p zusammen. Man unterscheidet wie bei anderen Verfahren zwischen einer positiven (γ_f und $\gamma_p > 0$) und einer negativen (γ_f und $\gamma_p < 0$) Schneidteilgeometrie. Zur Verbesserung der bei rotierenden Werkzeugen oft problematischen Spanabfuhr hat sich die „Wendelspangeometrie" ($\gamma_f < 0$, $\gamma_p > 0$) bewährt, Bild 8-18.

Durch die ständigen Schnittunterbrechungen haben neben den Schnittbedingungen die Kontaktbedingungen zwischen Werkzeug und Werkstück besondere Bedeutung für das Verschleißverhalten der Schneidstoffe. In Abhängigkeit von den durch Fräserdurchmesser, Eingriffsgröße und Schneidteilgeometrie bestimmten geometrischen Verhältnissen können sich unterschiedliche Kontakte ergeben, Bild 8-19.

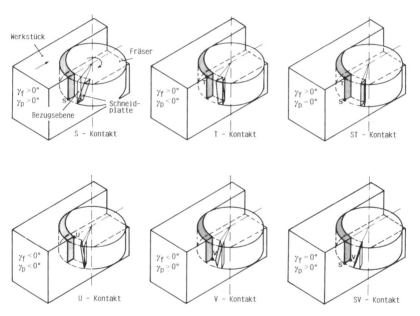

Bild 8-19. Kontaktarten in Abhängigkeit vom Neigungswinkel und von der radialen Eingriffsgröße a_e

Als besonders ungünstig gilt es, wenn der stoßempfindlichste Schneideneckpunkt als erster Punkt der Schneide auf das Werkstück trifft. Dieser sogenannte S-Kontakt kann durch eine entsprechende Variation der Schneidengeometrie und der Zustellgrößen vermieden werden. Die günstigste Kontaktart ist dagegen der U-Kontakt, bei dem der von Neben- und Hauptschneide am weitesten entfernte Schneidenpunkt als erster mit dem Werkstück in Kontakt kommt.

Alle anderen Punkt- sowie Linienkontaktarten werden hinsichtlich der Stoßempfindlichkeit als Zwischenstufe zwischen dem S-Kontakt und dem U-Kontakt angesehen [55, 296, 298].

Im Vergleich zu den Eintrittsbedingungen kommt den Austrittsbedingungen hinsichtlich des Verschleißes durch Ausbrüche größere Bedeutung zu [55, 217, 296, 299 bis 303]. Bei einem Werkzeugaustritt mit endlicher Spanungsdicke, z. B. beim Gegenlauffräsen, können aufgrund von Zugspannungen durch den Spanablauf beim Austritt Schneidenausbrüche auftreten.

Diesen Phänomenen muß bei der Festlegung von Frässtrategien Rechnung getragen werden, da die Verwendung zäherer Hartmetallsorten zwar höhere Standzeiten bis zum Erliegen ermöglicht, ein vorzeitiges Versagen im Bereich ungünstiger Austrittsbedingungen kann hiermit allein jedoch nicht vermieden werden. Zur Verbesserung der Schneidenstabilität werden im Bereich der Schneidenecke und an der Schneidkante zusätzlich stabilisierende Schutzfasen angebracht.

Die Schnittunterbrechungen bedeuten für den Schneidstoff thermische und dynamische Wechselbeanspruchungen, die ggf. Kamm- und Querrisse verursachen und damit zum Bruch der Schneide führen können. Die eingesetzten Schneidstoffe müssen daher hohe Zähigkeit, hohe Temperaturbeständigkeit und hohe Kantenfestigkeit aufweisen [35].

Für die Stahlbearbeitung werden Schnellarbeitsstahl und zähe Hartmetalle der Zerspanungsanwendungsgruppen P 15 bis P 40, für die Bearbeitung von Guß, NE-Metallen, Kunststoffen und gehärteten Stählen die Sorten K 10 bis K 30 eingesetzt. Die für das Fräsen eingesetzten Schneidstoffe wurden im Hinblick auf erhöhte thermische und mechanische Wechselbeanspruchung entwickelt und sind daher meist nicht direkt vergleichbar mit den beim Drehen verwendeten Schneidstoffsorten.

Weiterentwicklungen der Hartmetalle und Beschichtungstechnologien ermöglichen heute sowohl beim Fräsen von Gußeisen als auch von Stählen den Einsatz beschichteter Hartmetalle. Zum Feinstfräsen von Stählen (HB < 300) werden auch Cermets zunehmend eingesetzt. Für das Schruppfräsen von Grauguß kann Si_3N_4-Keramik mit hohen Zeitspanungsvolumina erfolgreich eingesetzt werden. Für das Schlichtfräsen von Grauguß, Hartguß, Einsatz- und Vergütungsstählen sowie gehärtetem Stahl sind Oxid- und Mischkeramiken, bei gehärteten oder hochfesten Vergütungsstählen (> 45 HRC) auch CBN geeignete Schneidstoffe. Übereutektische Al-Legierungen, faserverstärkte Kunststoffe sowie das Fräsen von Graphitelektroden für die Funkenerosion sind typische Anwendungen von PKD-bestückten Werkzeugen beim Fräsen.

8.2.2 Verfahrensvarianten, spezifische Merkmale und Werkzeuge

Am häufigsten werden die Fräsverfahren zur Erzeugung ebener Flächen (bei geradliniger Vorschubbewegung: Planfräsen) angewendet. Bild 8-20 zeigt die wichtigsten, nach Kinematik und Eingriffsverhältnissen unterschiedlichen Planfräsverfahren und bezeichnet die zugehörigen Fräswerkzeuge. In der Praxis nennt man die Fräsverfahren meist nach Art und Form der eingesetzten Fräswerkzeuge, wie z. B. Walzenfräsen, Schaftfräsen, Scheibenfräsen, Stirnfräsen, Profilfräsen usw.

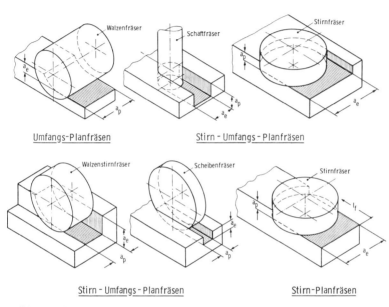

Bild 8-20. Eingriffsgrößen und Verfahren beim Planfräsen

8.2.2.1 Stirnfräsen

Beim Stirnfräsen ist die Eingriffsgröße a_e wesentlich größer als die Schnittiefe a_p (vgl. Bild 8-15), und die Werkstückoberfläche wird durch die Nebenschneide erzeugt. Beträgt der Einstellwinkel $\varkappa_r = 90°$, so bezeichnet man diesen Fräsprozeß auch als Eckfräsen. In diesem Fall wird die Werkstückoberfläche sowohl mit der Nebenschneide als auch mit der Hauptschneide erzeugt.

Zum Fräsen von sehr kleinen, ebenen und rechtwinklig abgesetzten Flächen, Nuten mit Rechteckquerschnitt und Langlöchern werden Massivstirnfräser aus HSS eingesetzt, ab 10 bis 16 mm Werkzeugdurchmesser Werkzeuge mit geklemmten Hartmetallwendeschneidplatten und bei erhöhten Anforderungen

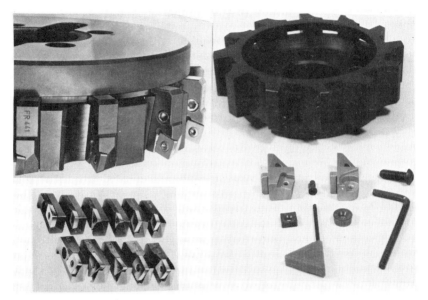

Bild 8-21. Messerkopfstirnfräser mit Werkzeugkassetten (nach Walter, Sandvik)

an die Oberflächengüte und Formgenauigkeit sowie Leistung Fräser mit eingelöteten Hartmetallschneiden [304, 305].

Zum Fräsen größerer, ebener Flächen dienen mit geklemmten Hartmetallwendeschneidplatten bestückte Messerköpfe, Bild 8-21.

Je nach Abmessung der zu bearbeitenden Werkstückfläche und der Antriebsleistung der Maschine wird die Größe und Zähnezahl des Fräswerkzeuges ausgewählt. Die Zahnteilung der Werkzeuge ist abhängig von der Form und Größe des Werkzeugs, der verfügbaren Maschinenleistung und von der Spanbildung des Werkstückstoffs. Kurzbrechende Späne benötigen einen geringen Spanraum und damit eine geringe Teilung. Große Messerköpfe für die Gußbearbeitung können daher mit bis zu 200 Schneidplatten bestückt sein. Um Rattern des Systems Maschine-Werkzeug-Werkstück mit der Schneideneingriffsfrequenz zu vermeiden, werden die Messerkopfstirnfräser teilweise mit einer ungleichmäßigen Teilung am Umfang gefertigt.

Messerkopfstirnfräser bis 250 mm Durchmesser werden nach der üblichen Befestigungsart auf der Werkzeugspindel montiert. Größere Stirnfräser sind wegen ihres hohen Gewichts zur besseren Handhabung beim Werkzeugwechsel zweiteilig ausgeführt. Der Grundkörper bleibt beim Werkzeugwechsel auf der Spindel, und es wird nur der Ring mit den geklemmten Schneiden gewechselt.

Eine weitere Möglichkeit zur Erhöhung der Wirtschaftlichkeit und der Universalität ist die Verwendung von Messerkopfstirnfräsern mit Werkzeugkassetten, Bild 8-21. In einem Grundkörper lassen sich je nach Anforderung Werkzeugkassetten zur Aufnahme unterschiedlicher Wendeschneidplatten (Dreikant, Vierkant, rund), Größen und Geometrien (z. B. positiv, negativ, $\varkappa_r = 90°$, $\varkappa_r = 75°$, mit eingeformter Spanleitstufe usw.) einsetzen.

Im allgemeinen wird bei der Stahlbearbeitung mit positiver Schneidteilgeometrie bzw. zur Verbesserung der Späneabfuhr mit der Wendelspangeometrie gearbeitet. Bei Schweißkonstruktionen oder größeren Werkstoffinhomogenitäten wird zur Vermeidung von Schneidenausbrüchen vorteilhaft eine negative Schneidteilgeometrie eingesetzt. Das gleiche gilt für die Bearbeitung von Werkstückstoffen mit großer Zähigkeit und Festigkeit. Das Fräsen mit Schneidkeramik erfolgt grundsätzlich mit negativer Schneidteilgeometrie.

Um ein Nachschneiden des Stirnfräsers aufgrund der elastischen Formänderungen im Gesamtsystem zu vermeiden, kann die Fräserachse um 0,5° bis 1° gestürzt werden. Damit ist jedoch die Vorschubrichtung festgelegt.

Der Einstellwinkel $\varkappa_r$ beträgt beim Stirnfräsen 45° bis 75° (Sonderfall: Eckfräsen $\varkappa_r = 90°$). Er beeinflußt in starkem Maße die Größe der Aktiv- und Passivkräfte und damit die Stabilität des Fräsprozesses, insbesondere bei der Bearbeitung dünnwandiger Teile, wie z. B. geschweißte Getriebekästen oder bei Fräsoperationen auf Fräs- und Bohrwerken mit weit auskragender Spindel.

Die Schnittbedingungen beim Stirnfräsen werden im allgemeinen niedriger gewählt als beim Drehprozeß. Insbesondere wählt man kleinere Spanungsquerschnitte, um die dynamische Belastung der Schneidstoffe gering zu halten und einen Werkzeugbruch zu vermeiden. Die wirtschaftlichen Standzeiten der Werkzeuge sind gegenüber denen beim Drehen länger, da mit höheren Werkzeugkosten und größeren Werkzeugwechselzeiten gearbeitet wird. Übliche Schnittwerte für die Stahlbearbeitung sind in Tabelle 8-3 aufgeführt.

Schneidstoff \ Schnittbedingung	v_c	f_z	a_p
HSS	5-40 m/min	0,05 - 0,3	1 - 12 mm
besch. HSS	10-80 m/min	0,05 - 0,6	1 - 12 mm
Hartmetall	40-240 m/min	0,1 - 1	1 - 12 mm
besch. Hartmetall	140-360 m/min	0,1 - 0,6	1 - 12 mm
Keramik	60-500 m/min	0,05 - 0,15	0,05 - 2 mm
CBN	100-400 m/min	0,01 - 0,7	0,05 - 2 mm

Tabelle 8-3. Schnittwerte für die Stahlbearbeitung beim Messerkopfstirnfräsen

Das Stirnfräsen wird sowohl zur Vorbearbeitung als auch zunehmend zur Endbearbeitung eingesetzt. Die Endbearbeitung mit geometrisch bestimmter Schneide gewinnt durch die Möglichkeit einer Einmaschinenbearbeitung zunehmend an Bedeutung. Das Schlichtstirnfräsen wird insbesondere als Endbearbeitungsverfahren für große ebene Flächen mit besonderen Anforderungen an die Oberflächengüte und Ebenheit eingesetzt, wenn andere Endbearbeitungsverfahren (z. B. Schleifen oder Schaben) unwirtschaftlich oder nicht möglich sind. Derartige Bearbeitungsprobleme treten vorwiegend im Großmaschinenbau auf, z. B. zur Erzeugung von Verbindungsflächen, Maschinentischen und Führungsbahnen an Werkzeugmaschinen und zum Fräsen von Dichtflächen im Motoren- und Turbinenbau, Bild 8-22. Wendeschneidplatten für die Schlichtbearbeitung haben eine aktive Nebenschneide, d. h. bei diesen Werkzeugen ist der Einstellwinkel $\varkappa_r' = 0°$, so daß die Nebenschneidenfase paral-

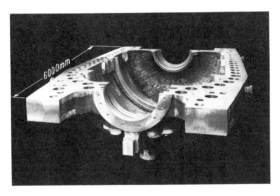

Werkstückstoff GS 20 MoV 53	Schnittgeschwindigkeit v_c = 200 m/min
Schneidstoff Hartmetall P 10	Vorschub f_z = 5 mm ; v_f = 1000 mm/min
Messerkopfdurchmesser D = 500 mm	Einrichtezeit der Breitschlichtschneide ~ 5 min
Einzahnfräsen	Oberflächengüte R_t + W = 5 bis 10 μm
	Fräslänge rd. 6 m

Bild 8-22. Breitschlichtfräsen von Dichtflächen an Turbinengehäusen (nach Siemens Schuckertwerke)

lel zur Werkstückoberfläche liegt. Die Länge der Nebenschneidenfase l_{Sa}' beträgt i. a. 2 bis 3 mm, bei speziellen Breitschlichtfräswerkzeugen 10 bis 15 mm. Der Vorschub je Zahn sollte 2/3 der Länge der aktiven Nebenschneidenfase nicht überschreiten.

Zu unterscheiden sind drei Arten von Schlichtwerkzeugen, Bild 8-23.

a) Konventionelle Schlichtstirnfräser, die mit geringen Schnittiefen und Vorschüben je Zahn arbeiten und mit einer hohen Anzahl an Zähnen bestückt sind.

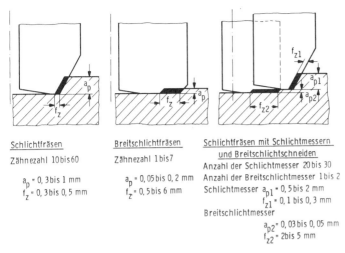

Bild 8-23. Verfahren zum Feinfräsen (nach Siemens)

b) Breitschlichtstirnfräser, die mit einer geringen Anzahl an Zähnen (1 bis 5) bestückt sind, Bild 8-24, und mit sehr niedrigen Schnittiefen und hohen Vorschüben arbeiten. Bei diesen Werkzeugen sind die Nebenschneidenfasen zur Vereinfachung der Werkzeugvoreinstellung mit großen Radien (hier

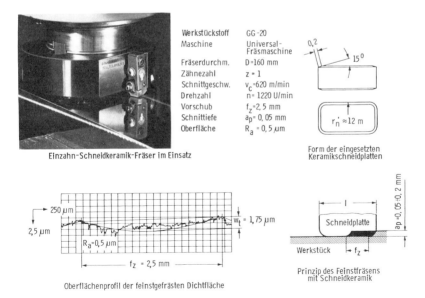

Bild 8-24. Breitschlichtfräsen (Feinstfräsen) mit Schneidkeramik (nach Feldmühle)

r_n' = 12 m) versehen. Dadurch wird im Schnitt ähnlich wie beim Schäldrehen, eine sehr gute Werkstückoberflächengüte erreicht. Hierbei sind jedoch die Rückkräfte größer als beim konventionellen Schlichtstirnfräsen, so daß es zu einer axialen Verschiebung des Werkzeugs kommen kann. Als Schneidstoff wird vorwiegend Schneidkeramik eingesetzt.

c) Stirnfräsen mit Schlichtmessern und Breitschlichtschneiden, die die Vorteile beider Verfahren kombinieren. Das Werkzeug ist in diesem Fall nur mit ein bis zwei Breitschlichtschneiden besetzt, die radial zurückgesetzt sind und die axial, zur Erzeugung hoher Oberflächengüte, um 0,03 bis 0,05 mm vorstehen. Die Breite der Schlichtschneiden sollte etwa dem eineinhalbfachen Vorschub je Umdrehung entsprechen.

Für die Schlichtbearbeitung ist der Schneidenvoreinstellung eine erhöhte Bedeutung beizumessen. Werden keine speziellen, feineinstellbaren Werkzeugaufnahmekörper verwendet, sollten alle Schlichtstirnfräswerkzeuge vor dem Einsatz auf der Werkzeugmaschine und nach der Bestückung mit den Schneiden geschliffen bzw. geläppt werden, um die notwendige Plan- und Rundlaufgenauigkeit ($< 5\mu m$) entsprechend der geforderten Werkstückoberflächenqualität zu erreichen. Eine fehlerhafte Schneidplattenvoreinstellung erhöht die kinematische Rauheit und verkürzt die Werkzeugstandzeit zum Teil erheblich [304].

Die Schnittgeschwindigkeit wird bei der Schlichtbearbeitung hoch gewählt (z. B. bei der Stahlzerspanung mit Hartmetall bis 300 m/mm), um eine hohe Oberflächengüte zu erzielen. Erreicht werden bei Stahl Rauhtiefenwerte R_t = 5 bis 10 μm, bei Grauguß R_t = 1 bis 5 μm.

8.2.2.2 Umfangsfräsen

Umfangsfräsen ist Fräsen, bei dem die Schnittiefe a_p wesentlich größer als die Eingriffsgröße a_e ist. Beim Umfangsfräsen wird die Werkstückoberfläche von der Hauptschneide erzeugt.

Zu unterscheiden ist das Gegen- und das Gleichlauf-Umfangsfräsen. Beim Gleichlauf-Umfangsfräsen wirkt die Schnittkraft auf das Werkstück, Bild 8-25, während sie beim Gegenlauf-Umfangsfräsen vom Werkstück fort gerichtet ist, so daß hierbei ein labiles Werkstück (z. B. dünne Blechplatte) von der Aufspannfläche abgehoben oder zum Rattern angeregt werden kann.

Beim Gleichlauf-Umfangsfräsen ist ein spielfreier Tischvorschubantrieb notwendig, um Schwingungen und Stöße zu vermeiden. Während beim Gleichlauf-Umfangsfräsen der Anschnitt mit annähernd vollem Spanungsquerschnitt erfolgt, baut sich der Spanungsquerschnitt beim Gegenlauf-Umfangsfräsen langsam auf. Hierbei kann es zum Quetschen des Werkstoffs kommen und damit zur Ausbildung einer schlechten Oberfläche.

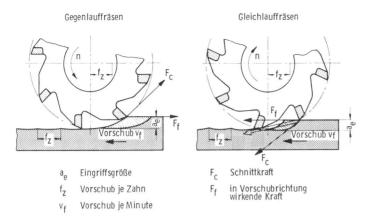

a_e	Eingriffsgröße	F_c	Schnittkraft
f_z	Vorschub je Zahn	F_f	in Vorschubrichtung wirkende Kraft
v_f	Vorschub je Minute		

Bild 8-25. Umfangsfräsen im Gleich- und Gegenlauf

Allgemein kommt das Gegenlauf-Umfangfräsen zur Anwendung. Neben den üblichen Schnellarbeitsstahlwerkzeugen werden zunehmend HM-bestückte Umfangsfräser bzw. Walzenfräser eingesetzt. Bei koaxialer Ausrichtung der Schneiden treten hohe dynamische Belastungen auf, da jeweils eine ganze Schneide in den oder aus dem Werkstückstoff tritt. Bei schrägverzahnten Werkzeugen kann eine dynamische Belastung reduziert werden, jedoch tritt dabei eine axiale Kraft auf, die zur Verlagerung des Werkzeugs oder Werkstücks führen kann. Durch eine Pfeilverzahnung mit gegenläufiger Steigung kann dieser Nachteil behoben werden. Ein solches Werkzeug ist jedoch sehr teuer in seiner Anschaffung und Aufbereitung, Bild 8-26.

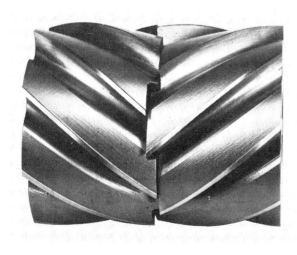

Bild 8-26. Gekuppelter Walzenfräser mit gegenläufiger Spirale (nach Wanderer)

Bild 8-27. Walzenstirnfräser

Sollen scharfkantige Profile mit guter Maß- und Formgenauigkeit ausgearbeitet werden, so kommen kombinierte Umfangsstirnfräser oder Walzenstirnfräser zum Einsatz, Bild 8-27, die auf der Stirnseite an allen Schneiden hinterschliffen sind (Ausbildung eines Freiwinkels).

8.2.2.3 Schaftfräsen

Schaftfräsen ist ein kontinuierliches Umfangs-Stirnfräsen unter Verwendung eines Schaft- bzw. Fingerfräsers.

Das Schaftfräsen wird vorteilhaft zur Erzeugung von Formflächen, wie z. B. im Gesenkbau, sowie zur Ausbildung von Nuten, Taschen, Schlitzen und Aussparungen aller Art und Größe eingesetzt.

Schaftfräser müssen bedingt durch ihren Anwendungsbereich, z. B. tiefe Gravuren in Gesenken und Formen, vielfach mit großem Schlankheitsgrad ($l/D > 5-10$) ausgelegt werden. Hierdurch treten zum einen abhängig von den Kontakt- und Eingriffsbedingungen bei der Bearbeitung Ratterschwingungen auf, die besonders bei harten, spröden Schneidstoffen zu erhöhtem Verschleiß durch Ausbrüche führen. Zusätzlich führen sowohl Rattervorgänge als auch eine Verbiegung der schlanken Werkzeuge zu Maß- und Formfehlern an den Bauteilen. Maßnahmen zur Vermeidung dieser Phänomene sind in einer Optimierung der Werkzeug- und Schneidteilgeometrie, der Eingriffsverhältnisse und Frässtrategie sowie der Schnittbedingungen zu suchen [217, 306 bis 309].

Schaftfräser entsprechen in ihrem Aufbau Walzenstirnfräsern; zum Spannen sind sie mit Zylinderschaft (mit Seitenspannung und/oder Anzugsgewinde) oder mit einem Kegelschaft (Morsekegel oder Steilkegel; ggf. mit Anzugsgewinde) versehen.

Man unterscheidet rechtsschneidende und linksschneidende sowie rechtsgedrallte, linksgedrallte und geradverzahnte Werkzeuge, Bild 8-28. Die Ausbildung der Fräserform kann dabei je nach Bearbeitungsaufgabe zylindrisch, kegelig oder als Sonderanfertigung beliebig geformt sein. Die Stirnseite des Werkzeugs ist i. a. plan- oder halbrund ausgebildet, bei bohrfähigen Werkzeugen müssen die Stirnschneiden bis zur Werkzeugmitte reichen.

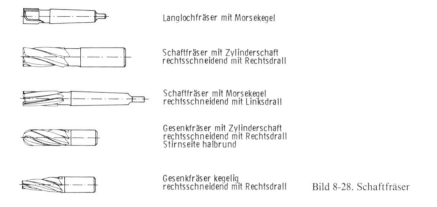

Bild 8-28. Schaftfräser

HSS-Schaftfräser werden entsprechend DIN 1836 [310] in Abhängigkeit vom zu bearbeitenden Werkstoff in Werkzeuganwendungsgruppen eingeordnet, Bild 8-29.

Eine Profilierung der Schneiden bei Schruppwerkzeugen (z. B. Kordelverzahnung), Bild 8-30, führt zu einer Teilung der Späne in kleine Einzelspäne. Die Vorteile dieser Spanteiler liegen in einer besseren Spanabfuhr und Zugänglichkeit des Kühlschmierstoffs sowie in einer geringeren Belastung der Einzelschneiden.

Die Ausführung der einzelnen Fräsergeometrien und Spanteilerformen unterliegt herstellerspezifischen Unterschieden.

Als Schneidstoffe beim Schaftfräsen kommen unter Berücksichtigung von werkstoff- und stabilitätsbedingten Auswahlkriterien prinzipiell alle Schneidstoffe in Frage. In erster Linie werden auch heute noch Schnellarbeitsstahl – vielfach beschichtet – oder Hartmetall eingesetzt. Neben Vollstahlwerkzeugen werden Werkzeuge mit eingelöteten Schneiden, geklemmten bzw. geschraubten

Anwendungs-gruppe	Anwendungsbereich	Werkzeug
N	Zerspanen von Werkstoffen mit normaler Festigkeit und Härte	
H	Zerspanen von harten, zähharten und/oder kurzspanenden Werkstoffen	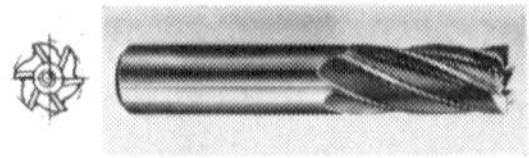
W	Zerspanen von weichen, zähen und/oder langspanenden Werkstoffen	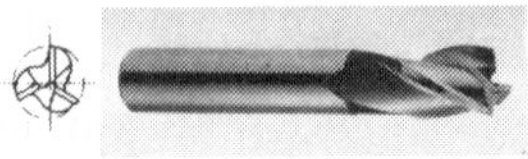

Bild 8-29. Werkzeuganwendungsgruppen

Wendeschneidplatten verwendet, Bild 8-31. Durch die Verwendung von Werkzeugen mit Wendeschneidplatten ist eine flexiblere Anpassung des Schneidstoffs an die Bearbeitungsaufgabe möglich. Insbesondere ist hier auch die Nutzung verschiedener Schneidstoffe in einem Werkzeug zu nennen, die beispielsweise bei den entlang der Schneide stark unterschiedlich beanspruchten Kugelbahnfräsern vorteilhaft sein kann.

Schruppfräser mit Spantellerprofilen		
Spanteiler	Gruppe N	Gruppe H
flaches Profil (F)	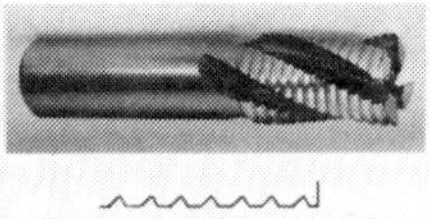	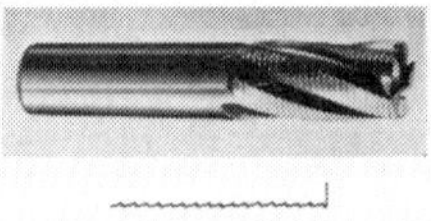
rundes Profil (R)	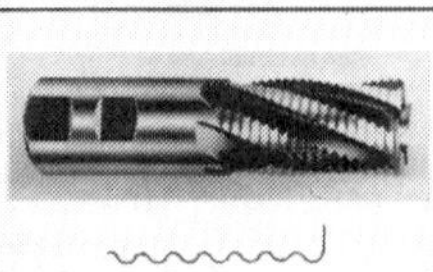	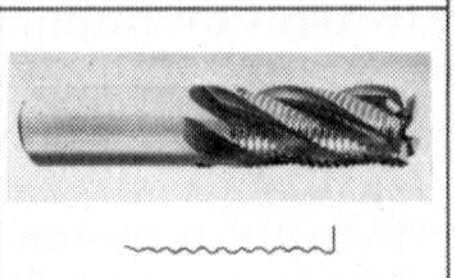

Bild 8-30. Schneidenprofile an Schrupp-Schaftfräsern (nach Fette)

Bild 8-31. Schaftfräser mit Wendeschneidplatten (nach Krupp Widia)

8.2.2.4 Profilfräsen

Profilfräsen ist Fräsen unter Verwendung eines Formwerkzeugs zur Erzeugung von profilierten Flächen, z.B. beim Fräsen von Nuten, Radien, Zahnrädern und -stangen sowie Führungsbahnen.

Die Profilwerkzeuge sind der Form des zu erzeugenden Profils angepaßt. Daraus ergibt sich in den meisten Fällen ein Stirn-Umfangsfräsen. Die Werkzeuge sind einteilig (Formfräser) oder mehrteilig (Satzfräser) ausgeführt, Bild 8-32.

Profilfräser werden als Vollwerkzeuge aufgrund der guten Bearbeitbarkeit und des günstigen Preises vielfach aus HSS gefertigt. Zunehmend werden aber auch hier HM-Wendeschneidplatten oder gelötete HM-Schneiden eingesetzt, Bild 8-33.

8.2.2.5 Wälzfräsen

In fast allen Bereichen der Technik werden Zahnräder als Elemente einer exakten und leistungsfähigen Bewegungsübertragung eingesetzt. Im Bereich der

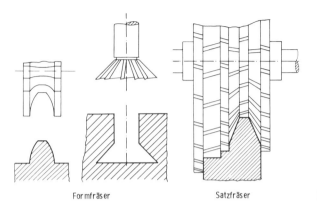

Formfräser   Satzfräser   Bild 8-32. Profilfräser

hochgenauen Laufverzahnungen ($n > 1000$ min^{-1}) erfolgt die Herstellung der Zahnräder zum überwiegenden Teil durch spanende Bearbeitung. Das dominierende spanende Verfahren zur Herstellung außenverzahnter, zylindrischer Zahnräder ist wegen seiner hohen Wirtschaftlichkeit das Wälzfräsen.

Fräsersatz zur Bearbeitung von Grauguß-Profilen

Fräsersatz zur Bearbeitung von Maschinenbetten

Bild 8-33. Beispiele für Profilfräser (nach Walter)

Beim Wälzfräsen wird die Paarung einer Schnecke mit einem Schneckenrad simuliert, wobei eine durch Spannuten unterbrochene Schnecke das Werkzeug darstellt und das Schneckenrad das zu fertigende Werkstück.

Anhand von Bild 8-34 soll die Kinematik des Verfahrens kurz erläutert werden. Zur Spanabnahme dienen die rotatorischen Bewegungen des Wälzfräsers und des Werkrads. Je nach dem Wälzfräsverfahren überlagern sich dazu translatorische Bewegungen des Werkzeugs in axialer und tangentialer Richtung sowie des Werkrads in Radialrichtung zum Erreichen der Tauchtiefe. Dadurch ergeben sich die Wälzfräsverfahren Axial-, Schräg-, Diagonal- und Radial-Axial-Wälzfräsen. In der industriellen Fertigung wird zur Zeit überwiegend das Axialwälzfräsen eingesetzt.

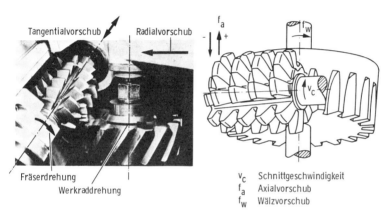

Bild 8-34. Kinematik beim Wälzfräsen

Als Vorschub in einer Richtung ist der zurückgelegte Weg pro Werkstückumdrehung (WU) definiert. Aufgrund der Richtung des Axialvorschubs f_a kann zwischen dem Gleichlauf- ($f_a > 0$) und dem Gegenlaufwälzfräsen ($f_a < 0$) unterschieden werden, Bild 8-34. Bei der Bearbeitung von Schrägverzahnungen ergeben sich zwei weitere Verfahrensvarianten, das gleich- und das gegensinnige Wälzfräsen, wobei die Steigungen von Werkzeug und Werkrad gleich- oder entgegengerichtet sind.

In der Praxis wird bei Zweischnittbearbeitung aus Gründen der Werkzeugstandzeit im Gleichlauf geschruppt und zur Erzielung besserer Qualitäten im Gegenlauf geschlichtet, wodurch außerdem das zweimalige Herunterfahren des Fräserschlittens eingespart wird.

Die Bestimmungsgrößen eines Wälzfräsers sind aus Bild 8-35 ersichtlich, in dem das Werkzeug im Bearbeitungslauf dargestellt ist. Der Wälzfräser ist eine

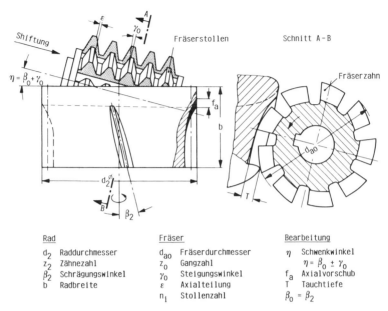

Rad		Fräser		Bearbeitung	
d_2	Raddurchmesser	d_{ao}	Fräserdurchmesser	η	Schwenkwinkel
z_2	Zähnezahl	z_0	Gangzahl		$\eta = \beta_0 \pm \gamma_0$
β_2	Schrägungswinkel	γ_0	Steigungswinkel	f_a	Axialvorschub
b	Radbreite	ε	Axialteilung	T	Tauchtiefe
		n_1	Stollenzahl		$\beta_0 = \beta_2$

Bild 8-35. Bezeichnungen an der Paarung Wälzfräser-Werkstück

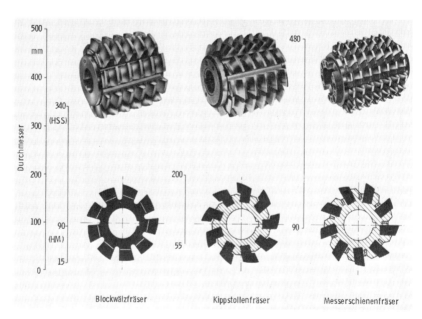

Bild 8-36. Wälzfräser-Bauarten

zylindrische Schnecke, die durch Spannuten unterbrochen ist, wodurch die Fräserstollen entstehen. Die Anzahl der auf dem Zylinder liegenden Schneckengänge bestimmt die Fräsergangzahl. Die Fräserzähne sind so hinterarbeitet, daß Freiwinkel erzeugt werden und die Möglichkeit des Nachschliffs an der Spanfläche ohne Veränderung des Zahnprofils gegeben ist. Der Schwenkwinkel oder Einstellwinkel des Fräsers ergibt sich aus Richtung und Betrag des Schrägungswinkels und des Steigungswinkels der Fräserschnecke.

Man unterteilt die Wälzfräser hinsichtlich ihrer Bauart in drei verschiedene Gruppen, Bild 8-36. Blockwälzfräser werden aus dem vollen Material gefertigt, wobei der gesamte Körper aus hochwertigem HSS oder HM hergestellt werden muß. Kippstollenfräser und Messerschienenfräser dagegen bestehen im Grundkörper aus preiswerterem Werkstoff. Die Stollen werden im ausgebauten Zustand gefertigt und nachgeschliffen. Diese Fräser sind besonders für kleinere Durchmesser und Module geeignet. Messerschienenfräser besitzen im Gegensatz zu Kippstollenfräsern eine Abstützung der Fräserzähne durch Rückenstützen, wodurch eine hohe Ausnutzung der Zahnlänge (große Anzahl von Nachschliffen) möglich ist. Die Befestigung erfolgt durch seitliche Klemmringe.

Die Leistungsfähigkeit dieser Verzahnwerkzeuge aus Schnellarbeitsstahl läßt sich durch Aufbringung einer Titannitridbeschichtung (TiN) wesentlich steigern. Selbst nach dem ersten Nachschliff (das Werkzeug kommt im folgenden ohne Spanflächenbeschichtung zum Einsatz) bewirkt die verbleibende TiN-Freiflächenschutzschicht eine starke Reduzierung des Freiflächenverschleißes, so daß der Kolkverschleiß bei beschichteten Werkzeugen den Freiflächenverschleiß als standzeitbestimmendes Verschleißkriterium ablöst.

Den Zerspanprozeß beim Wälzfräsen verdeutlicht Bild 8-37 durch die Entstehung einer Zahnlücke und der dabei anfallenden Späne. Aufgrund der Zerspankinematik und des daraus resultierenden Abwälzens zwischen Werkzeug und Werkstück wird das Material einer Zahnlücke in den aufeinanderfolgenden Eingriffen (= Wälzstellungen) der einzelnen Zähne eines Fräsergangs zerspant, wie es in der Skizze im unteren Teil des Bildes zu erkennen ist. Wegen der unterschiedlichen Durchdringungen zwischen Wälzfräser und Werkrad in den einzelnen Wälzstellungen ergeben sich unterschiedlich dicke und geformte Späne.

Während der ersten Zahneingriffe wird ein Großteil des Lückenvolumens zerspant, so daß hier insbesondere kurz vor der Mittenstellung die größten Spanungsquerschnitte vorliegen. In den folgenden Wälzstellungen wird die Zahnlücke vorwiegend profiliert und die Spanungsquerschnitte nehmen ab. Die bearbeiteten Schnittflächen sind im Bild dunkel dargestellt. Jeder Schneidzahn zerspant nach einer Werkzeugumdrehung in einer weiteren, durch die Fräser-

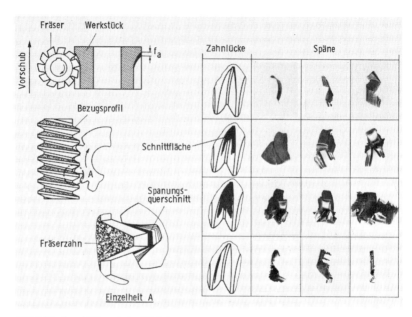

Bild 8-37. Spanbildung beim Wälzfräsen

gangzahl vorgegebenen Zahnlücke, jedoch in der gleichen Wälzstellung; d. h. er nimmt immer einen Span mit der gleichen Spanungsgeometrie ab.

Bedingt durch die Besonderheiten der Spanbildung sind die Schnittbelastungen und demzufolge die Verschleißentwicklung an den einzelnen Werkzeugzähnen sehr unterschiedlich [311]. Aufschluß über die typische Verschleißentwicklung am Schneidzahn beim Wälzfräsen gibt Bild 8-38. Im Bild sind Kolkmeßschriebe und Aufnahmen der Fräserzähne am Ende der Standzeit dargestellt, mit Blickrichtung auf die verschleißbestimmende einlaufende Flanke.

Deutlich ist die große Verschleißmarkenbreite unmittelbar an den Übergängen vom Kopf zur Flanke zu erkennen. Das Verschleißmaximum tritt im vorliegenden Bearbeitungsfall an der einlaufenden Flanke auf. Anhand der Kolkmeßschriebe läßt sich feststellen, daß die Kolktiefen an den drei gekennzeichneten Stellen der Spanfläche im wesentlichen gleich groß sind. Außerdem weist die verschleißgefährdete Stelle den kleinsten Kolkmittenabstand auf sowie einen Kolklippenschwund.

Somit besteht bei einem weiteren Einsatz dieser Werkzeuge die Gefahr einer thermischen Überlastung mit einer rapiden Zunahme des Verschleißzuwachses [312].

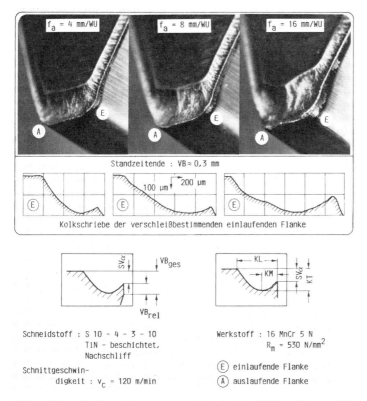

Bild 8-38. Verschleißerscheinungen am nachgeschärften TiN-beschichteten Werkzeug

Bild 8-39 gibt Aufschluß über den Verlauf des Freiflächenverschleißes an den gefährdeten Zahnübergängen in einzelnen Wälzstellungen bei der Fertigung einer Zahnlücke. Ein Schnitt entspricht einer Wälzfräserumdrehung. Die Skizzen und die dazugehörigen Fotos im oberen Bildteil stellen die Spanungsgeometrie und damit die Belastungen einzelner Fräserzähne in den entsprechenden Wälzstellungen dar.

Aus dem Bild geht deutlich hervor, daß an den einzelnen Werkzeugzähnen, bedingt durch die Vielfalt der entstehenden Späne in bezug auf Spanform, Spanungsdicke und -länge, eine sehr unterschiedliche Verschleißentwicklung auftritt. Um eine möglichst gleichmäßige Verschleißverteilung an den Schneidzähnen zu gewährleisten, wird das Werkzeug beim Axialfräsen nach einer bestimmten Anzahl von Schnitten (Shiftmenge) tangential um einen gewissen Betrag (Shiftweg) verschoben. Demgegenüber ergibt sich eine Werkzeugshiftung beim Diagonal- und Schrägwälzfräsen automatisch, bedingt durch den

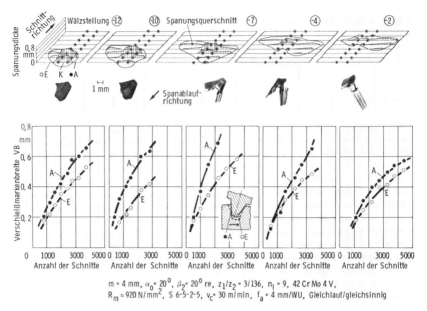

Bild 8-39. Spanbildung und Freiflächenverschleißverlauf in einzelnen Wälzstellungen beim gleichsinnigen Gleichlaufwälzfräsen

$m = 4$ mm, $\alpha_0 = 20°$, $\beta_2 = 20°$ re, $z_1/z_2 = 3/136$, $n_f = 9$, 42 Cr Mo 4 V,
$R_m \approx 920$ N/mm^2, S 6-5-2-5, $v_c = 30$ m/min, $f_a = 4$ mm/WU, Gleichlauf/gleichsinnig

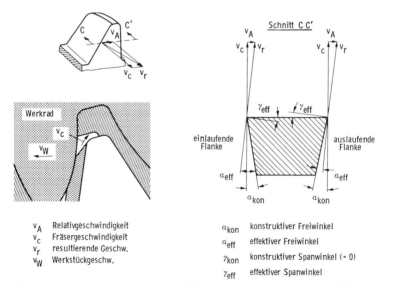

v_A	Relativgeschwindigkeit
v_c	Fräsergeschwindigkeit
v_r	resultierende Geschw.
v_W	Werkstückgeschw.

α_{kon}	konstruktiver Freiwinkel
α_{eff}	effektiver Freiwinkel
γ_{kon}	konstruktiver Spanwinkel (= 0)
γ_{eff}	effektiver Spanwinkel

Bild 8-40. Relativgeschwindigkeit und effektive Schneidengeometrie beim Wälzfräsen

kinematischen Ablauf des Schnittprozesses. Aufgrund dieser Shiftung wird erreicht, daß die einzelnen Werkzeugzähne in mehreren Wälzstellungen zerspanen und dadurch einen weitgehend gleich hohen Verschleiß erfahren.

Beim Wälzfräsen ergeben sich wie bei anderen Zahnradfertigungsverfahren während des Schnittprozesses wegen der komplizierten Zerspankinematik Veränderungen der konstruktiv vorliegenden Frei- und Spanwinkel [313 bis 316]. Die Ursache hierfür soll Bild 8-40 verdeutlichen.

Der Fräserzahn, der sich mit der Schnittgeschwindigkeit v_c in der Werkstücklücke bewegt, erfährt wegen des Abwälzens eine Geschwindigkeit v_A. Entsprechend der daraus resultierenden Geschwindigkeit v_r ergibt sich z. B. an der einlaufenden Werkzeugschneide, Bild 8-40, eine Vergrößerung des konstruktiv vorgegebenen Freiwinkels, jedoch gleichzeitig eine Reduzierung des Spanwinkels. Das bedeutet, daß der effektive Freiwinkel während des Schnittprozesses an der einlaufenden Flanke größer ist als der konstruktive. Der effektive Spanwinkel ist dagegen kleiner. Andere Verhältnisse liegen an der auslaufenden Flanke vor, an der der effektive Freiwinkel kleiner und der effektive Spanwinkel größer als der entsprechende konstruktive ist.

Die Spanungsgeometrie und die effektive Schneidengeometrie lassen sich durch eine rechnergestützte Simulation des Herstellprozesses berechnen, wobei sämtliche Praxisbedingungen berücksichtigt werden [313 bis 317]. Die kinematische Gesamtstruktur Wälzfräser-Wälzfräsmaschine-Werkstück wird in sechs einzelnen Koordinatensystemen beschrieben, Bild 8-41. Die Durchdringung zwischen Fräserzahn und Werkrad wird in mehreren Schnittebenen berechnet und der Span als Ergebnis daraus dargestellt. Dabei wird der Fräserzahn entlang der Schneidkante in kleine Abschnitte aufgeteilt und durch einen Polygonzug ersetzt. Der Spanungsquerschnitt einer Schnittebene bei einem Zahneingriff wird entsprechend den Schneidenabschnitten in Segmente zerlegt, deren Höhe die tatsächlichen Spanungsdicken darstellen. Anschließend wird die Schneidkante mit den Spanungsquerschnitten abgewickelt. Auf diese Weise läßt sich für jeden Fräserzahn der Zerspanvorgang anschaulich und quantitativ auswertbar darstellen.

Dieses Rechenverfahren ermöglicht außerdem die Bestimmung der Relativgeschwindigkeiten zwischen einem Fräserzahn und der Werkstücklücke und damit die Ermittlung der effektiven Schneidengeometrie. Ein Berechnungsbeispiel wird links unten in Bild 8-41 gezeigt. Der konstruktive und effektive Freiwinkel ist über der abgewickelten Schneidkante aufgetragen. Der eingezeichnete Streubereich zeigt, daß sich der effektive Freiwinkel über den Wälzstellungen, d. h. vom ersten bis zum letzten aktiven Zahn, ändert. Während der effektive Freiwinkel an der einlaufenden Flanke größer als der konstruktive ist,

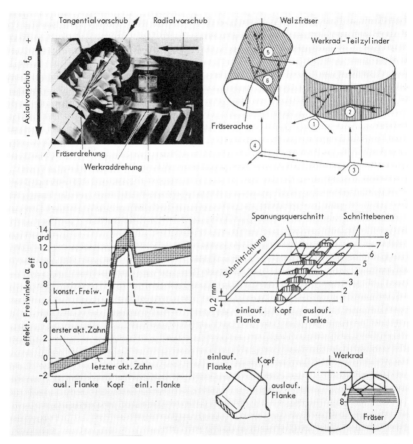

Bild 8-41. Berechnung der effektiven Schneidengeometrie und der Spanungsquerschnitte beim Wälzfräsen

erreicht er an der auslaufenden Flanke sehr kleine Werte. Je nach den Verzahnungsdaten können diese Werte sogar negativ werden, wie hier z. B. rd. −1,5°.

Neben der Werkrad- und Wälzfräsergeometrie haben vor allen Dingen Werkstück- und Werkzeugmaterial, deren Wärmebehandlung, die Kühl- und die Schnittbedingungen einen großen Einfluß auf den Verschleiß und damit auf die Werkzeugstandzeit.

Bild 8-42 [312] zeigt die für TiN-beschichtete im nachgeschärften Zustand eingesetzte schnellarbeitsstahltypische Abhängigkeit der Standmenge von Schnittgeschwindigkeit und Axialvorschub im Vergleich zum konventionellen unbeschichteten Werkzeug. Die Standlänge L ist ein Maß für die von nur einem

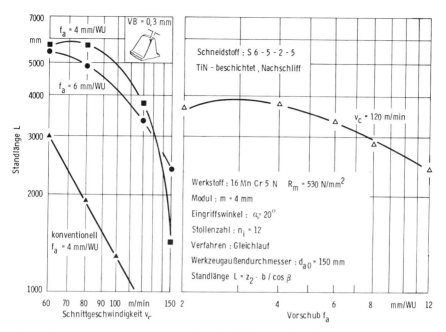

Bild 8-42. Standlänge beschichteter Schlagzähne beim Wälzfräsen in Abhängigkeit von Schnittgeschwindigkeit und Vorschub

Werkzeugzahn bis zum Erreichen des Verschleißkriteriums bearbeitete Länge einer Zahnlücke. Deutlich wird die größere Leistungsfähigkeit der TiN-beschichteten Werkzeuge gegenüber der konventionellen Ausführung. Es ergeben sich im dargestellten Bereich in Abhängigkeit der Schnittdaten Standlängengewinne von 100–300 %. Zur Erzielung hoher Zerspanleistungen empfiehlt es sich, bei hohen Schnittgeschwindigkeiten im Bereich von 90–120 m/min mit hohen Vorschubwerten zu zerspanen.

Bestimmend für den Werkzeugwechsel ist meistens die Größe des Verschleißes, der zunächst degressiv, danach linear, zum Schluß jedoch stark progressiv verläuft. Der progressive Bereich sollte vermieden werden, da dann das Nachschliffmaß zu groß und die wirtschaftliche Ausnutzung des Fräsers zu gering ist.

Während die Anwendung von TiN-beschichteten HSS-Werkzeugen für die Zahnradfertigung zur Zeit Stand der Technik ist, hat sich der Einsatz von HM-Werkzeugen trotz möglicher Wirtschaftlichkeitssteigerungen noch nicht durchgesetzt, weil bei den sehr teuren und stoßempfindlichen HM-Werkzeugen das Risiko der Werkzeugbeschädigung durch unsachgemäße Handhabung groß ist. Ebenso können Fehler bei der Sinterung bzw. bei der Schleifbearbeitung, die zu hohe Spannungen im Schneidstoff bewirken, zum Versagen des Werkzeugs führen. Vorteile ergeben sich bei Anwendung von HM-Wälzfräsern insbesondere bei der Serienfertigung von Zahnrädern mit kleinem Modul bis m = 3 mm wie sie in Pkw-Getrieben zum Einbau kommen.

Große Vorteile besitzen die warmverschleißfesten Hartmetalle gegenüber den HSS-Schneidstoffen erwartungsgemäß hinsichtlich der anwendbaren Schnittgeschwindigkeiten. Während mit HSS-Werkzeugen selbst in hartstoffbeschichteter Ausführung Schnittgeschwindigkeiten über v_c = 140 m/min nur in seltenen Fällen möglich sind, können mit geeigneten Hartmetallen Schnittgeschwindigkeiten von v_c = 280 m/min – in Stichversuchen bis v_c = 300 m/min – erzielt werden, Bild 8-43 [318].

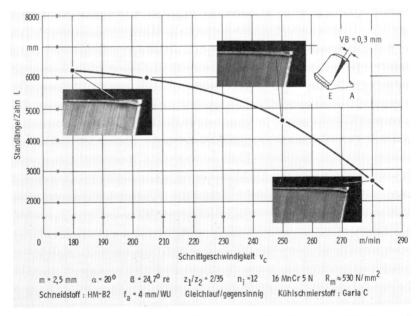

Bild 8-43. Einfluß der Schnittgeschwindigkeit auf die Standlänge beim Wälzfräsen mit HM-Werkzeugen

Dem Axialvorschub sind aus technologischen Gründen für 2-gängige Werkzeuge Grenzen bei f_a = 6 mm/WU gesetzt. Anzumerken ist, daß bei vielen Verzahnungsfällen aufgrund mangelhafter Werkradaufspannmöglichkeiten sowie geforderter Verzahnungsqualitäten nur Axialvorschübe von f_a = 4 mm/WU realisierbar sind.

Eine wirtschaftlichere Fertigung ist über eine weitere Verschleißreduzierung anzustreben.

Diese Möglichkeiten bieten für den unterbrochenen Schnitt neuentwickelte beschichtete HM-Werkzeuge, die sich durch hohe Zähigkeit und Verschleißfestigkeit auszeichnen. Beim Wälzfräsen mit Hartmetall gilt es, neben der Bröckelungsverminderung, den Freiflächenverschleiß zu reduzieren. Da der Schutz der Freifläche durch die Hartstoffschicht auch am nachgeschärften Werkzeug bestehen bleibt, ist eine sinnvolle Nutzung dieses Schneidstoffes gegeben.

Stichversuche mit beschichteten Hartmetallen haben gezeigt, daß auch hiermit ein bröckelungsfreies Zerspanen gelingt. Im Vergleich zum unbeschichteten Werkzeug ist der deutlich geringere Verschleißzuwachs hervorzuheben, Bild 8-44 oben. Bei hohen Standlängen treten jedoch Kammrisse auf, die zum Teil über die Verschleißmarkenbreite hinausragen.

Das erste Auftreten von Kammrissen an der Freifläche empfiehlt sich daher als geeignetes Standzeitkriterium. Das Nachschärfmaß wird dann durch die maximale Verschleißmarkenbreite bestimmt. Die Gegenüberstellung der Werkzeug-

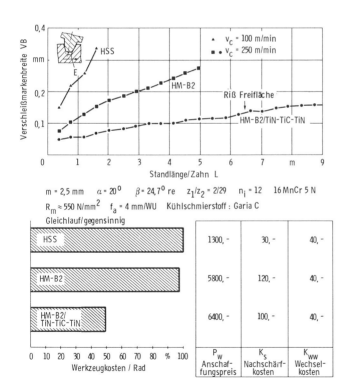

Bild 8-44. Vergleich der Standlänge und der Werkzeugkosten bei Einsatz unterschiedlicher Schneidstoffe

kosten pro Rad für mehrere Schneidstoffe zeigt die hohen Einsparungen durch den Einsatz beschichteter HM-Werkzeuge, Bild 8-44 unten. Die im Vergleich zum unbeschichteten HM-Werkzeug nahezu halbierten Werkzeugkosten sind auf den geringen Verschleißzuwachs des beschichteten Werkzeugs bei nur etwa 10 % erhöhtem Anschaffungspreis zurückzuführen.

8.2.2.6 Wälzschälen

Das Wälzschälen ist ein spanabhebendes Fertigungsverfahren, das sowohl für die Herstellung von evolventischen Außen- und Innenverzahnungen als auch Schnecken geeignet ist. Es wurde bereits zu Beginn dieses Jahrhunderts entwickelt und patentiert [320]. Jedoch konnte sich dieses Verzahnverfahren zur damaligen Zeit aufgrund der hohen Genauigkeitsanforderungen an Maschine und Werkzeug nicht in der industriellen Praxis durchsetzen.

Erst in den beiden letzten Jahrzehnten wurde durch die steigende Nachfrage nach Innenverzahnungen für Planetengetriebe, Hinterachsenuntersetzungen für Lastkraftwagen und Baumaschinen die Entwicklung des Wälzschälverfahrens forciert. Ausschlaggebend dafür ist seine hohe Leistungsfähigkeit, die vom Prinzip her dem Wälzstoßen überlegen und dem Wälzfräsen ebenbürtig ist. Seine Vorteile kommen in besonderem Maße beim Verzahnen von Hohlrädern zur Wirkung, so daß das Wälzschälen auf diesem Verzahnungssektor sein Hauptanwendungsgebiet findet.

Die Kinematik beim Wälzschälen ist dadurch gekennzeichnet, daß Werk- und Schälrad, die dieselbe Drehrichtung haben, unter windschiefen Drehachsen miteinander kämmen, so daß sie ein „Schraubradgetriebe" bilden, Bild 8-45. Aufgrund dieser Konstellation bewegt sich die Schneidkante des Schälrades während seiner Drehung in Zahnlückenrichtung des Werkrades und trägt einen Span ab. Somit entfällt die Hubbewegung, und die Leerlaufzeit eines Rückhubes tritt nicht auf. Zum Bearbeiten der gesamten Werkradbreite wird der Schälraddrehung ein Axialvorschub in Richtung der Werkradachse überlagert.

Wie Bild 8-46 [319] zeigt, besteht eine direkte Abhängigkeit zwischen der Schnittgeschwindigkeit und den Umfangsgeschwindigkeiten von Schälrad und Werkrad (v_1, v_2). Die Größen dieser Geschwindigkeitskomponenten sind vom Drehzahlverhältnis zwischen Schäl- und Werkrad sowie den Schrägungswinkeln beider Wälzelemente abhängig.

Die Schnittgeschwindigkeit in Zahnlückenrichtung kann mit Hilfe der folgenden Vektorgleichung berechnet werden.

$$\vec{v}_c = \vec{v}_1 - \vec{v}_2$$

Bild 8-45. Schälen eines Innenstirnrades (nach Pfauter)

Aufgrund der Gleichheit der Normalkomponenten ergibt sich die Schnittgeschwindigkeit zu

$v_c = v_1 \cdot (\tan\beta_2 \cdot \cos\beta_1 + \sin\beta_1)$

Zur Erzeugung ausreichender Schnittgeschwindigkeiten wird ein großer Achskreuzwinkel Σ angestrebt. Zwischen diesem Winkel und den Schäl- und

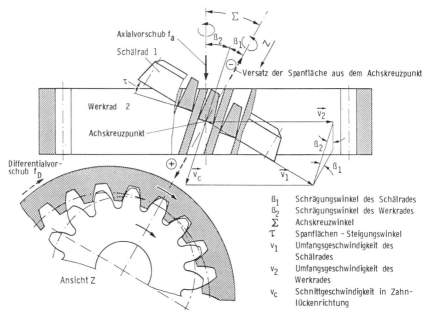

Bild 8-46. Kinematik beim Wälzschälen

β_1 Schrägungswinkel des Schälrades
β_2 Schrägungswinkel des Werkrades
Σ Achskreuzwinkel
τ Spanflächen - Steigungswinkel
v_1 Umfangsgeschwindigkeit des Schälrades
v_2 Umfangsgeschwindigkeit des Werkrades
v_c Schnittgeschwindigkeit in Zahnlückenrichtung

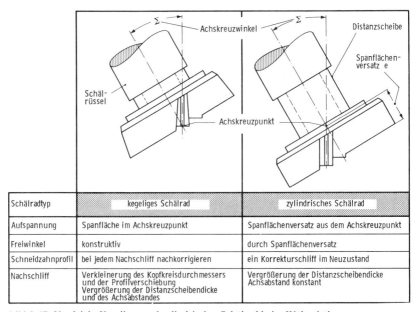

Schälradtyp	kegeliges Schälrad	zylindrisches Schälrad
Aufspannung	Spanfläche im Achskreuzpunkt	Spanflächenversatz aus dem Achskreuzpunkt
Freiwinkel	konstruktiv	durch Spanflächenversatz
Schneidzahnprofil	bei jedem Nachschliff nachkorrigieren	ein Korrekturschliff im Neuzustand
Nachschliff	Verkleinerung des Kopfkreisdurchmessers und der Profilverschiebung Vergrößerung der Distanzscheibendicke und des Achsabstandes	Vergrößerung der Distanzscheibendicke Achsabstand konstant

Bild 8-47. Vergleich: Kegeliges und zylindrisches Schälrad beim Wälzschälen

Werkrad-Schränkungswinkeln besteht bei gleichgerichteter Zahnsteigung folgender Zusammenhang:

$\Sigma = \beta_1 - \beta_2$

Der Schrägungswinkel β_2 ist bei entgegengesetzter Zahnsteigung von Werk- und Schneidrad negativ einzusetzen. Zur Vermeidung einer räumlichen Kollision zwischen Schälkopfrüssel und Werkrad darf der Achskreuzwinkel bestimmte, von der Werkradbreite abhängige Grenzwerte nicht überschreiten. Zur Erzeugung von Schrägverzahnungen erhält das Werkrad eine entsprechende Zusatzdrehung durch ein Differentialgetriebe.

Das Werkzeug beim Wälzschälen ist das Schälrad. Es entspricht einem gerad- oder schrägverzahnten Stirnrad, das eine kegelige oder zylindrische Außenkontur besitzt. Zur Erzielung ausreichender Flankenspanwinkel wird bei den schrägverzahnten Schälrädern die Spanfläche unter einem Spanflächen-Steigungswinkel τ angeschliffen (vgl. Bild 8-46). Sein Betrag entspricht im Normalfall dem Nennschrägungswinkel des Schälrades. Dadurch liegen die Schneidkanten nicht in einem gemeinsamen Stirnschnitt. Betrachtet man die Schneidkante als eine Folge von Punkten, so liegt jeder Punkt in einer anderen Stirnschnittebene.

In Verbindung mit der Kinematik beim Wälzschälen durchlaufen deshalb die Eingriffspunkte nicht in lückenloser Folge die in der gemeinsamen Normalebene durch den augenblicklichen Kreuzungspunkt gelegene Eingriffslinie [321]. Sie erfüllen somit nicht die Bedingung, die zur Erzeugung einer korrekten Werkradevolvente notwendig ist. Aus diesem Grund müssen an Schälrädern mit Treppenschliff entsprechende Zahnformkorrekturen vorgenommen werden.

Eine Gegenüberstellung der markanten Merkmale eines kegeligen und eines zylindrischen Schälrades enthält Bild 8-47. Beim kegeligen Schälrad sind die beim Zerspanprozeß notwendigen Freiwinkel konstruktiv verwirklicht. Wird das Schälrad in einem anderen Nachschliffzustand eingesetzt, was einer anderen Profilverschiebung entspricht, muß zur Erzeugung der gleichen Werkradverzahnung eine Achsabstandsänderung vorgenommen werden. Die Änderung des Achsabstands bewirkt andere Eingriffsverhältnisse zwischen Schneid- und Werkrad, so daß nach jedem Nachschliff zur Erzielung einer ausreichenden Profilgenauigkeit am Werkrad das Schneidenprofil korrigiert oder die Maschineneinstellung angepaßt werden muß. Bei Schälrädern ohne Treppenschliff kann die Schneidenkorrektur entfallen.

Am zylindrischen Schälrad sind keine Freiwinkel vorhanden. Aus diesem Grunde müssen die effektiven Freiwinkel durch einen entsprechenden Spanflächenversatz aus dem Achskreuzpunkt geschaffen werden. Da beim Einsatz eines Schälrades in einem anderen Nachschliffzustand keine Achsabstandsänderung notwendig ist, braucht nur ein Korrekturschliff im Neuzustand vorgenommen zu werden.

Der Zerspanprozeß ist beim Wälzschälen, wie auch bei allen anderen Wälzverfahren in der Zahnradfertigung dadurch gekennzeichnet, daß an der Spanabnahme alle drei Schneiden des Schneidzahnes beteiligt sind. Die bei der Herstellung einer Verzahnung durch Wälzschälen anfallenden Spanungsquerschnitte lassen sich mit einem Digitalrechnerprogramm bestimmen [322]. Für einen typischen Verzahnungsfall sind in Bild 8-48 die Spanungsquerschnitte über der abgewickelten Schneidkante aufgetragen.

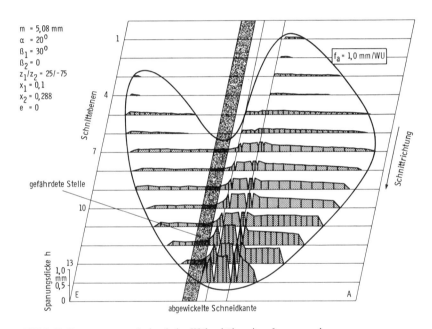

Bild 8-48. Spanungsquerschnitte beim Wälzschälen einer Innenverzahnung

Im Gegensatz zu sämtlichen anderen Wälzverfahren entsteht beim Wälzschälen bei allen Zahneingriffen ein geometrisch gleicher Span. Lediglich im Bereich des Ein- und Überlaufweges treten andere, verkürzte Späne auf, da nicht die volle Lücke bearbeitet wird.

Die Spanabnahme beginnt an der auslaufenden Flanke am Übergang zum Kopf (vgl. Bild 8-48). Bei fortschreitender Wälzbewegung wächst der Span zum Kopf hin zusammen und erstreckt sich über alle drei Schneidkanten. Mit zunehmenden Spanungsdicken wird der am Schnittprozeß beteiligte Schneidenbereich wieder kleiner, so daß der Hauptteil der Zerspanarbeit vom Kopf und der auslaufenden Flanke getragen wird. Die im Bild markierte verschleißgefährdete Stelle liegt jedoch an der einlaufenden Flanke am Übergang zum Kopf. Daraus erkennt man, daß nicht die von einem Schneidenteil erbrachte Zerspanleistung den Verschleiß bestimmt, sondern die Verschleißentwicklung in erster Linie von der Spanentstehung und dem Spanablauf abhängt.

Beim Wälzschälen ergibt sich eine typische Verschleißentwicklung am Schneidzahn unabhängig von der Parameterwahl (Schnittgeschwindigkeit v_c, Axialvorschub f_a). In Bild 8-49 ist hierzu die Verschleißmarkenbreite VB über der abgewickelten Schneidkante bei verschiedenen Stadien innerhalb der Standzeit

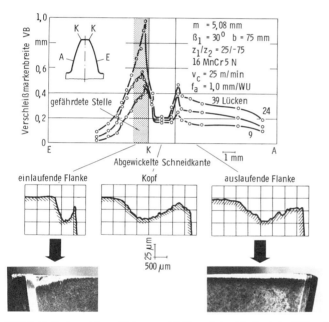

Bild 8-49. Frei- und Spanflächenverschleiß am Schneidzahn beim Wälzschälen

aufgetragen. Die Kurven zeigen einen geringen und relativ gleichmäßig verteilten Freiflächenverschleiß an der auslaufenden Flanke und am Kopf, gegenüber der Verschleißverteilung an der einlaufenden Flanke. Hier ist am Übergang zum Kopf ein starker Verschleißzuwachs zu erkennen.

Im unteren Bildteil sind Kolkmeßschriebe und Fotografien der Schneidzähne am Ende der Standzeit abgebildet. Die Schriebe zeigen, daß sich an den drei gekennzeichneten Stellen der Schneide die Kolktiefen nur unwesentlich unterscheiden, während der Kolkmittenabstand an der gefährdeten Stelle bedeutend geringer ist. Dadurch bedingt entsteht in diesem Schneidenteil ein Kolklippenbruch, der den weiteren Einsatz des Schneidrades wegen der nachfolgenden starken Verschleißzunahme unmöglich macht. Somit bestimmt der Verschleiß an der einlaufenden Flanke, wo nur dünne Späne abgetrennt werden, die Werkzeugstandzeit.

Das Verschleißverhalten an der einlaufenden Flanke läßt sich durch den Spanablauf erklären. Spanflächen- und Spanuntersuchungen haben ergeben, daß der dünne Span der einlaufenden Flanke durch den dicken Kopfspan auf die Spanfläche gedrückt und beim Ablauf behindert wird. Die hierdurch hervorgerufene hohe thermische Belastung der Spanfläche, als Folge von Spanstauchungsvorgängen, ruft eine große Kolktiefe hervor. Die große Kolktiefe und der geringe Kolkmittenabstand in diesem Schneidenabschnitt bewirken eine dünne Kolklippe, die den Schnittbelastungen nicht lange standhält und bricht.

Die Fertigungskosten und die Fertigungszeit je Werkrad sind beim Wälzschälverfahren stark von der Standmenge abhängig. Sie wird in erster Linie von den Schnittbedingungen beeinflußt, wobei der Axialvorschub, der parallel zur Werkradachse angegeben und von der Werkraddrehung abgeleitet wird, die Bearbeitung der gesamten Zahnradbreite gewährleistet und somit maßgeblich die Schälzeit bestimmt.

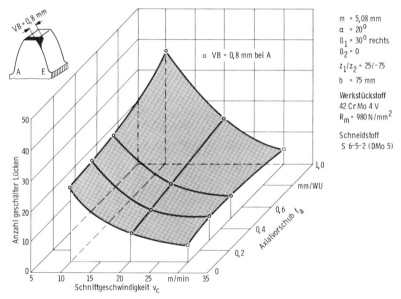

Bild 8-50. Einfluß von Axialvorschub und Schnittgeschwindigkeit auf die Standmenge beim Wälzschälen eines Vergütungsstahls

In Bild 8-50 ist die erreichbare Standmenge bis zu einer Verschleißmarkenbreite von VB = 0,8 mm in Abhängigkeit vom Axialvorschub und der Schnittgeschwindigkeit bei der Bearbeitung eines Vergütungsstahls aufgetragen. Eine Vergrößerung der Schnittgeschwindigkeit bewirkt bei allen Axialvorschüben aufgrund der zunehmenden thermischen Schneidenbelastung eine starke Abnahme der Standmenge. Gleichzeitig nimmt die Differenz der Verschleißmarkenbreite zwischen ein- und auslaufender Schneide ab. Bei weiterer Erhöhung der Schnittgeschwindigkeit wechselt der standzeitbestimmende Verschleiß von der ein- zur auslaufenden Schneidflanke. Der sonst standzeitbestimmende Spanablaufmechanismus an der einlaufenden Flanke wird bei extremen thermischen Belastungen zweitrangig, so daß die auslaufende Schneidflanke aufgrund der größeren Zerspanungsleistung die Standzeit bestimmt.

Durch die größeren Schneidenbelastungen mit wachsendem Axialvorschub nimmt der Verschleiß je Schnitt beim Wälzschälen erwartungsgemäß zu, jedoch wird durch die gleichzeitige Reduzierung der Schnitte je Lücke die Standmenge erhöht.

8.2.2.7 Schälwälzfräsen

Schälwälzfräsen ist ein kontinuierliches Verfahren zur Feinbearbeitung außenverzahnter Zahnräder im einsatzgehärteten Zustand, das in seiner Kinematik dem Wälzfräsen entspricht.

Nach der Vorbearbeitung (z. B. Wälzfräsen) werden die Zahnräder einsatzgehärtet und angelassen. Dabei wird eine Härte von rd. 62 HRC und eine Einhärtetiefe von 1,2 bis 1,6 mm erreicht.

Zur Fertigbearbeitung gehärteter Räder konnte bisher nur das Schleifen oder Läppen eingesetzt werden. Durch den Einsatz eines Wälzfräsers, dessen Schneidstollen aus Hartmetall (bei Schälwälzfräsern ab Modul 10 werden auf die Schneidstollen Hartmetallplättchen aufgelötet) bestehen und einen negativen Kopfspanwinkel aufweisen, ist es möglich, gehärtete Zahnräder auf einer Wälzfräsmaschine fertigzubearbeiten [323 bis 326]. Dabei muß die Zahnlücke der Vorverzahnung so ausgeführt werden, daß der Schneidzahnkopf nicht in Eingriff kommt, um Ausbrüche aufgrund von Überlastungen zu vermeiden, Bild 8-51.

Dieses Freifräsen des Zahnfußes kann auf zwei verschiedene Arten erreicht werden: durch Vorfräsen mit Werkzeugen, die dem Bezugsprofil III nach DIN 3972 entsprechen, oder durch Vorfräsen mit Protuberanz. Falls die Vorbearbeitung der Lücken mit Fräsern des Bezugsprofils III erfolgt, kann nach dem Schälwälzfräsen eine scharfe Kante im Zahnfuß beobachtet werden, die die Zahnfußfestigkeit wesentlich beeinträchtigen kann.

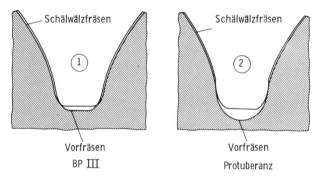

Bild 8-51. Lückenprofile unterschiedlicher Vorfräser

Man setzt das Schälwälzfräsen vorwiegend, wie bereits erwähnt, zur Endbearbeitung ein. Es wird dann auch zur Vorbearbeitung herangezogen, wenn eine Egalisierung des Härteverzugs vor dem nachfolgenden Wälzschleifen und eine Verringerung des Schleifaufmaßes erreicht werden soll [327 bis 329].

8.2.2.8 Drehfräsen

Das Drehfräsen ist ein spanendes Fertigungsverfahren, bei dem die Prinzipien des Drehens und Fräsens in der Form kombiniert sind, daß mit einem Messerkopf-Stirnfräser an einem senkrecht zum Fräser rotierenden Werkstück im allgemeinen zylindrische Flächen erzeugt werden. Der selbstangetriebene Fräser arbeitet dabei wie ein Drehmeißel mit einem Längsvorschub parallel zum Werkstück. Das Verfahrensprinzip ist in Bild 8-52 dargestellt.

Aufgrund der axialen Vorschubbewegung und der Rotation der Welle führt der gesamte Fräser eine schraubenförmige Bewegung relativ zum Werkstück aus. Diesem Charakteristikum zufolge ist das Drehfräsen eine Variante des Schraubfräsens nach DIN 8589 [293].

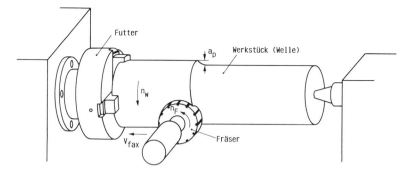

Bild 8-52. Verfahrensprinzip Drehfräsen

Es ist zwischen zentrischem und exzentrischem Drehfräsen zu unterscheiden, Bild 8-53. Beim zentrischen Drehfräsen schneiden sich Werkzeug- und Werkstückachse in einem Punkt, beim exzentrischen Drehfräsen sind sie dagegen um einen bestimmten Betrag, die Exzentrizität e, zueinander versetzt.

Hohe Oberflächenqualitäten (geringe Facettenbildung) ergeben sich beim Drehfräsen nur durch extreme Einstellungen der Fräser- und Wellendrehzahl.

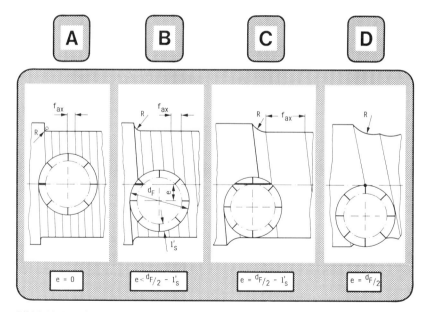

Bild 8-53. Zentrisches und exzentrisches Drehfräsen

Bei mittiger Stellung (e = 0) des Fräsers (Bild 8-53, Bildteil A), ist dies auf zweierlei Weise erreichbar:

1. Durch eine Verringerung des Vorschubes je Werkstückumdrehung – und damit des Fräsereingriffes – auf wenige 1/100 mm. Gleichzeitig wird mit sehr schneller Werkstückdrehung und langsamer Fräserdrehung gearbeitet. Dadurch entsteht ein dem Drehen sehr ähnlicher Prozeß.

2. Durch eine sehr langsame Drehung des Werkstückes bei schneller Drehung des Fräsers [331 bis 334]. Die Werkstückdrehzahl kann dabei soweit abgesenkt werden, daß die schnellumlaufenden Fräserschneiden nacheinander nahezu kontinuierlich auf dem Sollradius spanen. Im Hinblick auf eine hohe Zerspanleistung ist der Vorschub je Werkstückumdrehung – und damit die Eingriffsbreite des Fräsers – zu maximieren. Um zylindrische Flächen zu erzeugen, wird eine Breitschlichtgeometrie des Werkzeuges mit einem Einstellwinkel der Stirnschneide von $\varkappa_r' = 0°$ unumgänglich, da nunmehr die Stirnschneiden mit ihrer vollen Länge den Werkstücksollradius erzeugen. Der Vorschub je Werkstückumdrehung f_{ax} ist dabei auf die Länge der Stirnschneide l' begrenzt [332]. Unter diesen Bedingungen entsteht ein dem konventionellen Stirnfräsen vergleichbarer Prozeß.

Durch Versatz des Fräsers um die Exzentrizität e kann im zweiten Fall der axiale Vorschub über das durch die Länge der Stirnschneide vorgegebene Maß gesteigert werden, ohne Zylindrizitätsfehler in Kauf nehmen zu müssen. Bei einer Exzentrizität von näherungsweise

$$e = (d_F/2) - l' \qquad (34)$$

wird das Maximum des Vorschubes von

$$f_{ax} = 2\sqrt{(d_F/2)^2 - e^2} \qquad (35)$$

erreicht (Bildteil C). Bei weiterer Vergrößerung der Exzentrizität wird der einstellbare axiale Vorschub wieder kleiner, bis schließlich keine zylindrischen Flächen mehr erzeugt werden können (Bildteil D) [331, 332].

Ein großer Vorteil des zentrischen Drehfräsens ist, daß auch scharfkantige Werkstückabsätze (vgl. Bild 8-53) erzeugt werden können. Beim exzentrischen Drehfräsen ist dies kinematisch bedingt nicht möglich. Absätze werden hier grundsätzlich verrundet. Zusätzlich ergeben sich schlechtere Oberflächenqualitäten als beim zentrischen Drehfräsen. Damit ist das mittige Drehfräsen trotz geringerer Leistungswerte für die praktische Prozeßauslegung von großem Interesse. Es empfiehlt sich also eine Schruppbearbeitung mit einem außermittig und eine Schlichtbearbeitung mit einem mittig stehenden Fräser durchzuführen [334].

Durch die Überlagerung der Drehbewegungen von Werkstück und Werkzeug sowie der Vorschubbewegung ergibt sich eine sehr komplexe Zerspankinematik [331 bis 333]. Der Zerspanprozeß ist beispielhaft in Bild 8-54 dargestellt.

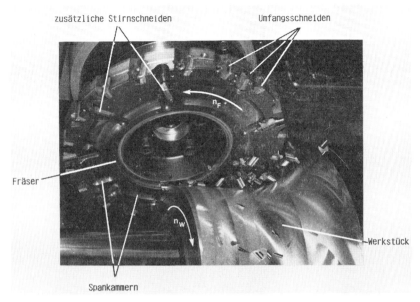

Bild 8-54. Drehfräsprozeß (nach Wohlenberg, Seco)

Im Gegensatz zum konventionellen Stirnfräsen nehmen die Stirnschneiden aktiv an der Zerspanung teil und erzeugen jeweils ein Element der Werkstückoberfläche, da sich der Werkstoff durch die Werkstückdrehung in die Stirnfläche des Fräsers hineinbewegt. Deutlich zu erkennen ist die für das Drehfräsen typische facettenartige Oberfläche (Bild 8-54). Um den Vorschub zu maximieren werden bei dem eingesetzten Sonderwerkzeug die Stirnschneiden durch zusätzliche Schneidplatten verlängert. Zur Vermeidung von Zylindrizitätsfehlern weisen diese ebenfalls einen Einstellwinkel $\varkappa_r' = 0°$ auf. Auch durch den Einsatz konventioneller Messerköpfe ist eine leistungsfähige und wirtschaftliche Zerspanung möglich. Bei der Stahlbearbeitung im glatten Längsschnitt haben sich vor allem TiN-beschichtete Hartmetalle bewährt. Die Schnittbedingungen liegen dabei im allgemeinen etwas höher als beim konventionellen Stirnfräsen mit TiN-beschichteten Hartmetallen [334].

Besondere Vorteile des Drehfräsens sind der sichere Spanbruch bei der Bearbeitung langspanender Werkstoffe sowie die hohe Abtragleistung im glatten Längsschnitt bei niedrigen Werkstückdrehzahlen, was insbesondere bei großen oder unwuchtigen Teilen von Bedeutung ist. Bild 8-55 zeigt ein Werkstück, das sowohl den glatten Längsschnitt als auch eine Werkstückunwucht vereint und besonders sinnvoll drehgefräst werden kann [331].

Es handelt sich um einen Druckzylinder aus chromlegiertem Grauguß. Durch den Einsatz von Siliziumnitrid als Schneidstoff konnte beim Drehfräsen die Zerspanleistung der vergleichbaren Drehoperation um ein mehrfaches übertroffen werden.

Bild 8-55. Bearbeitungsbeispiel Druckzylinder

Darüber hinaus lassen sich unterschiedliche Formelemente durch Abstimmung zwischen der Wellendrehbewegung und den drei möglichen voneinander unabhängigen Vorschubbewegungen – axial (f_{ax}), radial (a_p), tangential (e) – erzeugen [331].

Extruderschnecken werden heute fast ausschließlich drehgefräst oder gewirbelt [335]. Weiterhin sind kugelförmige Stellglieder für Pipeline-Ventile [336] sowie Ellipsen- und Exzenterformen durch Drehfräsen herstellbar.

Eine flexible Komplettbearbeitung von Bauteilen in einer Aufspannung ist durch Ausnutzung der zusätzlichen Rotationsachse zum Bohren, Planfräsen oder Gewindeschneiden möglich [332].

8.3 Bohren

8.3.1 Allgemeines

Mit Bohren werden spanende Verfahren mit rotatorischer Hauptbewegung bezeichnet, bei denen das Werkzeug nur eine Vorschubbewegung in Richtung der Drehachse erlaubt. Die wesentlichen Verfahrensvarianten zeigt Bild 8-56 zusammen mit den jeweils üblichen Bewegungsrichtungen [337].

Besonderheiten bei der Bohrbearbeitung sind

- die bis auf null abfallende Schnittgeschwindigkeit in der Bohrermitte,
- der schwierige Abtransport der Späne,
- die ungünstige Wärmeverteilung in der Schnittstelle
- der erhöhte Verschleißangriff auf die scharfkantige Schneidenecke und
- das Reiben der Führungsfasen an der Bohrungswand.

Verschiedene Zielsetzungen hinsichtlich der Zerspanungsleistung, der Bohrungstiefe, der Maßgenauigkeit und der Oberflächengüte führten zur Entwicklung einer Reihe verschiedener Bohrverfahren, auf die im folgenden näher eingegangen wird.

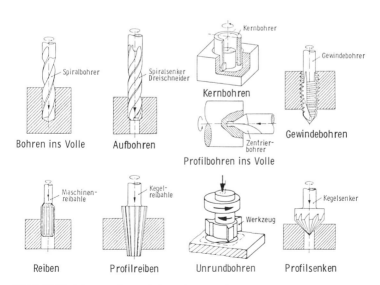

Bild 8-56. Verfahrensvarianten beim Bohren (nach DIN 8589)

8.3.2 Verfahrensvarianten, spezifische Merkmale und Werkzeuge

8.3.2.1 Bohren mit Spiralbohrern

Dem Spiral- oder auch Wendelbohrer kommt unter den Bohrwerkzeugen die größte Bedeutung zu, denn er gilt als wichtigstes Werkzeug zum Herstellen zylindrischer Löcher aus dem Vollen oder zum Vergrößern eines vorgegebenen Lochdurchmessers beim Aufbohren. Sein Anteil an der spanenden Fertigung wird auf 20 bis 25 % geschätzt, und er ist heute das in den größten Stückzahlen erzeugte und am weitesten verbreitete spanende Werkzeug [338].

Vereinfachend gesehen setzt sich der Spiralbohrer aus Schaft und Schneidteil zusammen, Bild 8-57, und erst eine genauere Betrachtung zeigt die komplexe geometrische Gestaltung insbesondere der Bohrerspitze. Mit derzeitig etwa 150 Anschliffarten und mit zahlreichen werkstoffspezifischen Bohrerprofilen [339]

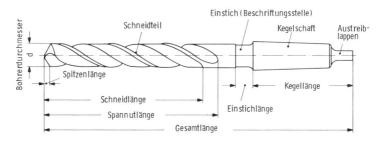

Bild 8-57. Spiralbohrer mit Kegelschaft (nach DIN 1412)

versucht man den vielfältigen Bearbeitungsaufgaben hinsichtlich Qualität und Leistung gerecht zu werden. Seit einiger Zeit werden verstärkt Bemühungen unternommen, mit analytischen Methoden den Werkzeugbeanspruchungen optimal zu begegnen. Dazu ist eine Kenntnis der Schneidteilgeometrie und der Kinematik des Bohrvorganges sowie der Auswirkungen der bohrspezifischen Einflußfaktoren auf den Prozeßverlauf Voraussetzung.

Bild 8-58 zeigt die Schneidteilgeometrie eines Spiralbohrers. Da laut Definition die Hauptschneiden in Vorschubrichtung weisen, ist auch die Querschneide Bestandteil der Hauptschneide, obwohl sie aufgrund ihres stark negativen Spanwinkels kaum schneidet, sondern vielmehr den Werkstoff plastisch verformt und zu den Hauptschneiden drängt.

Form und Steigung der Drallnuten bestimmen die Größe des Spanwinkels γ, der entlang der Hauptschneide nicht konstant ist, sondern von seinem größten Wert an der Schneidenecke (γ_f) zur Bohrermitte hin abnimmt und beim Übergang zur Querschneide negativ wird, Bild 8-59. Als Unterscheidungsmerkmal

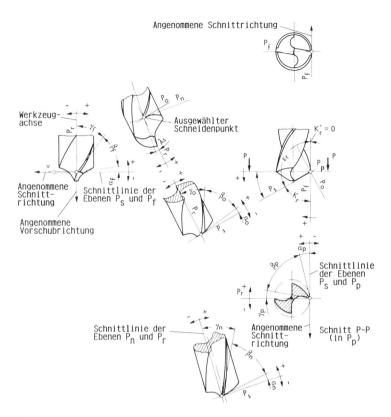

Bild 8-58. Geometrie am Schneidteil eines Spiralbohrers (nach DIN 6581)

wird jedoch ausschließlich der Seitenspanwinkel γ_f herangezogen, der mit hinreichender Genauigkeit mit dem Drallwinkel identisch ist. Dieser wird je nach Werkstückstoffbeschaffenheit und somit nach den Spanbrucheigenschaften variiert und den Bohrerhauptgruppen N für Normalwerkstoffe, H für harte und W für weiche Werkstoffe zugeordnet, Bild 8-60 [340].

Um die Bedeutung des Freiwinkels α zu veranschaulichen, soll kurz auf die Kinematik des Bohrvorgangs eingegangen werden:

Der Schnittvorgang an den beiden Hauptschneiden ist in Bild 8-61 in die Zeichenebene hineingeklappt dargestellt. Die meist trichterförmig erscheinende Schnittfläche unter der Spiralbohrerspitze im Bohrloch besteht aufgrund des kontinuierlich wirkenden Vorschubs in Wirklichkeit aus zwei Schraubenflächen, die in der gleichbleibenden Distanz der halben Vorschubgröße zueinander laufen [341].

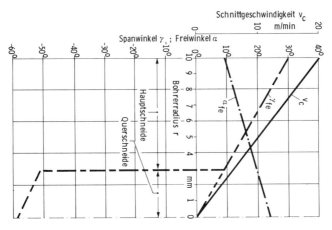

Bild 8-59. Spanwinkel, Freiwinkel und Schnittgeschwindigkeit in Abhängigkeit vom Bohrerdurchmesser

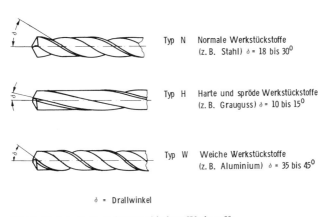

Typ N   Normale Werkstückstoffe
        (z. B. Stahl) δ = 18 bis 30°

Typ H   Harte und spröde Werkstückstoffe
        (z. B. Grauguss) δ = 10 bis 15°

Typ W   Weiche Werkstückstoffe
        (z. B. Aluminium) δ = 35 bis 45°

δ = Drallwinkel

Bild 8-60. Spiralbohrer für verschiedene Werkstoffe

Durch das Zusammenwirken von Hauptschnittbewegung (Rotation) und Vorschubbewegung ergibt sich eine Wirkrichtung, die mit der Schnittrichtung den Wirkwinkel η einschließt. Dieser verkleinert wiederum den Werkzeugwirkfreiwinkel α_{fe}.

Unter Berücksichtigung der Schnittbedingungen ist daher für einen ausreichend großen Freiwinkel zu sorgen, damit ein „Drücken" oder „Aufsitzen" des Bohrwerkzeugs vermieden wird. Eine obere Grenze des Freiwinkels ist jedoch durch die Schwächung des Schneidteils und die Neigung zum Rattern gegeben [342].

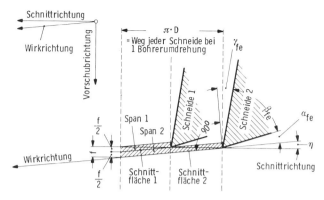

Bild 8-61. Schneidvorgänge an den Hauptschneiden von Spiralbohrern (nach Schallbroch)

Die Größe des Spitzenwinkels (2 $\varkappa_r$) richtet sich nach dem Werkstückstoff, der Werkstückgeometrie (z. B. Bohren in eine V-förmige Nut) und der Späneabfuhr [342]. Ein großer Spitzenwinkel führt eher zum Verlaufen des Bohrers, wodurch die Bohrung im Durchmesser vergrößert wird (Freibohren), wogegen ein kleiner Spitzenwinkel zwar eine gute Zentrierung, also Maßgenauigkeit gewährleistet, die Reibung an der Bohrungswand aber stark erhöht. Üblich ist ein Spitzenwinkel von 118°, der für die meisten Anwendungsfälle ein Optimum hinsichtlich Zentrierung und Freibohren darstellt.

90° Spitzenwinkel werden für das Bohren harter, meist stark verschleißend wirkender Kunststoffe verwendet, um einen stetigeren Übergang von den Haupt- zu den Nebenschneiden zu bewirken und somit die Eckenabstumpfung entsprechend zu reduzieren.

130° Spitzenwinkel ergeben bei rückfedernden („einklemmenden") Werkstückstoffen ein besseres Freibohren; darüber hinaus kann dem Spänestauproblem bei langspanenden Leichtmetallen durch eine weitere Vergrößerung auf $2\varkappa_r = 140°$ begegnet werden [342].

Zusammenfassend läßt sich bereits absehen, daß nur ein sorgfältiger, maschinell durchgeführter und auf das spezifische Problem abgestimmter Bohrerspitzenanschliff zu einer wirtschaftlichen Zerspanleistung beitragen kann. Aus diesem Grunde sollen im folgenden Abschnitt die wichtigsten Bohreranschliffe mit ihren Besonderheiten und Einsatzgebieten vorgestellt werden.

a) Kegelmantelanschliff

Für den Großteil aller Bearbeitungsfälle hat sich der Kegelmantelanschliff als beständigste und geeignetste Form behauptet [343]. Der Name folgt dar-

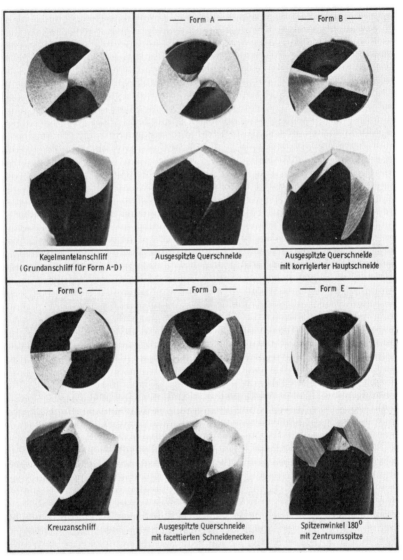

Bild 8-62. Zusammenstellung der Spiralbohrersonderanschliffe A bis E im Vergleich zum Kegelmantelanschliff

aus, daß die Freiflächen, Bild 8-62, Teile eines Kegelmantels sind. Seine Vorteile liegen in der einfachen Herstellung und Aufbereitung und in seiner geringen Empfindlichkeit gegen hohe mechanische Beanspruchungen.

Nachteilig sind seine geringe Selbstzentrierung und die damit verbundenen Form- und Lagefehler. Auch nimmt die Querschneidenlänge naturgemäß mit wachsenden Bohrer- und somit Kerndurchmessern zu, so daß sich die hieraus resultierenden hohen Vorschubkräfte ungünstig auf die Arbeitsgenauigkeit auswirken.

In diesem Fall und allgemein immer dann, wenn man besondere Anforderungen an ein Bohrwerkzeug stellt, wird die Bohrspitze mit einem Sonderanschliff versehen, der entweder den Kegelmantelanschliff ergänzt (z. B. Kernausspitzung) oder die Bohrerspitze völlig neu gestaltet (Zentrumsspitze), Bild 8-62.

b) Form A; Kegelmantelanschliff mit ausgespitztem Kern, verbessert wesentlich die Zentrierfähigkeit des Bohrers und verringert die Axialkräfte entsprechend der auf rd. $0{,}1 \cdot D$ verkürzten Querschneide (Anwendung generell bei Typ N ab 14 mm Durchmesser).

c) Form B; Kegelmantelanschliff mit ausgespitztem Kern und korrigiertem Spanwinkel, eröffnet die Möglichkeit, den Spanwinkel der Bearbeitungsaufgabe anzupassen. Üblicherweise wird der Spanwinkel jedoch auf rd. 10° reduziert, wodurch ein sehr stabiler Keil entsteht, ohne den Spänetransport durch Verkleinerung des Drallwinkels zu beeinträchtigen.

Anschliff B wird verwendet für hohe Bohrerbeanspruchung, wie sie z. B. bei der Zerspanung von Manganhartstahl auftritt, oder aber beim Bohren dünnwandiger Bleche, um deren Anheben beim Werkzeugdurchtritt zu verhindern.

d) Form C; Kegelmantelanschliff mit Kreuzanschliff, eleminiert die Querschneide völlig und eignet sich besonders für tiefe Bohrungen. Die quetschende Querschneide wird in zwei kleine Hauptschneiden mit wesentlich verbesserten Schnitteigenschaften umgewandelt.

Auch hier wird eine gute Zentrierfähigkeit gewährleistet und die Vorschubkraft herabgesetzt.

e) Form D; Kegelmantelanschliff mit ausgespitztem Kern und facettierten Schneidenecken, wurde speziell für die Bearbeitung von Graugußwerkstücken entwickelt, deren harte, abrasiv wirkende Gußhaut besonders die empfindliche Schneidenecke beansprucht. Hier schafft ein zweiter Kegelmantelanschliff mit kleinerem Spitzenwinkel Abhilfe, da er eine verbesserte Wärmeleitung zur Folge hat und dem erhöhten Verschleiß durch Vergrößerung der belasteten Fläche begegnet.

f) Form E; Spitzenwinkel 180° mit Zentrumsspitze, wird eingesetzt, wenn ein zentrisches Anbohren sichergestellt sein muß, oder wenn runde und gratfreie Löcher in Blechen herzustellen sind.

Nach vollständigem Eindringen des Zentrierkegels schneiden beide Hauptschneiden gleichzeitig auf ihrer ganzen Länge an, und die Schneidenecken können sich sofort mit den Führungsfasen an der Bohrungswand abstützen. Der Austritt des Bohrers erfolgt wieder mit der ganzen Hauptschneide, wobei ein ringförmiges Plättchen unter nur geringer Gratbildung herausgeschnitten wird.

g) Der Vierflächenanschliff, obwohl nicht genormt, ist noch insofern erwähnenswert, als er bei Bohrern unter 1,5 mm Durchmesser oder bei Hartmetallbohrern verwendet wird, da hier der Kegelmantelanschliff Schwierigkeiten bereitet.

Die besonderen Arbeitsbedingungen eines Bohrwerkzeugs stellen hohe Ansprüche an den Schneidstoff hinsichtlich Härte, Zähigkeit, Verschleißfestigkeit und Unempfindlichkeit gegen thermische Wechselbeanspruchungen. Da der Schnellarbeitsstahl diese Anforderungen bis zu einem gewissen Grade erfüllt und zudem als Werkstoff in bezug auf seine Wiederaufbereitung recht preiswert ist, hat er sich für die Bohrwerkzeuge durchgesetzt. Neuentwicklungen wie Vollhartmetallbohrer und Bohrer mit gelöteten oder geklemmten Hartmetallschneidplatten konnten den HSS-Bohrer bis heute nicht verdrängen, auch wenn diese Schneidstoffe den erhöhten Leistungsanforderungen eher gerecht werden.

Nach DIN 1414 enthalten Schnellarbeitsstähle für Bohrwerkzeuge 6 % Wolfram, 5 % Molybdän, 2 % Vanadium (S 6-5-2) und für erhöhte Belastungen 5 % Cobalt (S 6-5-2-5). Die Werkzeuge werden gehärtet, oberflächenbehandelt (nitriert) und häufig mit verschleißhemmenden Beschichtungen versehen.

Der Zerspanungsprozeß beim Bohren weist einige Besonderheiten auf, auf die im folgenden eingegangen wird. Die Erfahrung zeigt, daß das Bohren mit Spiralbohrern nicht zu den Fertigungsverfahren zu rechnen ist, an die hohe Ansprüche hinsichtlich der erreichbaren Oberflächengüte zu stellen sind. Im Vergleich zum Drehen ist beim Bohren mit Spiralbohrern mit einer erheblich größeren Rauhtiefe der Bohrlochwand zu rechnen, die sich als Folge der geringen Torsions- und Biegesteifigkeit des Werkzeugs ergibt [344].

Mit zunehmender Schnittgeschwindigkeit ist zwar ein geringfügiger Anstieg der Rauhtiefe zu verzeichnen, jedoch ist im Intervall für Stahlwerkstoffe (10 bis 25 m/min) kaum eine systematische Änderung der Rauheit festzustellen. Dagegen nimmt erwartungsgemäß R_t mit steigendem Vorschub deutlich zu und überwiegt bei weitem den Schnittgeschwindigkeitseinfluß.

Der Gesamtwerkzeugverschleiß setzt sich beim Spiralbohrer im wesentlichen aus
- Freiflächenverschleiß,
- Kolkverschleiß,
- Führungsfasenverschleiß,
- Querschneidenverschleiß und
- Eckenverschleiß

zusammen und führt in seinen Auswirkungen zu relativem oder absolutem Erliegen des Werkzeugs. Das relative Erliegen ist dadurch gekennzeichnet, daß mit zunehmender Bohrlänge der Grad der Bohrerabnutzung zunimmt und von einer bestimmten Bohrlänge an das Bearbeitungsergebnis den Anforderungen nicht mehr entspricht. Bei absolutem Erliegen tritt die völlige Unbrauchbarkeit des Werkzeugs durch Blankbremsung der Werkzeugschneide oder durch Werkzeugbruch auf. Der Übergang vom relativen zum absoluten Erliegen wird häufig durch ein erhöhtes Kreischen des Bohrwerkzeuges angekündigt.

Als wesentliches Kriterium muß jedoch bereits das Auftreten von Maß- und Formfehlern (relatives Erliegen) herangezogen werden, das seine Ursachen in der am Umfang höchsten Schnittgeschwindigkeit eines Bohrers und dem großen Verschleißangriff auf die Schneidenecken und die Führungsfasen hat.

Dagegen bewirkt die niedrige Schnittgeschwindigkeit im Querschneidenbereich zwar eine starke Fluktuation von Aufbauschneiden, die zu einem sog. Selbstausspitzungseffekt führt; dieser macht sich jedoch nicht negativ auf den Prozeßablauf oder das Arbeitsergebnis bemerkbar.

Der Vorschub, beeinflußt den Werkzeugverschleiß weitaus geringer als die Schnittgeschwindigkeit, so daß er in diesen Betrachtungen außer Acht gelassen werden soll.

Die Kräfte am Spiralbohrer sind in Bild 8-63 dargestellt. Beim Bohren mit HSS-Werkzeugen liegt die Schnittgeschwindigkeit für Stähle im Bereich von 10 bis 25 m/min. Eine Reihe von Untersuchungen hat gezeigt, daß hier der Einfluß auf die Schnittkräfte, insbesondere bei großen Bohrerdurchmessern gering ist, Bild 8-64. Bei extrem niedrigen oder extrem hohen Schnittgeschwindigkeiten wird dagegen ein erhebliches Ansteigen von Vorschubkraft und Drehmoment angegeben, was sich besonders bei kleineren Bohrerdurchmessern auswirkt.

Wie bei allen spanenden Verfahren mit geometrisch bestimmter Schneide steigen die Kräfte degressiv mit dem Vorschub an.

Eingehende Untersuchungen haben gezeigt, daß die Oberflächengüte der Bohrlochwand nur unwesentlich durch den Bohrerspitzenanschliff beeinflußt

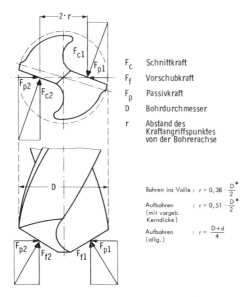

Bild 8-63. Kräfte am Spiralbohrer (nach Spur)

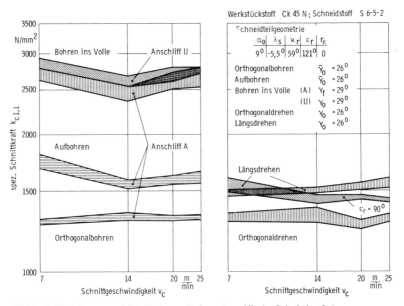

Bild 8-64. Verfahrensvergleich Drehen – Bohren (spezifische Schnittkräfte)

werden kann. Dagegen hängt die Form der Maßgenauigkeit des Bohrlochs von der Symmetrie des Anschliffs ab, da nur bei weitgehendem Ausgleich der radial wirkenden Passivkräfte ein Verlaufen der Werkzeuge verhindert werden kann. [344].

Eine umlaufende Radialkraft konstanter Größe beansprucht den Spiralbohrer und die Bohrspindel statisch auf Biegung und bewirkt eine konzentrische Vergrößerung des Lochdurchmessers, so daß die Maßgenauigkeit des Bohrlochs verschlechtert wird. Umlaufende Radialkräfte treten vorwiegend durch werkzeugseitig bedingte Ursachen auf, wie

- ungleiche Hauptschneidenlängen,
- ungleiche Einstellwinkel,
- ungleiche Freiwinkel,
- unsymmetrische Ausspitzung,
- unsymmetrische Drallnuten,
- ungleiche Schneidenschärfe sowie
- Rundlauffehler [344].

Die beim Bohren gegenüber dem Drehen (bei sonst gleichen Randbedingungen) erhöhten Schnitt- und Vorschubkräfte liegen zum einen in der Reibung der Späne im Nutengrund und an der Bohrlochwand begründet und zum anderen in der Länge der Querschneide, die im Verhältnis zum Bohrdurchmesser wesentlich für die Höhe der Gesamtkräfte heranzuziehen ist.

Je enger der Spanraum für eine durch die Schnittbedingungen vorgegebene Spänemenge ist, desto größer wird das aufzubringende Drehmoment und die notwendige Vorschubkraft, Bild 8-65. Die Diagramme zeigen diese Sachverhalte jeweils für die spezifischen Kräfte, weil dadurch eine Unabhängigkeit von bestimmten Spanungsbreiten und -dicken gegeben ist. Deutlich ist zu erkennen, daß besonders zu den Vorschubkräften, die beim Drehen auftreten, erhebliche Anteile für Reibung und Querschneide hinzukommen können.

Die bislang niedrigen Schnittgeschwindigkeiten des Spiralbohrens haben dazu geführt, daß der Anschluß an die Leistungssteigerung vergleichbarer Werkzeuge in den letzten Jahren nicht gehalten werden konnte. Die relativ lange Bearbeitungszeit und die damit verbundenen Kosten können nur reduziert werden, wenn entweder die HSS-Werkzeuge und die Schnittbedingungen optimal an die Aufgabe angepaßt werden oder wenn neuartige Bohrwerkzeuge eingesetzt werden.

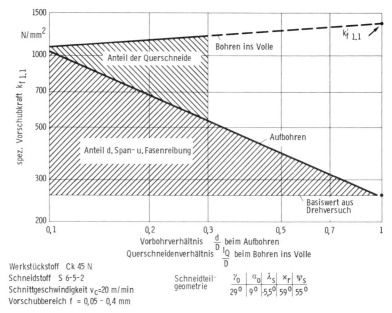

Bild 8-65/1. Zusammensetzung der spezifischen Schnittkraft $k_{c\ 1.1}$ und der spezifischen Vorschubkraft $k_{f\ 1.1}$ beim Bohren

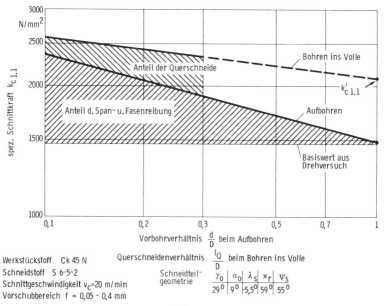

Bild 8-65/2. Zusammensetzung der spezifischen Schnittkraft $k_{c\ 1.1}$ beim Bohren

Eine erhebliche Leistungssteigerung ist durch Anwendung hartstoffbeschichteter HSS-Spiralbohrer möglich, auf die im folgenden Abschnitt eingegangen wird.

8.3.2.2 TiN-beschichtete HSS-Spiralbohrer

Die Weiterentwicklung der Beschichtungstechnik nach dem PVD-Verfahren (Physical Vapour Deposition) zur großtechnischen Anwendbarkeit eröffnete die Möglichkeit, Werkzeuge aus Hochleistungs-Schnellarbeitsstahl (HSS) ohne Härteverlust und Verzug mit einer verschleißfesten Schicht zu versehen. Heute können mit diesem Verfahren auch rotierende, schnellaufende Werkzeuge komplizierter geometrischer Form wirtschaftlich in großtechnischem Maßstab beschichtet werden. Durch das Aufbringen einer harten, verschleiß- und temperaturbeständigen Hartstoffschicht auf das vergleichsweise zähe Substrat aus Schnellarbeitsstahl wurden Werkzeuge geschaffen, die ein deutlich höheres Leistungsvermögen und damit auch ein breiteres Anwendungsspektrum haben als konventionelle HSS-Werkzeuge [345].

Der zur Zeit auf dem Markt weitverbreiteste Beschichtungsstoff für Werkzeuge aus Schnellarbeitsstahl ist Titannitrid (TiN), ein Stoff, der auch für die Beschichtung von Wendeplatten aus Hartmetall (HM) verwendet wird. Mit TiN-beschichteten HSS-Werkzeugen sind erhebliche Standmengenverbesserungen erreichbar, die in Abhängigkeit vom Bearbeitungsverfahren und vom zu bearbeitenden Werkstoff mehrere hundert Prozent betragen können. Gleichzeitig sind drastische Erhöhungen der Schnittbedingungen möglich, die der Anwender zur wirtschaftlichen Nutzung dieser Werkzeuge auch unbedingt wahrnehmen sollte. So ist mindestens eine Verdoppelung sowohl der Schnittgeschwindigkeit als auch gleichzeitig des Vorschubs anzustreben, Bild 8-66.

Desweiteren werden auch Werkstückeigenschaften wie die Oberflächengüte oder die Randzone günstig durch den Einsatz beschichteter Werkzeuge beeinflußt.

Die Vielzahl der Einflüsse auf die Leistungsfähigkeit beschichteter HSS-Werkzeuge zeigt Bild 8-67. Außer den beschichtungsbezogenen Faktoren wie Vorreinigung, Prozeßführung beim Beschichtungsprozeß selbst und Schichteigenschaften hat bereits die Werkzeugvorbereitung großen Einfluß auf die Lebensdauer [346].

Die geschliffene Oberfläche ist die Reaktionsfläche für den Beschichtungsprozeß. Das bedeutet zunächst, daß ihre Topographie und ihr physikalisch-chemischer Zustand optimal auf den Beschichtungsprozeß abgestimmt sein müssen. Diese Abstimmung muß bereits bei der Auswahl der Schleifscheibe einsetzen, weil deren Eigenschaften die Oberflächenausbildung entscheidend prägen.

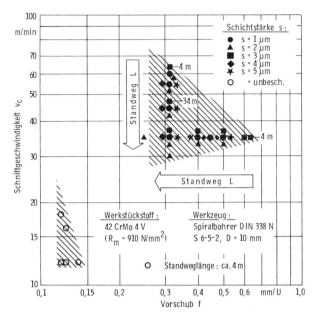

Bild 8-66.
Schnittbedingungen beim
Bohren eines Vergütungsstahles

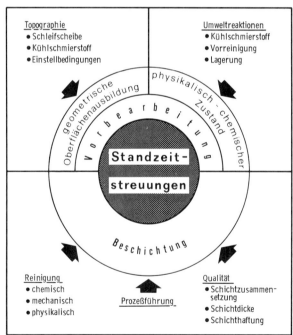

Bild 8-67.
Ursachen für Standzeitstreuungen TiN-beschichteter HSS-Werkzeuge

Ebenso wie plastische Verformungen auf der Oberfläche mindern Schleiffehler, die zur Gratbildung an der Schneidkante führen, die Standzeit [87]. Dabei haben bereits sehr kleine Grate entscheidenden Einfluß auf die Lebensdauer der Werkzeuge. Durch das Beschichten wächst auch der kleinste Grat wulstartig an. Bild 8–68. Dieser Grat wird beim anschließenden Beschichtungsprozeß mitbeschichtet. Nach dem ersten Werkstückkontakt (unterer Bildteil) schert der beschichtete Schleifgrat ab, und das Substrat wird in einem großen Bereich blankgelegt.

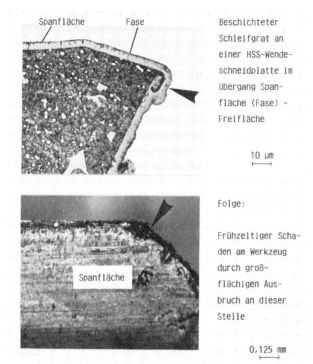

Bild 8-68. Schäden an TiN-beschichteten Werkzeugen durch mangelhafte Substratvorbereitung

Da das Werkzeug unter stark gesteigerten Schnittbedingungen eingesetzt wird, ist das dann ungeschützte Substratmaterial stark überfordert, so daß Blankbremsung und Gewaltbrüche auftreten können. Bei unbeschichteten Werkzeugen hat der gleiche Schleiffehler – nicht zuletzt wegen der niedrigeren Einsatzbedingungen konventioneller Werkzeuge – keine so katastrophalen Folgen.

Um dem beschriebenen Schadensmechanismus vorzubeugen, werden für die Beschichtung vorgesehene Werkzeuge speziell vorbehandelt. Die hierbei zur

Anwendung kommenden Verfahren machen einen Großteil des Know-how der jeweiligen Beschichter aus und sind in der Literatur nicht zugänglich.

8.3.2.2.1 Leistungsfähigkeit TiN-beschichteter HSS-Spiralbohrer

In Bild 8-69 sind die mit einwandfrei vorbereiteten TiN-beschichteten HSS-Spiralbohrern in Abhängigkeit von den gewählten Schnittbedingungen und der vorliegenden Schichtstoffdicke erreichbaren Standlängen bei der Bearbeitung eines Vergütungsstahl dargestellt. Der den beschichteten Bohrern angepaßte Vorschub von 0,315 mm verlagert die Schneidenbeanspruchung genügend weit von der Schneidkante weg auf die Spanfläche. Eine Steigerung des Vorschubs auf Werte von über 0,4 mm führt bei diesem Werkstoff und Bohrern dieses Durchmessers zu mechanischer Überlastung und Bruch. Die hier als optimal ermittelte Schnittgeschwindigkeit von 45 m/min ist vom bearbeiteten Werkstoff abhängig. Demgegenüber sind Schichtdicken von etwa 4 μm unabhängig vom jeweils bearbeiteten Werkstoff optimal. Dies gilt auch für andere TiN-beschichtete HSS-Werkzeuge [348, 92].

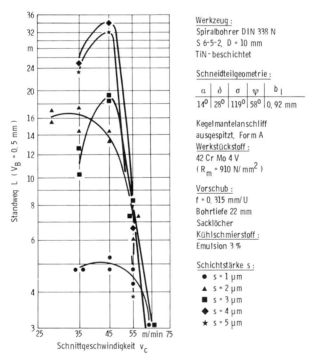

Bild 8-69. Standweg TiN-beschichteter HSS-Spiralbohrer

8.3.2.2.2. Leistungsvermögen nachgeschliffener Bohrer

Der Ausführung des Nachschliffes kommt bei hartstoffbeschichteten Werkzeugen besondere Bedeutung zu, weil die Bohrer auch im nachgeschärften Zustand bei deutlich höheren Schnittbedingungen als blanke Werkzeuge eingesetzt werden sollen.

Wird infolge von Schleiffehlern die Hartstoffschicht nicht ausschließlich auf der Freifläche abgetragen, sondern werden beispielsweise auch im Bereich der Schneidenecke auf der Führungsfase und/oder Spanfläche Partikel der Hartstoffschicht entfernt, so werden „vorgeschädigte" Werkzeuge eingesetzt. Diese durch Schleiffehler ihrer schützenden Hartschicht beraubten Werkzeuge müssen wie blanke Werkzeuge betrachtet werden und sind durch die für beschichtete Werkzeuge ausgelegten Schnittbedingungen deutlich überfordert. Die Folge sind große Standwegeinbußen, Bild 8–70.

Bei niedrigen Schnittbedingungen (v_c = 28 m/min, f = 0,315 mm) können mit diesen Werkzeugen 75 % der mit vollständig beschichteten Werkzeugen realisierten Standwege erreicht werden. Bei richtig nachgeschliffenen Werkzeugen übt die auf der Führungsfase stehengebliebene Hartstoffschicht eine Stützfunktion aus, Bild 8–70. Der standzeitbestimmende Verschleiß tritt dann nicht im Übergangsbereich von Span- und Freifläche sowie Führungsfase, sondern ausschließlich auf der Freifläche auf. Die Ursache für den relativ steilen Stand-

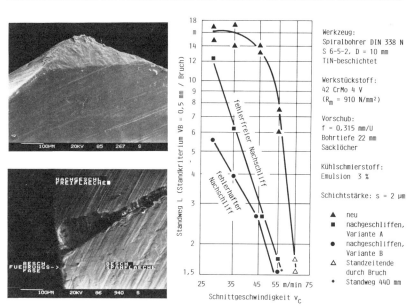

Bild 8-70. Standwege nachgeschliffener TiN-beschichteter HSS-Spiralbohrer

wegabfall bei weiter gesteigerten Schnittbedingungen – namentlich höherer Schnittgeschwindigkeit – liegt in dem ungünstigen Reibverhalten der Freifläche. Diese Fläche bildet zusammen mit der Spanfläche und der Führungsfase die Schneidenecke und damit auch einen Teil der bei der Zerspanung mit dem Werkstück im Eingriff befindlichen Kontaktzone.

Hartstoffbeschichtete nachgeschliffene Bohrer sollten deshalb bei reduzierten Schnittgeschwindigkeiten von unter v_c = 30 m/min eingesetzt werden. Sie erreichen dann noch ca. 80% des Standweges der vollständig beschichteten Bohrer.

Weitere Verbesserungen in der Beschichtungstechnik, wie optimierte Beschichtungsverfahren, bessere Substratvorbereitung und neuartige Schichtwerkstoffe sollten dazu führen, die Leistungsfähigkeit beschichteter Werkzeuge weiter zu steigern [91].

Somit erscheint es als möglich, daß derartige Werkzeuge in Zukunft auf breiter Ebene Anschluß an die Leistungsfähigkeit von Hartmetallschneidstoffen finden können, wie es auch heute schon in Einzelfällen berichtet wird [347].

Neben der Entwicklung neuer, noch leistungsfähigerer Schichten verspricht dabei vor allem auch die Anpassung der Schneidteilgeometrie an die besondere Beanspruchung infolge der veränderten Kontaktbedingungen und Eigenschaften des „Verbund-Werkzeuges hartstoffbeschichteter Spiralbohrer" weitere Möglichkeiten zur Leistungsteigerung [90].

8.3.2.3 Kurzlochbohren

Die Leistungsgrenze wird bei HSS-Werkzeugen vorrangig durch die realtiv niedrige Warmfestigkeit des Schneidstoffs gesetzt, die nur geringe Schnittgeschwindigkeiten erlaubt. Verbesserungen sind durch die Entwicklung wendeschneidplattenbestückter Bohrwerkzeuge möglich, Bild 8-71, wie sie in ähnlicher Form vom Tiefbohren her bekannt sind. Diese Werkzeuge werden im Durchmesserbereich von 16 bis über 120 mm sowohl mit geraden als auch mit gewendelten Spannuten eingesetzt [349].

Die wesentlichen Vorteile der sog. Kurzlochbohrer liegen in der Möglichkeit, mit bis zu 15fach höheren Schnittgeschwindigkeiten gegenüber HSS-Werkzeugen arbeiten zu können, weiterhin im Wegfall von Nachschleifkosten, in der gleichbleibenden Spitzengeometrie und Werkzeuglänge bei rechtzeitigem Schneidenwechsel sowie in der vergleichsweise einfachen und wirtschaftlichen Anpassung des Schneidstoffs an den Werkstückstoff.

Wesentliche Nachteile sind dagegen die unsymmetrisch auftretenden Zerspankräfte, die ein Verlaufen des Werkzeugs sowie Rattergefahr in sich bergen, und weiterhin die Bruchanfälligkeit des spröderen Hartmetalls. Beide Nachteile zusammen haben es bis heute verhindert, daß Bohrtiefen erreicht werden, die im

Bild 8-71. Kurzlochbohrer mit geraden Spannuten (nach Sandvik)

Verhältnis zum Bohrungsdurchmesser ein ähnlich Vielfaches betragen, wie sie bei HSS-Werkzeugen üblich sind.

„Bohrtiefe maximal 2 x Durchmesser" ist heute eine Faustformel für Kurzlochbohrer, die den Namen geprägt hat und auf den beschränkten Einsatzbereich hinweist.

Hinsichtlich der Oberflächengüte bringt der Kurzlochbohrer den aus der Verwandschaft zur Bohrstange resultierenden Vorzug mit sich, im Vor- und Rücklauf arbeiten zu können. So ist es eine gängige Maßnahme, mit dem Wendeplattenbohrer ein Durchgangsloch ins Volle zu erzeugen, dann das Werkzeug radial auf Maß zu versetzen und im Rücklauf Maßgenauigkeit und Oberflächengüte zu verbessern.

Die derzeitig erreichbaren Kennwerte liegen sowohl für R_t als auch für die Rundheitsabweichungen bei 20 μm und werden vorrangig durch die Stabilität des Werkzeugs bestimmt.

8.3.2.4. Tiefbohren

Bohrungen bis zu einer Tiefe vom 3 bis 5fachen des Durchmessers lassen sich problemlos mit konventionellen Spiralbohrern in einem Arbeitsgang herstellen [350]. Größere l/D-Verhältnisse werden bereits als „tiefe Bohrung" bezeichnet.

Ihre Bearbeitung erfordert entweder besonders aufgelegte Spiralbohrer und ein häufiges Unterbrechen des Schnittvorgangs zum Entspanen oder aber den Einsatz eines Tiefbohrverfahrens.

Das Tiefbohren, das oberhalb eines Bohrtiefenverhältnisses von l/D = 20 grundsätzlich verwendet wird, galt lange Zeit als spezielles Bearbeitungsverfahren der Waffentechnik. Eine stetige Weiterentwicklung hatte jedoch auch eine Expansion des Anwendungsbereiches zur Folge, denn zwischenzeitlich werden Bohrungstiefen bis zum 150fachen des Durchmessers erzielt, und die hohe Oberflächenqualität macht weitere Bearbeitungsgänge oft überflüssig.

Vom herkömmlichen Bohren unterscheidet sich das Tiefbohren außer durch eine unsymmetrische Schneidenanordnung am Werkzeug dadurch, daß das Kühlschmiermittel unter Druck direkt zu den Schneiden geführt wird, und daß seine Spülwirkung der vorrangige Transportmechanismus für die anfallenden Späne ist. Darüber hinaus besteht der Schneidteil aus Hartmetall, so daß hohe Schnittgeschwindigkeiten erreicht werden können, die wiederum die Zerspanungsleistung verbessern.

Das Verfahren bedarf jedoch eigens eingerichteter Maschinen, die sich wesentlich von Standard-Bohrmaschinen unterscheiden. Eine Übersicht über die Werkzeuge gibt Bild 8-72.

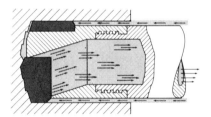

BTA-Verfahren für Durchmesser von 6 bis 60 mm

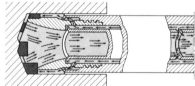

Ejektor-Verfahren für Durchmesser von 20 bis 65 mm   Einlippenbohren für Durchmesser von 2 bis 32 mm

Bild 8-72. Werkzeuge zum Tiefbohren

Beim Tiefbohren unterscheidet man mehrere Verfahren und Werkzeuge [351]. Beim Einlippenverfahren ist als charakteristisches Merkmal und Hauptvorteil zu nennen, daß bei diesen Tiefbohrwerkzeugen, Bild 8-73, die Kühlmittelzufuhr durch den Werkzeugschaft erfolgt und die sichere Abführung der Späne in

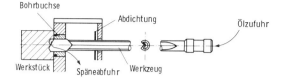

Bild 8-73.
Prinzip des Tiefbohrens
mit Einlippen-Werkzeugen
(nach Nagel)

einer V-förmigen Aussparung am Umfang [352]. Der typische Durchmesserbereich dieser Werkzeuge liegt zwischen 3 und 30 mm. Die verbleibenden Querschnitte für die Ölzuführungskanäle werden bei Durchmessern unter 3 mm so klein, daß sie ihre Funktion nicht mehr erfüllen können. Die obere Grenze der Einlippenbohrer ergibt sich dadurch, daß andere Tiefbohrverfahren, wie etwa das BTA-Verfahren, zweckmäßiger und wirtschaftlicher werden [353].

Einlippen-Tiefbohrwerkzeuge werden als Vollbohrer, Kernbohrer, Aufbohrer und Stufenbohrer in der Fertigung eingesetzt, wobei das Vollbohren der in der Praxis am häufigsten anzutreffende Einsatzfall ist. Wie das Verfahrensprinzip, Bild 8-74, zeigt, benötigt das Werkzeug durch die Form seines Ausschnitts zum Aufbohren eine Aufbohrführung. Ihr Durchmesser muß genau dem des Werk-

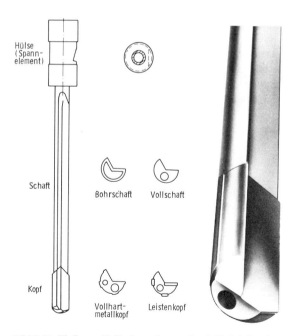

Bild 8-74. Einlippen-Vollbohrwerkzeuge (nach Finkelnburg)

zeugs entsprechen, damit beim Aufbohren keine Überweite entsteht, die außerhalb der gewünschten Toleranz des zu bohrenden Lochs liegt.

Grundsätzlich bestehen Einlippenbohrer aus drei Einzelteilen, dem Bohrkopf, dem Bohrrohr und der Einspannhülse. Als Schneidstoff wird heute in den meisten Fällen Hartmetall verwendet, wobei sowohl Vollhartmetallköpfe als auch hartmetallbestückte Stahlbohrköpfe zum Einsatz kommen. Die verwendete Hartmetallsorte ist von ausschlaggebender Bedeutung für die Standlänge der Werkzeuge.

Bei Vollbohrwerkzeugen wird für das Bohrerrohr ein hochfestes Material verwendet, in das vor dem Vergüten die Sicke für die Spänerückführung eingebracht wird. Da beim Aufbohren die anfallenden Späne nach vorn durch die bereits vorhandene Bohrung abgeführt werden können, werden hier runde Rohre verwendet, die wesentlich stabiler sind.

Das BTA-Verfahren wurde Ende der 30er Jahre erfunden, als man sich Gedanken machte, wie das Kratzen der Späne beim Transport an der Bohrlochwand und die daraus resultierende Beeinträchtigung der Oberflächengüte vermieden werden könne. Der Versuch, die Spannut des Einlippenbohrers nach außen hin abzudecken, hatte jedoch eine starke Verminderung des zur Verfügung stehenden Spanraumes zur Folge, was wiederum die Zerspanleistung des Verfahrens einengte. Die Lösung wurde schließlich von der „Boring and Trepanning Association" gefunden, da die Verfahrenscharakteristik des Einlippenbohrens umdrehte und das Kühlschmiermittel von außen durch den ringförmigen Spalt zwischen Bohrrohr und Wandung zuführte, Bild 8-75. Der Rückfluß erfolgt dann zusammen mit den Spänen durch das Spanmaul und das Bohrrohr, dessen Durchmesser nicht unter 6 mm betragen sollte. Der obere Durchmesser liegt für Vollbohrerwerkzeuge bei 100 mm und für Aufbohrerwerkzeuge bei 1000 mm.

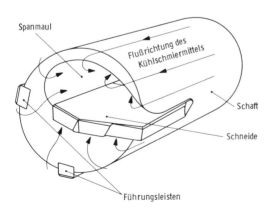

Bild 8-75. BTA-Vollbohrkopf (nach Cronjäger)

Das BTA-Verfahren hat gegenüber dem Tiefbohren mit Einlippenbohrern den Nachteil, daß ein komplizierter Bohrölzuführungsapparat benötigt wird, der die Abdichtung des Bohrrohrs übernimmt, Bild 8-76 [352, 353].

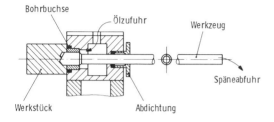

Bild 8-76. Prinzip des Tiefbohrens mit BTA-Werkzeugen (nach Nagel)

Um das Tiefbohren auch auf nicht besonders dazu hergerichteten Maschinen vornehmen zu können, wurde der Ejektorbohrer entwickelt. Er arbeitet mit einem Doppelrohr, durch das das Kühlschmiermittel an die Wirkstelle herangeführt wird, d.h. der Ringraum für die Zuführung wird nicht mehr durch die Bohrlochwandung abgegrenzt, sondern durch ein zweites Rohr [354]. Daraus resultiert der Vorteil, daß der Bohrölzuführungsapparat, wie er für das BTA-Verfahren benötigt wird, entfällt.

Das Ejektorwerkzeug, Bild 8-77, ist dadurch gekennzeichnet, daß besondere Düsenöffnungen vorhanden sind, durch die ein Teil des Öls bereits vor dem Erreichen der Wirkstelle vom Ringraum in das Innere des Werkzeugs eintritt und dadurch einen Unterdruck im Bohrkopf erzeugt. Die dadurch entstehende Saugwirkung unterstützt den ölflußbedingten Transport der Späne.

Eine weitere Besonderheit ist die Schneidenaufteilung zur Verminderung der auf die Führungsleisten wirkenden Kräfte sowie das somit erforderliche doppelte Spanmaul.

Die sonst von der Peripherie bis zum Zentrum durchgehende Schneide wurde so unterteilt, daß abwechselnd rechts und links von der Mitte jeweils zwei Schneidenteile angeordnet sind. Dies hat zur Folge, daß die Belastung der Führungsleisten auf etwa 10 bis max. 50 % der sonst zu erwartenden Kräfte abfallen und entsprechend Reibung, Wärmeentwicklung und Verschleiß gemindert werden.

Die prinzipiellen Ausführungsformen von Tiefbohrmaschinen zeigt Bild 8-78 [353]. Aus den Arbeitsweisen ist ersichtlich, daß die Hauptbewegung sowohl vom Werkzeug als auch vom Werkstück oder auch von beiden Teilen ausgeführt werden kann.

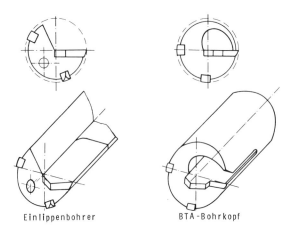

Einlippenbohrer   BTA-Bohrkopf

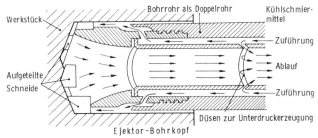

Bild 8-77. Ejektor Bohrkopf (schematisch) (nach Cronjäger)

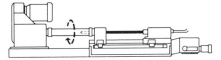

Arbeitsweise: drehendes Werkstück – stehendes Werkzeug

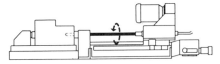

Arbeitsweise: drehendes Werkzeug – stehendes Werkstück

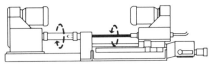

Arbeitsweise: drehendes Werkzeug – gegenläufig drehendes Werkstück

Bild 8-78.
Ausführungsformen
von Tiefbohrmaschinen
(nach Günther & Co)

Bei drehendem Werkzeug und stehendem Werkstück sind die Maschinen für eine breite Palette beliebig geformter Teile verwendbar. Sie sind mit Ladevorrichtung und evtl. als Mehrspindelmaschinen am besten für eine wirtschaftliche Großserienfertigung geeignet.

Bei drehendem Werkstück und stehendem Werkzeug können nur rotationssymmetrische Teile mit geringen Massen bearbeitet werden, da die Gefahr besteht, daß schon eine geringe Unwucht der rotierenden Werkstücke zu ungünstigen Bohrergebnissen führt.

Tiefbohrmaschinen müssen einen stabilen Rahmen besitzen, um bei allen Spindeldrehzahlen einen schwingungsfreien Lauf der Maschinen zu gewährleisten. Die Leistung der Maschine muß wegen der oft hohen Eindringgeschwindigkeit der Hartmetallwerkzeuge groß sein.

Die Einsatzgrenzen der Tiefbohrverfahren werden im wesentlichen von folgenden Faktoren bestimmt:

– Zerspanbarkeit des Werkstoffs,
– Stabilität des Werkzeugs und der Maschine,
– Genauigkeit der Maschine,
– Zusammensetzung des Kühlschmiermittels
– Schneidstoff.

Die Richtlinie VDI 3210 [355] faßt diese Grenzen in Form von Richtwerten für Voll-, Kern- und Tiefbohrer zusammen und unterscheidet je nach Verfahren und Werkzeug, ob ISO-Toleranzen unter oder über IT 9 zu erreichen sind, Tabelle 8-4.

Diese grobe Angabe liegt darin begründet, daß in die erreichbare Toleranz noch deutlich die Zerspanbarkeit des Werkstoffs eingeht, Bild 8-79 [356].

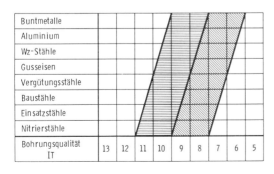

Bild 8-79. Beim Tiefbohren erreichbare Bohrungstoleranzen (nach SIG)

Bohrart		Bohrungs-durchmesser D [mm]	Bohrungstiefe t [mm]	Bohrungstoleranz ISO-Qualität	Bohrungsrauhtiefe R_t [µm]	Mittenrauhwert R_a [µm]	Bohrungsmittenverlauf 1m Tiefe [mm]	D [mm]
Vollbohrer	Einlippenvollbohrer	2 bis 20	100 D	≥ IT 9	2 bis 25	0,16 bis 3,15	0,5	20
	BTA-Vollbohrer	6,3 bis 63			6,3 bis 25	0,63 bis 3,15	0,25	40
	Ejektor-Vollbohrer	20 bis 63	40 bis 100 D					
Kernbohrer	Einlippenkernbohrer	50 bis 250	50 D		6,3 bis 25	0,63 bis 3,15	0,25	80
	BTA-Kernbohrer	50 bis 360						
Aufbohrer	Einlippenaufbohrer	20 bis 250	100 D	≤ IT 9	2 bis 16	0,16 bis 1,6	0,1	120
	BTA-Aufbohrer	20 bis 1000						
	Ejektoraufbohrer	63 bis 250			6,3 bis 25	0,63 bis 3,15		

Tabelle 8-4. Richtwerte für Tiefbohrleistungen bei Stahl unter üblichem Aufwand

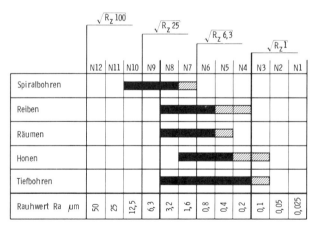

Bild 8-80. Erreichbare Oberflächengüte im Vergleich mit anderen Bearbeitungsverfahren (nach SIG)

So lassen Buntmetalle unter optimalen Bedingungen die ISO-Toleranz IT 5 zu, was im Durchmesserbereich von 50 bis 80 mm einer maximalen Maßabweichung von 13 μm entspricht. Dagegen wird bei der spanenden Bearbeitung von Nitrierstählen nur bestenfalls die Toleranz IT 11 erreicht.

Da mit dem Tiefbohren die Verfahrenskombination Spiralbohren – Reiben substituiert werden kann, liegen die unter normalen Bedingungen erreichbaren Oberflächengüten in der gleichen Größenordnung (Feinschlichten). Bild 8-80 zeigt weiterhin, daß unter besonders günstigen Bedingungen sogar R_a-Werte von 0,1 μm erzielt werden, die sonst eine Feinstbearbeitung – z. B. Honen – bedürfen [356].

Außer den Toleranzen und der Oberflächengüte ist die Geradheit einer Bohrung oft von ausschlaggebender Bedeutung. Selbst wenn diese nicht durch Tiefbohren allein gefertigt wird, sondern sich Folgeoperationen anschließen, ist die geometrische Form und Geradheit der Ausgangsbohrung von größter Wichtigkeit. Nach dem Stand der Technik sind hier Werte zwischen 27 und 70 μm Geradheitsabweichung je 1000 mm Bohrtiefe erreichbar bei Rundheitsabweichungen von etwa 2 μm [356].

Aus diesen Betrachtungen ist ersichtlich, daß das Tiefbohren überwiegend dann wirtschaftlich eingesetzt werden kann, wenn Folgebearbeitungen eingespart werden können und/oder hochlegierte Werkstoffe zu bearbeiten sind.

Der hohe Maschinenstundensatz, der bei Investitionsentscheidungen oft gefürchtet wird, tritt bei den je Zeiteinheit erreichbaren Tiefbohrleistungen in den Hintergrund, denn das zerspante Volumen liegt beim 4 bis 8fachen gegenüber konventionellen Werkzeugen und verkürzt daher wesentlich die Bearbeitungszeit eines Werkstücks.

Im folgenden Überblick sind zusammenfassend die Anwendungsgebiete aufgeführt, bei denen mit Tiefbohrverfahren vorteilhaft gearbeitet werden kann [357]:

– Hohe Anforderungen an die Bohrleistung (Zeitspanvolumen).
– Bearbeitung von Werkstoffen mit hohen Legierungsbestandteilen, die als schwer zerspanbar gelten.
– Werkstoffe, deren Zugfestigkeit über 1200 N/mm² liegt.
– Hohe Anforderung an Toleranz, Oberflächengüte und Mittenverlauf.

8.3.2.5 Senken

Das Bearbeitungsverfahren Senken unterscheidet sich vom Bohren im wesentlichen dadurch, daß nicht ins volle Material gearbeitet wird, sondern vielmehr ein vorgefertigtes Loch, das z. B. gegossen, gestanzt oder gebohrt wurde, auf Unter- oder Fertigmaß gesenkt wird.

Es werden drei Verfahrensvarianten unterschieden:

a) Aufsenken einer zylindrischen Bohrung,

b) Absenken einer ebenen, kegeligen oder entsprechend profilierten Fläche,

c) kombiniertes Senken einer Zylinderbohrung und einer Stirnfläche [358].

Zum Aufsenken (auch: Aufbohren) vorgegossener oder vorgebohrter Löcher dienen überwiegend Spiralsenker (Dreischneider). Im Vergleich zum Spiralbohrer gibt die dreischneidige, schraubengewundene Ausführung dem Spiralsenker eine wesentlich höhere Steifigkeit und führt damit zu einer weit höheren Arbeitsgenauigkeit.

Zum Entgraten und Anfasen und zum Einsenken der Sitze kegeliger Schraubenköpfe werden HSS-Spitzensenker verwendet, die normgemäß mit Kegelwinkeln von 60°, 75°, 90° und 120° hergestellt werden, Bild 8-81.

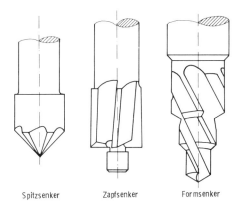

Spitzsenker   Zapfsenker   Formsenker   Bild 8-81. Senkwerkzeuge

Für die Fertigung der Löcher von Befestigungsschrauben dienen Schraubenkopfsenker in HSS- oder HM-Ausführung, deren Form und Größe jeweils den genormten Schraubenarten angepaßt ist.

Zapfensenker eignen sich sowohl zum Einsenken als auch zum Plansenken der Stirnflächen von Augen und Naben.

Die Automatisierung in der Fertigung setzt oft den Einsatz von Werkzeugen voraus, die einer speziellen Bearbeitungsaufgabe angepaßt sind. Diese sogenannten Sonderwerkzeuge, zu denen der Formsenker, Bild 8-81, gehört, verkürzen die Fertigungszeiten z. T. ganz erheblich, da mehrere Arbeitsgänge in einem Spindelhub zusammengefaßt werden können. So ist es in der Großse-

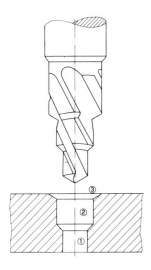

Bild 8-82. Arbeitsbeispiel für einen Formsenker

rienfertigung gemäß Bild 8-82 z. B. üblich, für eine Schraubenverbindung mit einem Formwerkzeug das Durchgangsloch zu bohren (1), den Zylinder für den Kopf einer Innensechskantschraube zu senken (2) und den Bohrlochrand (3) anzufasen.

8.3.2.6 Reiben

Reiben zählt zu den Feinbearbeitungsverfahren und dient zur Verbesserung der Bohrungsqualität, wobei Lage- und Formfehler nicht beeinflußt werden können. Bezüglich der Kinematik entspricht das Reiben dem Aufbohren mit geringen Spanungsdicken, Bild 8-83.

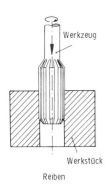
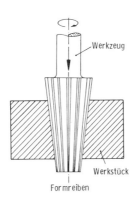

Bild 8-83. Reibwerkzeuge (nach DIN 8589)

343

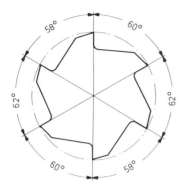

Bild 8-84. Ungleiche Zahnteilung einer Reibahle

Die Schneiden der Reibahlen können achsparallel oder schraubenförmig verlaufen. Bohrungen mit Nut werden mit schraubenförmigen Werkzeugen gerieben.

Bei Handreibahlen wird als Schneidstoff vorwiegend Werkzeugstahl oder HSS verwendet. Für Maschinenreibahlen kommen Schnellarbeitsstähle oder Hartmetalle als Schneidstoffe zum Einsatz. Leistungssteigerungen sind auch beim Reiben durch den Einsatz beschichteter Werkzeuge möglich.

Üblicherweise werden Reibahlen mit gerader Zähnezahl hergestellt, wobei sich jeweils zwei Schneiden gegenüberliegen, was eine Durchmesserbestimmung wesentlich erleichtert. Um das Auftreten von Ratterschwingungen zu verhindern, wird eine ungleiche Teilung der Schneidenabstände gewählt, die sich nach dem halben Umfang wiederholt, Bild 8-84. Erreichbare Bohrungsqualitäten sind IT 7 und besser. Übliche Untermaße (= 2 mal Schnittiefe) in Abhängigkeit vom Bohrungsdurchmesser sind in Tabelle 8-5 aufgeführt.

Durchmesser mm	2	2 bis 12	16 bis 80	100
Untermaße mm	0,05	0,1 bis 0,2	0,3 bis 0,4	0,5

Tabelle 8-5. Untermaße beim Reiben

8.3.2.7 Gewindebohren

Gewindebohren ist Aufbohren zur Erzeugung eines Innengewindes, das koaxial zur Drehachse der Schnittbewegung liegt, Bild 8-85.

Gewindebohrer für Durchgangsbohrungen haben einen Anschnitt, der eine gute Führung des Werkzeugs gewährleistet. Bei Handgewindebohrern wird zur Herstellung des Gewindes ein Satz von zwei bzw. drei Werkzeugen (Vor- und

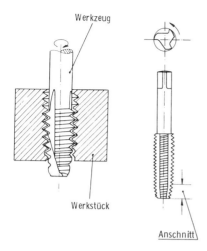

Bild 8-85. Gewindebohrer

Fertigschneider bzw. Vor-, Mittel-, Fertigschneider) eingesetzt, um die Werkzeugbelastung und damit die Bruchgefahr zu vermindern.

Als Schneidstoff wird fast ausschließlich Schnellarbeitsstahl verwendet, wodurch anwendbare Schnittgeschwindigkeiten bei Stahl als Werkstückstoff bei rd. 15 m/min liegen. Übliche Spanwinkel liegen bei der Stahl- und Gußbearbeitung zwischen 0 und 10°, bei Aluminium als Werkstückstoff bei rd. 20°.

8.4 Sägen

8.4.1 Allgemeines

Sägen ist Spanen mit rotatorischer oder translatorischer Hauptbewegung mit einem vielzahnigen Werkzeug von geringer Schnittbreite zum Trennen oder Schlitzen von Werkstücken. Das Sägen wird unter den Verfahren mit rotatorischer Hauptbewegung eingeordnet, da auch bei den Verfahren Bügelsägen und Bandsägen, bei denen eine geradlinige Schnittbewegung vorliegt, die Sägeblätter als Werkzeug mit unendlich großem Durchmesser angesehen werden können, Bild 8-86.

Die folgenden Ausführungen sind nach Art des verwendeten Werkzeugs in Band-, Bügel- und Kreissägen gegliedert. Dies sind die in der Praxis am häufigsten eingesetzten Sägeverfahren.

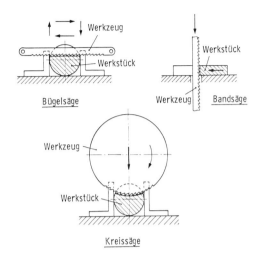

Bild 8-86. Verschiedene Sägeverfahren

8.4.2 Verfahrensvarianten, spezifische Merkmale und Werkzeuge

8.4.2.1 Bandsägen

Bandsägen ist ein Spanen mit kontinuierlicher, meist geradliniger Schnittbewegung eines umlaufenden, endlosen Sägebandes [359].

Das Sägeband wird auf größeren Rollen geliefert und nach dem Ablängen auf das gewünschte Maß werden die Enden durch ein Stumpfschweißverfahren miteinander verbunden.

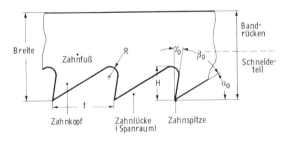

Bild 8-87. Bezeichnungen und Schneidteilgeometrie am Sägeband (nach Reng)

Das Verfahren bietet den Vorteil einer hohen Schnittrate sowie eines kleinen Schnittverlustes aufgrund der geringen Breite der Bänder. Daraus folgt allerdings auch eine geringe Stabilität des Werkzeuges gegen ein Verlaufen des Schnittes.

Bild 8-87 zeigt die Schneidteilgeometrie und Bezeichnungen eines Sägezahns. Die Anzahl der Zähne wird üblicherweise auf 1 Zoll Bandlänge bezogen angegeben. Die Größe des Spanraumes hängt von der Dimensionierung des Zahnfußradius R sowie von der Zähnezahl ab. Infolgedessen muß beim Sägen von dickeren Materialquerschnitten die Zähnezahl reduziert werden, um einen ausreichenden Spanraum für die anfallenden Späne zu erhalten.

Um ein Verklemmen des Sägebandes im Schnittkanal zu verhindern, werden die einzelnen Zähne wechselseitig nach rechts und links aus der Sägeblattebene herausgebogen, d.h. geschränkt. Die Standardschränkungsfolge für das Trennen von Metallen lautet rechts-links-gerade. Bei größeren Zähnezahlen findet auch die Wellenschränkung Verwendung, Bild 8-88.

Standardschränkung
(rechts-links-gerade)

Wellenschränkung

Bild 8-88. Schränkungsarten bei Sägebändern

Einen Überblick über Bewegungen und Schnittparameter gibt Bild 8-89. Die Schnittbewegung liegt parallel, die Vorschubbewegung senkrecht zur Längsachse des Bandes. Die Schnittiefe a_p entspricht beim ungeschränkten Zahn der Schnittbreite b und somit in diesem Falle der Dicke des Sägeblattes. Die Ein-

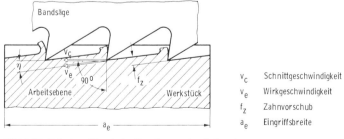

v_c Schnittgeschwindigkeit
v_e Wirkgeschwindigkeit
f_z Zahnvorschub
a_e Eingriffsbreite

Bild 8-89. Schnittgrößen beim Bandsägen (nach Reng)

347

griffsgröße a_e, gemessen als Größe des Eingriffs einer Schneide in der Arbeitsebene senkrecht zur Vorschubrichtung, entspricht der Werkstückbreite.

Die Sägebänder bestehen entweder aus Werkzeugstahl oder Bimetall. Bei den Bimetallbändern wird der Bandrücken aus nachgiebigem Werkzeugstahl durch Elektronenstrahlschweißen mit einem hochhärtbaren Band aus HSS verbunden, in das schließlich die Sägezähne eingebracht werden. Als HSS-Schneidstoff kommen z. B. die Qualitäten S 6-5-2, S 2-10-1-8 oder S 10-4-3-10 in Frage. Noch nicht durchgesetzt in der Praxis haben sich Bänder mit eingelöteten Hartmetallplättchen [361].

Übliche Bereiche für die Schnittgeschwindigkeit beim Sägen von Stahl mit HSS-Bandsägen liegen bei v_c = 50 bis 100 m/min [361].

Kriterien, die das Einsatzende eines Sägebandes anzeigen, sind ein bestimmter Verschleißzustand, Zahnbruch oder ein maximal zulässiges Verlaufen des Schnittes aufgrund einer zu großen Passiv(Abdräng-)kraft. Im Gegensatz zu anderen Bearbeitungsverfahren wird als Maß für die Schneidhaltigkeit einer Säge nicht die Standzeit, sondern die Standfläche (entspricht der bis zum Erreichen des Standzeitendes getrennten Werkstückfläche) angegeben [360].

8.4.2.2 Hubsägen (Bügelsägen)

Hubsägen ist ein Verfahren mit wiederholter, meist geradliniger Schnittbewegung (vgl. Bild 8-86). Nach DIN 8589 Teil 6 zählen zum Hubsägen die Verfahren Bügel-, Gatter- und Stichsägen. Aus der Definition ist schon erkennbar, daß es sich beim Bügelsägen um ein Verfahren mit diskontinuierlicher Schnittbewegung handelt; d.h. es wird bei Maschinenbügelsägen nur beim ziehenden Hub zerspant. Beim Rückhub wird das Sägeblatt mechanisch oder hydraulisch angehoben. Daraus folgt, daß die Schnittrate gegenüber den anderen hier beschriebenen Verfahren Band- und Kreissägen geringer ist. Demgegenüber steht ein relativ geringer Schnittverlust.

Die Sägeblätter bestehen entweder aus HSS oder aus HSS-Segmenten, die auf ein Stammblatt aufgenietet werden. Blätter aus Werkzeugstahl werden im allgemeinen nur für Handbügelsägen benutzt.

8.4.2.3 Kreissägen

Kreissägen ist Sägen mit kontinuierlicher Schnittbewegung unter Verwendung eines rotierenden, kreisförmigen Sägeblattes (vgl. Bild 8-86). Zur Anwendung kommt dieses leistungsstarke Verfahren für gerade Schnitte an preiswerten Werkstückstoffen, da aufgrund der relativ breiten Schnittfuge viel Werkstoff verloren geht.

Als Schneidstoffe kommen sowohl Werkzeugstahl und HSS als auch Hartmetall zum Einsatz. Ebenso gibt es bei den Bauformen der Sägeblätter grundlegende Unterschiede. Sägeblätter aus einem Material bestehen aus Werkzeugstahl oder HSS. Bei größeren Sägeblättern wird aus Kostengründen der Grundkörper aus Baustahl hergestellt, auf den einzelne Segmente aus HSS aufgenietet werden [363] Bild 8-90. Eine weitere Steigerung der Leistungsfähigkeit des Verfahrens wird durch eingelötete Hartmetallschneiden erreicht [363].

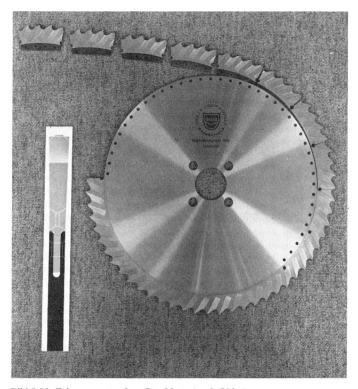

Bild 8-90. Zahnsegmente eines Sägeblatts (nach Ohler)

Um die Schneidfähigkeit der Kreissägeblätter zu gewährleisten, ist es unbedingt notwendig, die Späne derart zu brechen, daß sie schmaler als die Schnittfuge sind. Werden derartige Maßnahmen unterlassen, verklemmen die Späne in der Spankammer und können das Werkzeug beschädigen. In Bild 8-91 sind die beiden gängigen Möglichkeiten aufgezeigt [364]. Bei der Einteilung der Zähne in Vor- und Nachschneider wird der Spanbruch dadurch erreicht, daß die Vorschneidezähne mindestens um den Betrag der Spanungsdicke herausragen und deren Hauptschneidenlänge kleiner als die Gesamtspanungsbreite ist.

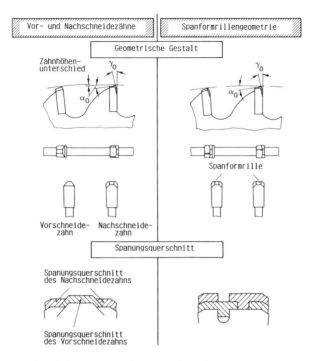

Bild 8-91. Schneidengeometrie bei Kreissägeblättern

Die andere Alternative ist das Einschleifen von versetzten Spanteilerrillen in die ansonsten formgleichen Zähne. Dadurch werden pro Zahn jeweils ein schmaler und ein breiter Span erzeugt, der zur Mitte in den Bereich der Spanteilerrille ausweichen kann und so nicht in der Schnittfuge verklemmt. Die Tatsache, daß ein Zahn im Abschnitt der Spanteilerrille des vorgehenden Zahnes einen vergrößerten Spanungsquerschnitt abzunehmen hat, wirkt sich auf den Verschleißfortschritt nur unbedeutend aus. Der Vorteil besteht darin, daß ein Zahn mit Spanteilerrille den gleichen Spanungsquerschnitt bewältigen kann wie Vor- und Nachschneider der anderen Anschliffversion zusammen.

Zur Erhöhung der Stabilität und Laufruhe der Kreissägeblätter ist es erforderlich, gezielt Eigenspannungen in das Blatt mechanisch einzubringen. Dies geschieht entweder durch Hämmern oder durch Einwalzen einer konzentrischen Druckzone in die Seitenflächen.

Als Schnittdaten zum Trennen von allgemeinem Baustahl sind bei HSS-Blättern Werte von v_c = 18 m/min bis v_c = 30 m/min und f_z = 0,22–0,28 mm sowie bei Hartmetallblättern Werte von v_c = 90–150 m/min und f_z = 0,12–0,18 mm üblich [362, 363].

9 Verfahren mit translatorischer Hauptbewegung

9.1 Räumen

9.1.1 Allgemeines

Räumen ist Spanen mit einem mehrzahnigen Werkzeug, dessen Schneidzähne hintereinander liegen und jeweils um eine Spanungsdicke gestaffelt sind, wodurch die Vorschubbewegung ersetzt wird. Die Schnittbewegung ist translatorisch, in besonderen Fällen auch schrauben- oder kreisförmig [365].

Die Vorteile des Verfahrens Räumen liegen in der hohen Zerspanleistung, da das Spanvolumen je Werkzeugzahn trotz der geringen Spanungsdicke wegen der großen Spanungsbreite groß ist und sich in der Regel mehrere Zähne im Eingriff befinden. Darüber hinaus können hohe Oberflächengüten und Genauigkeiten erreicht und Toleranzen von IT 7 eingehalten werden. Wirtschaftlich eingesetzt wird dieses Verfahren nur in der Serienfertigung aufgrund der hohen Werkzeugherstellungs- und -aufbereitungskosten, zumal für jede geänderte Werkstückform ein neues Werkzeug hergestellt werden muß [366].

In der DIN 8589, Teil 5 [365] wird unterschieden zwischen:

- Planräumen,
- Rundräumen,
- Schraubräumen,
- Wälzräumen (Wälzschaben),
- Profilräumen,
- Nutenräumen.

Bei allen Räumverfahren hat die Unterteilung in Innen- und Außenräumen wegen der Gestaltung der Werkzeugmaschine und des Werkzeugs besondere Bedeutung.

Das Räumwerkzeug wird durch die Bohrung gezogen bzw. gestoßen (Innenräumen) oder an der Außenfläche des Werkstücks vorbeigezogen oder -gestoßen (Außenräumen), Bild 9-1. Meist ist das Arbeitsergebnis in einem Hub erreicht.

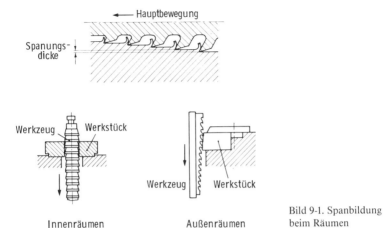

Bild 9-1. Spanbildung beim Räumen

In der folgenden Beschreibung der Verfahrensvarianten soll nur auf die wichtigsten Verfahren eingegangen werden, wobei einige Varianten, die sich in technologischer Hinsicht nur unwesentlich unterscheiden, gemeinsam behandelt werden.

9.1.2 Verfahrensvarianten, spezifische Merkmale und Werkzeuge

9.1.2.1 Innen-Rundräumen, Nutenräumen (Innen- und Außenbearbeitung)

Der Werkzeugaufbau untergliedert sich in einen Schrupp-, Schlicht- und Kalibrierteil, die durch Unterschiede im Steigungsmaß f_z gekennzeichnet sind, Bild 9-2. Im Schruppteil liegt die Steigung f_z je nach zu bearbeitendem Werkstück im

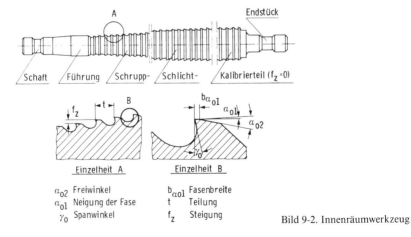

α_{o2} Freiwinkel
α_{o1} Neigung der Fase
γ_0 Spanwinkel
$b_{\alpha o1}$ Fasenbreite
t Teilung
f_z Steigung

Bild 9-2. Innenräumwerkzeug

Bereich f_z = 0,1 bis 0,25 mm, für den Schlichtteil bei f_z = 0,0015 bis 0,04 mm und ist im Kalibrierteil gleich null.

Wird das Werkzeug nachgeschliffen, so verschiebt sich das gesamte Werkzeugprofil um einen Zahn zum Kalibrierteil. Damit wird der vorherige erste Kalibrierzahn zum letzten Schlichtzahn. Spanwinkel γ_o und Freiwinkel α_{o2} werden auf den zu bearbeitenden Werkstückstoff abgestimmt. Die Fasenbreite $b_{\alpha o1}$ ist im Kalibrierteil achsparallel und im Schrupp- und Schlichtteil um den Winkel α_{o1} geneigt.

Das durch die Anordnung der Schneiden vorgegebene Zerspanschema wird Staffelung genannt [367]. Erfolgt die Zerspanung senkrecht zur Räumfläche, spricht man von Tiefenstaffelung, wird dagegen die Räumfläche von der Seite her zerspant, liegt eine Seitenstaffelung vor. Beide Arten der Staffelung können je nach Werkstückgeometrie gleichzeitig an einem Werkzeug vorgesehen werden.

Die Teilung t des Räumwerkzeuges und damit auch die Größe der Spankammer ist abhängig von der Werkstückhöhe, der Spanbildung des Werkstückstoffs und der maximal möglichen Werkzeuglänge. Große Werkstückhöhe und ungebrochene Spanformen erfordern große Spankammern, wogegen bei kleinen Maschinen und kurzen Werkzeugen eine kleine Teilung notwendig ist. Bild 9-3 gibt einen Überblick über verschiedene Räumwerkzeuge für die Innen- und Außenbearbeitung. Die möglichen Werkzeuglängen liegen im Bereich von L = 100 mm bis 2 m, und Innenräumwerkzeuge werden bis zu einem Durchmesser von D = 500 mm (z. B. für Innenverzahnung von Hohlrädern) gefertigt [368, 369]. Um eine ausreichende Spanbrechung zu erreichen, werden die einzelnen Zähne mit Spanbrechern in Form von Zahnnuten versehen.

Das Werkzeug besteht in den meisten Fällen aus Schnellarbeitsstahl, der zur Erhöhung des Verschleißwiderstandes mit hochharten Stoffen (z. B. TiN) beschichtet sein kann [370]. In bestimmten Anwendungsfällen wie der Großserienbearbeitung von Grauguß oder dem Räumen von gehärteten Stählen werden heute auch Räumnadeln aus Bau- oder Vergütungsstählen mit eingelöteten bzw. aufgeschraubten Hartmetallschneiden eingesetzt [371].

Die Gesamtschnittkraft, die sich aus den Einzelkomponenten aller im Eingriff befindlichen Zähne zusammensetzt, ist ausschlaggebend für den Mindestquerschnitt des Räumwerkzeugschaftes, der wiederum die maximale Größe der Spankammer begrenzt. Höhe und Schwankung der Gesamtschnittkraft werden in hohem Maße von der Teilung t und vom Neigungswinkel λ_s bestimmt (Bild 9-4).

Ist das Verhältnis aus der Räumlänge, d. h. der zu räumenden Werkstückhöhe und der Teilung ganzzahlig, liegt eine konstante Gesamtzugkraft vor. Bei nicht

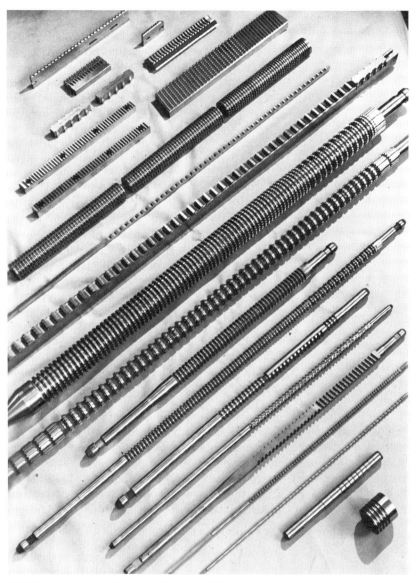

Bild 9-3. Innen- und Außenräumwerkzeug (nach Forst)

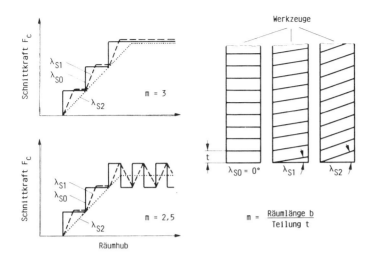

Bild 9-4. Schnittkraft beim Außenräumen, gerad- und schrägverzahnt

ganzzahligem Verhältnis werden die Werkzeuge durch periodische Schwankungen stark dynamisch belastet [372].

Werkzeuge mit einem Neigungswinkel λ_s ungleich 0 zeigen dabei einen langsam ansteigenden Schnittkraftverlauf und bei günstiger Auslegung nur geringe Schnittkraftschwankungen. Beim Außenräumen können dabei Seitenkräfte auftreten, die u. U. eine Werkzeugverlagerung verursachen. Abhilfe kann hierbei eine Pfeilverzahnung bringen. An Innenräumwerkzeugen kann ein Neigungswinkel λ_s ungleich 0 durch eine wendelförmige Schneide realisiert werden.

Die Schnittgeschwindigkeiten bei der Stahlbearbeitung liegen bei $v_c = 1$ bis 30 m/min. Zur Verbesserung der Oberflächengüte, insbesondere zur Reduzierung der Aufbauschneidenbildung, kann mit erhöhten Schnittgeschwindigkeiten (bis 60 m/min) geräumt werden, wobei allerdings ein erhöhter Werkzeugverschleiß in Kauf genommen werden muß [373, 374].

Kühlschmiermittel werden beim Räumen fast immer eingesetzt, da dadurch außer dem Schmiereffekt ein Spänetransport aus der Spankammer erreicht wird [375].

9.1.2.2 Innen- und Außenprofilräumen

Eine wichtige Variante des Innenprofilräumens ist das Zahnradräumen von evolventenverzahnten Hohlrädern, das aufgrund seiner hohen Zerspanleistung und erreichbaren Oberflächengüte an Bedeutung gewonnen hat. In Bild 9-5

Bild 9-5. Arbeitsbeispiele von geräumten Hohlrädern (nach Forst)

sind einige Arbeitsbeispiele dargestellt. Es handelt sich um Hohlräder für automatische Getriebe und für Stirnraddifferentiale sowie um Pumpenräder für Zahnradpumpen.

Bei den heute eingesetzten Zahnrad-Räumverfahren werden alle Lücken gleichzeitig bearbeitet, so daß eine Teilvorrichtung entfällt und die Qualität des geräumten Zahnrads vor allem von der Genauigkeit des Werkzeugs abhängt.

Für Durchmesser bis 150 mm werden massiv ausgeführte Werkzeuge, im Durchmesserbereich von 150 bis 300 mm überwiegend Buchsen eingesetzt, die auf einem Dorn verspannt sind. Dies hat den Vorteil, daß das Werkzeug zum Vermeiden einer zu großen Durchbiegung beim Härten in mehrere Buchsen unterteilt werden kann, wodurch sich das Schleifaufmaß klein halten läßt.

In dem Bestreben, die Wirtschaftlichkeit des Räumens voll auszunutzen, werden Räumwerkzeuge eingesetzt, die es ermöglichen, die Evolventenprofile in einem Zug fertigzuräumen. Da die Profilformgenauigkeit bei einer reinen Tiefenstaffelung, bei der das Profil der Zahnflanke von den Nebenschneiden gebildet wird, nicht ausreicht, wird im hinteren Teil des Werkzeugs eine Seitenstaffelung vorgesehen, so daß mit Zustellbewegung in Richtung Zahnflanke (flankenschneidend) auf Fertigmaß kalibriert werden kann.

In Bild 9-6 ist links schematisch ein flankenschneidendes Fertigräumwerkzeug abgebildet. Es besteht aus Schneidscheiben, die als Block auf einem Halter verschraubt sind. Die Zahndicken der Schneidscheiben sind gestaffelt, so daß die letzte auf Fertigmaß schneidet. Es ist möglich, die durch Nachschliff kleiner werdenden Scheiben immer um eine Position nach vorne zu versetzen und nur jeweils am Ende eine Scheibe mit Vollmaß zuzufügen. Um die Scheiben genau fluchtend zu fixieren, besitzen sie jeweils zwei Gußstopfen. Diese werden bei genauem Sitz der Scheiben durchbohrt, so daß sich immer zwei Scheiben miteinander verstiften lassen.

Vor- und Fertigräumen kann entweder auf einer Maschine mit einer Räumstelle (Fertigräumwerkzeug als Aufsatz auf dem Vorräumwerkzeug) oder auf zwei Räumstellen mit zwei getrennten Werkzeugen (Bild 9-6, rechter Teil) durchgeführt werden. Eine weitere Möglichkeit ist das Vor- und Fertigräumen auf zwei getrennten Maschinen, um eine gegenseitige Beeinflussung der Bearbeitungsprozesse auszuschließen [376].

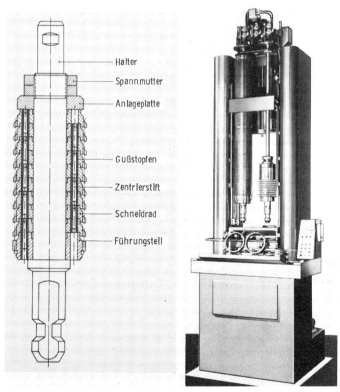

Bild 9-6. Fertigräumen mit flankenschneidendem Räumwerkzeug (nach A. Klink)

Bild 9-7. Vollformschneidende Räumbuchse zum Fertigräumen innenverzahnter Hohlräder (nach Forst)

Eine andere Werkzeugkonzeption ist die einteilige, vollformschneidende Räumbuchse, wie sie in Bild 9-7 dargestellt ist. Sie hat ebenfalls parallel zur Evolventenform verlaufende Hauptschneiden und wird einzeln oder als Aufsatz auf einem Vorräumwerkzeug verwendet, so daß man einzügig arbeiten kann. Der große Vorteil, den die Kalibrierbuchse bietet, besteht darin, daß mit ihr auch Schrägverzahnungen herstellbar sind, was mit dem Schneidscheibenwerkzeug bislang noch nicht in der erforderlichen Genauigkeit möglich war [377]. Im rechten Teil von Bild 9-7 ist der Anschluß zwischen Vorräumwerkzeug und Kalibrierbuchse zu sehen. Die vollformschneidende Räumbuchse ist schwimmend montiert, um sich im vorgeräumten Profil selbst zentrieren zu können. Bei den schrägverzahnten Räumwerkzeugen können die Spankammern sowohl ringförmig als auch schraubenförmig angeordnet sein. Bei schraubenförmigen Spankammern sind die Schwankungen der Schnittkraft wesentlich geringer, jedoch verursachen sie erheblich höhere Fertigungs- und Schärfkosten.

Zum Außenprofilräumen geschlossener Flächen verwendet man das sogenannte Topf- oder Tubusräumen, bei dem nicht das Werkzeug sondern das Werkstück die Schnittbewegung ausführt. Das Werkstück wird durch ein hohles Räumwerkzeug gedrückt, so daß alle am Umfang des Werkstücks zu erzeugenden Konturen in einem Arbeitshub gefertigt werden [378, 379].

In der Verzahnungstechnik beschränkt sich die Anwendung dieses Verfahrens bislang allein auf die Herstellung von Kupplungsverzahnungen. Bild 9-8 zeigt eine Synchron-Kupplungsnabe, deren Außenverzahnung einschließlich der drei Nuten in einem Zug geräumt wurde. Im unteren Teil des Bildes ist das Topfräumwerkzeug in demontiertem Zustand dargestellt. Der Schruppteil ist aus drei zentrisch angeordneten Längssegmenten aufgebaut. Die Schneiden des Vorräumwerkzeuges sind in Tiefenstaffelung angeordnet.

Der Schlichtteil des Topfräumwerkzeuges besteht aus mehreren Schneidringen, die in Schnittrichtung mit Führungsringen in abwechselnder Folge angeordnet sind. Jeder Schneidring räumt an der gesamten Evolvente und beim Bohrungsträger zusätzlich den Fußkreis des Werkstücks. Die Verzahnungsfehler liegen bei Qualität 6 bis 7, lediglich die Flankenlinienabweichung liegt in Qualität 10.

Bild 9-8. Räumen einer außenverzahnten Synchron-Kupplungsnabe (nach K. Hoffmann)

9.1.2.3 Wälzräumen, Wälzschaben

Wälzräumen ist Räumen, bei dem während des Zerspanvorgangs zwischen dem Räumwerkzeug und dem Werkstück eine Wälzbewegung stattfindet. Ein zum Wälzräumen gehörendes und in der Praxis verbreitetes Verfahren ist das Wälzschaben.

Das Zahnrad-Wälzschaben kann zur Feinbearbeitung von nahezu allen Zylinderrädern eingesetzt werden; das Spektrum reicht von Pkw- und Lkw-Getrieberädern bis zu Großverzahnungen mit Durchmessern über 1 m und Innenverzahnungen. Das Verfahren ist wesentlich wirtschaftlicher als das Schleifen, wenn auch nicht die hohen Genauigkeiten des Schleifens erreicht werden, da die Bearbeitung nur in ungehärtetem Zustand erfolgen kann und anschließend eine Härtung notwendig ist. Die Verzahnungsqualitäten liegen zwischen 6 und 9 bei einer Rauhtiefe von durchschnittlich 5 μm.

Zum Schaben von Verzahnungen wird ein zahnradähnliches Schabrad eingesetzt, dessen Zahnflanken durch Nuten unterbrochen sind. Dadurch werden Stollen mit Schneidkanten in Zahnhöhenrichtung gebildet.

Da Schab- und Werkrad einen unterschiedlichen Schrägungswinkel aufweisen, bilden sie, wie in Bild 9-9 gezeigt, ein Schraubwälzgetriebe mit dem Achskreuzwinkel Σ.

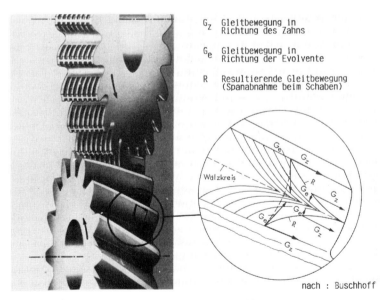

Bild 9-9. Gleitbewegung beim Schaben (nach Buschhoff)

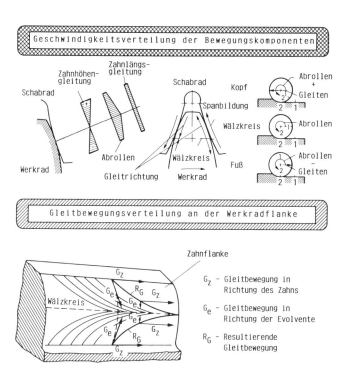

Bild 9-10. Schnittgeschwindigkeit und Spanablauf beim Schaben (nach Buschhoff)

Der Gleitbewegung in Zahnhöhenrichtung aufgrund des Verzahnungsgesetzes wird eine Gleitbewegung in axialer Richtung infolge der Achskreuzung überlagert, die zur Spanabnahme führt. Die resultierende Gleitbewegung ergibt Schneidspuren von jedem Stollen jedes Zahns.

Die Veränderung der einzelnen Geschwindigkeiten ist im linken Teil des Bildes 9-10 über der Zahnhöhe aufgetragen. Die Zahnhöhengleitung hat am Kopf und Fuß ihre Maxima. Bei der Abrollgeschwindigkeit liegen dagegen am Kopf und Fuß die kleinsten Werte vor. Am Wälzkreis, an dem die Gleitgeschwindigkeit Null ist, hat sie ihren höchsten Wert. Unabhängig von der Werkradstellung ist die Zahnlängsgleitung. Für die Abtrennung des Spans ist die Richtung der einzelnen Bewegungen entscheidend. In der Mitte des Bildes weist die relative Gleitgeschwindigkeit des Schabradschneidstollens gegenüber dem Werkradzahn auf der einlaufenden Flanke, die bei rechtsdrehendem Werkrad die Rechtsflanke ist, vom Wälzkreis weg, während sie auf der auslaufenden zum Wälzkreis hinzeigt.

Im unteren Teil des Bildes sind die resultierenden Gleitbewegungen und ihre Entstehung aus den sich betrags- und richtungsmäßig (in Abhängigkeit von der Zahnhöhe) ändernden Komponenten dargestellt.

Theoretisch liegt zwischen der Schabrad- und Werkradflanke Punktberührung vor. Durch die radiale Anpreßkraft wird diese jedoch zu einer Berührzone erweitert. Um das Werkrad auf der gesamten Breite zu bearbeiten, muß ein entsprechender Vorschub erfolgen. Hiernach unterscheidet man vier verschiedene Schabverfahren, Bild 9-11, die sich durch die Vorschubrichtung unterscheiden.

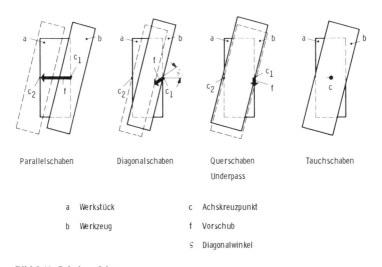

a Werkstück	c Achskreuzpunkt
b Werkzeug	f Vorschub
	ε Diagonalwinkel

Bild 9-11. Schabverfahren

Beim Parallelschaben wird das Werkrad in Richtung seiner Achse verschoben. Beim Diagonalschaben geschieht dies unter dem Diagonalwinkel ε, so daß nur ein kürzerer Schabweg und damit auch eine kürzere Schabzeit notwendig ist. Wenn der Diagonalwinkel 90° beträgt, spricht man vom Querschaben. Die kürzeste Schabzeit wird beim Tauchschaben erreicht, bei dem aufgrund der Vorschubbewegung nur der Achsabstand verkleinert wird.

Das Ende einer Schabradstandzeit wird im Gegensatz zu anderen Verfahren nicht durch Verschleiß, sondern durch die zu schlechte Verzahnungsqualität der Werkräder bestimmt.

9.1.2.4 Drehräumen

Das Drehräumen ist eine Kombination der beiden konventionellen Fertigungsverfahren Drehen und Räumen. Dabei handelt es sich um ein schon seit längerem bekanntes Verfahren, das aber erst seit 1982 bei einem amerikanischen Automobilhersteller zur Vorbearbeitung von Kurbelwellenhauptlagern erstmalig industriell genutzt wird [380].

Das Drehräumen eignet sich prinzipiell zur Außenbearbeitung wellen- und ringförmiger Werkstücke sowie zur Herstellung profilierter und abgesetzter rotationssymmetrischer Außenkonturen, z. B. bei Getriebewellen oder Schiebemuffen. Bevorzugtes Anwendungsgebiet ist derzeit noch die Bearbeitung der Haupt- und Hublager von Kurbelwellen.

Das aus der Verknüpfung der Kinematik des Drehens und Räumens entstandene Verfahrensprinzip ist im Bild 9-12 dargestellt.

Die resultierende Schnittbewegung wird beim Drehräumen durch ein rotierendes Werkstück und eine translatorische Vorschubbewegung v_f eines mehrschneidigen Werkzeuges erzeugt. Die Wirkrichtung des Vorschubes verläuft dabei senkrecht zur Drehachse des Werkstückes sowie tangential zum Werkstück. Ähnlich wie beim konventionellen Räumen wird der Betrag der Gesamtzustellung a_p durch die Anzahl der Schneiden und die Steigung des Werkzeugs bzw. den Vorschub pro Schneide f_z bestimmt.

Es kommen Werkzeuge mit Schrupp-, Schlicht- und Profilierungselementen zum Einsatz, so daß eine Komplettbearbeitung einzelner Lagerstellen einschließlich Planflächen und Einstiche – bis auf das Schleifen – in einem Arbeitsgang möglich ist. Gegenüber der bisherigen Bearbeitungsfolge – Wirbeln des Lagerzapfens – Drehen der Einstiche und Planflächen – Härten, Richten – Schleifen – lassen sich Fertigungsschritte zusammenfassen bzw. einsparen. Mehrere Hauptlagerstellen können durch gleichzeitigen Eingriff mehrerer, nebeneinander angeordneter Werkzeuge auf einmal bearbeitet werden. Mit Hilfe einer entsprechend konzipierten Maschine lassen sich durch Höhenversatz des Werkstücks auch mehrere in einer Drehachse liegende Hublager auf einmal drehräumen.

Neben dem Linear-Drehräumen, Bild 9-12 ist noch eine weitere Variante, das Rotationsdrehräumen zu unterscheiden, Bild 9-13.

Der Tangentialschnitt wird hier durch die kreisförmige Vorschubbewegung eines runden Werkzeugs erreicht. Die einzelnen Schneiden sind jeweils über dem Umfang des Werkzeuges um den Vorschub pro Zahn f_z gestaffelt.

Die Drehräumwerkzeuge bestehen aus vielen Schneiden, von denen jede während des Arbeitshubs nur kurz im Einsatz ist. Daraus ergibt sich eine hohe Ausbringung je Werkzeugstandzeit.

Die Maß- und Formgenauigkeit der Werkstücke ist hoch. Geringe Abweichungen von der Kreisform lassen sich aufgrund der Kinematik prinzipiell nicht ver-

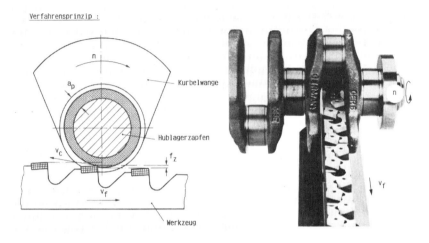

Bild 9-12. Linear-Drehräumen (Widia, Heinlein, Sandvik)

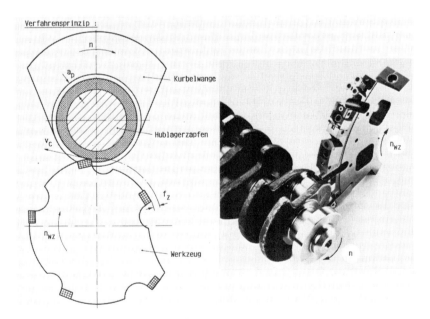

Bild 9-13. Rotations-Drehräumen (Widia, Heinlein, Hertel)

meiden [381, 382]. Sie liegen für die bei Pkw-Kurbelwellen üblichen Durchmesser im Bereich von 5 bis 10 µm. Messungen an Kurbelwellenhubzapfen ergaben folgende Oberflächenkennwerte: R_t = 6–8 µm, R_a = 0,5–0,7 µm [381, 383].

Die verwendeten Drehräumwerkzeuge, Bild 9-14, sind modular aufgebaut und bestehen wie die konventionellen Räumwerkzeuge aus einem Schrupp-, Schlicht- und Kalibrierteil. Die einzelnen Module werden auf einen Grundkörper aufgeschraubt. Das Werkzeug ist mit Wendeschneidplatten bestückt, die entsprechend der zu erzeugenden Außenkontur angeordnet sind und platzsparend durch Schrauben-Klemmung befestigt sind. Es werden quadratische, rhombische, dreieckige sowie runde ISO-Wendeschneidplatten mit zum Teil modifizierter Schneidteilgeometrie eingesetzt. Es können sowohl unbeschichtete und beschichtete Hartmetalle als auch Schneidkeramik oder CBN-Schneidstoff zum Einsatz kommen [382, 384]. Durch den diskontinuierlichen Werkzeugeingriff entstehen Späne endlicher Länge. Problemen mit dem Spanbruch kann auch durch den Einsatz von Wendeschneidplatten mit Spanleitstufen begegnet werden.

Die Wendeschneidplatten in den Vorbearbeitungsmodulen sind nicht einstellbar. Da der Kalibrierteil für die einzuhaltenden Fertigungstoleranzen verant-

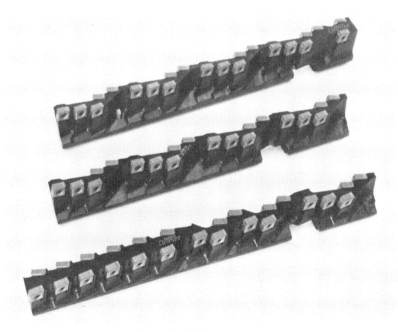

Bild 9-14. Linear-Drehräumwerkzeug (Sandvik)

wortlich ist, befinden sich hier die Schneidplatten justierbar in Kassetten. Insgesamt erlaubt dieser Werkzeugaufbau eine einfache Werkzeugaufbereitung sowie eine schnelle und kostengünstige Anpassung für die unterschiedlichsten Profile und Bearbeitungsaufgaben.

Aufgrund der Formgebung durch ein entsprechend aufgebautes Werkzeug und aufgrund seiner Kinematik muß das Drehräumen entsprechend DIN 8585 für die Einteilung der Fertigungsverfahren in der Untergruppe Räumen dem Formräumen zugeordnet werden [365].

Das aufwendige Werkzeug und die sehr kurzen Fertigungszeiten lassen das Drehräumen vor allem für die Großserien und Massenfertigung geeignet erscheinen.

9.2 Hobeln, Stoßen

9.2.1 Allgemeines

Hobeln und Stoßen sind spanende Fertigungsverfahren mit schrittweiser wiederholter, meist geradliniger Schnittbewegung und schrittweiser Vorschubbewegung. In der Regel werden durch diese Verfahren größere, ebene Flächen auf Maß gebracht [385].

Analog zu den anderen spanenden Fertigungsverfahren mit geometrisch bestimmter Schneide wird zwischen Plan-, Rund-, Schraub-, Wälz-, Profil-, Form- und Ungeradhobeln bzw. -stoßen unterschieden. Auf eine getrennte Behandlung der einzelnen Verfahren soll in diesem Rahmen verzichtet werden. Anhand des Planhobelns und -stoßens werden die Zusammenhänge erläutert, die sich auf die Varianten Rund-, Schraub- und Formhobeln bzw. -stoßen übertragen lassen.

Lediglich das Wälzhobeln und Wälzstoßen, zwei in der Zahnradfertigung weit verbreitete Verfahren, werden aufgrund ihrer Bedeutung ausführlicher behandelt.

9.2.2 Verfahrensvarianten, spezifische Merkmale und Werkzeuge

9.2.2.1 Planhobeln, Planstoßen

Die Unterscheidungsmerkmale zwischen Planhobeln und -stoßen sollen im folgenden kurz erläutert werden. In Bild 9-15 sind die Bewegungsabläufe beim Hobeln dargestellt. Das Werkstück führt die Schnittbewegung (Arbeitshub) mit der Geschwindigkeit v_c sowie die Rückbewegung (Leer- oder Rückhub) mit

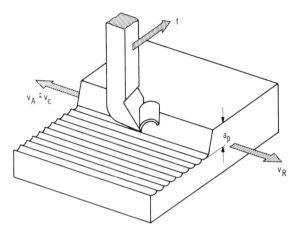

Bild 9-15. Bewegungsabläufe beim Planhobeln

v_R aus, während die Zustellung a_p und der Vorschub f am Ende des Rückhubes vom Werkzeug vorgenommen werden.

Die Kinematik beim Planstoßen (Waagerecht- sowie Senkrechtstoßen) ist in Bild 9-16 festgehalten. Der Unterschied zum Hobeln besteht in erster Linie darin, daß der Arbeits- und Rückhub (v_c, v_R) vom Werkzeug ausgeführt werden. Die Zustellbewegung kann sowohl durch das Werkstück (durch Heben oder seitliches Verschieben des Tisches) wie auch durch den Meißel (durch Heben oder Senken des Stößelkopfes) erfolgen. Der Vorschub f wird durch den Werkstücktisch realisiert. Um beim Rückhub v_R eine Kollision zwischen Werkstück und Werkzeug zu vermeiden, führt das Werkzeug eine Abhebebewegung aus.

In der Praxis werden die Begriffe Hobeln und Stoßen nicht immer exakt getrennt. Zum Beispiel bezeichnet man eine Shapingmaschine oft als Kurzhobler, obwohl sie dem Arbeitsablauf nach eine Waagerechtstoßmaschine ist.

Die Werkzeuge beim Hobeln und Stoßen bestehen aufgrund der verfahrensbedingten, schlagartigen Beanspruchungen sowie der geringen realisierbaren Schnittgeschwindigkeiten aus Werkzeugstahl, Schnellarbeitsstahl oder zähem Hartmetall (z. B. P 40). Da man bei diesen Verfahren aus Wirtschaftlichkeitsgründen große Spanungsquerschnitte abnimmt, wird insbesondere bei Hartmetallschneiden mit großem negativen Neigungswinkel gearbeitet. Durch diese Neigungswinkel wird außer einem ziehenden Schnitt bewirkt, daß der Stoß beim Anschnitt nicht die Meißelspitze belastet, sondern sich auf die stabilere Schneidkante verteilt.

Die Formen der Werkzeuge, von denen einige Bild 9-17 zeigt, sind vielfältig. Für Schrupparbeiten werden in der Regel gerade und gebogene Meißel eingesetzt,

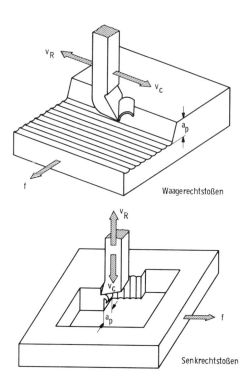

Bild 9-16. Arbeitsvorgang beim Plansenkrecht- und Waagerechtstoßen

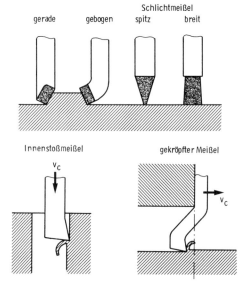

Bild 9-17. Hobel- und Stoßmeißel

während zum Schlichten spitze bzw. breite (Breitschlichthobeln) Meißel Verwendung finden. Werkstückbedingt müssen Meißel häufig weit auskragen. Um bei solchen Bedingungen Rattern und ein evtl. Einhaken des Meißels zu vermeiden, wird der Meißel oft so gekröpft, daß seine Schneide hinter der Meißelauflage liegt.

Die beim Hobeln und Stoßen realisierbaren Schnittgeschwindigkeiten sind gering, da bei jedem Hub Massen beschleunigt und abgebremst werden müssen. Schruppbearbeitungen erfolgen bei mittleren Schnittgeschwindigkeiten (rd. 10 bis 30 m/min) und großen Vorschüben und Spanungstiefen, um das Leistungsangebot der Maschine auszunutzen. Dagegen werden bei Schlichtbearbeitungen Schnittgeschwindigkeiten bis zu 60 m/min bei geringen Vorschüben verwirklicht.

Aufgrund des Rückhubes, der zwar schneller erfolgt als der Arbeitshub, und der erforderlichen Ein- und Überlaufwege, bei denen keine Spanarbeit geleistet wird, ist die Differenz zwischen Maschinenlaufzeit und Schnittzeit erheblich. Aus Wirtschaftlichkeitsgründen ist hierdurch der Einsatzbereich dieser Verfahren begrenzt.

Hobelmaschinen mit großer Durchzugskraft erlauben den Einsatz von Mehrfach-Meißelhalterungen, so daß sich Haupt- und Nebenzeiten verringern lassen. Stoßmaschinen, bei denen die Hublänge normalerweise bis zu etwa 1000 mm beträgt, eignen sich vor allem zur Bearbeitung von kleinen Werkstücken. Zur Bearbeitung von Werkstücken mit schwer zugänglichen, senkrechten oder schrägen Außen- und Innenformen werden Senkrechtstoßmaschinen eingesetzt. Sie sind vor allen Dingen zur Bearbeitung unregelmäßiger Formen mit kurzem Schnittweg und kleinem Auslauf unentbehrlich. Das Spanvolumen je Zeiteinheit ist im Vergleich zu anderen spanenden Verfahren gering.

Vorteile dieser Verfahren im Vergleich zum Fräsen sind außer den einfachen und damit billigen Werkzeugen die geringe Aufheizung des Werkstücks. Außer den schon oben genannten Nachteilen des Hobel- bzw. Stoßverfahrens sind noch der häufig erforderliche Werkzeugwechsel (einschneidiges Werkzeug) sowie die große Maschinenaufstellfläche (Hobeln) zu erwähnen.

9.2.2.2 Wälzstoßen

Wälzstoßen ist ein Verfahren der spanenden Zahnradfertigung und dient in erster Linie zur Herstellung von Zahnradvorverzahnungen, wenn auch an der Nutzung des Verfahrens zur Feinbearbeitung einsatzgehärteter Bauteile gearbeitet wird.

Das Haupteinsatzgebiet des Wälzstoßens ist die Herstellung von Innenverzahnungen, so daß diesem Verfahren im Zusammenhang mit dem zunehmenden Einsatz von Planetengetrieben eine besondere Bedeutung zukommt. Zudem werden an dieses Verfahren neben großen Leistungsanforderungen auch hohe Ansprüche hinsichtlich der Fertigungsgenauigkeit gestellt, da bei Innenzahnrädern aus Kostengründen häufig auf eine nachträgliche Feinbearbeitung verzichtet wird.

Ebenso wie beim Wälzfräsen können durch Wälzstoßen Gerad- und Schrägstirnräder verzahnt werden. Während es bei schmalen Verzahnungen wirtschaftlich in direkter Konkurrenz zum Fräsen steht, hat das Wälzfräsen eindeutige Vorteile bei großen Verzahnungsbreiten. Jedoch ist das Wälzstoßen gemäß Bild 9-18 wesentlich universeller einzusetzen. Es eignet sich zum Beispiel außer zur Herstellung von Innenverzahnungen auch für Pfeil- oder Doppelschrägverzahnungen. Der besondere Vorteil des Verfahrens ist der geringe Auslauf des Werkzeugs, so daß auch Verzahnungen an Stufenwellen oder mit großen Kupplungskränzen bearbeitet werden können.

Bei dem zu den kontinuierlichen Wälzverfahren zählenden Wälzstoßen wird das Werkrad (Werkstück) von einem zahnradförmigen Schneidrad (Werkzeug) im Hüllschnittverfahren erzeugt. Anhand von Bild 9-19 soll die Kinematik des Verfahrens kurz erläutert werden. Zur Spanabnahme dient die axiale Bewegung des Schneidrads. Beim Arbeitshub werden die Späne abgetrennt, beim Rückhub erfolgt eine Abhebebewegung des Werkzeugs oder des Werkstücktisches, um eine Kollision des Schneidrads mit dem Werkrad zu vermeiden.

Zur Erzeugung der Wälzbewegung werden Rad und Werkzeug gemeinsam angetrieben. Als Wälzvorschub ist der am Teilkreis zurückgelegte Weg pro Doppelhub (DH = Arbeitshub + Rückhub) definiert. Bei Schrägverzahnungen wird der Wälzbewegung eine periodische Zusatzdrehung entsprechend dem Schrägungswinkel überlagert. Außerdem weisen die Schneidradzähne den entsprechenden Schrägungswinkel auf.

Zu Beginn des Bearbeitungsprozesses führt das Werkrad eine radiale Zustellbewegung aus, um die erforderliche Tauchtiefe zu erreichen. Der Achsversatz entspricht einer seitlichen Versetzung der Schneidradachse senkrecht zur Symmetrieachse der Wälzstoßmaschine. Er wird vor Beginn der Bearbeitung fest eingestellt. Im Gegensatz zum Wälzfräsen, wo ein Fräserzahn jeweils den gleichen Span abnimmt, werden beim Stoßen alle Späne von einem Zahn geschnitten, so daß ein Schneidradzahn eine Werkradlücke fertigt. Die Flanken eines Stoßradzahns sind evolventenförmig und nicht geradflankig ausgebildet.

Als Werkzeuge werden zur Zeit mehrere Schneidradbauformen angeboten [321], die in Bild 9-20 dargestellt sind. Scheiben- sowie Glockenschneidräder

Bild 9-18. Arbeitsbeispiele für das Wälzstoßen (nach Lorenz)

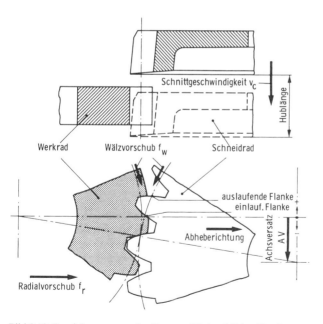

Bild 9-19. Bezeichnungen an der Paarung Werkrad-Schneidrad

Scheibenschneidrad

Glockenschneidrad

Schaftschneidrad

Bild 9-20. Schneidradbauformen (nach Lorenz)

werden bei der Herstellung von großen Außen- und Innenverzahnungen eingesetzt, wobei die Glockenbauweise gewährleistet, daß die Befestigungsmutter nicht mit der Werkradaufspannung oder dem Werkrad kollidiert. Bei Innenverzahnungen mit kleinen Teilkreisdurchmessern finden Schaftschneidräder Verwendung.

Die heute eingesetzten Schneidräder bestehen aus Schnellarbeitsstahl; der Einsatz von Hartmetallen wurde zwar erprobt, konnte jedoch bislang nicht bis zur Serienreife entwickelt werden. Ein deutlicher Leistungsgewinn wird aber durch eine Hartstoffbeschichtung (z. B. mit Titannitrid, TiN) erzielt, da gerade Verzahnungswerkzeuge spanflächenseitig nachgeschärft werden und der zusätzliche Verschleißschutz somit über die gesamte Werkzeuglebensdauer erhalten bleibt.

Die Schneidteilgeometrie an einem Schneidradzahn zeigt Bild 9-21. Wie die Einzelheit C erkennen läßt, entstehen die Freiwinkel durch den Hinterschliff der Flanken und des Zahnkopfes. Der Freiwinkel am Teilkreis α_F (Schnitt A-A) ist klein zu wählen, um eine möglichst große Werkzeugnutzungshöhe zu erreichen. Der Freiwinkel am Kopf α_K (Schnitt B-B) kann dagegen nicht frei gewählt werden, sondern wird mit Hilfe des Freiwinkels am Teilkreis und des Werkzeugeingriffswinkels berechnet [321, 386].

Die Spanwinkel am Zahnkopf γ_K und an den Flanken γ_F haben keinen wesentlichen Einfluß auf die Werkzeugnutzungshöhe und sind daher mit Rücksicht auf das Verschleißverhalten frei wählbar. Der Einfluß des Spanwinkels auf das Verschleißverhalten beim Wälzstoßen wurde bereits eingehend untersucht [386].

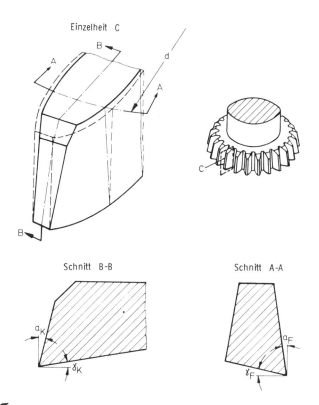

Bild 9-21. Schneidengeometrie am Schneidradzahn

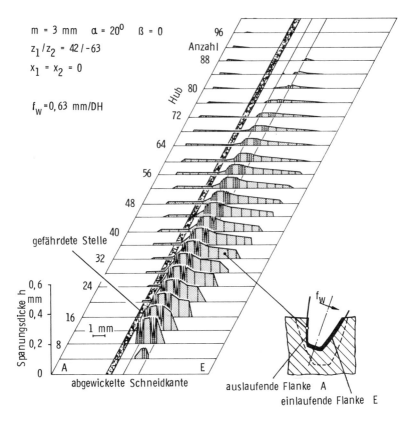

Bild 9-22. Spanungsquerschnitte beim Wälzstoßen einer Zahnlücke

Der Zerspanungsprozeß beim Wälzstoßen weist einige Besonderheiten auf. Bild 9-22 zeigt die Spanungsquerschnitte bei der Herstellung einer Zahnlücke einer üblichen Verzahnung. Die mit Hilfe eines Digitalrechnerprogramms [313] berechneten Querschnitte sind über der abgewickelten Schneidkante bei den einzelnen Hüben aufgetragen. Die Spanungsquerschnitte bleiben bei Geradverzahnungen über der Werkradbreite praktisch konstant. Das Bild zeigt, daß bei der Zerspanung sowohl 1, 2 als auch 3-Flankenspäne entstehen, wobei die Dreiflankenspäne das Verschleißverhalten bestimmen. An der verschleißgefährdeten Stelle treten die kleinsten Spanungsquerschnitte auf.

Welche Geometrien die standzeitbestimmenden, U-förmigen Spanungsquerschnitte, bedingt durch die unterschiedlichen Verzahnungsgeometrien, haben können, ist in Bild 9-23 gezeigt. Im oberen Bildteil sind die Spanungsquer-

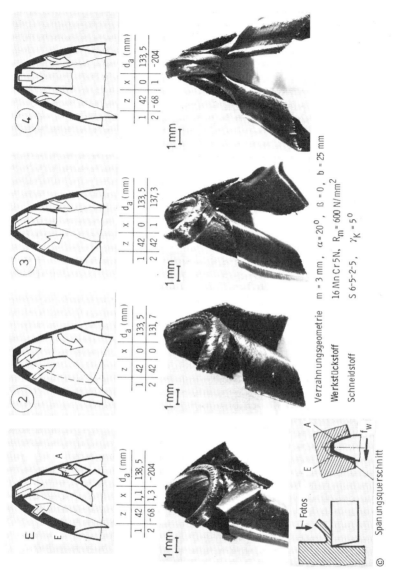

Bild 9-23. Einfluß des Spanungsquerschnittes auf den Spanablauf beim Wälzstoßen

schnitte schematisch dargestellt und die Ablaufrichtungen am Kopf und an den Flanken durch die eingezeichneten Pfeile angedeutet. Die Fotografien im unteren Bildteil zeigen die zugehörigen Späne. Der im Bild mit (2) bezeichnete Span tritt in der Praxis am häufigsten auf. Der Span an der auslaufenden Flanke ist sehr dünn im Vergleich zum Span der Kopf- und Einlaufschneide. Infolgedessen kann er sich dem Kopfspan gegenüber schlecht durchsetzen, wird von ihm auf die Spanfläche gedrückt und beim Ablauf stark behindert.

Die typische Verschleißentwicklung am Schneidradzahn eines unbeschichteten Stoßrades zeigt Bild 9-24. Im oberen Bildteil ist die Verschleißmarkenbreite entlang der abgewickelten Schneidkante dargestellt, und zwar zu drei verschiedenen Zeiten innerhalb der Standzeit. Das Verschleißmaximum ist deutlich am Übergang vom Kopf zur auslaufenden Flanke zu erkennen. Demgegenüber ist

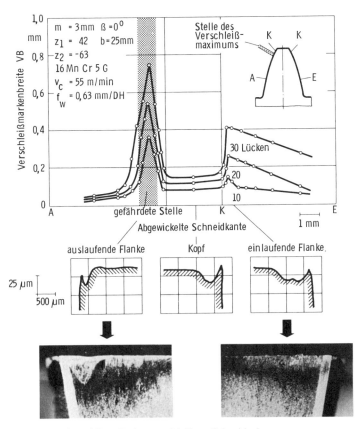

Bild 9-24. Frei- und Spanflächenverschleiß am Schneidzahn

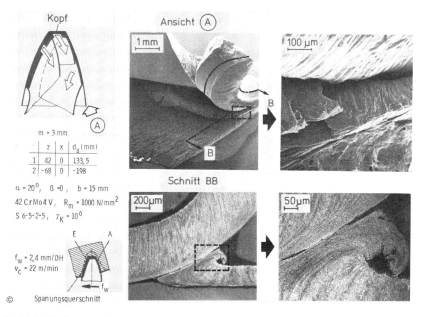

Bild 9-25. Verformung des Spans an der auslaufenden Flanke durch den Kopfspan

der Verschleiß an der einlaufenden Flanke erheblich geringer und gleichmäßig verteilt.

Im unteren Teil des Bildes sind Kolkmeßschriebe und Fotografien des Schneidradzahns am Ende der Standzeit dargestellt. Die Kolktiefe ist an den drei gekennzeichneten Stellen der Schneidkante im wesentlichen gleich. Dagegen weist die verschleißgefährdete Stelle am Übergang vom Kopf zur auslaufenden Flanke den kleinsten Kolkmittenabstand auf, weiterhin einen Kolkklippenschwund, der den weiteren Einsatz des Schneidrads wegen der nachfolgenden rapiden Zunahme der Verschleißmarkenbreite verhindert. Der Grund für das beschriebene Verschleißverhalten soll im folgenden dargestellt werden.

Die bereits beschriebene Ablaufbehinderung des Spans an der auslaufenden Flanke wird in Bild 9-25 näher erläutert. Die Fotografie im linken oberen Bildteil zeigt den Span von der Seite der auslaufenden Flanke aus. Dieser Span wurde bis auf die Ebene BB geschliffen, geätzt und mit Hilfe eines Lichtmikroskops fotografiert.

Im unteren linken Bildteil läßt sich eine starke plastische Verformung des dünnen Spans der auslaufenden Flanke durch den dicken Kopfspan deutlich erkennen. Bei dem Verformungsvorgang, der durch die Behinderung des Spanablaufs verursacht wird, entsteht eine hohe Temperatur- und Verschleißbeanspruchung der Spanfläche direkt hinter dem Übergang vom Kopf zur auslaufenden Flanke. Aufgrund dessen ergibt sich dort am Ende der Standzeit ein genau so tiefer Kolk wie an der entsprechenden Stelle der einlaufenden Flanke, obwohl an der auslaufenden Flanke ein viel dünnerer Span abgenommen wird.

Die Kolktiefe in Verbindung mit dem geringen Kolkmittenabstand bewirkt eine Schwächung der Kolklippe an der standzeitbestimmenden Stelle, wodurch die Gefahr des Kolklippenbruchs erhöht wird, was vor allem bei der Anwendung hoher Schnittgeschwindigkeiten zu deutlichen Standmengeneinbußen führt, Bild 9-26.

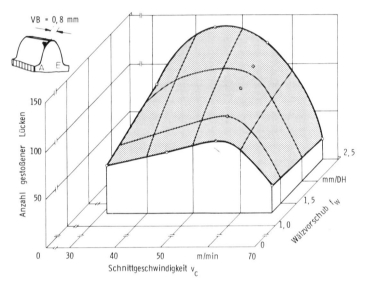

$m = 3$ mm; $\alpha = 20°$; $\beta = 0$; $z_1/z_2 = 42/-68$; $b = 25$ mm; 16MnCr5 N; $R_m = 550$ N/mm^2; S 6-5-2-5

Bild 9-26. Einfluß von Wälzvorschub und Schnittgeschwindigkeit auf die Standmenge

Der Verschleißschutz mittels einer TiN-Hartstoffschicht reduziert die Belastung am Schneidteil deutlich, so daß eine Leistungssteigerung gegenüber unbeschichteten Werkzeugen auf zwei Arten möglich wird: Zum einen kann unter Beibehaltung der Schnittbedingungen eine Erhöhung der Standmenge auf das 1,5–4fache im Schnittgeschwindigkeits- oder auf das 1,5–2,8fache im Wälzvorschubbereich erzielt werden. Zum anderen können aber auch bei gleichen erzielbaren Standmengen höhere Schnittbedingungen appliziert werden, wobei

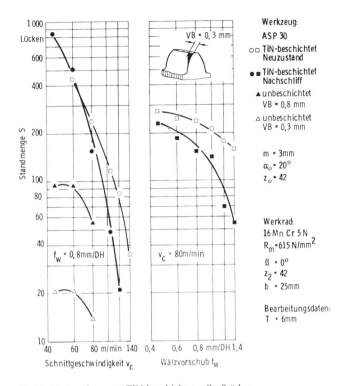

Bild 9-27. Standmengen TiN-beschichteter Stoßräder

eine Steigerung des Wälzvorschubs geringere Einbußen der Standmenge als eine Steigerung der Schnittgeschwindigkeit bewirkt, Bild 9-27.

Bewirkt werden diese Leistungsgewinne durch eine Veränderung des Verschleißverhaltens der Werkzeuge. Aufgrund der Unterdrückung des Freiflächenverschleißes kommt es zu einer ausgeprägten Kolkbildung mit z.T. sehr großen Kolkmittenabständen, Bild 9-28. Die Schneidkante selbst wird kontinuierlich zurückgesetzt, so daß es, zumindest im Bereich der einlaufenden Flanke und der Kopfschneide, nicht zu einem Kolklippenbruch und progressivem Verschleißanstieg kommt.

Bei hohen Schnittgeschwindigkeiten ($v_c > 100$ m/min) weisen die Werkzeuge eine Besonderheit im Verschleißverhalten auf, da es zu exponentiellem Verschleißanstieg an der auslaufenden Zahnflanke kommt, Bild 9-28, (Foto oben rechts). Ursächlich ist hierfür das Zusammentreffen hoher thermischer Belastung aufgrund von Spanablaufbehinderungen sowie eine Kolkbildung großer Tiefe und geringer Länge. In diesem Fall kommt es zu Preßschweißungen beim

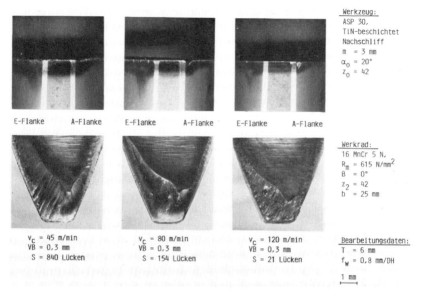

Bild 9-28. Verschleißmerkmale TiN-beschichteter HSS-Schneidräder

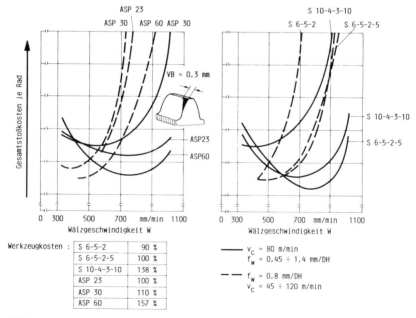

Bild 9-29. Relativkostenbetrachtung beim Wälzstoßen

Kontakt metallischer Oberflächen, so daß alternierend schneidende und quetschende Spanbildung vorliegt, was schließlich zur Überlastung der Schneidkante führt [312].

Die für die industrielle Anwendung sinnvollste Maschineneinstellung ergibt sich nicht durch jeweils größte Standmengen oder maximale Einstelldaten, sondern vielmehr aus einer optimalen Kombination von Standmengen und Bearbeitungszeit. Als Maß für die Bearbeitungszeit kann für den Wälzstoßprozeß die Wälzgeschwindigkeit W herangezogen werden, die in Relation zur Bearbeitungsgeschwindigkeit steht und sich aus Doppelhubzahl n_H und Wälzvorschub f_w wie folgt ergibt [312]:

$$W = n_{DH} \cdot f_W \text{ (m/min)} \tag{36}$$

Die Bearbeitungskosten ergeben sich aus dem jeweiligen Werkzeugpreis, der Standmenge bei einer Schnittgeschwindigkeits-/Vorschub-Kombination sowie sämtlichen maschinen- und personalbezogenen Nebenkosten [387], Bild 9-29.

Beim Wälzstoßen ist die Gefahr der Kollision von Schneidrad und Werkrad besonders bei hohen Wälzvorschüben gegeben. Es besteht die Gefahr, daß das Schneidrad beim Rückhub mit ungeschnittenem Werkstückmaterial zusammenstößt. Aufgrund des kontinuierlichen Wälzvorschubs käme es, wie Bild 9-30 zeigt, beim Rückhub zu einer Durchdringung zwischen Schneidradzahn und Werkrad, wenn nicht Maßnahmen zur Kollisionsvermeidung ergriffen würden. Die größte Durchdringung ergibt sich in der oberen Stirnschnittebene des Werkrads. Besonders problematisch ist dies bei der Fertigung von Innenverzahnungen.

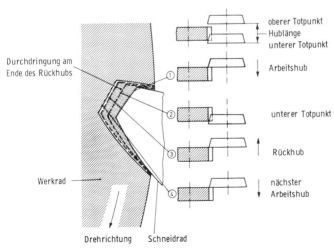

Bild 9-30. Ursache der Kollisionsentstehung beim Wälzstoßen

Die Kollision bewirkt einen „Schnitt", bei dem die Freifläche des Schneidzahns die Rolle der Spanfläche übernimmt, wobei der Spanwinkel rd. −88° beträgt. Aus diesen Schnittbedingungen resultiert eine schwere Schädigung der Schneidkante, eine starke Verschlechterung der Verzahnungsqualität sowie eine erhebliche Maschinenbelastung.

Die Haupteinflußgrößen, die die Kollision beim Rückhub bestimmen, sind neben dem Wälzvorschub die Tauchtiefe, die Geometrie des Werk- und des Schneidrades sowie der Abhebebetrag beim Rückhub des Schneidrads und der Achsversatz. Die eigentlichen Stellgrößen zur Vermeidung der Kollision sind der Abhebebetrag und der Achsversatz. Da die Abhebebewegung der Stoßspindel besonders bei Innenverzahnungen nicht immer ausreicht, wird der Ständer der Wälzstoßmaschine um einen bestimmten Betrag (Achsversatz) seitlich verschoben, woraus eine schräge Abhebebewegung resultiert.

Der für einen Verzahnungsfall erforderliche Achsversatz läßt sich berechnen. Ein Berechnungsbeispiel für eine Innenverzahnung zeigt Bild 9-31 anhand der Abhängigkeit der Kollision vom Achsversatz und der Tauchtiefe (links im Bild) sowie vom Achsversatz und dem Wälzvorschub. Dem Diagramm ist zu entnehmen, daß der Spielraum für den Achsversatz im Bereich ohne Kollision sehr eng sein kann. Vor der Stoßbearbeitung einer Verzahnung muß daher eine Kollisionsberechnung erfolgen.

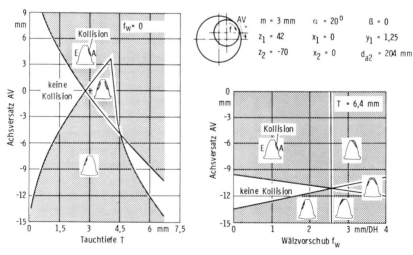

Bild 9-31. Einfluß von Tauchtiefe und Wälzvorschub auf den kollisionsfreien Achsversatzbereich

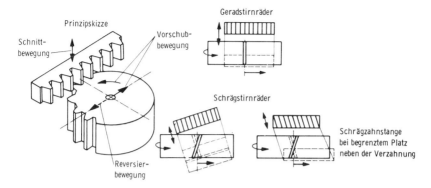

Bild 9-32. Prinzip des Wälzhobelns

9.2.2.3 Wälzhobeln

Der Bewegungsablauf beim Wälzhobeln, Bild 9-32, ist ähnlich wie beim Wälzstoßen. Daher sollen an dieser Stelle nur die Besonderheiten des Wälzhobelns angesprochen werden.

Das Werkzeug beim Wälzhobeln, der sogenannte Hobelkamm, besteht aus einem Zahnstangensegment mit hinterarbeiteten Flanken, Bild 9-33. Die Schnittkraft wird von einem Stützkamm aufgenommen, so daß das Werkzeug optimal

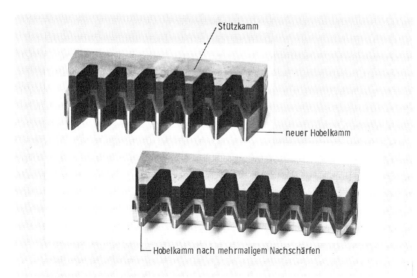

Bild 9-33. Hobelkamm (nach Maag)

ausgenützt, d. h. bis auf eine geringe Restdicke nachgeschärft werden kann. Im oberen Bildteil ist ein neuer, im unteren ein mehrmals nachgeschliffener Hobelkamm dargestellt. Da der Hobelkamm von einer Zahnstange abgeleitet ist, muß bei der Herstellung einer evolventischen Verzahnung der Wälzbewegung des Werkrades eine translatorische Bewegung in Zahnstangenlängsrichtung überlagert werden. Aufgrund der endlichen Länge des Hobelkammes ist es erforderlich, daß das Werkrad nach der Fertigung mehrerer Lücken bei entkoppelter Vorschubbewegung in die Ausgangsstellung zurückgefahren wird. Man spricht in diesem Fall vom Teilwälzen, im Gegensatz zu den kontinuierlichen Wälzverfahren wie Wälzfräsen, Wälzstoßen und Wälzschälen.

Da das Wälzhobeln aus diesem Grunde wesentlich unwirtschaftlicher ist als die anderen Wälzverfahren, wird es nur in Sonderfällen eingesetzt, wie z. B. zur Herstellung von außenverzahnten Zylinderrädern mit großen Abmessungen und hoher Festigkeit. Der Vorteil hierbei ist, daß ein Werkzeugwechsel einfach und ohne Qualitätseinbuße während der Fertigung eines Rads möglich ist.

Mit Sondervorrichtungen können auch Innenverzahnungen und Zahnstangen gefertigt werden [388].

10 Schrifttum

[1] Kernd'l, A.: Werkzeuge und Waffen der Altsteinzeit. 1. und 2. Blätter des Museums für Vor- und Frühgeschichte der Staatlichen Museen Preußischer Kulturbesitz. Berlin 1972.

[2] Domke, W.: Werkstoffkunde und Werkstoffprüfung. Essen: Girardet-Verlag 1974.

[3] DIN 4762: Erfassung der Gestaltabweichungen 2. bis 5. Ordnung an Oberflächen anhand von Oberflächenschnitten. Hrsg. Deutscher Normenausschuß, August 1960.

[4] VDI/VDE 2601: Anforderungen an die Oberflächengestalt zur Sicherung der Funktionstauglichkeit spanend hergestellter Flächen. August 1977.

[5] DIN 4760: Begriffe für die Gestalt von Oberflächen. Hrsg. Deutscher Normenausschuß, Juli 1960.

[6] DIN 2257: Begriffe der Längenprüftechnik. Blatt 2: Fehler und Unsicherheiten beim Messen. Hrsg. Deutscher Normenausschuß, August 1974.

[7] DIN 2257: Begriffe der Längenprüftechnik. Blatt 1: Einheiten, Tätigkeiten, Prüfmittel. Hrsg. Deutscher Normenausschuß, März 1970.

[8] Leyensetter, A.: Fachkunde für metallverarbeitende Berufe. Wuppertal: Europa-Verlag 1979.

[9] Beckers, H. J.: Elektrisches Messen mechanischer Größen nach dem Gleichspannungs- und dem Trägerfrequenzverfahren. VDI-Z 112 (1970) 20, S. 1352/54.

[10] Dehnungsmeßstreifen, DMS-Programmtafel. Firmendruck Hottinger Baldwin Meßtechnik GmbH, Darmstadt.

[11] Müller, B.: Messung der Verlagerung einer schnell rotierenden Welle mittels tastloser induktiver Aufnehmer, Meßtechnische Briefe 1 (1969), Hottinger Baldwin Meßtechnik GmbH, Darmstadt.

[12] DIN 2271: Pneumatische Längenmessung. Hrsg. Deutscher Normenausschuß, September 1976.

[13] DIN 1319: Grundbegriffe der Meßtechnik. Hrsg. Deutscher Normenausschuß, Januar 1972.

[14] DIN 861: Parallelendmaße. Hrsg. Deutscher Normenausschuß, Oktober 1959.

[15] DIN 863: Meßschrauben. Hrsg. Deutscher Normenausschuß, November 1977.
[16] DIN 878: Meßuhren. Hrsg. Deutscher Normenausschuß, Juni 1970.
[17] DIN 879: Feinzeiger, Hrsg. Deutscher Normenausschuß, Juni 1970.
[18] Gerling, H.: Längenprüftechnik in der Fertigung. Braunschweig: Georg Westermann Verlag 1969.
[19] Duthaler, R.: Oberflächengüte und Rauheitsprobleme in Theorie und Praxis. Technische Rundschau (1968) 47, S. 31/36.
[20] Balselnowina, H.: Stand und Probleme der Oberflächen-Meßtechnik. VDI-Z 121 (1979) 23/24, S. 1210/16.
[21] Abou-Aly, M.: Ein systematischer Überblick über die Oberflächenprüf- und Meßverfahren. Metalloberfläche 30 (1976) 12, S. 569/72.
[22] Trumpold, H.: Die Anwendung von Oberflächenvergleichsstücken. Sonderdruck aus Feingerätetechnik 26 (1966) 5.
[23] Breeher, I. N., R. E. Tromson u. L. Y. Shum: A Capacitance-Based Surface Texture Measuring System. Annals of the CIRP 25 (1977) 1, S. 375/77.
[24] R. Brodmann: Optische Rauheitsmessung in der Fertigung. Automobiltechnische Zeitung 11 (1984).
[25] Jensen, R.: Beispiele wirtschaftlicher Meßmöglichkeiten in der Feinmeßtechnik. Maschinenwelt und Elektrotechnik 15 (1960) 10, S. 404/12.
[26] Illig, W.: Lichtschnittmikroskope und ihre Anwendung. Werkstatt und Betrieb 102 (1969) 11, S. 823/25.
[27] Henzold, G.: Rauheitsmessung mit elektrischen Tastschnittgeräten. DIN-Mitteilungen 47 (1968) 11, S. 729/40.
[28] Laser Stylus RM 600. Firmenschrift, Rodenstock, München, 1986.
[29] Bauer, P.: Mikro-Makro- und Formprüfung. Technische Rundschau 66 (1974) 43, S. 53/57; 66 (1974) 45, S. 33/35; 66 (1974) 49, S. 33/37; 67 (1975) 4, S. 19/21; 67 (1975) 13, S. 18/19.
[30] Gettwart, M.: Oberflächenmeßtechnik für den rauhen Werkstattbetrieb. Fachberichte für Oberflächentechnik (1969) 4, S. 158.
[31] Hanisch, F.: Abdruckverfahren für die Oberflächentechnik. Fachberichte für Oberflächentechnik (1968) 2, S. 57/62.
[32] DIN 6581: Begriffe der Zerspantechnik. Geometrie am Schneidteil des Werkzeugs. Hrsg. Deutscher Normenausschuß, Oktober 1985.
[33] ISO 3002/1: Geometry of the active part of cutting tools. Int. Organisation for Standardization, 1982.
[34] DIN 6580: Begriffe der Zerspantechnik. Bewegungen und Geometrie des Zerspanvorgangs. Hrsg. Deutscher Normenausschuß, Oktober 1985.
[35] Vieregge, G.: Zerspanung der Eisenwerkstoffe. 2. Aufl. Düsseldorf: Verlag Stahleisen mbH 1970.

[36] König, W.: Technologische Grundlagen zur Frage der Kühlschmierung bei der spanenden Bearbeitung metallischer Werkstoffe. Schmiertechnik (1972), S. 7/12.

[37] Opitz, H.: Moderne Produktionstechnik – Stand und Tendenzen. Essen: Verlag W. Girardet 1970.

[38] DIN 6584: Begriffe der Zerspantechnik. Kräfte, Energie-Arbeit, Leistungen. Hrsg. Deutscher Normenausschuß, Oktober 1982.

[39] Rabinowicz, E.: Friction and Wear of Materials. New York, London, Sydney: John Wiley and Sons Inc. 1965.

[40] Kragelski, J. W.: Reibung und Verschleiß. München: Carl Hanser Verlag 1971.

[41] Opitz, H. u. W. König: Basic Research on the Wear of Carbide Cutting Tools, Machinability. London: Special Report 94, Iron Steel Inst. 1970.

[42] Opitz, H.: Basic Research on the Wear of High Speed Steel Cutting Tools. Conference on Materials for Metal Cutting. London: Scarborough, Iron Steel. Inst. 1970.

[43] Opitz, H., W. König u. N. Diederich: Verbesserung der Zerspanbarkeit von unlegierten Baustählen durch nichtmetallische Einschlüsse bei Verwendung bestimmter Desoxidationslegierungen. Forschungsber. Nr. 1783 des Lds. Nordrh.-Westf. Westdeutscher Verlag, Köln, Opladen 1967.

[44] König, W.: Der Einfluß nichtmetallischer Einschlüsse auf die Zerspanbarkeit von unlegierten Baustählen. Industrie-Anzeiger 87 (1965) 26, S. 463/70; 43, S. 845/50; 51, S. 1033/38.

[45] Ehmer, H.-J.: Gesetzmäßigkeiten des Freiflächenverschleisses an Hartmetallwerkzeugen. Industrie-Anzeiger 92 (1970) 79, S. 1861/62.

[46] Ehmer, H.-J.: Ursachen des Freiflächenverschleisses an HM-Drehwerkzeugen. Industrie-Anzeiger 92 (1970) 88, S. 2081/84.

[47] König, W. u. U. Schemmel: Untersuchung moderner Schneidstoffe – Beanspruchungsgerechte Anwendung sowie Verschleißursachen. Forschungsber. Nr. 2472 des Lds. Nordrh.-Westf. Westdeutscher Verlag, Köln, Opladen 1975.

[48] Opitz, H., W. König u. W.-D. Neumann: Einfluß verschiedener Schmelzen auf die Zerspanbarkeit von Gesenkschmiedestücken. Forschungsber. Nr. 1349 des Lds. Nordrh.-Westf. Westdeutscher Verlag, Köln, Opladen 1964.

[49] Opitz, H., W. König u. W.-D. Neumann: Streuwertuntersuchungen der Zerspanbarkeit von Werkstücken aus verschiedenen Schmelzen des Stahles C 45. Forschungsber. Nr. 1601 des Lds. Nordrh.-Westf. Westdeutscher Verlag, Köln, Opladen 1966.

[50] Opitz, H., M. Gappisch, W. König, R. Pape u. A. Wicher: Einfluß oxidischer Einflüsse auf die Bearbeitbarkeit von CK 45 mit Hartmetall-Drehwerkzeugen. Archiv für Eisenhüttenwesen 33 (1962) 12, S. 841/51.

[51] Opitz, H., F. Eisele u. H. Schallbroch: Vergleich der Ergebnisse von Zerspanbarkeitsuntersuchungen sowie von Gefüge- und Festigkeitsuntersuchungen an Einsatz- und Vergütungsstählen. Stahl und Eisen 83 (1963) 20, S. 1209/26; 21 S. 1302/15.

[52] Schmalz, K. u. B. Meyer: Auswahl und Einsatz von Hartmetall-Fräswerkzeugen. Werkstatt und Betrieb 98 (1965) 3, S. 155/62.

[53] Jonsson, H.: Die Verwendung von Hartmetallschneidplatten beim unterbrochenen Schnitt. TZ f. prakt. Metallbearbeitung 68 (1974) 4, S. 139/42.

[54] Dworak, U.: Herstellung und Eigenschaften der Schneidkeramik. Werkzeugmaschine international (1972) 4, S. 24/26.

[55] Beckhaus, H.: Einfluß der Kontaktbedingungen auf das Standverhalten von Fräswerkzeugen beim Stirnfräsen. Dissertation TH Aachen, 1969.

[56] König, W.: Der Werkzeugverschleiß bei der spanenden Bearbeitung von Stahlwerkstoffen. Werkstatt-Technik 56 (1966) 5, S. 229/34.

[57] Opitz, H. u. M. Gappisch: Die Aufbauschneidenbildung bei der spanenden Bearbeitung. Forschungsber. Nr. 1405 des Lds. Nordrh.-Westf. Westdeutscher Verlag, Köln, Oplanden, 1964.

[58] Hänsel, W.: Oberflächenkennwerte als werkstückbezogene Standzeitkriterien. Industrie-Anzeiger 95 (1973) 97, S. 2305/06.

[59] Opitz, H. u. N. Diederich: Untersuchungen der Ursachen für Abweichungen des Verschleißverhaltens spanabhebender Werkzeuge. Forschungsber. Nr. 2043 des Lds. Nordrh.-Westf. Westdeutscher Verlag, Köln, Oplanden 1969.

[60] Pekelharing, A. I.: Built-Up Edge (BUE). Is the mechanism understood? Ann. CIRP 23 (1974) 2, S. 206/11.

[61] Kiefer, R. u. F. Benesovsky: Hartmetalle. Wien, New York: Springer-Verlag 1965.

[62] Spur, G. u. Th. Stöferle: Handbuch der Fertigungstechnik. Band 3/1: Spanen. Carl Hanser Verlag, München, Wien, 1979.

[63] König, W., R. Fritsch u. W. Kluft: Cutting Technologie for Factory Automation. Proceeding of the 5th International Conference on Production Engineering, Tokyo, 1984.

[64] DIN 17350: Werkzeugstähle, Hrsg. Deutscher Normenausschuß, Okt. 1980.

[65] Ruhfus, H.: Wärmebehandlung der Eisenwerkstoffe. Verlag Stahleisen, Düsseldorf, 1958.

[66] N. N.: Schnellarbeitsstähle. Stahl-Eisen-Prüfblatt 320-69. 6. Ausg. Dezember 1969.
[67] Bennecke, R. u. H. H. Weigand: Entwicklungsstand bei den Schnellarbeitsstählen, Thyssen Edelstahl, Technische Berichte Nr. 2, (1981).
[68] Becker, M.-J. u. K. Köster: Wirtschaftliche spangebende und spanlose Formgebung durch die Verwendung hochwertiger Schnellarbeitsstähle. Rheinstahl-Technik (1970) 2, S. 103/12.
[69] Leidel, B. u. G. Schönbauer: Neuere Entwicklungen auf dem Gebiet der Schnellarbeitsstähle. Stahl und Eisen 93 (1973) 26, S. 1266/71.
[70] Köster, K.: Schnellarbeitsstahl als Schneidstoff für Zerspanungswerkzeuge, VDI-Seminar „Schneidstoffe richtig angewandt" Augsburg (1986).
[71] Duda, D., B. Krentscher u. R. Wähling: Schmiedegesinterter Schnellarbeitsstahl. Powder Metallurgy Int. 18 (1986) 1 u. 2.
[72] Hellman, P.: Das ASEA-STORA Verfahren – Eine Methode zur Herstellung neuer Stähle. Pressemitteilung von Stora Kopparberg, Juni (1970).
[73] Hellman, P.: Eigenschaften pulvermetallurgisch hergestellter Schnellarbeitsstähle. Werkstatt und Betr. 108 (1975) 5, S. 277-279.
[74] Haberling, E.: Eigenschaften von pulvermetallurgisch hergestelltem Schnellarbeitsstahl. Stahl und Eisen 95 (1975) 10, S. 454/463.
[75] Wähling, R., P. Beiss u. W. J. Huppmann: Sintering Behaviour and Performance Data of High Speed Steel Components. Powder Metallurgy 29 (1986) 1, S. 53.
[76] Hellman, P.: Hochfeste pulvermetallurgische Schnellstähle. Industrie Anzeiger 102 (1980) 23.
[77] König, W. u. A. Bong: Verschleißverhalten von Wendeschneidplatten aus gesintertem Schnellarbeitsstahl. Maschinenmarkt 93 (1987) 18.
[78] König, W., D. Lung u. A. Bong: Fortschritte bei pulvermetallurgischen und keramischen Schneidstoffen. Sprechsaal 120 (1987) 6, S. 504-509.
[79] König, W., R. Fritsch u. a.: Fertigungsprozesse mit neuen Leistungs- und Anwendungsbereichen in Produktionstechnik auf dem Weg zu integrierten Systemen. VDI-Verlag Düsseldorf 1987, S. 301-348.
[80] Bong, A.: Neue Einsatzbereiche der Sintertechnik, Wendeschneidplatten aus vakuumgesintertem Schnellarbeitsstahl. HGF-Kurzbericht, 86/92, Ind. Anzeiger 108 (1986) 72.
[81] Duda, D., B. Krentscher u. R. Wähling: Schmiedegesinterter Schnellarbeitsstahl, Powder Metallurgy Int. Bd. 18, Nr. 1, (1986) S. 43-45/Nr. 2 (1986) S. 100-101.

[82] Wähling, R., P. Beiss u. W. J. Huppmann: Sintering Behaviour and Performance Data of High Speed Steel Components, Powder Metallurgy 29 (1986) 1, S. 53.
[83] Gühring, K. u. W. Kerschl: Hartstoffbeschichtete Schneidwerkzeuge aus Schnellarbeitsstahl. Industrie-Anzeiger 102 (1980) 100, S. 23-28.
[84] König, W. u. R. Kauven: Einsatz TiN-beschichteter HSS-Werkzeuge bei Zylinderradherstellung. In: Tagungsband zur 3. Präsentation „Tribologie 85" am 7./9.5.1985 in Koblenz.
[85] Schmid, K.: Verbessertes Fräsen mit PVD-beschichteten Fräswerkzeugen. Präzisions-Fertigungstechnik aus der Schweiz, Sonderteil in Hanser-Fachzeitschriften, Sept. 1984, S. 89-92.
[86] Woska, R.: Einsatz Titannitrid-beschichteter Gewindebohrer. Werkstatt und Betrieb 117 (1985) 5.
[87] König, W., R. Kaufen u. A. Droese: Improved HSS-Tool Performance with Mechanically Resistant Coatings, Annals of the CIRP, Vol. 35/1, Section C, 1986.
[88] Young, C. T. et al.: Performance Evaluation of TiN and TiC/TiN Coated Drills, Ludema, K. C. (Ed.), Wear of Materials (proc. Conf.), Reston, Va., (11-14 April 1983).
[89] Hatto, P. W.: Advances in Coating Technology, International Conference at Mount Royal Hotel, London, 28th & 29th March, 1985.
[90] Droese, A.: Titannitrid-beschichtete HSS-Spiralbohrer. Leistungsfähigkeit und Verschleißmechanismen, Dissertation RWTH Aachen, 1987.
[91] Münz, W. D. u. M. Ertl: Neue Hartstoffschichten für Zerspanwerkzeuge, Ind.-Anz. 109 (1987) 13.
[92] König, W. u. A. Droese: TiN-beschichtete HSS-Spiralbohrer. Ind.-Anz. 107 (1985) 1/2.
[93] Hornbogen, E.: Werkstoffe, Aufbau und Eigenschaften von Keramik, Metallen, Kunststoffen und Verbundwerkstoffen. Springer-Verlag, Berlin, Heidelberg, New York, 2. Aufl. (1979).
[94] Salmang, H. u. H. Scholze: Keramik. Teil 1: Keramische Werkstoffe. Springer Verlag, 6. Aufl. (1982).
[95] Salmang, H. u. H. Scholze: Keramik. Teil 2: Keramische Werkstoffe. Springer-Verlag, 6. Aufl. (1983).
[96] N. N.: Sprechsaal. 120 (1987) 6, S. 538/539.
[97] DIN 4990: Klassifizierung und Bezeichnung von Zerspanungs-Hauptgruppen und Zerspanungs-Anwendungsgruppen von Hartmetallen. Hrsg.: Deutscher Normenausschuß, Entwurf, August 1984.
[98] Reiter, N.: Hartmetalle als Werkzeugwerkstoff. VDI-Berichte (1982) 432, S. 145-158.

[99] Kunz, H.: Zerspanbarkeitsklassen als Grundlage für die Hartmetall-Klassifizierung. wt-Z. ind. Fertig. 72 (1982), S. 505-509.
[100] Reiter, N.: Hartmetall-Schneidstoffe – Stand der Technik und Ausblicke. VDI-Z 122 (1980) 13, S. 155-159.
[101] N. N.: Die Schneidstoffe für Zerspanwerkzeuge, ihre Anwendungsgebiete und Einsatzbedingungen. Technische Informationen der Krupp-Widia-Fabrik, Essen.
[102] Autorengruppe: Schneidstoff- und Werkstoff Potentiale und erweiterte Aufgaben. Industrie-Anzeiger 106 (1984) 56, S. 54-61.
[103] König, W. u. K. Gerschwiler: Untersuchungen der Schneidhaltigkeit neuartiger Schneidstoffe. Forschungsbericht des Landes NRW Nr. 3069, Fachgruppe Maschinenbau/Verfahrenstechnik, Westdeutscher Verlag, Köln, Opladen, 1981.
[104] Cornely, H.: Einführung neuer Schneidstoffe und Werkzeuge in der Produktion. Technische Mitteilungen 70 (1977) 10/11, S. 657-668.
[105] Bellmann, B. u. W. Sack: Schneidstoffe – Entwicklungsstand und Anwendung. Werkstatt und Betrieb 108 (1975) 5, S. 257-271.
[106] Kronenberg: Grundzüge der Zerspanungslehre Band I und II. Springer-Verlag, Berlin, Göttingen, Heidelberg, 1963.
[107] Spur, G.: Stand und Tendenzen in der spanenden Fertigungstechnik. VDI-Z 123 (1981) 10, S. 375-383.
[108] N. N.: Grundlagen zur Zerspanung von Stahl, Merkblatt 137. Beratungsstelle für Stahlverwendung, Düsseldorf, 1986.
[109] Eriksen, E.: Entwicklung und Anwendung von Schneidstoffen. Werkstatt und Betrieb 117 (1984) 5, S. 291-294.
[110] Steinkühler, K.: Einsatz neuzeitlicher Schneidstoffe und Werkzeuge. Schweizer Maschinenmarkt (1981) 37, S. 62-67.
[111] Autorengruppe: 17. Aachener Werkzeugmaschinen-Kolloquium. Stand und Entwicklungstendenzen in der Produktionstechnologie. Industrie-Anzeiger 103 (1981) 62.
[112] Burrichter, F.: Die Entwicklung der Schneidstoffe. Industrie-Anzeiger 105 (1983) 84, S. 22-25.
[113] Kunz, H.: Werkzeugwerkstoffe für die spanende Formgebung. VDI-Berichte Nr. 432 (1982), S. 113-126.
[114] Kolaska, H.: Moderne Maschinen erfordern moderne Schneidstoffe, Techniker Journal 1986, Nr. 3, 5, 6, 7.
[115] Dreyer, K., J. Kolaska u. H. Grewe: Metallgebundene Hartstoffe als verschleißbeständige Werkstoffe, VDI-Berichte Nr. 600.3, 1987.
[116] Grewe, H. u. J. Kolaska: Werkstoffkunde und Eigenschaften von Hartmetallen und Schneidkeramik. VDI-Z 125 (1983) 18.

[117] König, W., R. Komanduri, H. K. Tönshoff u. G. Ackerschott: Machining of Hard Materials, Annals of the CIRP, Vol. II, 1984.
[118] Kolaska, H.: Kleinere Karbide-Herstellung und Eigenschaften sehr feinkörniger Hartmetallsorten. Maschinenmarkt 94 (1988) 10, S. 54-57.
[119] Köllner, W.: Bearbeitung gehärteter Zahnräder, Fachtagung „Harte Werkstoffe richtig bearbeiten", Stuttgart, 19.2.1987, VDI-Gesellschaft Produktionstechnik ADB.
[120] Grewe, H. u. J. Kolaska: Entwicklung und Eigenschaften feinkörniger Hartmetalle, Metall 33 (1979) 1.
[121] Inzenhofer, A.: Verschleißschutz durch CVD-Behandlung, wt-Z. ind. Fertig. 75 (1985), S. 251-256.
[122] Reiter, N., U. König u. H. van den Berg: Fortschritte erst in jüngster Zeit – beschichtete Wendeschneidplatten zum Fräsen. Industrie-Anzeiger 105 (1983) 84. S. 26-28.
[123] König, U., K. Dreyer, N. Reiter, J. Kolaska u. H. Grewe: Stand und Perspektive bei der chemischen und physikalischen Abscheidung von Hartstoffen auf Hartmetallen. Technische Mitteilungen Krupp 39 (1981) 1, S. 1-12.
[124] Dreyer, K.: Entwicklung und Schneidhaltigkeitsverhalten einer hochverschleißbeständigen Viellagen-Beschichtung auf Hartmetall. VDI-Z. 123 (1981) 20, S. 199.
[125] Storf, R.: Beschichtete Hartmetall-Schneidplatten für das Fräsen. wt-Z ind. Fertig. 72 (1982), S. 497-499.
[126] Reiter, N., H. van den Berg u. U. König: Beschichtete Hartmetalle zur Produktivitätssteigerung spanender Bearbeitungen, VDI-Berichte Nr. 624, 1986.
[127] Kienel, G.: Stand, Anwendung u. Entwicklungstendenzen der CVD- und PVD-Beschichtung. HTM 40 (1985) 1, S. 35-40.
[128] Kloos, K.-H.: Die Abscheidung von Hartstoffen nach dem PVD-Verfahren. HTM 41 (1986) 3, S. 137-144.
[129] Münz, W. D. u. M. Ertl: Neue Hartstoffschichten für Zerspanungswerkzeuge. Ind. Anz. 109 (1987) 13.
[130] Reiter, N.: Hartmetalle als Werkzeugwerkstoff. VDI-Berichte Nr. 432 (1982), S. 145-158.
[131] Müller, K. u. a.: Hartmetalle auf der Basis von Titankarbonitrid, Neue Hütte 30 (1985) 11.
[132] Urano, H. u. D. Kopplin: Eigenschaften und Anwendung von Cermet-Schneidplatten, Werkstatt und Betrieb 118 (1985) 9.
[133] N. N.: Die Titanen kommen, Sumitomo, Firmenschrift.
[134] N. N.: Keramik, Cermet, Siliziumnitrid, Wendeschneidplatten, NTK, Firmenschrift.

[135] N. N.: Metall und Keramik, Bohrnutenfräser aus Cermet zum Schlichten hat hohe Zerspanleistung, Maschinenmarkt, Würzburg 92 (1986) 40.
[136] Kolaska, J. u. H. Grewe: Cobalt-Substitution in technischen Hartmetallen, Metall 40 (1986) 2.
[137] Kolaska, J. u. K. Dreyer: Keramik als Spanungswerkstoff. Vortrag anläßlich der 1. Duisburger Sonderkeramik-Tagung (1986).
[138] Claussen, N.: Erhöhung des Rißwiderstandes von Keramiken durch gezielt eingebrachte Mikrorisse. Ber. Dt. Keram. Ges. 54 (1977) 12, S. 420/423.
[139] Tönshoff, H. K.: Neuere Entwicklungen der Schneidstoffe. Schneidkeramik-Seminar. Technische Akademie Esslingen, 1986.
[140] Gerschwiler, K.: Inconel 718 mit Keramik und CBN drehen. Industrie-Anzeiger 13 (1987) S. 24-28.
[141] Kolaska, H. u. K. Dreyer: Keramik, ein Schneidstoff mit Zukunft. Technische Rundschau 43 (1986), S. 42/47.
[142] Kolaska, H., K. Dreyer u. N. Reiter: Property Improvements In Various Ceramics Through Whisker Reinforcement. Vortrag anläßlich der PM '86, Düsseldorf, 1986.
[143] N. N.: Toughen ceramics with „whiskers". American Machinist (Aug. 1985), S. 33/35.
[144] Ziegler, G.: Keramik – eine Werkstoffgruppe mit Zukunft. Zeitschrift Metall (1987).
[145] Kolaska, H., K. Dreyer u. N. Reiter: Property Improvements in Various Ceramics through Whisker Reinforcement. Sonderdruck in „The Technical Program of PM '86", Düsseldorf (1987).
[146] Claussen, N.: Strenthening Strategies for ZrO_2-toughened Ceramics of High Temperatures. Materials Science and Engineering 71 (1985), S. 23-28.
[147] Autorengruppe: Plochinger Schneidkeramiktage '76. Vortragssammlung (1976).
[148] Wertheim, R. u. I. Bacher: Siliziumnitrid-Schneidstoff mit Zukunft. VDI-Z, 128 (1986) 5, S. 155-159.
[149] Claussen, N.: Umwandlungsverstärkung von Keramiken (Dispersionskeramiken), II. Deutsch-Französische Tagung über Technische Keramik, Aachen, 1987.
[150] Abel, R.: Schneidkeramikwerkzeuge und flexible Automatisierung. Lehrgang Schneidkeramik, Techn. Akad. Esslingen (1986).
[151] N. N.: Hertel Schneidkeramik, Technisches Handbuch 606 D.
[152] Grewe, H.: Keramische Werkstoffe zur Zerspanung. Keramische Zeitschrift 37 (1985) 2, S. 80-82; 37 (1985) 3, S. 136-139.

[153] Warnecke, G. u. E. Momper: Drehen mit Schneidkeramik wt-Z. ind. Fertig. 76 (1986), S. 207-211.
[154] Anschütz, E.: Schneidkeramik in der neuzeitlichen Fertigung. Werkstatt und Betrieb 118 (1985) 1, S. 17-19.
[155] Tönshoff, K. u. W.-E. Borys: Fräsen mit Schneidkeramik. Schweizer Maschinenmarkt (1983) 33, S. 20-23.
[156] Autorengruppe: SPK Schneidkeramiktage 84, Vortragssammlung 1984.
[157] Tönshoff, K.: Schneidkeramik in der Guß- und Stahlbearbeitung. Kontakt & Studium, Band 91, Expert-Verlag, Grafenau (1982), S. 15 ff.
[158] Abel, R.: Fräsen mit Schneidkeramik, tz für Metallverarbeitung 76 (1982) 6.
[159] N. N.: The Application of „Whisker", Reinforced Ceramic/-Ceramic Composites, Grennleaf Corp. Firmenschrift.
[160] Gerschwiler, K.: Erfahrungen beim Schruppdrehen von Inconel 718 mit Siliziumnitrid, HGF-Bericht 87/3, Ind.-Anz. 109 (1987) 3/4.
[161] Kilian, M.: Produktionsverfahren, Anwendungseigenschaften und Einsatzmöglichkeiten von Nitridkeramik insbesondere von Siliziumnitrid, Tagung Hochfeste Ingenieurkeramik HdT (1987).
[162] Steinmann, D.: Untersuchung des langsamen Rißwachstums von heißgepreßtem Siliziumnitrid bei hohen Temperaturen, Dissertation Universität Karlsruhe, 1982.
[163] Wötting, G.: Bericht über die Int. Konferenz „Non-Oxide Technical and Engineering Ceramics", cfi/Ber. DKG 63 (1986) 3, S. 119.
[164] Riley, F.: Production, Properties and Application of Silicon Nitride Ceramics, Sprechsaal 118 (1983) 3, S. 225-233.
[165] Jack, K. H. u. H. E. Cother: Nitride Ceramics – The Systems – Their Aviability and Commercialisation. First European Symposium on Engineering Ceramics, London, 1985.
[166] Wills, R. R.: Raction of Si_3N_4 witz Al_2O_3 and Y_2O_3. I. Amer. Ceram. Soc., 58 (1975) 7-8, S. 335.
[167] North, B.: Silicon Nitride Based (Sialon), Metalcutting Tools, Properties and Applications, Int. I. of Refractory and Hard Metals, 3 (1984) S. 46-51.
[168] Wertheim, R.: Siliziumnitrid – Schneidstoff mit Zukunft, VDI-Z 128 (1986) 5, S. 153-159.
[169] König, W. u. J. Lauscher: Neue Schneidkeramiken steigern die Zerspanrate, Ind.-Anz. 107 (1985) 22.
[170] König, W., J. Lauscher u. R. Link: Anwendungsbereiche der Siliziumnitrid-Keramik, Ind.-Anz. 109 (1987) 13.

[171] König, W. u. J. Lauscher: Drehen von Eisengußwerkstoffen mit Siliziumnitrid-Schneidkeramik – Verschleißverhalten und Zerspankräfte, Konstruieren + gießen 11 (1986) 3.
[172] Hatschek, R. L.: New Ceramics rev up Cutting Speed, American Machinist (1983), S. 110-112.
[173] Ritt, P. E., S. T. Buljan u. V. K. Sarin: The Future of Silicon Nitride Cutting Tools, Vortrag Hi-Tech Intern. Conference London, 1985.
[174] Weinz, E. A.: Einkristall-Diamantwerkzeuge. Industrie Diamanten Rundschau 3 (1969) 2. S. 56/62.
[175] Meyer, H. R.: Einsatz von Diamantwerkzeugen mit geometrisch definierter Schneide in der Fertigungstechnik. Vortrag, gehalten auf der Tagung „Moderne Schneidstoffe – Entwicklungsstand und Anwendung" am 2. und 3. Juni 1977 im Haus der Technik, Essen.
[176] Firmenschrift: Polybloc Typ 1, Dreh- und Bohrschneiden, Ernst Winter und Sohn.
[177] Werner, G.: Neuartige polykristalline Schneidwerkzeuge aus Diamant und kubischem Bornitrid – Entwicklungsstand und Anwendungs-Beispiele, Trennkompendium, Band 1, ETF-Verlag, Bergisch-Gladbach (1979).
[178] Dietrich, R.: Polykristalline Diamant- und CBN-Werkzeuge, Werkstatt und Betrieb 116 (1983).
[179] Obeloer, M.: Neuentwicklungen und Anwendungsgebiete polykristalliner Diamant- und Bornitridwerkzeuge, wt-Z. ind. Fertig. 74 (1984), S. 219-221.
[180] König, R. u. K. Gerschwiler: Drehen von GK-AlSi 17 Cu 4 FeMg mit polykristallinem Diamanten im unterbrochenen Schnitt bei hohen Schnittgeschwindigkeiten, Gießerei 69 (1982) 1, S. 10-13.
[181] Chryssolouris, G.: Einsatz hochharter polykristalliner Schneidstoffe zum Drehen und Fräsen, Dissertation Techn. Universität Hannover, 1979.
[182] Toulinson, P. N. u. R. J. Wedlake: Gegenwärtiger Entwicklungsstand bei Verbundwerkstoffen aus Diamant und kubischem Bornitrid, IDR 17 (1983) 4, S. 234.
[183] Hobohm, G.: Drehen, Fräsen und Reiben mit polykristallinen Diamantwerkzeugen, Werkstatt und Betrieb 119 (1986) 2, S. 119-121.
[184] Spur, G. u. U. E. Wunsch: Drehen von glasfaserverstärkten Kunststoffen und Schichtpreßwerkstoff mit PKD-Werkstoffen, IDR 18 (1984) 4, S. 221-227.
[185] Steidle, H.: Bearbeitung von Bohrungen in Aluminiumlegierungen mit PKD-Werkzeugen, IDR 21 (1987) 2, S. 87-90.

[186] Tönshoff, H. K. u. G. Chryssolouris: Einsatz kubischen Bornitrids (CBN) beim Drehen gehärteter Stähle, Werkstatt und Betrieb 114 (1981) 1, S. 45-49.
[187] Töllner, K.: Fräsen mit kubisch kristallinem Bornitrid, tz für Metallbearbeitung 75 (1981) 8, S. 124-126.
[188] Werner, G.: Steigerung der Produktivität und Werkstückqualität durch verbesserte Verfahren und Einrichtungen im Bereich der Feinbearbeitung, VDI-Z 123 (1981) 21, S. 865-873.
[189] Pipkin, N., D. J. Roberts u. W. J. Wilson: Amborite – der polykristalline Hochleistungswerkstoff, De Beers Firmenschrift, Diamant Information M 39, Düsseldorf (1980).
[190] Bohrmeister u. Gühring: PKD und PKB, Zwei neuartige hochharte Schneidstoffe zum Bohren und Innenausdrehen, 17 (1984) 26.
[191] Notter, T. A., P. J. Heath u. K. Steinmetz: Polykristalline CBN-Wendeschneidplatten für die Bearbeitung harter Eisenwerkstoffe, Trenn-Kompendium, Band 2, ETF-Verlag, Bergisch-Gladbach (1982).
[192] Clausen, R.: Polykristalline Schneidstoffe spanen harte Eisenwerkstoffe mit langer Standzeit, Maschinenmarkt, Würzburg 91 (1985) 33, S. 628-631.
[193] Töllner, K.: Fräsen von harten Eisenwerkstoffen, wt-Z. ind. Fertig. 72 (1982), S. 493-496.
[194] Werner, G. u. W. Knappert: Untersuchungen zur spanenden Bearbeitung von gehärteten Großkugellagerringen mit kompakten CBN-Schneidstoffen, IDR 18 (1984) 2, S. 83-90.
[195] Weindorf, T.: DBC 50 zum Schlichtdrehen von gehärtetem Schnellarbeitsstahl, IDR 21 (1987) 2, S. 82-86.
[196] Buzdon, P. u. H. P. Sauer: Drehen statt Schleifen, IDR 21 (1987) 2, S. 100-101.
[197] N. N.: Wurbon, Firmenschrift der Fa. Feldmühle AG (1987).
[198] N. N.: Cubic Boron Nitride, Handbok of Properties, General Electric Company.
[199] Abel, R. u. V. Gomoll: Plochingen, Schneidkeramik, Industrie-Anzeiger Nr. 46, 11.6.1980, Essen.
[200] Weirich, G.: Das Löten von Hartmetall-Werkzeugen. Fachbuchreihe Schweißtechnik Bd. 41 (1964) S. 18/24.
[201] Ballhausen, C. u. G. Vieregge: Spannungen und Rißbildung in gelöteten Hartmetallplättchen. Werkstatt und Betrieb 85 (1952) 12, S. 657/63.
[202] Kämmer, K.: Schnellarbeitsstähle und Stellite zur Gußwerkstoffbearbeitung. Gießereitechnik 99 (1977) 11, S. 193/200.

[203] Cornely, H. u. G. Mink: Erfahrungen mit Wendeschneidplatten beim Drehen und Fräsen. Zeitschrift für industrielle Fertigung 64 (1974) 294/97.
[204] ISO 1832. Indexable (throwaway) inserts for cutting tools – Designation-code of symbolization. 1977.
[205] Schedler, W. u. E. Herzinger: Mittelochplatten mit Kombinationsklemmung und positiver Geometrie. Maschinenmarkt 84 (1978) 58, S. 1149/52.
[206] Längs-Plandrehen, Bohren, Kopieren, Einstechen, Gewindeschneiden. Firmenschrift 2010. Fa. Hertel, 1978.
[207] ISO DIS 5608: Turning and copying tool holders and cartridges for indexable (throwaway) inserts – Designation – code of symbolization. Int. Organization for Standardization, 1977.
[208] Lipp, W.: Verschleißkompensation beim Fertigen hochgenauer Bohrungen. Werkstatt u. Betrieb 117 (1984) 9, S. 567.
[209] Reinartz, A.: Herstellen und Instandsetzen von hartmetallbestückten Dreh- und Hobelmeißeln. wt-Zeitschrift für industrielle Fertigung 59 (1969) 5, S. 209/15.
[210] Eckhard, F.: Kühlschmiermittel für die Metallbearbeitung (Arten, Auswahl, Grundlagen). Informationsschrift der Fa. Mobil Oil AG.
[211] Zwingmann, G., F. Günter u. K.-H. Hinrichs: Shell Emulsions-Handbuch. Informationsschrift der Fa. Shell AG.
[212] N. N.: Kühlschmierstoffe. Informationsschrift der Castrol Industrieöl GmbH.
[213] Zimmermann, D.: Kühlschmierstoffe für die Feinbearbeitung. tz für Metallbearbeitung Nr. 4 (1982) 76.
[214] Eckhardt, F.: Kühlschmierstoffe für die Metallbearbeitung (Probleme, Anwendung Umlaufsysteme). Informationsschrift der Fa. Mobil Oil AG.
[215] Primus, I. F.: Beitrag zur Kenntnis der Spannungsverteilungen in den Kontaktzonen von Drehwerkzeugen. Dissertation TH Aachen, 1969.
[216] Bömcke, A. u. D. Erinski: Bohren von Kupfergußlegierungen. Industrie-Anzeiger 107 (1985) Nr. 12.
[217] Kölling, H. D.: Prozeßoptimierung und Leistungssteigerung beim Schaftfräsen. Dissertation TH Aachen 1986.
[218] Meyer, K. F.: Vorschub- und Rückkräfte beim Drehen mit Hartmetallwerkzeugen. Dissertation TH Aachen, 1968.
[219] Stahl-Eisen-Prüfblatt 1160-69: Allgemeines und Grundbegriffe, Düsseldorf: Verlag Stahleisen mbH.
[220] Degner, W., H. Lutze u. E. Smejkal: Spanende Formung. Berlin: VEB Verlag Technik 1978.

[221] Stahl-Eisen-Prüfblatt 1161-69: Temperaturstandzeit-Drehversuch. Düsseldorf: Verlag Stahleisen mbH.
[222] Stahl-Eisen-Prüfblatt 1162-69: Verschleißstandzeit-Drehversuch. Düsseldorf: Verlag Stahleisen mbH.
[223] Stahl-Eisen-Prüfblatt 1166-69: Temperaturstand-Drehversuch mit ansteigender Schnittgeschwindigkeit. Düsseldorf: Verlag Stahleisen mbH.
[224] Kämmer, K.: Erfahrungen bei der Anwendung der Temperaturstandzeit-Drehversuche mit ansteigender Schnittgeschwindigkeit. Zeitschrift für wirtschaftliche Fertigung 67 (1972) 11, S. 592/600.
[225] Lowack, H.: Temperaturen an Hartmetalldrehwerkzeugen bei der Stahlzerspanung. Dissertation TH Aachen, 1967.
[226] Witte, L.: Spezifische Zerspankräfte beim Drehen und Bohren. Dissertation TH Aachen, 1980.
[227] König, W., K. Essel u. L. Witte: Spezifische Schnittkraftwerte für die Zerspanung metallischer Werkstoffe. Hrsg. Verein Deutscher Eisenhüttenleute. Düsseldorf: Verlag Stahleisen 1981.
[228] Spescha, G. A.: Piezoelektrische Mehrkomponentenkraft- und Momentenmessung. Archiv für technisches Messen, Blatt V (1970) 8, S. 151/54, 9, S. 169/72, 10, S. 199/204.
[229] Spescha, G. A. u. E. Volle: Piezomeßtechnik. Der Elektroniker 6 (1967) 4, S. 183/87.
[230] Pritschow, G.: Ein Beitrag zur technologischen Grenzregelung bei der Drehbearbeitung. Dissertation TU Berlin, 1972.
[231] Moll, H.: Die Herstellung hochwertiger Drehflächen. Dissertation TH Aachen, 1939.
[232] Brammertz, P. H.: Die Entstehung der Oberflächenrauheit beim Feindrehen. Industrie-Anzeiger 83 (1961) 2, S. 25.
[233] Spurgeon, D. u. R. A. C. Slater: In-process indication of surface roughness using a fibre-optics transducer. 15. MTDR-Konferenz 1974, S. 339/62.
[234] Kluft, W., W. König, C. A. van Luttervelt, K. Nakayama u. A. J. Pekelharing: Present Knowledge of Chip Control. Annals of the CIRP Vol 28 (1979) 2.
[235] Schumann, H.: Metallographie. 2. Auflage, Leipzig, Fachbuchverlag 1978.
[236] Winkler, H.: Zerspanbarkeit von niedriglegierten Kohlenstoffstählen nach gesteuerter Abkühlung. VDI-Verlag, Düsseldorf 1983, ISBN 3-18-145602-0.
[237] DIN 17014: Wärmebehandlung von Eisenwerkstoffen. Teil 1, Fachbegriffe und -ausdrücke. Hrsg. Deutscher Normenausschuß, März 1975.

[238] Autorengruppe: Werkstoffkunde Stahl. Band 1, Grundlagen, VDEh, Springer Verlag 1984.
[239] Fascher, P., R. Klemz, H.-J. Hüskes, R. Schmidt u. W. Bender: Vereinfachte Wärmebehandlung. VDI-Z (1980) 21, S. 939-948.
[240] Atlas zur Wärmebehandlung der Stähle. Band 1 bis 3, Düsseldorf, Verlag Stahleisen mbH, Band 1 1954, Band 2 1972, Band 3 1973.
[241] Stahlschlüssel 86. 14. Auflage, Marbach/Neckar: Verlag Stahlschlüssel Wegst KG, 1986.
[242] Becker, G. u. a.: Erzeugung und Eigenschaften von Weichautomatenstahl aus Vorblockstrangguß. Stahl und Eisen 105 (1985) Nr. 7.
[243] Wellinger, K., P. Gimmel u. M. Bodenstein: Werkstofftabellen der Metalle. 7. Auflage, Stuttgart, Alfred Kröner Verlag 1972.
[244] DIN 4990: Klassifizierung und Bezeichnung von Zerspanungs-Hauptgruppen und Zerspanungs-Anwendungsgruppen von Hartmetallen. Entwurf August 1984.
[245] Machining Data Handbook. 3rd Edition, Machinability Data Center, Cincinnati, Ohio 1980, Vol. 1 and 2.
[246] Brandt, H. u. K. Reitz: Bearbeitung korrosionsbeständiger und hochwarmfester Stähle. Werkstatt und Betrieb 114 (1981) Nr. 6, S. 353-424.
[247] Berenkamp, E.: Hinweise zur Bearbeitung schwer zerspanbarer Werkstoffe. Thyssen Edelstahl, Techn. Ber. 3 (1977) 2, S. 151-156.
[248] N. N.: Spanende Bearbeitung. Konstruieren + Gießen 8 (1983) 1/2, S. 30-37.
[249] Fachausgabe: Spanabhebende Bearbeitung der Eisengußwerkstoffe. Konstruieren + Gießen 6/7, VDI-Verlag GmbH, Düsseldorf.
[250] Möckli, P.: Zerspanbarkeitsoptimierung der Tempergußwerkstoffe durch neue Schneidstoffe. wt-Z. ind. Fert. 64 (1974), S. 195-197.
[251] Staudinger, H. P.: Spanende Bearbeitung von Gußeisen mit Kugelgraphit durch Drehen. VDI-Z 126 (1984) 4, S. s45-s50.
[252] Aluminium Gußlegierungen. Broschüre des VDS. Düsseldorf 1972.
[253] Aluminium-Taschenbuch. 14. Auflage. Düsseldorf: Aluminium-Verlag Düsseldorf, 2. aktualisierter Druck 1984.
[254] Aluminium-Handbuch. Berlin: VEB-Verlag Technik 1969.
[255] König, W. u. A. Bömcke: Bohren mit Vollhartmetall in Aluminium. Aluminium 64 (1988) 12, S. 1243-1246.
[256] Bech, H. G.: Richtwerte für die spanende Bearbeitung einiger Leichtmetall-Gußlegierungen. Metall 16 (1962) 5, S. 385/93.
[257] Bech, H. G.: Untersuchung der Zerspanbarkeit von Leichtmetall-Gußlegierungen. Dissertation TH Aachen, 1963.

[258] Opitz, H. u. H. G. Bech: Bearbeitung von Leichtmetallen. Forschungsbericht des Landes NRW 1416, Westdeutscher Verlag, Köln und Opladen, 1964.

[259] Zoller, H., G. Enzler u. J. C. Fornerod: Über die Zerspanbarkeit von Aluminiumlegierungen. Aluminium 45 (1969) 1, S. 49/54.

[260] Bömcke, A.: Kernlochherstellung für Innengewinde in Al-Druckguß: Bohren ins volle oder Aufbohren. HGF Bericht 87/13 Nr. 1321, Ind.-Anz. 109 (1987) 13, S. 38/39.

[261] Steidle, H.: Bearbeitung von Bohrungen in Aluminiumlegierungen mit PKD-Werkzeugen, IDR 21 (1987) 2, S. 87/90.

[262] Johne, P.: Handbuch der Aluminiumzerspanung, Aluminium Verlag, Düsseldorf, 1984.

[263] Borchert, O.: Spanen von Aluminium, VDI-Z 121 (1979) 7, S. 77/79.

[264] Seidel, R. H.: Zerspanbarkeit und Eigenspannungen von Automatenmessing. Dissertation Universität Neuenburg, 1965.

[265] Bömcke, A.: Spanabhebendes Erzeugen von Bohrungen zur nachfolgenden Gewindeherstellung sowie Gewindebohren an Gußstücken der Legierung „GD-Al Si 9 Cu 3", Abschlußbericht zum AIF-Forschungsvorhaben Nr. 5403, Aachen, 1985.

[266] Kleinau, M.: Kupfer und Kupferlegierungen für den Maschinenbau, Maschine und Werkzeug 67 (1966) 28, S. 9/16.

[267] Messner, O. H. C. u. R. Hanslin: Kupferwerkstoffe für den Maschinenbau. Technische Rundschau 61 (1969) 12, S. 35/41.

[268] Victor, H. u. H. Zeile: Zerspanungsuntersuchungen und Schnittkraftmessungen an Kupferwerkstoffen. wt-Zeitschrift für industrielle Fertigung 62 (1972) 7, S. 663/65.

[269] König, W. u. D. Erinski: Untersuchung der Zerspanbarkeit von Kupfergußlegierungen, VDG-Fachbericht AiF 4572 Düsseldorf, VDG Verlag 1982.

[270] Bömcke, A. u. D. Erinski: Bohren von Kupfergußlegierungen, Ind.-Anz., 107 (1985) 1/2, S. 17/19.

[271] Dies, Kurt: Kupfer und Kupferlegierungen in der Technik. Springer-Verlag 1967.

[272] Isler, P.: Automatenmessing für Hochgeschwindigkeitszerspanung. Pro Metal 26 (1973) 139, S. 25/27.

[273] Lorenz, G.: On the machining behaviour of free-cutting high-tensile brass. Proc. of the Int. Conf. on Prod. Engg., Tokyo, Japan, August 1974, S. 561/65.

[274] Essel, K. u. W. Hänsel: Analyse der Standzeitgleichungen. Industrie-Anzeiger 94 (1972) 5, S. 92/93.

[275] König, W. u. W. R. Depiereux: Wie lassen sich Vorschub und Schnittgeschwindigkeit optimieren? Industrie-Anzeiger 91 (1969) 61, S. 1481/84.
[276] Essel, K.: Entwicklung einer Optimierregelung für das Drehen. Dissertation TH Aachen, 1969.
[277] Taylor, F. W.: On the Art of Cutting Metals. Trans. ASME, 28 (1907).
[278] Kronenberg, M.: Replacing the Taylor Formular by new Tool Life Equation. Int. J. Mach. Tool Des. Res. Vol. 10 (1970).
[279] Gilbert, W. W.: Economics of Machining. American Society for Metals 1950, Machining – Theory and Praxis.
[280] König, W. u. W. R. Depereiux: Wie lassen sich Vorschub und Schnittgeschwindigkeit optimieren? Industrie Anzeiger Heft 01/69, S. 17-20.
[281] Svahn, O.: Machining Properties and Wear of Milling Cutters. Technology Doctor Dissertation, Royal Institution of Technology, Stockholm, 1948.
[282] Kuljanic, E.: Effect of Stiffness on Tool Wear and New Tool Life Equation. Journal of Engineering for Industry, Vol. 97 (1975), S. 939-944.
[283] Yellowley, J. u. G. Barrow: A Note on Tool Life in Peripheral Milling. Inst. J. Mach. Tool Des. Res. Vol. 22 Nr. 4, 1982, S. 265-267.
[284] VDI-Richtlinie 3321: Optimierung des Spanens – Grundlagen. Blatt 1, 1976.
[285] König, W.: Zerspanwerte für die Fertigung aus der INFOS-Datenbank. wt-Zeitschrift für industrielle Fertigung 69 (1979) 1, S. 58/59.
[286] Kluft, W.: Werkzeugüberwachungssysteme für die Drehbearbeitung. Dissertation RWTH Aachen, 1983.
[287] König, W.: Leistungssteigerung bei spanenden und abtragenden Bearbeitungsverfahren. Girardet-Taschenbuch Technik Nr. 6, Essen: Verlag W. Girardet 1971.
[288] VDI-Handbuch Betriebstechnik, Richtlinien VDI 3205 bis VDI 3209. VDI-Gesellschaft Produktionstechnik (ADB), Düsseldorf.
[289] Eversheim, W. u. D. Gebauer: Rechnerunterstützte Schnittwertoptimierung und Vorgabezeitbestimmung. TZ für prakt. Metallbearbeitung 72 (1978) 3, S. 13/16.
[290] Jakobs, H. J.: Spanungsoptimierung. 1. Auflage. Berlin: VEB Verlag Technik 1977.
[291] Klicpera, U.: Ermittlung der Schnittbedingungen mit programmierbaren Taschenrechnern. TZ für prakt. Metallbearbeitung 69 (1975) 6, S. 204/07.
[292] Schaumann, R.: Streuwerte der Zerspanbarkeit von Stahl beim Drehen mit verschiedenartigen Schneidstoffen. wt-Z. ind. Fertig. 67 (1977), S. 201-205.

[293] DIN 8589, Teil 1: Fertigungsverfahren Spanen. Hrsg. Deutscher Normenausschuß, August 1982.
[294] Autorenkollektiv: INFOS-Zerspanungshandbuch Drehen 1. RWTH Aachen 1979.
[295] Harris, J. M.: Ingersoll's new thread whirling systems. The Cutting Edge 7 (1979) S. 3/4.
[296] Kronenberg, M.: Grundzüge der Zerspanungslehre. Band 1-3. Berlin: Springer Verlag 1963.
[297] König, W., L. Dammer u. M. Hoff: Das Verschleißverhalten beim Messerkopfstirnfräsen unter Berücksichtigung unterschiedlicher Eingriffsverhältnisse. tz f. prakt. Metallbearbeitung 74 (1980) 9, S. 39/42.
[298] Dammer, L.: Ein Beitrag zur Prozeßanalyse und Schnittwertvorgabe beim Messerkopfstirnfräsen. Diss. TH Aachen, 1982.
[299] Loladze, T. N.: Nature of Brittle Failure of Cutting Tools. Annals for the CIRP, Vol. 24/1/1975.
[300] Pekelharing, A. J.: The Exit Failure in Interupted Cutting. Annals of the CIRP, Vol. 27/1 (1978).
[301] Pekelharing, A. J.: Unterbrochener Schnitt mit spröden Werkzeugen. Techn. Rundschau 71 (1979) 36, S. 25-26.
[302] Hoshi, T. u. K. Okushima: Optimum Diameter and Position of a Fly Cutter for Milling Steel at Light Cuts. Transactions of the ASME, Vol. 87 (1965).
[303] Okushima, K. u. T. Hoshi: The Effect of the Diameter of Carbide Face-Milling Cutters on Their Failures. Bulletin of JSME, 6 (1963) Nr. 22.
[304] Autorenkollektiv: Wettbewerbsfähigkeit durch Nutzung technologischer Reserven – Spanende Bearbeitung. Industrie-Anzeiger 100 (1978) 68, S. 50/63.
[305] Sack, W. u. B. Bellmann: Fräswerkzeuge mit Wendeschneidplatten. Werkstatt und Betrieb 109 (1976) Nr. 5, S. 249/59.
[306] König, W. u. a.: Technologie der Fertigungsverfahren. Stand und beachtenswerte Neuentwicklungen. wt-Zeitschrift für industrielle Fertigung 70 (1980) S. 89/101.
[307] Fujii, Y., H. Iwabe u. M. Suzuki: Effect of Dynamic Behaviour of End Mill in Machining on Work Accuracy – Mechanism of Generating Shape Errors – Bull. Japan. Soc. of Prec. Eng. Vol. 13, No. 1 (Mar. 1979), P. 20-26.
[308] Schröder, K. H.: Ursachen der Fertigungsungenauigkeiten und deren Auswirkungen beim Schaftfräsen. Dissertation TH Aachen, 1974.
[309] Hann, V.: Kinetik des Schaftfräsens. Fortschr.-Ber. VDI-Z. Reihe 2 Nr. 66, VDI-Verlag, Düsseldorf (1983).

[310] N. N.: Werkzeug-Anwendungsgruppen zum Zerspanen, DIN 1836, Januar 1984.
[311] Joppa, K.: Leistungssteigerung beim Wälzfräsen mit Schnellarbeitsstahl durch Analyse, Beurteilung und Beeinflussung des Zerspanprozesses. Dissertation TH Aachen, 1977.
[312] Kauven, R.: Einsatz TiN-beschichteter HSS-Werkzeuge bei der Zylinderradherstellung, Dissertation TH Aachen 1987.
[313] Sulzer, G.: Leistungssteigerung bei der Zylinderherstellung durch genaue Erfassung der Zerspankinematik. Dissertation TH Aachen, 1973.
[314] Sulzer, G.: Bestimmung der Spanungsquerschnitte beim Wälzfräsen. Industrie-Anzeiger 96 (1974) 12, S. 246/247.
[315] Sandu, J. Gh. u. G. Sulzer: Wirksame Flankenfreiwinkel an Wälzfräsern. Industrie-Anzeiger 94 (1972) 14, S. 279/83.
[316] König, W. u. K. Bouzakis: Fortschritte in der Technologie bei der Zahnradfertigung. Industrie-Anzeiger 101 (1979) 64, S. 14/19.
[317] Gutmann, P.: Zerspankraftermittlung beim Wälzfräsen. Dissertation TH Aachen 1987.
[318] Venohr, G.: Beitrag zum Einsatz von Hartmetall-Werkzeugen beim Wälzfräsen. Dissertation, RWTH Aachen, 1985.
[319] Jansen, W.: Leistungssteigerung und Verbesserung der Fertigungsgenauigkeit beim Wälzschälen von Innenverzahnungen. Dissertation TH Aachen, 1980.
[320] Pfauter: Pfauter Wälzfräsen. Teil 1. Berlin: Springer-Verlag 1976.
[321] Verzahnwerkzeuge. Firmenschrift Verzahntechnik Lorenz GmbH, Ettlingen, 1977.
[322] Sulzer, G.: Wälzschälen – Werkzeugauslegung und Spanungsgeometrie VDI-Z 116 (1974) 8, S. 631/34.
[323] Fette-Schälwälzfräser zum Fräsen gehärteter Zahnräder. Technische Nachrichten Nr. 256. Fa. Fette, Schwarzenbek bei Hamburg.
[324] Wälzfräsen gehärteter Verzahnungen. Firmenschrift Fa. Pfauter, Ludwigsburg, 1974.
[325] Schälwälzfräsen gehärteter Räder. Firmenschrift Fa. Liebherr, Kempten.
[326] Roos, V.: Schälwälzfräsen als Feinbearbeitungsverfahren einsatzgehärteter Zylinderräder. Dissertation TH Aachen, 1983.
[327] How to Finish Hardened Gears. Firmenschrift Fa. Azumi, Osaka, Japan.
[328] Faulstich, J.: Schälwälzfräsen gehärteter Zylinderräder: Kontakt & Studium, Maschinenbau, Zahnradfertigung Teil B, S. 365-382, Export Verlag, 1986.
[329] Finishing of Hard Gears. Firmenschrift Fa. Azumi, Technical Information, Osaka Japan.

[330] Sorge, K.-P.: Technologie des Drehfräsens. Diss. TH Darmstadt, 1983.
[331] König, W. u. Th. Wand: Exzentrisches Drehfräsen. Industrieanzeiger Bd. 106 (1984) Nr. 30, S. 34.
[332] König, W. u. Th. Wand: Zur Technologie des exzentrischen Drehfräsens. VDI-Z. Bd. 106 (1984) Nr. 15/16, S. 557.
[333] König, W. u. Th. Wand: Simulation des exzentrischen Drehfräsens. Industrieanzeiger Bd. 107 (1985) Nr. 6, S. 28.
[334] König, W. u. Th. Wand: Fräsen statt Drehen: Drehfräsen. Industrieanzeiger Bd. 108 (1986) Nr. 12, S. 25.
[335] Stender, W. u. H. Hofmann: Wirtschaftliches Fräsen von Extruderschnecken für die Kunststoffverarbeitung. Werkstattechnik 54 (1964) 9.
[336] N. N.: Kugelfräsen, Technische Information der Fa. Sitzmann und Heinlein, Zirndorf.
[337] DIN 8589, Teil 2: Fertigungsverfahren Spanen, Bohren; Einordnung, Unterteilung Begriffe. Hrsg. Deutscher Normenausschuß, 1982.
[338] Häuser, K.: Bohreranschliffe. Technische Rundschau (1979) 41, S. 15/19.
[339] Gühring, K.: Neuere Entwicklungen bei der Bohrbearbeitung. wt-Zeitschrift für industrielle Fertigung 69 (1979), S. 771/76.
[340] DIN 1414: Spiralbohrer aus Schnellarbeitsstahl. Hrsg. Deutscher Normenausschuß, 1971.
[341] Schallbroch, H.: Bohrarbeit und Bohrmaschine. München: Carl Hanser Verlag 1951.
[342] Titex-Plus-Mitteilungen über Probleme der spanabhebenden Fertigung 19 (1976) 41, S. 8. Firmenschrift Fa. Günther & Co., Frankfurt.
[343] Spiralbohrer-Anschliffarten unter der Lupe. Technica (1976) 8, S. 523/25.
[344] Spur, G.: Beitrag zur Schnittkraftmessung beim Bohren mit Spiralbohrern unter Berücksichtigung der Radialkräfte. Dissertation TU Braunschweig, 1960.
[345] König, W., D. Lung u. A. Droese: TiN-beschichtete HSS-Werkzeuge. VDI-Z. Bd. 127 (1985) Nr. 3, S. 49-54.
[346] König, W.: Einsatz TiN- und TiC-beschichteter HSS-Werkzeuge bei der Zylinderradherstellung, In: Tribologie Bd. 9, Hrsg.: DFVLR, Berlin, Heidelberg, New York, Springer Verlag 1985.
[347] Häuser, K.: Werkzeuge bringen Maschinen zum Rotieren. VDI-Nachrichten Nr. 27 vom 4.7.1986.
[348] Droese, A.: TiN-Schichten verbessern das Leistungsvermögen von HSS-Spiralbohrern. Industrie-Anzeiger 15/1987, S. 34-35.
[349] Häuser, K.: Hartmetallbohrer und ihre Anwendung. Technische Rundschau (1975) 33, S. 22/27.

[350] Titex-Plus-Mitteilungen über Probleme der spanabhebenden Fertigung 15 (1972) 36, S. 1/5. Firmenschrift Fa. Günther & Co., Frankfurt.
[351] Leiseder, L.: Industrielle Werkstückbearbeitung mit Werkzeugen zum Tiefbohren. Maschinenmarkt 84 (1978) 42, S. 839/41.
[352] Haasis, G. u. H. Nagel: Tiefbohren – Präzisionsbohren. Firmenschrift Fa. Nagel Maschinen- und Werkzeugfabrik GmbH, Nürtingen.
[353] Titex-Plus-Mitteilungen über Probleme der spanabhebenden Fertigung 16 (1973) 38, S. 6/7. Firmenschrift Fa. Günter & Co., Frankfurt.
[354] Cronjäger, L.: Technologie des Tiefbohrens. Vortragstexte der VDI-Tagung „Tiefbohren in der spanenden Fertigung". Heidelberg, 1974.
[355] VDI 3210: Tiefbohrverfahren. VDI-Handbuch Betriebstechnik. Düsseldorf, 1974.
[356] SIG-Information Nr. 72.038 (1972). Firmenschrift Schweizerische Industrie-Gesellschaft, Neuhausen am Rheinfall.
[357] Grübe, M., F. Mim, H. Vennemann und B. Greuner: Wirtschaftlichkeit und Praxis des Tiefbohrens. Vortragstexte der VDI-Tagung „Tiefbohren in der spanenden Fertigung". Heidelberg, 1974.
[358] Technik-Lexikon „Fertigungstechnik und Arbeitsmaschinen". Hamburg: Rowohlt Verlag 1972.
[359] DIN 8589, Teil 6: Fertigungsverfahren Spanen, Sägen. Hrsg. Deutscher Normenausschuß, 1982.
[360] Reng, D.: Das Trennen von Metallen durch Bandsägen unter besonderer Berücksichtigung des Verlaufens des Schnittes. Dissertation TU München, 1976.
[361] N. N.: Sägebänder zur Metallbearbeitung. Informationsschrift der Fa. Lennartz, Remscheid.
[362] N. N.: Segmentkaltkreissägeblätter. Informationsschrift der Fa. Lennartz, Remscheid.
[363] N. N.: Hartmetallbestückte Kreissägeblätter. Informationsschrift der Fa. Lennartz, Remscheid.
[364] Schmitz, F.: Hartmetallbestückte Kreissägeblätter mit Spanteilerrillengeometrie zum Trennen von Stahl. Maschine + Werkzeug 3 (1980).
[365] DIN 8589, Teil 5: Fertigungsverfahren Spanen, Räumen. Hrsg. Deutscher Normenausschuß.
[366] Krazer, M.: Räumen – ein wirtschaftliches Verfahren, TZ f. prakt. Metallbearb. 71 (1977) 2, S. 43-47.
[367] DIN 1415: Räumwerkzeuge. Hrsg. Deutscher Normenausschuß.
[368] Weule, H. u. H.-J. Lauffer: Stand und Entwicklungstendenzen beim Räumen. wt-Z. ind. Fertig. 75 (1985) 4, S. 229-234.
[369] Hoffmann, K.: Räumpraxis, Fa. Kurt Hoffmann, Pforzheim 1976.

[370] Wegerhoff, H. u. U. Münz: Beschichtete Räumwerkzeuge zum Bearbeiten von Werkstücken höherer Festigkeit. VDI-Z 127 (1985) 21, S. 857-863.
[371] Merkler, O.: Kostenminderung durch Räumen mit runden Wendeschneidplatten, Werkstatt und Betrieb 113 (1980) 8, S. 533 f.
[372] Victor H. R.: Schnittkraftberechnungen für das Räumen, Annals of the CIRP, Vol. 25/1/1976.
[373] Schütte, M.: Räumen mit erhöhter Schnittgeschwindigkeit. Dissertation TH Aachen, 1965.
[374] Opferkuch, R.: Die Werkzeugbeanspruchung beim Räumen, wbk-Forschungsbericht 5, Springer Verlag 1981.
[375] Falkenberg, G.: Kühlschmierung beim Räumen, Ind. Anz. 92 (1970) 6, S. 96-98.
[376] Schweitzer, K.: Dynamische Untersuchungen beim Innenräumen. Dissertation Universität Karlsruhe, 1971.
[377] Bungartz, L.: Schraubräumen von schrägen Innenverzahnungen in Ringrädern (Hohlrädern) für automatische PKW-Getriebe. Industrie-Anzeiger 96 (1974) 55, S. 1237/40.
[378] Schweitzer, K.: Räumen der Außenverzahnung von Synchron-Kupplungsnaben. Werkstatt und Betrieb 108 (1975) 3.
[379] Spitzig, J. S.: Außen-Formräumen geschlossener Umrisse. Werkstatt und Betrieb 104 (1971) 6.
[380] Whiteside, D.: Pontiac turns to turn broaching. American Machinist (1984) 12.
[381] Müller, M. u. E. Stallwitz: Zerspankraft kompensieren Maschinenmarkt, Würzburg 92 (1986) 34.
[382] Anschütz, E. u. F. Tikal: Drehräumen – ein fortschrittliches Fertigungsverfahren. Werkstatt und Betrieb 119 (1986) 7.
[383] Müller, M. u. E. Stallwitz: Drehräumen – eine Technologie zur Bearbeitung rotationssymmetrischer Werkstücke. Technische Mitteilungen Krupp Heft 1, April 1987.
[384] Tikal, F.: Drehräumen: Die Revolution bei der Kurbelwellen-Bearbeitung. Flexible Automation V/86.
[385] DIN 8589, Teil 4: Fertigungsverfahren Spanen, Hobeln. Hrsg. Deutscher Normenausschuß, 1982.
[386] Bouzakis, K.: Erhöhung der Wirtschaftlichkeit beim Wälzstoßen durch Optimierung des Zerspanprozesses und der Werkzeugauslegung. Dissertation TH Aachen, 1976.
[387] N. N.: Wälzfräsen von Stirnrädern mit Evolventenprofil. VDI-Richtlinien Nr. 3333, 1977.
[388] Zahnradhobelmaschine SH-75K MAAG. Firmenschrift Fa. Maag, Zürich/Schweiz.

[389] Klicpera, U.: Die Anwendung von Schneidkeramik beim Zerspanen von Hartguß. Industrie-Anzeiger 96 (1974) 15, S. 357/8.
[390] Depiereux, W. R.: Ermittlung optimaler Schnittbedingungen, insbesondere im Hinblick auf die wirtschaftliche Nutzung numerisch gesteuerter Werkzeugmaschinen. Dissertation TH Aachen, 1969.
[391] Otto, F.: Entwicklung eines gekoppelten AC-Systems für die Drehbearbeitung. Dissertation TH Aachen, 1976.
[392] Essel, K.: Entwicklung einer Optimierregelung für das Drehen. Industrie-Anzeiger 94 (1972) 108, S. 2613/14.
[393] Möller, M. J.: Aspekte für die Metallbearbeitung; Ökologische und ökonomische Aspekte für die Metallbearbeitung bei den geplanten Änderungen von Altöl- und Abfallbeseitigungsgesetzen. Vortrag bei der GfT/DGMK-Tagung in Essen, 24./25.9.1985.
[394] Brandt, H. u. K. Reitz: Bearbeitung korrosionsbeständiger und hochwarmfester Nichteisenmetalle. Werkstatt und Betrieb 114 (1981) 7, S. 425-438.
[395] König, W. u. K. Gerschwiler: Inconel 718 mit Keramik und CBN drehen. Industrieanzeiger 109 (1987) 13, S. 24-28.
[396] DIN 17742: Nickel-Knetlegierungen mit Chrom; Zusammensetzung. Hrsg. Deutscher Normenausschuß.
[397] DIN 17743: Nickel-Knetlegierungen mit Kupfer; Zusammensetzung. Hrsg. Deutscher Normenausschuß.
[398] DIN 17744: Nickellegierungen mit Molybdän, Chrom, Kobalt; Zusammensetzung. Hrsg. Deutscher Normenausschuß.
[399] DIN 17745: Nickel-Knetlegierungen aus Nickel und Eisen; Zusammensetzung. Hrsg. Deutscher Normenausschuß.
[400] Everhart, J. L.: Engineering properties of nickel and nickel alloys. Plenum Press, New York – London, 1971.
[401] Betteridge, W. u. J. Heslop: The Nimonic alloys and other nickelbase high-temperature alloys. Edward Arnold (Publishers) Ltd. London, 1974.
[402] Kirk, D. C.: Cutting aerospace materials (nickel-, cobalt-, and titaniumbased alloys). Tools and dies for industry. Proceed. of a conf. of the Metals Soc., Univ. of Birmingham, 28-29 sept. 1976, S. 77-78.
[403] N. N.: Die Bedeutung der Superlegierungen. technica 18 (1979), S. 1441-1453.
[404] Volk, K. E.: Nickel und Nickellegierungen. Springer-Verlag Berlin, 1970.
[405] N. N.: Machining the Huntington alloys. Technical bulletin T-12, Huntington alloys, 1978.

[406] Lenk, E.: Erfahrungen mit neuen Schneidstoffen bei der Bearbeitung von hochwarmfesten Legierungen. Vortrag zum Symposium „Schneidstoffe", Pulvermetallurgie in Wissenschaft und Praxis, Band 4. Verlag Schmid GmbH, Freiburg 1988.

[407] Haberling, E. u. H. H. Weigand: Besonderheiten beim Zerspanen hochwarmfester Werkstoffe, Maschinenmarkt 85 (1979) 25, S. 426-429.

[408] Masy, L.: Technologie d'usinage des alliages à haute teneur en nickel et en cobalt et des alliages de titane. Revue M Tijdschrift 26 (1979) 4, S. 1-11.

[409] König, W. u. K. Gerschwiler: Fräsen von Schlitzen in Inconel 718. Bericht über die 15. Arbeitstagung „Technologie-Arbeitskreis" am 13.3.1986, WZL, TH Aachen.

[410] König, W. u. K. Gerschwiler: Erfahrungen beim Schruppdrehen von Inconel 718 mit Siliciumnitrid. HGF-Bericht, Industrieanzeiger 109 (1987) 3, S. 36/37.

[411] N. N.: Spangebende Bearbeitung von Wiggin-Nickellegierungen. Firmenschrift H. Wiggin & Co, 1976.

[412] Mütze, H.: Beitrag zur Zerspanbarkeit hochwarmfester Werkstoffe. Dissertation TH Aachen, 1967.

[413] König, W. u. K. Gerschwiler: Drehen von Inconel 718. Leistungsvergleich zwischen verschiedenen Hartmetallen und SiC-Whisker verstärkten Oxidkeramiken. Unveröffentlichte Forschungsergebnisse des WZL, TH Aachen.

[414] Betteridge, W.: Cobalt and its alloys. Ellis Horwood (Publishers) Ltd., Chichester 1982.

[415] Olofson, C. T., J. Gurklis u. F. R. Morral: Spanabhebende Bearbeitung von Cobalt-Superlegierungen. Technische Mitteilungen 68 (1975) 11, S. 451-461.

[416] Mütze, H.: Die Zerspanbarkeit von Sonderwerkstoffen. Industrieanzeiger 87 (1965) 43, S. 831 - 838.

[417] Sullivan, C. P., M. J. jr. Donachie u. F. R. Morral: Cobalt-Base Superalloys – 1970. Cobalt Monograph Series. Centre d'Information du Cobalt, Brüssel 1970.

[418] Baik, M.-Ch. u. P. Müller: Drehen von Stellite 6 mit Hartmetall und PKB. Industrie Diamanten Rundschau 21 (1987) 2, S. 95

[419] Baik, M.-Ch. u. P. Müller: Drehen von Stelliteauftragungen. Industrie Diamanten Rundschau 22 (1987) 2, S. 95.

[420] Zwicker, U.: Titan und Titanlegierungen. Reine und angewandte Metallkunde in Einzeldarstellungen, Bd. 21, Hrsg. W. Köster. Springer-Verlag, Berlin, Heidelberg, New York 1974.

[421] Kreis, W.: Verschleißursachen beim Drehen von Titanwerkstoffen. Diss. TH Aachen 1973.
[422] Kreis, W. u. K.-H. Schröder: Zerspanung der Titanwerkstoffe. Metall 29 (1975) 1, S. 58-62.
[423] König, W.: Zerspanung von Sonderwerkstoffen und schwerzerspanbaren Werkstoffen in Handbuch der Fertigungstechnik, Bd. 3/2 Spanen, S. 570-591, Hrsg. G. Spur, Th. Stöferle, C. Hanser Verlag München, Wien 1980.
[424] N. N.: Special Aspects of Machining in the Aerospace and Related Industries. Druckschrift E4 82/4-81, Sandvik Coromant.